21 世纪全国高职高专计算机系列实用规划教材

计算机操作系统原理教程与实训
(第 2 版)

主　编　周　峰　倪晓瑞　李晓霞

副主编　黄仕晖　宋亮才　李　敏　茹清兰

内 容 简 介

操作系统是计算机专业的一门重要的专业基础课程。本书内容涵盖了现代操作系统的基本原理和实现方法，并与实际相结合。全书共分为 9 章，第 1 章介绍操作系统的发展历史、定义及特征；第 2 章介绍作业管理；第 3 章介绍处理机管理；第 4 章介绍存储管理；第 5 章介绍设备管理；第 6 章介绍文件管理；第 7 章介绍了磁盘管理；第 8 章和第 9 章则是以 Linux 和 Windows XP 为例，介绍了两种操作系统下管理功能的实现以及相应的安全机制等。附录简单介绍了 Windows 7 和 Windows 8 的基本知识。

本书在内容取舍、文字描述、习题选择方面力求面向实践、重在应用、便于组织教学，在章节安排、形式体例、行文风格等方面与传统的原理式的课程不同，努力做到概念引出自然，内涵与外延适中，深入浅出，寓深奥于浅显。本书全面展现了当代操作系统的本质和特点，是一本既注重基本原理，又结合实际的教科书。

本书特别适合高职高专计算机类专业的教材，也可作为其他大专院校理科及工程类相关专业的教学用书，也可以用作专升本考试辅导书，对于那些从事计算机工作的人员，本书亦不失为一本好的参考书。

图书在版编目(CIP)数据

计算机操作系统原理教程与实训/周峰，倪晓瑞，李晓霞主编. —2 版. —北京：北京大学出版社，2013.8
(21 世纪全国高职高专计算机系列实用规划教材)

ISBN 978-7-301-22967-5

Ⅰ. ①计… Ⅱ. ①周…②倪…③李… Ⅲ. ①操作系统—高等职业教育—教材 Ⅳ. ①TP316

中国版本图书馆 CIP 数据核字(2013)第 179793 号

书　　名：计算机操作系统原理教程与实训(第 2 版)
著作责任者：周　峰　倪晓瑞　李晓霞　主编
策 划 编 辑：李彦红
责 任 编 辑：刘国明
标 准 书 号：ISBN 978-7-301-22967-5/TP・1299
出 版 发 行：北京大学出版社
地　　址：北京市海淀区成府路 205 号　100871
网　　址：http://www.pup.cn　新浪官方微博：@北京大学出版社
电 子 信 箱：pup_6@163.com
电　　话：邮购部 62752015　发行部 62750672　编辑部 62750667　出版部 62754962
印　刷　者：三河市北燕印装有限公司
经　销　者：新华书店
787 毫米×1092 毫米　16 开本　18.75 印张　435 千字
2005 年 12 月第 1 版
2013 年 8 月第 2 版　2018 年 1 月第 3 次印刷
定　　价：36.00 元

第 2 版前言

操作系统是计算机的核心软件，是所有计算机专业的必修课程。已出版的操作系统教材大多注重理论，而忽视实际应用。绝大多数的学习对象一生都不可能参与操作系统的研究工作，他们需要的是对理论的理解和对实用系统的灵活应用。根据中国高等职业教育研究会组织的计算机系列教材编委会的建议，遵循高职教育的“理论够用，注重实践”的原则，在理论知识的取舍上，我们尽量详细介绍了已成熟的、应用广泛的知识，而对于某些已经过时的、用得很少的内容只作为研究的分支提及。以目前发展势头强劲的 Linux 多用户操作系统为实例，来展示操作系统的精华所在。为了提高学生的学习兴趣，本书以 Linux 操作系统为基础，生动体现了操作系统的作用，并通过 Linux 系统下的实际操作教学生利用操作系统已有的工具，创造性地实现及开发计算机系统的强大功能。操作系统是一个涉及面广、内部关系复杂的系统软件。编者力图在叙述原理的过程中，揉进一些实际的例子，以便更好地说明问题，帮助读者理解，并展现出一个完整的操作系统概观。

本书第 1 版于 2006 年出版，第 2 版根据作者多年教学实践、综合各教材使用单位同行的建议和操作系统的最新发展，在保持第 1 版原有基本结构不变的前提下，对各章节内容作了必要的调整、增删和完善。增加了线程以及实时调度等相关新内容。与第 1 版相比，本书进一步深入浅出地对操作系统基本原理进行了描述，而且，更进一步强调了学生对当前主流操作系统的了解。因此，本书第 8 章 Linux 中增加了关于 Linux 的核心模块和核心定制的内容，第 9 章则将原来的操作系统实例 Windows 2000 换之为 Windows XP，增加了 Windows 7 和 Windows 8 的基本知识部分章节增加了习题。

本书再版的特色在于围绕着操作系统管理功能这条主线，用资源管理的观点统揽全书，并重点突出各种关键性系统资源的管理方法，做到主线清晰，注重操作系统原理与典型操作系统的有机结合，把抽象的道理融入鲜活的系统之中，强调实验，实现操作系统概念、方法和应用的有机统一。每章的章首更换了版面设计，增加了教学目标和教学要求，重点难点等板块内容介绍，结构清晰，让读者一目了然。

在保持第 1 版优点的前提下，对原书部分章节做了适当调整。第 2 版全书内容分两大部分。

第一部分：第 1～7 章为操作系统原理的讲述。第二部分：第 8～9 章为典型操作系统的介绍。第 1 章给出操作系统的定义、类型、发展历史以及演变过程；第 2 章为作业管理阐明用户与操作系统的两种接口以及作业调度的算法；第 3 章引入进程概念，介绍了它的生命周期及状态变迁，给出各种处理机调度算法，由于进程的并发而导致的各种相互制约关系，正确的解决办法，同时进程间的通信以及死锁问题；第 4 章用较多的笔墨讲述了各种存储管理策略，因为它是计算机系统资源的“瓶颈”；第 5 章介绍设备的各种控制方式，以及设备管理中的若干技术(缓冲、SPOOLing)；第 6 章是文件管理，说明文件逻辑结构与物理结构的区别，文件目录在文件管理中的重要作用；第 7 章是磁盘管理，介绍了磁盘构成、磁盘驱动调度算法及磁盘空间管理；第 8 章是操作系统案例一 Linux 操作系统；主要介绍了 Linux 操作系统的特点、进程通信和调度、三级页式虚拟存储器管理、VFS 和 ext2

文件系统以及 Linux 的安全机制等内容；第 9 章是操作系统案例二 Windows XP，主要介绍了 Windows XP 操作系统的体系结构、进程通信和调度、虚拟存储器管理、NTFS 文件系统以及 Windows XP 的安全机制及基本操作等内容。

本书由山东商业职业技术学院的周峰、倪晓瑞、李晓霞担任主编，黄仕晖、宋亮才、李敏、茹清兰担任副主编。

由于编者的水平有限，书中难免存在不妥之处，敬请广大读者批评指正。

编　者

2013 年 1 月

目　录

第 1 章　计算机操作系统概论

教学目标

通过本章的学习，使学生了解操作系统的发展过程，掌握并理解操作系统的基本概念、结构、类型、特征、基本功能及其运行环境。

教学要求

知识要点	能力要求	关联知识
操作系统的发展	(1) 了解操作系统的形成 (2) 了解操作系统的发展过程	批处理技术、多道、多道程序设计技术
操作系统基本概念	(1) 掌握并理解操作系统的定义、特征等相关概念 (2) 理解操作系统的管理功能 (3) 了解操作系统的基本类型	操作系统、操作系统功能、并发、虚拟、并行
操作系统结构	(1) 了解操作系统的结构	分层式、客户/服务器模型
操作系统的硬件环境	(1) 了解操作系统的硬件环境 (2) 了解中断的概念 (3) 了解管态和目态	CPU 与外设并行工作、中断、管态、目态
主流操作系统	(1) 了解 Windows 操作系统 (2) 了解 Windows NT 操作系统 (3) 了解 UNIX 操作系统 (4) 了解 Linux 操作系统	Windows 操作系统、UNIX 操作系统、Linux 操作系统、管理机制

重点难点

- 操作系统的定义
- 操作系统的功能
- 操作系统的特征
- 操作系统的结构与硬件环境

1.1　操作系统的形成与发展

从第一台计算机诞生到现在，计算机无论在硬件方面还是在软件方面都取得了很大发展，操作系统也经历了从无到有的过程。20 世纪 40 年代到 20 世纪 50 年代中期，是计算机的无操作系统时代。20 世纪 50 年代中期出现了第一个简单的批处理操作系统。20 世纪 60 年代中期产生了多道程序批处理系统，不久又出现了以多道程序为基础的分时系统。20 世纪 80 年代是微机和计算机局域网发展的年代，同时也是微机操作系统和局域网操作系统的形成和快速发展的时代。

1.1.1　人工操作方式

计算机诞生初期并没有操作系统，人们采用手工操作方式使用计算机，信息的输入/输出由人工在联机状态下进行。首先程序员将事先穿孔的纸带(或卡片)装入纸带输入机(或卡片输入机)，通过纸带输入机(或卡片输入机)把程序和数据输入给计算机，然后启动计算机运行。程序运行完毕后，才让下一个用户上机。这种方式有以下两个缺点。

(1) 资源独占：每次只允许一个用户使用计算机，一切资源全部由该用户占有，资源利用率低。

(2) CPU 等待人工操作：当用户进行装纸带(卡片)及卸纸带(卡片)等人工操作时，CPU 处于等待人工操作的空闲状态。

可见，人工操作方式严重降低了计算机资源的利用率，这种人工操作方式与机器利用率相矛盾的问题，随着 CPU 速度的提高以及系统规模的扩大，变得日趋严重。此外，随着 CPU 速度的迅速提高而 I/O 设备的速度却提高缓慢，又使 CPU 与 I/O 设备之间速度不匹配的矛盾更加突出。为了缓和此矛盾，引入了脱机输入/输出方式。

1.1.2　脱机输入/输出技术

为了解决人机矛盾及 CPU 和 I/O 设备之间速度不匹配的矛盾，20 世纪 50 年代末出现了脱机输入输出技术。该技术是指事先在一台外围机的控制下把纸带(卡片)上的数据(程序)输入到磁带上。当 CPU 需要这些程序和数据时再从磁带机高速输入到内存。类似地，当 CPU 需要输出数据时直接送到磁带上，然后再在另一台外围机的控制下，将磁带上的结果通过相应的输出设备输出。脱机输入/输出过程如图 1.1 所示。由于程序和数据的输入和输出都是在外围机的控制下完成的，脱离了主机的控制，故称为脱机输入/输出方式。相反，在主机的直接控制下进行输入输出的方式为联机输入/输出方式。脱机输入/输出方式的主要优点如下。

(1) 减少了 CPU 的空闲时间。当装带(卡)、卸带(卡)，以及将数据从低速 I/O 设备送到高速的磁带(或磁盘)上时，都是在脱机情况下进行的。这些工作进行的时候不占用主机时间，不需要主机的干预，主机可以做其他工作，从而减少了 CPU 的空闲时间，缓和了人机矛盾。

(2) 提高了 I/O 速度。当 CPU 在运行中需要数据时，直接从高速的磁带或磁盘上将数据调入内存，不再是从低速 I/O 设备上输入，从而大大缓和了 CPU 和 I/O 设备速度不匹配的矛盾，提高了 CPU 的利用率。

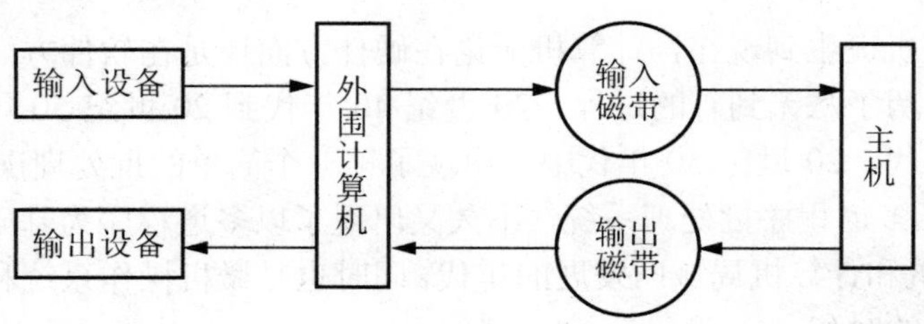

图 1.1　脱机输入/输出过程

1.1.3　批处理技术

早期的计算机系统非常昂贵，为了能充分地利用它，应尽量让系统连续地运行，以减少作业转换产生的空闲时间。为此，通常是把一批作业以脱机输入方式输入到磁带(高速设备)上，并在系统中配备监督程序，在它的控制下一个个装入内存，一个个执行磁带上的作业，使这批作业能一个接一个地连续处理，直到把磁带上的所有作业全部处理完毕。在此期间，建立了以监督程序来管理和控制其他程序的方式，形成了操作系统的雏形。

这种由监督程序控制的系统称为单道批处理系统，它的优点是解决了作业间的自动转换问题，提高了 CPU 的利用率，但还没有真正形成对作业的控制和管理。

1.1.4　多道程序设计技术

20 世纪 60 年代，硬件技术取得了两个方面的重大发展：一是中断技术的引进，二是通道技术的发展。这样，原来由 CPU 直接控制的输入/输出工作就转移给了通道，使得 CPU 全部用来进行主要的数据处理工作。

过去，内存中只能存放一个用户作业在其中运行，CPU 等待通道传输数据的过程中，仍然因无工作可做而处于空闲状态。若在主存中同时存放多个作业，那么 CPU 在等待一个作业传输数据时，就可去执行内存中的其他作业，从而保证 CPU 以及系统中的其他设备得到尽可能充分的利用。为了提高批处理技术中程序的并行执行能力，提高资源的利用率，采用作业调度程序同时把几个作业放入内存，并允许它们交替执行，即多道程序设计技术。单道程序与多道程序的执行过程分别如图 1.2 和图 1.3 所示。

在操作系统中引入多道程序设计技术以后，会使系统具有以下特征。

(1) 多道性。在内存中可同时驻留多道程序，并允许它们并发执行，从而有效提高了资源的利用率和系统的吞吐量。

(2) 无序性。多个作业完成的先后顺序与它们进入内存的顺序之间无严格的对应关系。即先进入内存的作业可能较后或最后完成，而后进入内存的作业可能先完成。

(3) 宏观上并行、微观上串行。从宏观上看同时存在于内存中的多道作业都处于运行状态，它们先后开始了各自的运行，但又都未运行完毕，好像多道作业在并行运行。但从微观上看，由于我们讨论的是单 CPU 系统，内存中的多道作业轮流、交替地使用 CPU 系统，所以各作业仍是串行的。

多道程序设计系统的出现标志着操作系统进入渐趋成熟的阶段，先后出现了作业调度管理、处理机管理、存储器管理、设备管理和文件系统管理等功能。

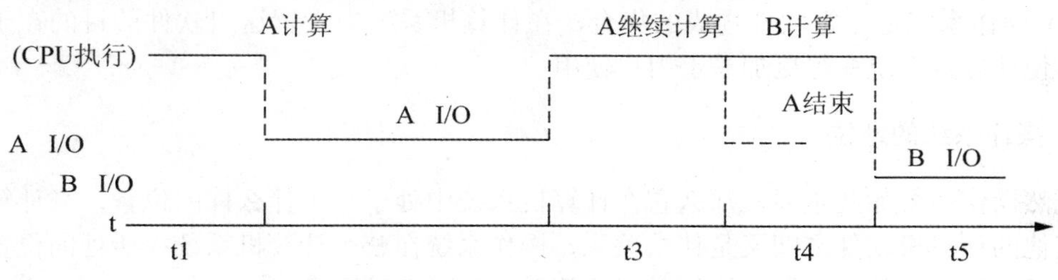

图 1.2　单道程序工作过程

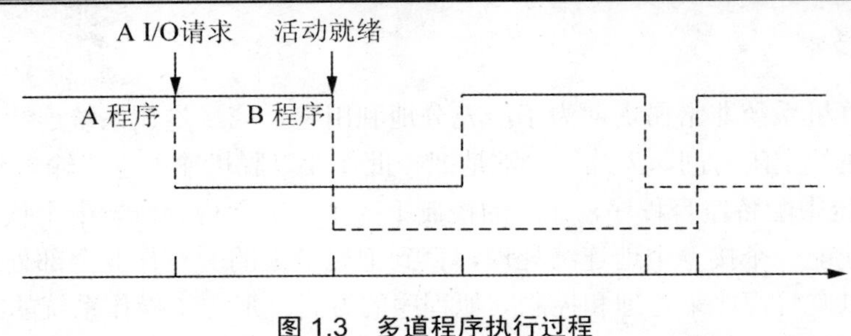

图 1.3　多道程序执行过程

1.2　操作系统的基本概念

计算机系统由硬件和软件两部分组成。只有硬件设备，计算机系统还无法工作，计算机系统中必须有软件来发挥系统的效能并完成用户的各种应用需求。我们将计算机系统中的各种程序、数据和各种硬件设备统称为计算机系统中的资源，这样，用户程序的执行过程从宏观上看是在使用整个计算机系统，从微观上看是在使用计算机系统中的各种资源，为了使计算机系统能协调一致地工作，就需要对系统中的资源进行管理。由谁来管理计算机系统中的资源呢？承担这一任务的就是操作系统。

1.2.1　操作系统的定义

操作系统(Operating System，OS)就是有效地管理计算机系统中的各种资源，合理地组织计算机的工作流程，以方便用户使用的一组软件的集合。

下面从以下 3 个方面来理解操作系统的概念。

(1) 在计算机系统中，中央处理器、存储器、输入/输出设备等所有硬件均称为硬件资源，程序和数据等称为软件资源。使用计算机系统就是使用资源。当程序在系统中运行时，需要操作系统对程序运行所需要的资源进行调度和分配，以保证系统资源的有效利用。

(2) 将计算机内运行的每一个程序称为一个工作流程，这样某段时间内在计算机系统内部可以有多个工作流程同时存在。各个工作流程之间可能存在协作(如，程序之间的数据交换)或互斥(如两个程序要使用系统内的某个设备，而该设备只能被一个程序所占有)关系，因此要对程序的运行次序进行协调，以保证这种协作或互斥关系有序进行。如果不对程序的运行次序进行协调就会使系统产生错误或造成计算机系统死机。计算机系统内各个工作流程运行次序的协调也是由操作系统来完成的。

(3) 操作系统是一组软件构成的集合，在计算机系统中设置这组软件的目的在于方便用户，使计算机系统变得更加易于用户使用。

1.2.2　操作系统的地位

既然操作系统如此重要，那么它在计算机系统中处于一个什么样的位置，与计算机硬件和其他的计算机软件之间又是什么关系？操作系统在整个计算机系统中所处的位置和它与计算机硬件以及其他计算机软件之间的关系，如图 1.4 所示。

用户
应用软件或应用系统
其他系统软件
操作系统
计算机硬件

图 1.4 计算机系统的抽象层次结构

操作系统是现代计算机系统的重要组成部分，它是计算机系统运行和工作必不可少的软件，各种类型的计算机系统都离不开操作系统。

可以看出，操作系统是在计算机硬件的基础上对硬件进行的第一层扩充，它是计算机系统中最核心的系统软件，其他的系统软件和应用软件都是在操作系统的基础上构建起来的。

操作系统介于计算机硬件和计算机用户之间，它与计算机硬件、软件、应用系统，以至于计算机用户都有千丝万缕的联系。

一台没有任何软件配置和支持的计算机被称为“裸机”，要让裸机接受用户发出的命令，执行相应的操作是非常困难的。操作系统在硬件之上建立了一个服务体系，为操作系统以外的系统软件和用户应用软件提供了强大的支持，用户通过这个服务体系操作和使用计算机系统，面对的是一个非常友好的、方便的环境界面，因而用户面对的是一个更加易于使用的计算机系统。

1.2.3 操作系统的特征

设置操作系统的目的在于提高系统的效率，增强系统的处理能力，充分发挥系统资源的利用率，方便用户的使用。以多道程序设计为基础的现代操作系统具有以下主要特征。

1. 并发性(Concurrency)

在操作系统中，并发是指多个事件在同一时间间隔内发生。对计算机而言，并发是指在一段时间内，多道程序“在宏观上同时运行”。显然，多道和并发是同一个事物的两个方面，正是由于多道程序设计的实现才导致了多个程序的并发执行。而程序的并发执行导致了多个程序竞争一台计算机，使得并行运行中的任何一个程序都处于已开始运行但又未结束的状态。

现代操作系统是并发系统的管理机构，其本身就是与用户程序一起并发执行的。程序的并发执行带来了程序串行执行所没有的新问题，并导致操作系统对程序管理的复杂化，以及操作系统本身的复杂化。

2. 虚拟性(Virtual)

虚拟是指把一个物理实体映射为多个逻辑意义上的实体。前者是客观存在的，后者是虚构的，是一种感觉性的存在，即主观上的一种假象。例如，在多道程序系统中，虽然只有一个 CPU，每次只能执行一道程序，但采用多道程序技术后，在一段时间间隔内，宏观上有多个程序在运行。在用户看来，就好像有多个 CPU 在各自运行自己的程序。这种情况就是将一个物理的CPU虚拟为多个逻辑上的CPU。逻辑上的CPU称为虚拟处理机，类似的还有虚拟存储器和虚拟设备等。

3. 共享性(Sharing)

操作系统是多道程序的管理机构。它使多个用户作业共享有限的计算机系统资源。由于资源是共享的，就必然会导致如何在多个作业之间合理地分配和使用资源，并且如何充分发挥计算机系统资源的利用效率的问题。从这个意义上讲，操作系统就是一个计算机系统的资源管理程序。

从概念上讲，计算机系统的所有资源都是共享的，但共享又分成两种不同的类型，即互斥共享和同时共享。所谓互斥共享是指资源的分配以作业(或进程)为单位，当一个作业未使用完这个资源前，别的作业不能同时使用。总的来说，这类资源毕竟是所有的作业(或进程)都可以使用的，故称为互斥共享。同时共享则是指多个作业“同时”使用资源，即当一个作业已开始使用某个资源但又尚未使用完毕，另一个作业也能使用。这种同时使用也是指在一段相当小的时间范围内允许多个作业轮流使用，因为一个物理设备是不可能在同一时刻真正同时完成多个任务的。

4. 不确定性(Nondeterministic)

所谓操作系统的不确定性，是指在操作系统控制下多道作业的执行顺序和每个作业的执行时间是不确定的。例如，有3个作业，两次或多次运行的执行序列可能不相同，每一个作业占有计算机的时间也可能不相同。

1.2.4 操作系统的功能

从资源管理的角度出发，作为管理计算机系统资源并控制程序运行的操作系统，其功能可以简单归纳如下。

1. 处理机管理

在单道作业或单用户的环境下，处理机被一个作业或一个用户所独占，对处理机的管理十分简单。但在多道程序或多用户的环境下，要组织多个作业同时运行，就要解决处理机的管理问题。在多道程序环境下，处理机的分配和运行都是以进程为单位的，因而对处理机的管理可归结为对进程的管理，包括以下几个部分。

(1) 进程控制。进程控制的主要任务是为作业创建进程，撤销已结束的进程以及控制进程在运行过程中的状态转换。

(2) 进程调度。进程调度的任务就是从进程的就绪队列中，按照一定的算法选择一个进程，把处理机分配给它，并为它设置运行现场，使之投入运行。

(3) 进程同步。为使系统中的进程有条不紊地运行，系统必须设置进程同步机制，以协调系统中各进程的运行。

(4) 进程通信。系统中的各进程之间有时需要合作，这就需要进行通信来交换信息。

2. 存储管理

存储管理的主要任务是为多道程序的运行提供良好的环境，方便用户使用存储器，并提高主存的利用率。存储管理包括以下几类。

(1) 地址重定位。在多道程序设计环境下，每个作业是动态装入主存的，作业的逻辑地址必须转换为主存的物理地址，这一转换称作地址重定位。

(2) 存储分配。存储管理的主要目的是为每道程序分配内存空间，在作业结束时要收回它所占用的空间。

(3) 存储保护。保证每道程序都在自己的主存空间运行，各道程序互不侵犯，尤其是不能侵犯操作系统空间。

(4) 存储扩充。一般来说，主存的容量是有限的。在多道程序设计环境下往往感到主存容量不能满足用户作业的需要。为此，操作系统存储管理的任务是扩充主存容量，这种扩充通过建立虚拟存储系统来实现，是逻辑上的扩充。

3. 设备管理

一个计算机系统的硬件，除了 CPU 和主存，其余几乎都属于外部设备，外部设备种类繁多，物理特性相差很大。因此，操作系统的设备管理往往很复杂。设备管理包括以下几类。

(1) 缓冲管理。由于 CPU 和 I/O 设备的速度相差很大，为缓和这一矛盾，通常在设备管理中建立 I/O 缓冲区，而对缓冲区进行有效管理是设备管理的一项任务。

(2) 设备分配。当用户发生 I/O 请求后，设备管理程序要依据一定的策略并根据系统中的设备情况，将所需设备分配给它。设备用完后要及时回收。

(3) 设备处理。设备处理程序又称设备驱动程序，对于未设置通道的计算机系统，其基本任务通常是实现 CPU 和设备控制器间的通信。即由 CPU 向设备控制器发出 I/O 指令，要求它完成指定的 I/O 操作，并能够接受由设备控制器发来的中断请求，给予及时的响应和处理。对于设置了通道的计算机系统，设备处理程序还应能根据用户的 I/O 请求，自动构造通道程序。

(4) 设备独立性和虚拟设备。设备独立性是指应用程序独立于物理设备，使用户编程与实际的物理设备无关。虚拟设备就是将一台物理设备映射为多台逻辑上的设备。

4. 文件管理

文件管理主要对系统中的软件资源进行管理，即对用户文件和系统文件进行管理。文件管理包括以下几项。

(1) 目录管理。为方便用户在文件存储器中找到所需文件，通常由系统为每一文件建立一个目录项，包括文件名、属性以及存放位置等，若干目录项又可构成一个目录文件。目录管理的任务是为每个文件建立目录项，并对目录项施以有效的组织，以方便用户按名存取。

(2) 文件读、写管理。文件读、写管理是文件管理的最基本功能之一。文件系统根据用户给出的文件去查找文件目录，从中得到文件在文件存储器上的位置，然后利用文件读、写指针，对文件进行读、写操作。

(3) 文件存取控制。为了防止系统中的文件被非法窃取或破坏，在文件系统中应建立有效的保护机制，以保证文件系统的安全性。

(4) 文件存储空间管理。所有的系统文件和用户文件都存放在文件存储器上，文件存储空间管理的任务是为新建文件分配存储空间，文件被删除后应及时回收所占用的空间。文件存储空间管理的目标是提高文件存储空间的利用率，并提高文件系统的工作效率。

5. 用户接口

操作系统除了对资源进行管理，还为用户提供相应的接口，通过使用这些接口达到方便使用计算机的目的。

(1) 命令接口。命令接口也称作业级接口，分为联机命令接口和脱机命令接口。联机命令接口是为联机用户提供的，它由一组键盘命令及其解释程序组成，当用户在终端或控制台输入一条命令后，系统便自动转入命令解释程序，对该命令进行解释并执行。在完成指令操作后，控制又返回到终端或控制台，等待接受用户输入下一条命令，这样用户可通过不断键入不同的命令达到控制作业的目的。

脱机命令接口是为批处理系统的用户提供的，在批处理系统中，用户不直接与自己的作业进行交互，而是使用作业控制语言的语句，将用户对其作业控制的意图写成作业说明书，然后将作业说明书连同作业一起，以卡片的形式提交给系统。当系统调度该作业时，通过解释程序对作业说明书进行逐条解释并执行。这样，作业一直在作业说明书的控制下运行，直到遇到作业结束语句时系统停止该作业的执行。这种工作方式已成为历史。

(2) 程序接口。程序接口是用户获取操作系统服务的唯一途径。程序接口由一组系统调用组成。每一个系统调用都是一个完成特定功能的子程序。早期的操作系统，系统调用都是用汇编语言写成的，因而只有在汇编语言写的应用程序中才可以直接调用，而在高级语言及C语言中，往往提供与系统调用一一对应的库函数，应用程序通过调用库函数来使用系统调用。近年来推出的操作系统中，如UNIX 系统，系统调用是用C语言编写，并以函数形式提供的，从而可在C语言编写的程序中直接调用。

(3) 图形接口。图形接口不需要记忆命令，图形接口的目标是对出现在屏幕上的对象直接进行操作，以控制和操纵程序的运行。这种图形用户接口大大减免了用户记忆的工作量，受到用户的欢迎。图形用户接口的主要构件是窗口、菜单和对话框。

1.2.5　操作系统的基本类型

不同的应用领域、不同的应用目的，对操作系统提出了不同的要求。如果让一个操作系统满足所有要求，那么这个操作系统将庞大无比，难有高效。因此，人们根据不同的环境，分别设计了不同类型的操作系统。

1. 批处理系统

批处理系统也称为作业流处理系统，主要用在科学计算的大中型机上。它的特点是采用脱机技术将众多的作业送入计算机系统，然后由批处理系统按批选择作业进行处理。在作业处理的过程中不需要用户的控制和干预，它所追求的目标是系统吞吐量大，作业周转时间短，资源使用效率高等。批处理系统可以分为单道批处理、多道批处理。

1) 单道批处理

单道批处理是早期计算机系统中配置的一种操作系统类型(类似于 DOS 下的批处理文件)，其特征如下。

(1) 作业依照在外存中排定的次序依次进入系统，不需作业调度和进程调度。

(2) 内存中仅有一道作业在运行。

(3) 作业完成次序依赖于进入系统的次序，即按顺序进行。

2) 多道批处理操作系统

多道批处理操作系统是结合多道程序设计技术的批处理系统具有如下特征。

(1) 作业进入系统并执行需经过二级调度，即作业调度和进程调度。

(2) 内存中可同时驻留多道作业，这些作业的运行，在宏观上并行、微观上串行。

(3) 作业完成次序与进入系统的次序无关。

2. 分时系统

分时系统是多用户共享系统，一般使用一台计算机连接多个终端，各用户通过相应的终端使用计算机。其特点是人—机交互性，即用户通过终端控制台向计算机主机提出处理请求，在主机上运行的操作系统检查用户提出的请求的合法性，检查通过后对该请求进行处理，然后将处理结果反馈给终端上的用户。

当多个用户同时工作时，在操作系统的管理下将 CPU 的执行时间划分成若干个时间片，轮流分给每一个终端上的用户服务，以合理的响应时间满足用户的要求，使得每一个用户都感觉自己独占一台计算机，分时工作方式如图 1.5 所示。

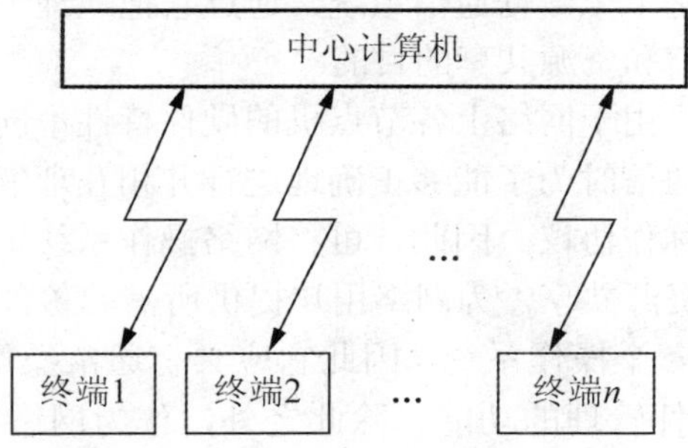

图 1.5　分时工作方式

分时系统的特点如下。

(1) 同时性：若干用户可以同时操作，共同使用系统同一资源。

(2) 独立性：用户在各自的终端上工作互不干扰，由于时间片很短，尽管系统轮流服务于多个用户，但每个用户都可以得到响应，没有明显等待的感觉，因此每个用户都认为自己独占计算机系统。

(3) 及时性：用户的请求能得到及时响应。

(4) 交互性：系统以对话方式为各个终端用户服务，用户在终端上通过与系统交互会话请求系统的服务，直接控制作业的运行。

3. 实时系统

实时系统一般总是以专用系统的身份出现，可分为实时控制系统和实时信息处理系统两种类型。

1) 实时控制系统

当把计算机用于生产过程的控制，并形成以计算机为中心的控制系统时，系统要求能实时采集现场数据，并对所采集的数据进行及时的处理，进而自动地控制相应的执行机构，使某些(个)参数(如温度、压力及方位等)能按预定的规律变化，以保证产品的质量和提高产量。类似地，也可将计算机用于武器的控制，如火炮的自动控制系统、飞机的自动驾驶系统，以及导弹的制导系统等。通常把要求进行实时控制的系统统称为实时控制系统。

2) 实时信息处理系统

通常，我们把要求对信息进行实时处理的系统，称为实时信息处理系统。该系统由一台或多台通过通信线路连接的远程终端组成，计算机接受从远程终端发来的服务请求，根据用户提出的问题，对信息进行检索和处理，并在很短的时间内为用户做出正确的回答。典型的实时信息处理系统有飞机订票系统及情报检索系统等。

实时控制系统和实时信息处理系统统称为实时系统。所谓"实时"，是表示"及时"、"即时"。而实时系统是指系统能及时(或即时)响应外部事件的请求，在规定的时间内完成对该事件的处理，并控制所有实时任务协调一致地运行。

4. 网络操作系统

简单地说，网络操作系统(Network Operating System，NOS)就是在计算机网络环境下具有网络功能的操作系统。

所谓计算机网络，就是一个数据通信系统，通过它把地理上分散的计算机和终端设备连接起来，以达到数据通信和资源共享的目的。

在计算机网络系统中，由于网络上各节点机的硬件特性不同，数据表示格式及其他方面的要求也不同。在相互通信时为了能够正确地进行并相互理解通信内容，各通信方之间应有许多约定，这些约定称作协议。因此，可将网络操作系统定义为使网上各计算机能方便有效地进行数据通信和资源共享，为网络用户提供所需的各种网络服务的软件集合。

网络操作系统首先是一个操作系统，因此它应具有通常操作系统具有的处理机管理、存储管理、设备管理和文件管理的功能。除此之外，作为网络操作系统，它还具有以下功能。

(1) 实现网络中各节点机之间的通信。

(2) 实现网络中硬、软件资源的共享。

(3) 提供多种网络服务软件。

(4) 提供网络用户的应用程序接口。

5. 分布式操作系统

分布式计算机系统(简称分布式系统)是由多台计算机组成的系统，且满足以下条件。

(1) 系统中任意两台计算机之间可以利用通信来交换信息。

(2) 系统中各台计算机之间无主次之分，既无控制整个系统的主机，也无受制于它机的从机。

(3) 系统中的资源为系统中的所有用户共享。用户往往只需了解系统中是否具有自己所需要的资源，而无需了解该资源位于哪台计算机上。

(4) 系统中的若干台计算机可以相互合作，共同完成同一任务。

分布式操作系统的主要特点是各节点的自治性；资源共享的透明性；各节点间的协同性；系统的坚定性。

分布式操作系统和单机的集中式操作系统的主要区别表现在通信、资源管理和系统结构 3 个方面。

分布式操作系统的主要特点如下。

(1) 系统状态的不精确性。在分布式系统中，系统内的各节点是自治的，它们并不向外界报告它们的状态信息。因此，在系统中很难获得完整的系统状态信息。另一方面，系统在收集各节点的状态信息时，因为信息在网上传输需要一定的时间，因而收到的信息可能是过时的。这些信息不能确切反映系统的当前状态。

(2) 控制结构的复杂性。在分布式系统中，各节点机之间不存在主从关系或层次关系，因而增加了控制机构的复杂性。首先，由于各节点的自治性，它们之间发生冲突的概率要高得多，使同步问题变得复杂，死锁问题也难以处理。其次，由于系统的透明性要求，使得系统故障的检测和用户操作的检查都增加了难度。

(3) 通信开销引起性能下降。网络通信开销是分布式系统开销的一个重要组成部分。在某些系统中，由于实时通信开销过大而被迫放弃。

1.3　操作系统的结构

操作系统是由很多相关模块组成的一组程序，它的每个模块的质量固然重要，它的整体结构更是有着决定性的作用。操作系统结构的研究引起了很多人的注意。人们通过软件开发的实践逐步认识到，软件结构是影响软件质量的内在因素，良好的结构可以提高软件的正确性、可维护性和工作效率。

1.3.1　无序模块式

早期的操作系统大多采用无序模块式结构，现在的一些小型操作系统仍采用这种结构。在这些系统中每个模块都有定义良好的接口，相互间的调用不受约束。这种方法的主要优点是结构紧密，组合方便，灵活性大。主要缺点是模块独立性差，系统结构不清晰，难以保证可靠性。操作系统规模庞大，结构复杂。它的研制周期很长，从提出需求、明确规格说明起到投入运行，一般历经数年。一个大型操作系统的研制，往往需要数千人年的工作量，而且很难保证正确性。操作系统模块之间的关系十分重要，如果不分层次、不加约束，就不能有效地工作。

1.3.2　分层式

荷兰科学家狄克斯特拉(E. W. Dijkstra)在 1968 年首次提出层次结构法。这种结构法将操作系统的模块分成多个层次，各层次之间是单向依赖关系。单向依赖是指只允许上层的模块调用下层的模块，不能反向调用。典型的操作系统的分层结构如图 1.6 所示，层次结构的中心是裸机本身所提供的各种功能，向外扩展的每一层都提供一种功能，这种功能只依赖该层以内的各个层次，这种结构的各层依次组成了一系列虚拟机，紧挨裸机的是操作系统内核，而最外层就是具备用户所需要功能的虚拟机。

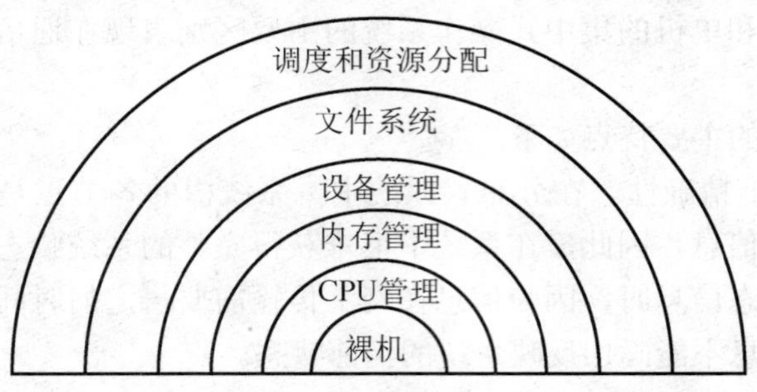

图 1.6　操作系统分层结构

实际运行的操作系统很少具有这样清晰的层次结构，因为这些操作系统开始设计时，人们对操作系统的结构原理并不像现在这样清楚，而且往往在设计阶段结束后会因某种需要而加进新的内容，以至损害了操作系统原来的层次结构。

1.3.3　客户/服务器模型

采用客户/服务器模型构造的操作系统的基本思想是把操作系统划分为若干进程，其中每个进程实现单独的一套服务(功能)。例如文件服务、进程服务、处理机调度服务及存储服务等。每一个服务对应一个服务器，每个服务器都运行在用户态，并执行一个循环，在执行循环过程中不断检查是否有客户请求该服务器提供的某种服务。客户可以是一个应用程序，也可以是另一操作系统程序。它通过发送一条消息给服务器请求一项服务。运行在核心态下的操作系统内核把消息传送给服务器。由服务器执行具体操作，其结果经由内核以消息的形式返回给用户，如图 1.7 所示。

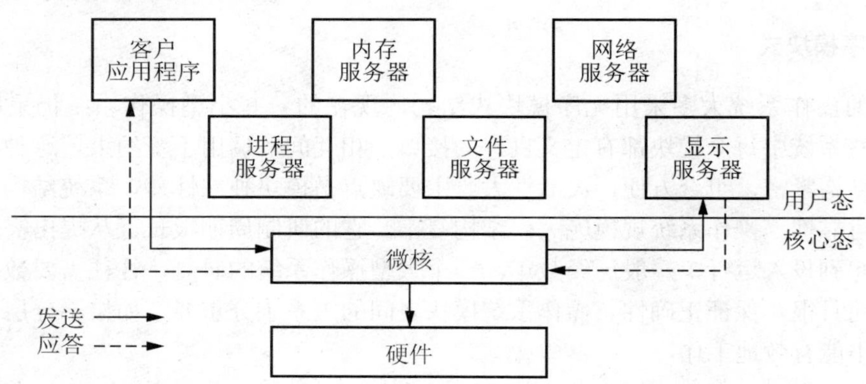

图 1.7　客户/服务器操作系统

在这种模型中，内核只执行很少的任务，称为微核或微内核。

采用客户/服务器模型的好处有如下几点。

(1) 简化操作系统核心。可以把很多功能作为独立的服务器进程移出核心。

(2) 改进可靠性和独立性。每个服务器在自己的地址空间中独立运行，因而防止了受其他进程的影响。此外，由于服务器运行在用户态，它们不直接访问硬件或者修改执行体的内存空间。

(3) 完全适宜于分布式计算模型。由于联网的计算机是以客户/服务器模型为基础，并且使用消息来通信，本地服务器可以容易地发送消息给客户应用程序的远程计算机。客户不需要知道某些请求是在本地得到服务还是在远程得到服务。

1.4 操作系统的硬件环境

任何系统软件都是建立在硬件基础上的，离不开硬件的支持。操作系统是加在裸机上的第一层软件，它的功能与运行直接依赖于硬件环境，与硬件的关系尤为密切。

1.4.1 CPU与外设并行工作

为了获得CPU与外设之间更高的并行能力，也为了让种类繁多、物理特性各异的外设能以标准的接口方式连到系统中，计算机系统中引入了各自独立的通道结构。

通道又称I/O处理机，它能完成主存和外设间的信息传输，并与中央处理器并行操作。通道技术实现了I/O操作的独立性和各部件工作的并行性，把CPU从繁琐的输入输出操作中解放出来。采用通道技术后，不仅能够实现CPU与通道的并行操作，而且通道与通道之间也能实现并行操作，各通道上的外设也能实现并行操作，从而达到提高计算机系统工作效率的目的。

通常一个CPU主存可以连接若干个通道，一个通道可以连接若干个控制器，一个控制器又可以连接若干个设备，即所谓四级连接。三级控制是指CPU执行I/O指令实施对通道的控制，通道执行通道命令对控制器实施控制，控制器控制设备执行相应的输入输出操作。

1.4.2 I/O中断

什么是中断？从操作系统的观点来看，中断是指对异步或例外事件的一种响应，该响应自动保存CPU状态，自动转入中断处理程序。

中断的引进，最初是为了实现外部设备和CPU的并行工作，这一概念后来被扩展了。现在，在系统中发生的需要处理机暂停正在执行的程序转而进行所要干预的所有事件，都要通过中断机构进行处理。这些事件(称为中断源)的类型与计算机的系统结构以及操作系统的设计关系重大。在计算机系统中，一般将中断分为以下几种类型。

(1) I/O中断。I/O中断是外部设备完成了预定I/O操作或I/O操作中出错所引起的中断。

(2) 程序中断。程序中断是程序中的错误引起的中断。

(3) 硬件故障中断，或称机器检验中断。

(4) 外中断。外中断来自外部信号，这些信号可能来自其他的机器。外中断还包括时钟中断，以及来自键盘的中断。

(5) 访管中断。访管中断是由机器中的访管指令引起的中断。

用户程序在执行过程中，当中断发生时，硬件的中断机构首先判断发生的中断类型，保护当前的处理机状态，以便将来进行恢复。其次，根据中断类型自动转入预先规定好的中断处理程序。最后，当中断处理程序结束时，恢复现场并返回被中断的程序。中断的处理过程如图1.8所示。图中的PSW为程序状态字，用来控制指令的执行顺序、保存和指示与当前正在执行的程序有关的系统状态，即所说的处理现场。每一类型的中断都有与之相关的两个程序状态字，即旧 PSW 和新 PSW。中断前的程序状态字称为旧 PSW，中断后的程序状态字称为新 PSW。

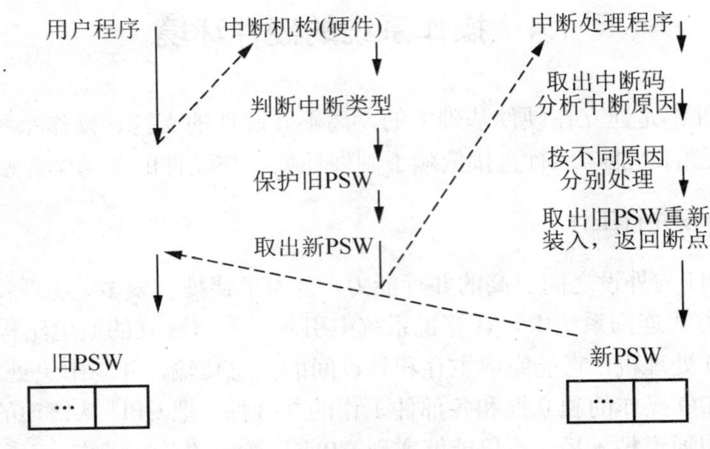

图 1.8 中断的处理过程

1.4.3 管态与目态

为了便于构造安全可靠的操作系统，现代计算机硬件都提供了两种处理机状态：管态和目态。该状态由一位触发器标识，通常属于程序状态字 PSW 的一部分，即 PSW 中的一位。

管态也称核态或系统态。机器处于管态时程序可执行硬件所提供的全部指令，包括特权指令和非特权指令。由于利用特权指令可修改程序状态字，因而在管态下可以修改机器状态，通常操作系统程序在管态下运行。

目态也称常态或用户态。机器处于目态时程序只能执行硬件机器指令系统的一个子集，即非特权指令集合。通常，用户程序在目态下运行。如果用户程序在目态执行特权指令，硬件将产生中断，由操作系统获得控制，特权指令的执行被制止。设置管态和目态的目的是赋予操作系统特权执行某些特殊指令，以保证计算机系统的安全工作。

1.4.4 存储保护

在多道程序计算机系统中，除了操作系统驻留内存外，可允许多个用户作业同时驻留内存。为了防止执行中的用户程序对其他用户程序或操作系统造成有意或无意的破坏，计算机系统必须提供存储保护机构，用以限定程序有权访问的内存地址范围，这是保证系统安全运行的基本条件之一。常用的硬件存储保护技术有两种。

1. 界限寄存器

界限寄存器方法是在 CPU 中设置一对界限寄存器，分别存放现行程序在内存中的下限地址和上限地址，每当执行访内操作时，硬件将自动检查被访问的内存地址是否处于寄存器所限定的地址范围内，若越出范围便产生地址越界中断，表示这是非法访问。只有操作系统可以访问全内存。

2. 存储保护键

存储保护键是由若干二进位组成的标志。一些计算机系统将内存划分成若干定长的存储块，并赋予每个存储块一个附加的不在编址范围内的存储保护键。当有作业进入内存时，操作系统赋予它一个唯一的保护键码，并将分配给该作业的各存储块也设置成同样的保护键码。当该作业被调度到 CPU 上执行时，操作系统同样将其保护键码置入现行 PSW 中“键”字段中。此后每当执行访内操作时，硬件将先检查该存储块的保护键码与现行 PSW 中键值是否匹配。若匹配才允许访问。对操作系统程序通常赋予一个特殊的保护键码，如二进位组成的全“0”或全“1”码。它赋予操作系统可以访问全内存的特权。

1.5 当前主流操作系统简介

在计算机发展过程中，产生许多应用于不同类型计算机，具有不同功能、不同特点的操作系统，下面介绍几种实用的操作系统。

1.5.1 Windows 操作系统

从 20 世纪 90 年代起，在个人操作系统领域，微软公司的 Windows 个人操作系统系列占有主流。包括 Windows 1.0、Windows 2.0、Windows 3.x、Windows 95、Windows 98、Windows 2000、Windows XP、Windows Vista、Windows 7、Windows 8。Windows 操作系统特点如下。

(1) 具有丰富多彩的图形用户界面，以全新的图标、菜单和对话方式支持用户操作，使计算机的操作使用更方便、更容易。

(2) 支持多任务运行，多任务之间可方便地切换和交换信息。

(3) 充分利用了硬件的潜在功能，拥有虚拟存储功能等内存管理能力。

(4) 提供了方便可靠的用户操作管理，如程序管理器、文件管理器、打印管理器、控制面板等操作，可完成对文件、任务和设备的并行管理。

(5) 操作系统提供了功能强大的、方便使用的工具软件和实用软件，如文字处理软件、绘图软件、通信软件、办公实用化软件等。

1.5.2 Windows NT 操作系统

Windows NT 是 Microsoft 推出的可在个人机和其他各种 CISC、RISC 芯片上运行的真正 32 位、多进程、多道作业的操作系统，并配置了廉价的网络和组网软件，应用程序阵容强大。NT 即 New Technology 之意，Windows NT 主要是为客户机/服务器而设计的操作系统。它采用了抢占式多任务调度机制(Preemptive Multitasking)，每一应用系统能够访问 2GB 的虚拟存储器空间，建立在通用计算机代码 Unicode(UCS 的子集)的基础上。Windows NT 特点如下。

(1) 可扩充性好，基于微内核的概念，适应环境变化。

(2) 可移植性好，系统主体采用 C、C++编程，具有处理器分立和操作平台分立的特性。

(3) 具有独立的可装卸的驱动程序，使 I/O 控制和操作更加灵活。

(4) 具有较好的可靠性、稳固性和安全性，采用结构化异常处理，抵御硬件和软件错误。

(5) 具有较好的兼容性，针对 16、32 位操作和多种操作系统平台提供二进制兼容。

1.5.3 UNIX 操作系统

UNIX 操作系统是全球闻名的功能强大的分时多用户多任务操作系统，最早由美国电话与电报公司(AT&T)贝尔实验室研制。在 1969 年以来，广泛配置于大、中、小型计算机上。随着微型机系统功能的增强，逐渐下移配置到个人计算机和微机工作站上。它的早期微机版本被称为 XENIX 系统，目前，已将 UNIX 系统的 4.x 版本在微机上实现运行。UNIX 系统是一种开放式的操作系统，它具有以下特点。

(1) 它是一个真正的多用户、多任务的操作系统，也是一种著名的分时操作系统。

(2) 具有短小精悍的系统内核和功能强大的核外程序，前者提供系统基本服务，后者则向用户提供大量的强功能服务，这种两层结构既方便了系统应用和维护，又方便了系统的扩充。

(3) 具有典型的树型结构的文件系统，并可建立可拆卸的文件子系统(文件存储系统)。

(4) 具有良好的可移植性，便于系统开发和应用程序开发。

(5) 虽然用户操作界面多采用命令行方式，但其强有力的 SHELL 编程环境，既成为命令解释工具，又成为一种编程语言。并具有 X-Window 等强大的图形显示环境。

1.5.4 Linux 操作系统

Linux 操作系统是 UNIX 操作系统在微机上的实现，它最早于 1991 年开发出来并在网上免费发行。Linux 的开发得到了 Internet 上许多 UNIX 程序员和爱好者的帮助，可以说它是由一群志愿人员开发出来的操作系统，整个操作系统的设计是开放式和功能式的。Linux 操作系统有如下特点。

(1) Linux 是一个完全多任务多用户操作系统，同时融合了网络操作系统的功能。允许多用户同时登录到一台机器上同时运行多道程序。它还支持虚拟控制台，这种虚拟控制台可使用户在多个登录上进行转换。

(2) Linux 可支持各种类型的文件系统。Ext2 文件系统已被设计为 Linux 专用。

(3) Linux 支持 TCP/IP 网络协议的实现。支持多种以太网卡及个人计算机的接口。同时还支持 TCP/IP 客户与服务器功能，如 WWW、FTP、Telnet 等。

(4) Linux 支持字符和图形界面。现在使用的图形界面是 X Free86 版，它支持多种显示器，是一个完整的 X 窗口软件。

1.6 本章小结

本章主要讨论了操作系统的形成和发展、操作系统的基本概念、操作系统的结构、操作系统的硬件环境以及当前主流操作系统简介。

操作系统的形成和发展经历了 4 个阶段：人工操作方式、脱机输入/输出技术、批处理技术、多道程序设计技术。

操作系统(Operating System，缩写为 OS)就是有效地管理计算机系统中的各种资源，合理地组织计算机的工作流程，以方便用户使用的一组软件的集合。操作系统具有处理机管理、存储管理、设备管理、文件管理和用户接口五大管理功能。

当前主流操作系统有 Windows 操作系统、Windows NT 操作系统、Unix 操作系统、Linux 操作系统。

1.7 习 题

1. 填空题

(1) 计算机系统是由______和______两部分内容所组成的。为了使计算机系统能协调一致地工作，就需要由______对系统中的资源进行管理。

(2) 操作系统中引入多道程序设计技术以后，宏观上并行、微观上串行。同时存在于内存中并处于运行状态的多道作业从宏观上看是______，微观上看是______。

(3) 操作系统就是有效地管理计算机系统中的各种______，合理地组织计算机的______，以方便用户的一组______构成的集合。

(4) 所谓操作系统的不确定性，是指在操作系统控制下多道作业的______和每个作业的______是不确定的。

(5) 从资源管理的角度出发，作为管理计算机系统资源、控制程序运行的操作系统，其功能可以简单归纳为______、______、______、______、______。

(6) 为了便于构造安全可靠的操作系统，现代计算机硬件都提供了两种处理机状态。这两种状态分别是______和______。

(7) 现代操作系统具有 4 个主要特征：______、______、______和______。

(8) 操作系统是加在______上的第一层软件，它的功能与运行直接依赖于硬件环境，与硬件的关系尤为密切，______和______是实现多道程序设计技术的基础。

2. 综合题

(1) 什么是操作系统？操作系统的基本特征是什么？

(2) 操作系统在计算机系统中处于什么地位？具有哪些功能？

(3) 操作系统具有哪些基本类型？

(4) 操作系统提供哪些接口？它们的作用是什么？

(5) 操作系统的结构在发展过程中发生了哪些变化？

(6) 什么是通道？通道的作用是什么？

(7) 什么是管态和目态？为什么设置管态和目态？

(8) 假设在内存中有 3 道程序 A、B、C，并按 A、B、C 的优先次序运行，其中 A 程序的运行记录：计算 30ms，I/O 操作 40ms，计算 10ms；B 程序的运行记录：计算 60ms，I/O 操作 30ms，计算 10ms；C 程序的运行记录：计算 20ms，I/O 操作 40ms，计算 20ms。试画出按多道程序运行的时间关系图(调度程序的时间忽略不计)，完成这 3 道程序共花多少时间？比单道运行节省多少时间？

第2章 作业管理

教学目标

通过本章的学习，使学生了解和掌握作业的概念，掌握作业调度的基本算法，以及操作系统为用户提供的几种接口。

教学要求

知识要点	能力要求	关联知识
作业的概念	(1) 了解作业的概念 (2) 了解作业的执行过程	作业、作业执行过程
作业的调度	(1) 掌握并理解作业的状态及相互转换 (2) 理解作业调度算法	后备状态、提交状态、运行状态、完成状态；先来先服务算法、最短作业优先算法、响应比优先算法
用户与操作系统接口	(1) 了解用户与操作系统的几种接口方式 (2) 了解用户级的几种接口方式	系统调用、用户图形接口
作业控制	(1) 了解作业控制的几种方式 (2) 了解 SPOOLing 系统	脱机控制方式、联机控制方式、SPOOLing 系统功能原理

重点难点

- 作业的概念
- 作业的执行过程
- 作业的调度算法
- 用户与操作系统接口

2.1 作业的概念

作业，即用户在计算机系统中完成一个任务的过程。一个作业由 3 部分组成，即程序、数据及作业说明书。其中，作业说明书体现了用户对作业的控制意图。

作业说明书包含 3 个方面，即作业的基本信息、作业的控制信息及作业的资源信息。其中作业的基本信息主要包括用户名、使用的编程语言、作业名、作业的优先级和作业的最大处理时间。作业的控制信息主要包括作业的控制方式、作业控制顺序及出错处理。作业的资源信息主要包括外设的种类、数量和内存的大小等。

在一般应用系统中，作业由输入开始到输出结束，由操作员通过用户在终端设备上输入到计算机系统中，然后发出“编译”命令，计算机系统接到这条命令后，将编译程序调入内存并启动它工作。编译程序将记录在计算机中的源程序进行编译并产生浮动目标程序模块。然后，用户发送“连接”命令，操作系统执行该命令，生成一个完整且可执行的内存映象程序，最后发出“执行”命令，由操作系统启动内存映象程序运行，从而计算出结果，其过程为(编辑)→源文件(编译)→目标文件(连接)→可执行文件。

2.2 作业的调度

对用户来说，作业开始是没有的，它经历了一个从无到有而最终消亡的过程，每个阶段称为作业的状态。从准备好的作业中调入一个作业到内存中运行，称为作业的调度。调度又有几种常用的算法，即先来先服务算法，最短作业优先算法，响应比优先算法。

2.2.1 作业的状态及其转换

一个作业从进入系统到退出系统一般要经过提交、后备、执行、完成这 4 个状态。其状态及转换如图 2.1 所示。

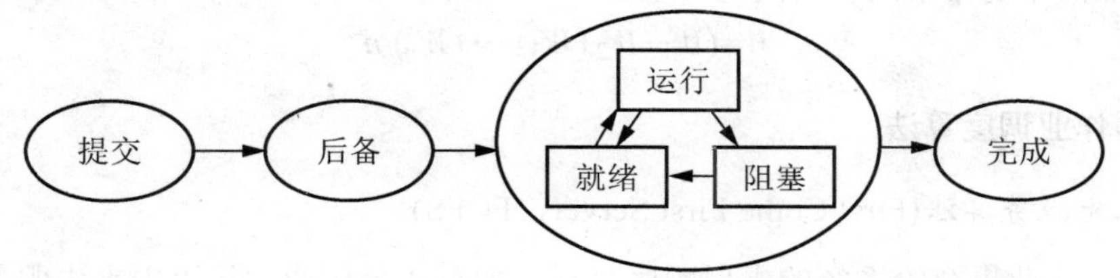

图 2.1 作业状态及转换图

(1) 提交状态。一个作业通过用户由输入设备进入输入系统的过程，称作提交状态。

(2) 后备状态。作业提交后，由系统为该作业建立作业控制块(JCB，Job Control Block)，并把它插入后备作业队列中，等待作业调度程序的调度，由于随时有被调度的可能，因此称作后备状态。

(3) 执行状态。后备状态的作业若被作业调度选中，并且分配了必要的资源，由作业调度程序建立相应的进程。这一状态被称为执行状态。

实质上，从微观上来看，处于执行状态的作业分 3 种状态，即运行、就绪和阻塞。

(4) 完成状态。当作业执行结束后，进入作业完成状态。此时，由作业调度程序对该作业进行善后处理，主要表现为撤销作业的作业控制块，并回收此作业占用的系统中的资源数。最后，将作业的结果输出到外设之中。

当一个作业结束后，系统按当时资源分配情况及规定的调度算法，再从后备队列中选择另一个作业投入执行。

2.2.2 作业调度

作业调度就是按一定的算法从后备队列中选择一个作业送入内存执行，并在作业完成后处理善后工作的过程。

(1) 作业调度的功能。记录进入系统的各个作业情况，作业一旦进入系统，系统即为该作业分配作业控制块 JCB。

(2) 从后备作业中挑选一些作业投入运行。一般而论，系统中后备状态作业较多，而在 CPU 中运行的不能很多，这就要求作业调度程序必须按规定的调度策略来选择若干作业进入运行状态。

(3) 为选中的作业做执行准备。作业从后备状态进入执行状态，需要建立相应的进程，分配进程所需的内存资源、外设资源，这些都交给调度程序。

(4) 善后工作处理。当作业因某种原因退出或执行完毕后，作业调度程序回收作业原先占用的资源，撤销进程及 JCB，并输出结果。

作业调度的性能衡量。一个作业调度性能的优劣，往往用作业平均周转时间和作业平均带权周转时间来衡量。

作业周转时间为 T_i，$T_i=T_{ei}-T_{si}$。其中 T_{ei} 为完成时间，T_{si} 为提交时间。

作业的带权周转时间为 $W_i=T_i/T_{ri}$。其中 T_{ri} 为作业 i 运行时间，若有 n 个作业，则 n 个作业平均周转时间 T 为

$$T=(T_1+T_2+T_3+\cdots+T_n)/n$$

n 个作业的平均带权周转时间为

$$W=(W_1+W_2+W_3+\cdots+W_n)/n$$

2.2.3 常用作业调度算法

1. 先来先服务算法(First Come First Server，FCFS)

该算法按作业提交给系统的先后顺序执行，如有 4 个作业，按“先来先服务”算法，则 4 个作业的运行情况见表 2-1。

表 2-1 4 个作业的先来先服务算法

作业号	提交时间	运行时间	开始时间	完成时间	周转时间	带权周转时间
1	1:00	2	1:00	3:00	2	1
2	2:00	1.5	3:00	4:30	2.5	4/3
3	2:30	0.5	4:30	5:00	2.5	5
4	3:00	1	5:00	6:00	3.0	3
T=2.5						
W=(9+4/3)/4						

“先来先服务”这种算法简单，但没考虑短作业先运行。

2. 最短作业优先算法(Shortest Job First，SJF)

该算法以作业运行时间为衡量标准，从所有作业中选取一个运行时间最短的作业，优先为它们创建进程和分配资源。该算法优先考虑短作业，它效率比较高且容易实现。缺点是只考虑短作业，而忽略了长作业。还是用刚才那个例子，若选择短作业优先，则 4 个作业的运行情况见表 2-2。

表 2-2 4 个作业的最短作业优先算法

作业号	提交时间	运行时间	开始时间	完成时间	周转时间	带权平均周转时间
1	1:00	2	1:00	3:00	2	1
2	2:00	1.5	4:30	6:00	4	8/3

续表

作业号	提交时间	运行时间	开始时间	完成时间	周转时间	带权平均周转时间
3	2:30	0.5	3:00	3:30	1	2
4	3:00	1	3:30	4:30	1.5	1.5
T=(2+4+1+1.5)/4 W=(1+8/3+2+3/2)/4						

短作业优先算法可以使得同一时间内处理的作业个数最多，但长作业往往长时间得不到调度，甚至不可能调度。

3. 响应比优先算法(Highest Response-ratio Next，HRN)

响应比= (作业等待时间+作业执行时间)/作业执行时间

响应比优先即算出的响应比最高的先执行。以上例为例，当 1 号作业完成后，其他各作业响应比如下。

$$J_2=(1+1.5)/1.5=(5/2)/(3/2)=5/3$$

$$J_3=(0.5+0.5)/0.5=2$$

$$J_4=1/1=1$$

所以 J_3 作业响应，当 J_3 作业完成后 J_2、J_4 响应比分别如下。

$$J_2=(1.5+1.5)/1.5=3/(3/2)=2$$

$$J_4=(0.5+1)/1=1.5$$

所以 J_2 响应，最后 J_4 响应。

则响应比优先得出，见表 2-3。

表 2-3 作业响应优先比

作业号	提交时间	运行时间	开始时间	完成时间	周转时间	带权平均周转时间
1	1:00	2	1:00	3:00	2	1
2	2:00	1.5	3:30	5:00	3	2
3	2:30	0.5	3:00	3:30	1	2
4	3:00	1	5:00	6:00	3	3
T=(2+3+1+3)/4 W=(1+2+2+3)/4						

2.3 用户与操作系统的接口

操作系统的用户必须使用计算机的资源来解决问题，因此，操作系统必须提供有效安全的服务来支持用户。而操作系统提供了两种接口，一种是系统调用接口，另一种是作业级的用户接口。

2.3.1 系统调用

操作系统设置了一组用于各种系统功能的子程序，供应用程序所调用。而应用程序调用此程序必须用到系统调用，与一般过程调用不同。

(1) 一般过程调用，调用与被调用都处于某个相同的状态，要么是用户态，要么是系统态。而系统调用中被调用处于系统态，调用处于用户态。

(2) 一般过程调用不涉及系统状态转换，而系统调用中则需要由用户态向系统态转换。

(3) 一般过程调用完成后可直接返回，而系统调用后，则需要对运行的进程做优先权分析，然后再做判断。

在计算机系统中，设置了一些系统调用命令，并赋给每个系统调用命令一个唯一的系统调用号。

用户程序执行系统调用，其过程如下。

(1) 先把用户程序的现场保留下来，并把系统命令的编号放入指定的存储单元中。

(2) 根据系统调用命令的编号，访问系统调用例行程序入口地址表，找到相应子程序的地址，然后去执行。

(3) 现场把系统调用的返回参数送入指定的存储单元，如图 2.2 所示。

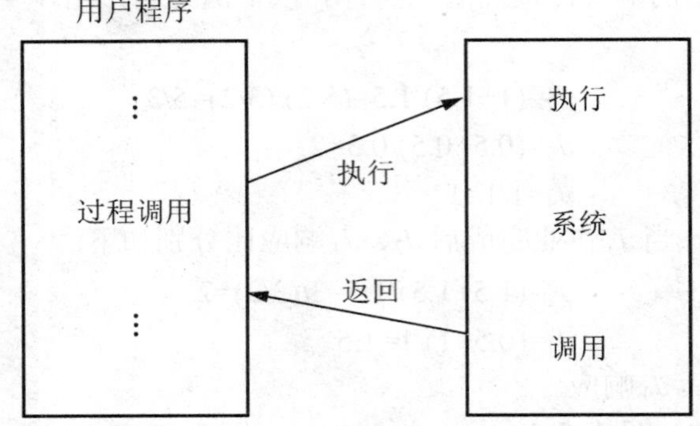

图 2.2　用户程序执行系统调用的过程

2.3.2　作业级的用户接口

1. 作业控制语言

在脱机方式时，用户必须使用准备好的作业申请表、操作说明书以及程序和数据。其中作业申请表为用户向系统提出执行作业的请求，而执行用户对作业的控制意图则构成作业命令组合的控制语言。

2. 作业控制命令

作业控制命令是一种联机命令接口。当用户在控制台上输入一键盘命令之后，由命令解释程序进行分析，然后传达给相应命令的处理程序。它包括一组联机命令、终端处理程序和命令解释程序。

3. 用户图形接口

20 世纪 90 年代的主要操作系统都提供了图形用户接口，这种接口使用户使用计算机更方便、更直观。这种图形用户接口主要有窗口、图标、对话框等。

2.4　作业控制

按计算机系统中作业处理方式的不同，把作业分成脱机作业和联机作业。

脱机作业由一种控制命令组成，用户不参与计算机系统的交互，而是用控制命令写成作业操作说明书交给系统。当系统调度到该作业时，系统就按作业说明书中的命令来执行。

联机作业是指用户直接与计算机系统交互，通过控制台或终端输入操作命令来控制作业。一般地，用户输入一个命令后，就转入命令的解释与执行，完成指令的功能，然后返回控制台，等待下一命令的执行。

2.4.1 脱机控制方式

在脱机控制方式下，用户用作业控制语言编制对作业的控制，并且交给系统，而系统则控制整个作业。

脱机控制方式下作业的输入与输出：在脱机控制方式中，由于主机的运行速度快而外设速度较慢，难以实现主机与外设的并行工作，造成计算机系统工作效率不高。这就需要在主机与外设之间增加一个卫星机，专门处理输入/输出数据。数据输入时，先把数据从外设输入到卫星机上，然后再传送到主机。输出时，数据从主机输入到卫星机后，再传送给输出设备。

2.4.2 联机控制方式

联机控制方式是人机交互的一种控制方式。用户发出命令后，计算机立即做出某种响应。

作业的联机输入/输出方式也称为SPOOLing操作方式，它不再使用单独卫星机，而是利用主机和相应通道来实现，而且使用大量磁盘作后援存储器，CPU可直接对其存取数据。

SPOOLing系统包括输入程序模块和输出程序模块，其功能如下。

(1) 将输入设备的信息输入到输入井上。

(2) 系统或用户程序从辅存输入井中读出信息。

(3) 系统或用户程序将输出数据输出到输出井。

(4) 从辅存输出井中将数据输出给外设。

SPOOLing系统的功能原理如图2.3所示。

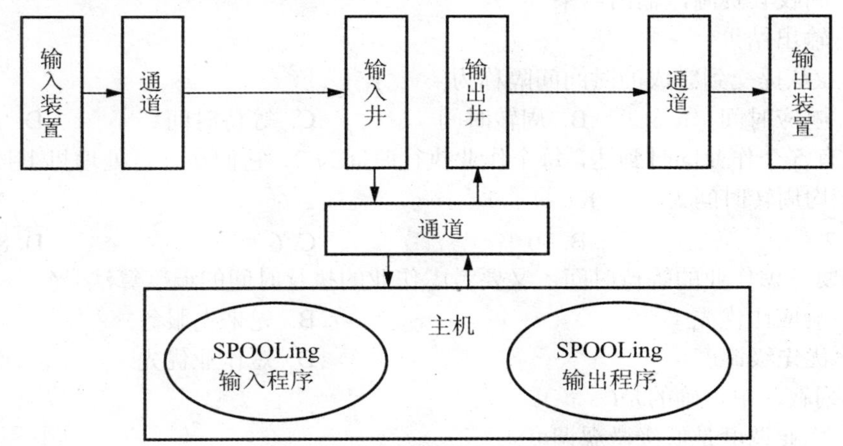

图2.3 SPOOLing系统功能原理示意图

2.5 本章小结

本章讨论了作业的基本概念、作业的调度、用户与作业的界面、作业的控制等几个问题。

作业有 4 种不同的状态：提交状态、后备状态、执行状态及完成状态。计算机从提交状态进入后备状态，然后由作业调度并得到系统资源，则进入执行状态，完成后进入完成状态。

作业调度指的是从后备状态到完成状态的转换。它的任务就是按某种策略从后备状态的作业中选择出一个作业装入主存开始执行，在作业完成后进入善后处理，其调度的算法主要有先来先服务、短作业优先和响应比优先等算法。

用户与操作系统的接口主要分成命令接口和程序接口。

对作业的控制有两种方式：脱机作业控制和联机作业控制。

2.6 习　题

1. 选择题

(1) 作业由(　　)3 个部分组成。

A. 程序、数据和作业说明书　　B. 程序、算法和作业说明书

C. 程序、JCB 和作业说明书　　D. 程序、函数和作业说明书

(2) 作业调度程序是从(　　)状态的队列中选取适当的作业投入运行。

A. 提交　　B. 后备　　C. 运行　　D. 完成

(3) 当作业进入完成状态后，操作系统(　　)。

A. 删除该作业，回收资源，输出结果

B. 将该作业的控制块从当前作业队列中删除，回收其资源，输出结果

C. 回收其资源，输出结果

D. 输出结果

(4) 作业从提交到完成的时间间隔称为(　　)。

A. 响应时间　　B. 周转时间　　C. 等待时间　　D. 运行时间

(5) 设有 5 个作业同时到达，每个作业执行时间为 2，它们在一台处理机上按单到方式运行，则平均周转时间为(　　)。

A. 2　　B. 10　　C. 6　　D. 8

(6) 既要考虑作业的等待时间，又要考虑作业的执行时间的调度算法是(　　)。

A. 响应比优先　　B. 先来先服务

C. 优先级调度　　D. 短作业优先

(7) 下列叙述中正确的是(　　)。

A. 作业调度是低级微观调度

B. 进程调度是高级宏观调度

C. 作业提交方式有两种，但对应的作业控制方式只一种

D. 经调度后的作业才有资格获取处理机，但并不一定占有它，并在其上运行

2. 简答题

(1) 简述程序、作业、进程之间的联系与区别。

(2) 作业的控制方式有哪几种？各有何特点？

(3) 假设有 4 个作业同时到达，每个作业的执行时间均为一个小时，它们在同一台处理机上按单道方式运行，则平均周转时间为多少？

3. 应用题

设有 3 道作业，采用不可抢占式调度方式，它们的提交时间和运行时间见表 2-4。

表 2-4 3 道作业的提交时间和运行时间

作 业 号	提交时间(h)	运行时间(h)
1	12:00	2
2	12:10	1
3	12:25	0.25

试用先来先服务和最短作业优先的调度算法，分别求其平均周转时间。

第 3 章　处理机管理

教学目标

通过本章的学习，使学生掌握进程的概念、进程控制、进程调度、进程同步、进程通信以及进程间的死锁等问题。

教学要求

知识要点	能力要求	关联知识
进程的定义和特征	(1) 了解进程引入的原因 (2) 掌握进程的定义、特征	进程、进程的特征
进程的描述	(1) 了解进程的 3 个组成部分 (2) 理解进程控制块的作用 (3) 理解进程的几种状态及状态间的转换	进程的组成、进程控制块、进程的基本调度状态
进程控制	(1) 掌握原语的概念及特征 (2) 了解进程控制中常用的几种原语	原语、不可分割、创建原语、撤销原语、阻塞原语等
进程调度	(1) 理解进程调度的概念 (2) 掌握进程调度的两种方式 (3) 理解进程调度的常用算法	进程调度、剥夺式调度、非剥夺式调度、先来先服务算法、轮转调度等
同步与互斥	(1) 理解并掌握同步与互斥的概念 (2) 理解并掌握信号量的概念及使用方法 (3) 理解并掌握 P、V 操作 (4) 理解典型的进程同步与互斥问题	同步、互斥、临界区、临界资源、信号量、P 操作、V 操作、消费者生产者算法、读者写者算法
线程	(1) 掌握线程的概念 (2) 理解线程与进程的关系	线程与进程的关系、线程的类型
死锁	(1) 掌握死锁产生的原因 (2) 理解死锁的概念 (3) 掌握死锁的预防、避免算法	死锁、死锁的必要条件、死锁的预防、死锁的避免——银行家算法

重点难点

- 同步和互斥、信号量的概念
- P、V 操作
- 使用信号量实现进程的同步、互斥问题—生产者和消费者、读者和写者问题
- 线程
- 死锁问题

3.1　进程的定义和特征

进程(Process)是操作系统中最基本、最重要的概念。它是在多道程序系统出现后，为

了刻画系统内部出现的情况，描述系统内部各并发程序的活动规律而引入的。在多道程序系统中，程序并不能独立运行。独立运行和资源分配的基本单位是进程。用进程的观点来研究操作系统，可深入地了解和把握系统内部的动态活动，这就是所谓研究操作系统进程的观点。进程也是对操作系统进行设计的一个重要概念。在多道程序系统中，程序和程序之间必定会存在相互依赖、相互制约的复杂关系，通过进程间的同步和通信可以很好地协调这些关系。显然，在操作系统中，进程是一个极为重要的概念，而且进程的概念是对程序的抽象，所以并不直观。掌握进程概念，是学习现代操作系统的十分重要的一环。

3.1.1　进程的引入

多道程序系统的特点首先是并行性，即同时存放在主存中的多道程序在系统中同时处于运行状态。其次，这些并行执行的程序之间存在着相互依赖、相互制约的关系。另外，不论是系统程序还是用户程序，由于它们并行地在着系统中运行，并且有着各种复杂的制约关系，所以它们在系统内部所处的状态不断发生变化，时而在 CPU 上执行，时而因某种原因被暂停执行。由于在这样一个多道程序系统所带来的复杂环境中，使程序具有了并行、制约和动态的特性，使得原来的程序难以刻画和反映系统中的每一瞬间的状况。因此，需要引进一个新的概念——进程。

1. 从顺序程序设计谈起

自从计算机问世以来，人们广泛地使用“程序”这一概念。在多道程序设计出现以前，“程序”的最大特征是它的顺序性，即顺序执行。实际上应把它称为“顺序程序”，但是因为这一性质是不言而喻的，所以就简称为“程序”。下面我们用一个简单的例子来说明顺序程序的某些重要特性。

我们假设有 n 个作业，而每个作业都由 3 个程序段 I_i、C_i、P_i 组成。其中，I_i 表示从输入机上读入第 i 个作业的信息。C_i 表示执行第 i 个作业的计算。P_i 表示在打印机上打印出第 i 个作业的计算结果。在早期的计算机中，每一作业的这 3 个程序只能是一个接一个地顺序执行。也就是输入、计算和打印三者串行工作，并且前一个作业结束后，才能执行下一个作业，如图 3.1 所示。

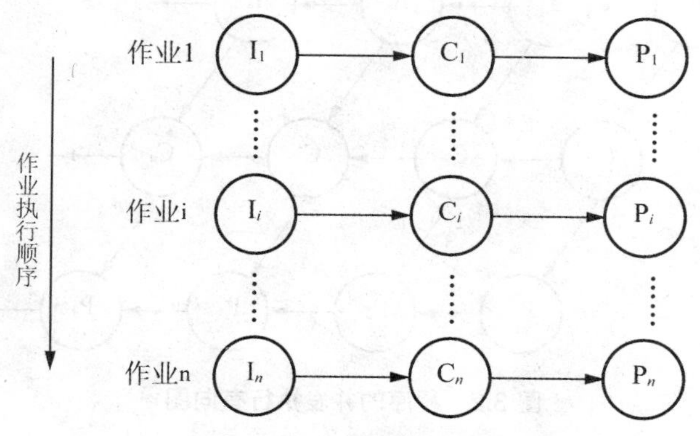

图 3.1　程序的顺序执行

显然，程序的顺序执行具有如下特性。

(1) 当顺序程序在处理机上执行时，处理机严格地顺序执行程序规定的动作。每个动作都必须在前一动作结束后才能开始。除了人为干预造成机器暂时的停顿外，前一动作的结束就意味着后一动作的开始。程序和机器执行程序的活动是一一对应的。

(2) 一个程序在机器中运行时，它独占全机资源，除了初始状态外，只有程序本身规定的动作才能改变这些资源的状态。

(3) 程序的执行结果与其执行速度无关。也就是说，处理机在执行程序的两个动作之间如有停顿不会影响程序的执行结果。

上述特点概括起来就是程序的封闭性和可再现性。所谓封闭性指的是程序一旦开始执行，其计算结果就只取决于程序本身，除了人为改变机器运行状态或机器故障外，不受外界因素的影响。所谓可再现性是指当该程序重复执行时，必将获得相同的结果。这给程序的调试带来了很大的方便。

2. 程序的并发执行和资源共享

为增强计算机系统的处理能力和提高各种资源的利用率，现代计算机系统中普遍采用了多道程序设计技术。与单道程序相比，多道程序的工作环境发生了很大变化。

1) 程序的并发执行

采用多道程序设计技术后，系统中各个部分不再以单纯的串行方式工作。换句话说，在任一时刻，系统中不再只有一个作业在活动，而是存在着许多并行的活动。从硬件方面看，处理机、各种外设存储部件常常并行工作着；从程序活动方面看，则可能有若干个作业程序或者同时，或者相互穿插地在系统中被执行。这就是说，有很多程序段是可以并发执行的。所谓并发执行是指两个程序的执行在时间上是重叠的，即使这种重叠只有很小一部分。程序的并发执行已成为现代操作系统的一个基本特征。

现在我们回到图 3.1 的例子。对于任何一个作业 i，其输入操作 I_i、计算操作 C_i 和打印操作 P_i 三者必须顺序执行，但对 n 个作业来说，则有可能并发执行。例如，输入程序在输入完第 i 个作业程序后，计算程序在对第 i 个作业进行计算的同时，再启动输入程序，输入第 i+1 个作业程序，这就使得第 i+1 个作业的输入和第 i 个作业的计算能并发执行。输入、计算、打印程序对一批作业进行处理的执行顺序如图 3.2 所示。

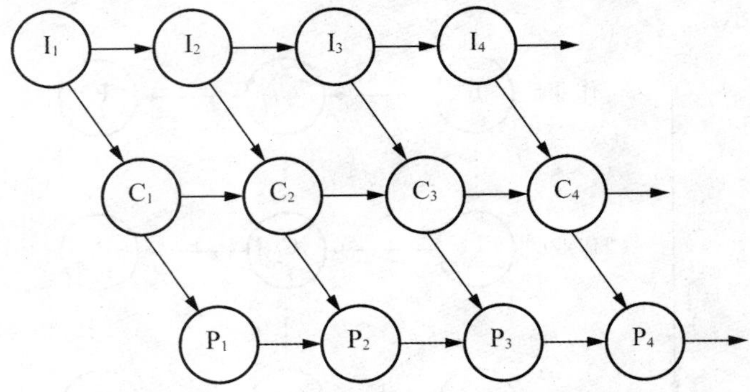

图 3.2　程序的并发执行有向图

在该例中，I_1 先于 C_1 和 I_2，C_1 先于 P_1 和 C_2，P_1 先于 P_2，I_2 先于 C_2 和 I_3。说明了某些程序段必须在其他程序段之前完成，此外从图中可以看出：I_2 和 C_1，I_3 和 C_2 和 P_1，I_4 和 C_3 和 P_2 的活动在时间上是重叠的。

2) 资源共享

资源共享是现代操作系统的另一基本特性。所谓资源共享是指系统中的硬件资源和软件资源不再为单个用户程序所独占，而由几道用户程序共同使用。这样，这些资源的状态不再取决于一道程序，而是由多道程序的活动所决定。这就从根本上打破了一道程序封闭于一个系统中执行的局面。

程序并发执行和资源共享之间互为依存条件。一方面，资源共享是以程序并发执行为条件的，因为若系统不允许程序并发，也就不存在资源共享问题；另一方面，若系统不能对共享资源进行有效管理，也就降低了程序并发执行的效果。

3. 程序并发执行的特性

程序并发执行虽然卓有成效地增加了系统的处理能力，提高了系统资源的利用率，但也带来了一些新问题，也就是产生了与顺序程序不同的新特性，这些新特性如下。

1) 失去了程序的封闭性

如前所述，顺序程序具有程序的封闭性和由之而来的可再现性，而并发程序是否还保持这种封闭性呢？让我们来看一个例子。

设有观察者和报告者并行工作。在一条单向行驶的公路上经常有卡车通过。观察者不断观察并对通过的卡车计数。报告者定时将观察者的计数值打印出来，然后将计数器重新清“0”。此时我们可以写出如下程序，其中 Cobegin 和 Coend 表示它们之间的程序可以并发执行。

```
Begin
      COUNT: integer;
      COUNT: =0;
    Cobegin
        Observer
        Begin
          L1; …
              observe  next  car;
                 COUNT: =COUNT+1;
                   Goto  L1
        End
        Reporter
          Begin
              L2: …
                 Print COUNT;
                 COUNT: =0
                 Goto L2
        End
    Coend
End
```

由于观察者和报告者各自独立地并行工作，COUNT：=COUNT+1 的操作，既可以在报告者的 print COUNT 和 COUNT：=0 操作之前，也可以在其后，还可以在 print COUNT 和 COUNT：=0 之间，即可能出现以下 3 种执行序列。

① COUNT：=COUNT+1；print COUNT；COUNT：=0。

② print COUNT；COUNT：=0；COUNT：=COUNT+1。

③ print COUNT；COUNT：=COUNT+1；COUNT：=0。

假设在开始某个循环之前，COUNT 的值为 n，则在完成一个循环后，对上述 3 个执行序列打印机打印的 COUNT 值和执行后的 COUNT 值见表 3-1。

表 3-1　COUNT 值的比较

执 行 序 列	(1)	(2)	(3)
打印的值	n+1	n	n
执行后的值	0	1	0

由上表可见，由于观察者和报告者的执行速度不同，导致了计算结果的不同。这就是说，程序并发执行已丧失了顺序程序所具有的封闭性和可再现性。

2) 程序和机器执行程序的活动不再一一对应

程序和机器执行程序的活动是两个概念。程序是指令的有序集合，是静态的概念，而机器执行程序的活动是指指令序列在处理机上的执行过程，或处理机按照程序执行指令序列的过程。通常把机器执行程序的活动称为“计算”。显然，“计算”是一个动态的概念。

如前所述，程序在顺序执行时，程序和“计算”之间保持一一对应的关系。但在并发执行时，这种关系是否还存在呢？我们知道，一个并发程序可为多个用户作业调用，而使该程序处于多个“执行”中，从而形成了多个“计算”。这就是说，多个“计算”可能是在不同数据集上执行同一程序。所以程序和“计算”不再一一对应。例如在分时系统中，内存中一个编译程序的副本同时为几个用户作业编译时，该编译程序的几次执行便对应了几个“计算”。

3) 并发程序间的相互制约

资源共享和程序的并发执行(或称并发活动)使得系统的工作情况变得相当复杂，尤其表现在系统中并发程序间的相互依赖和相互制约方面。

系统中各个并发程序活动都有一定的独立性，它们分别提供一种用户或系统功能。例如，各用户作业的活动各提供一种用户需要的功能，它们之间相互独立，而没有相互依赖和相互制约的关系。又如，操作系统中对处理机的调度和对各种外部设备的控制活动，两者之间基本上也是独立的，各自提供一种系统功能。这就是说，系统中各个并发程序活动具有独立性的一面，但在两个并发程序活动之间有时也会以直接或间接方式发生相互依赖和相互制约关系。

直接制约通常是在彼此之间有逻辑关系的两个并发执行的程序之间发生的。例如，一个正在执行的程序段需要另一个程序段的计算结果，只有当另一个程序段在某一时刻送来计算结果时，正在执行的程序段才能继续执行下去。否则它就一直等待，无法执行。两个并发程序段以间接方式发生制约关系是由竞争使用同一资源引起的。得到资源的程序段，可以继续执行，得不到资源的程序段就只好暂停等待。

由于各程序活动之间的相互制约关系，各个程序活动的工作状态就与它所处的环境有密切联系。它随着外界变化而不停地变化，并且它不像单道系统中程序顺序执行那样，而是走走停停，具有执行—暂停—执行的活动规律。

多道程序系统的特点首先是并行性，即同时存放在内存中的多道程序在系统中同时处于运行状态。其次，这些并行执行的程序之间存在相互依赖、相互制约的关系。另外，不论是系统程序还是用户程序，由于它们并行地在系统中运行，并且有着各种复杂的制约关系，所以它们在系统内部所处的状态不断发生变化，时而在 CPU 上执行，时而因某种原因被暂停执行。

由于在这样一个多道程序系统所带来的复杂的环境中，使程序具有了并行、制约和动态的特性，使得原来的程序难以刻画和反映系统中的每一瞬间的状况。这是因为，首先，程序本身完全是一个静态的概念(程序完成某个功能的指令的集合)，而系统及其中的各程序实际上是处于不断变化的状态，程序概念已无法说明这种动态特性。其次，程序也不能用来描述系统的并行特性。例如，在主存中有两个 C 语言源程序作业，它们的编译工作可以同时由一个 C 编译程序来完成。在这种情况下，如果用程序概念来解释的话，就只能认为内存中有一个 C 编译程序在运行(被编译的源程序只是编译程序加工的数据集)，而无法说清系统中运行着的是两个完全无关的，在不同数据集上的 C 编译任务。这就说明了，程序概念已刻画不了系统的并行特性。

综上所述，静态的程序概念已不能使用，因此引进了一个新的概念——进程。

3.1.2　进程的定义

“进程”这一术语早在 20 世纪 60 年代初期，就由麻省理工学院的著名的 MULTICS 操作系统和 IBM 公司的 CTSS/360 操作系统提出。其后，又有许多人从不同角度对“进程”下过各种定义，其中较能反映进程实质的定义有如下几种。

(1) 进程是程序的一次执行。

(2) 进程是可以和别的计算并发执行的计算。

(3) 进程是一个具有一定独立功能的程序在某个数据集上的一次执行活动，它可以和同样的其他程序共行。

(4) 进程是一个程序及数据在处理机上顺序执行时所发生的活动。

(5) 进程是程序在一个数据集上的运行过程，是系统可调度的实体。

据此，我们可把“进程”定义为“可与其他程序并发执行的程序在一个数据集上的执行过程”。在 UNIX 系统中进程被定义为“进程是进程映像的执行”，而进程映象即是进程存在的实体，所以“进程”是进程实体的执行过程。

3.1.3　进程的特征

综上所述，进程是程序的执行过程，一个进程实体中至少包含有一个完整的程序。但进程是对程序进一步的抽象描述，进程和程序是两个截然不同的概念，进程所具有的一些基本特征，程序是不具备的。

进程所具有的基本特征有以下几点。

1. 动态性

进程是进程实体的执行过程，因此，动态性是进程的最基本特征。动态性还表现为进程由创建而产生，由调度而执行，因得不到资源而暂停，因撤销而消亡。可见，进程是有生命期的。而程序只是存放在某种介质上的一组有序指令的集合，本身并无运动的含意，程序只是个静态实体。

2. 并发性

这是指多个进程实体同时存在于系统中，并能在一段时间内同时执行，并发性是进程最重要的特征，同时也是操作系统的重要特征。一般来说，没有为之建立进程的程序是不能并发执行的，只有为之创建相应的进程，程序才能参与并发执行。

3. 独立性

这是指进程实体是一个能够独立运行的基本单位，同时也是系统中独立获得资源和独立调度的基本单位。凡未建立进程的程序都不能作为一个独立的单位参加运行和资源竞争。

4. 异步性

这是指进程按各自独立的不可预知的速度向前推进，或者说，进程按异步方式运行。这是由于进程间共享资源和协同合作时带来了相互间制约的关系，造成进程执行的间断性。

5. 结构特性

从结构上看，进程实体是由程序段、数据段及进程控制块 3 部分组成，也可把这 3 部分称为“进程映象”。

3.2 进程的描述

对进程在概念上加以说明固然重要，但还须进一步理解系统如何刻画、表示和描述进程，以及进程状态的变化，以便更深入更具体地认识进程。

3.2.1 进程的表示

1. 进程实体的组成

程序、数据集和进程控制块(Process Control Block，PCB)3 部分组成一个进程实体，如图 3.3 所示。程序部分描述进程所需完成的功能。一个进程所包含的程序可分为该进程私有的程序和可同其他进程共享的程序两个部分。

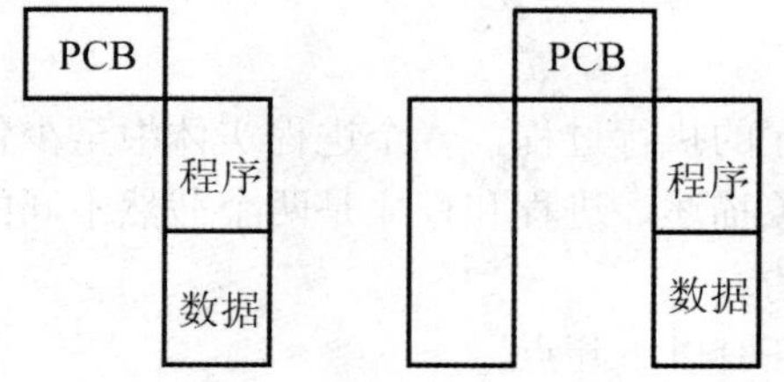

图 3.3 进程实体的表示

数据集部分包括程序在执行时所需的数据和工作区(栈段)。这部分只能为一个进程所专用，是进程的可修改部分。

进程控制块包含进程的描述信息和控制信息，是进程动态特性的集中反映。

2. 进程控制块(PCB)

为描述进程的动态变化，便于系统对进程进行有效的控制和管理，系统中为每一进程设置了一个进程控制块。进程控制块是进程存在的唯一标志。创建一个进程就是为其建立一个 PCB，当进程被撤销时，系统就回收它的 PCB。

在进程控制块中，主要包含下列 4 个方面的信息。

1) 进程标识符

这是用来唯一标识一个进程的信息。一个进程通常有以下两种标识符。

(1) 外部标识符。这由进程创建者提供，通常由字母、数字组成。外部标识符便于记忆，如计算进程、打印进程等，以便用户(进程)访问该进程时使用。

(2) 内部标识符。这是为了方便系统使用而设置的。在所有操作系统中都为每一进程赋予一个唯一的整数，作为进程的内部标识符。

2) 处理机状态信息

这是指一个原在执行的进程，因某种原因而被暂停执行瞬间的处理机映象。其中包括以下内容。

(1) 通用寄存器信息。这是任何进程执行时必须使用的可视寄存器，其中的信息(内容)随进程的推进而不断地发生变化。也就是说，其中暂存的信息，既是上一条指令的结果，也可能是下一条要执行指令的初始条件。

(2) 指令计数器信息 PC。其中存放的是下一条要执行指令的存储地址。

(3) 程序状态字 PSW。其中含有状态信息，如进程标志、执行方式、中断屏蔽标志等。

(4) 用户栈指针。每个用户进程有一个或若干个与之相关的系统栈，用于存放过程和系统调用参数及调用地址。栈指针指向该栈的动态栈顶。

进程最近一次释放处理机时的处理机映像，必须被准确地记录在该进程的 PCB 中，当该进程重新获得处理机而继续向前推进时，首先要在处理机上恢复该映像，以保证本次推进的正确初态。

3) 进程的调度信息

这主要是指与进程调度和进程对换有关的信息，包括以下 4 点。

(1) 进程状态。指明进程当前所处的状态，如就绪、阻塞等。这是调度进程或进程对换的依据。

(2) 进程优先级。用于描述进程使用处理机的优先级别，一般用优先数来表示。优先级高的进程可优先获得处理机。

(3) 其他调度信息。如进程已等待 CPU 的时间总和、进程已执行的时间总和等，这与所采用的进程调度算法有关。

(4) 事件。这是指进程由执行状态转变为阻塞状态所等待发生的事件，也就是阻塞的原因。

4) 进程控制信息

进程控制信息主要包括以下几项。

(1) 程序和数据集的地址。它是指该进程实体中程序和数据集所在的存储地址(内存或外存)，以便当调度到该进程时，能定位到其程序和数据。

(2) 同步和通信机制。它是指实现进程同步和进程通信时所必需的机制，如消息队列指针、信号量等，这些信息可能全部或部分存放于 PCB 中。

(3) 链接指针。为了有效地管理所有进程，在系统中要组成各种进程队列，以及在有些操作系统中，采用树结构方式来管理进程，这都需要有相应的链接指针。

(4) 资源清单。这是一张列出除 CPU 以外的，进程所需的全部资源及已经分配到资源的清单。

不同的操作系统其进程控制块的内容及信息也是不同的。较简单的系统 PCB 只占用十几个单元，而一些较大的系统 PCB 的内容可能占用上百个单元。

作为一个例子，UNIX 操作系统的进程映象如图 3.4 所示。在 UNIX 中，PCB 的功能由两个结构来实现，proc 结构和 user 结构。proc 结构常驻主存的系统区(即核心空间)，这是 UNIX 进程映象中 PCB 的最基本和常用的信息部分，它包含有以下内容。

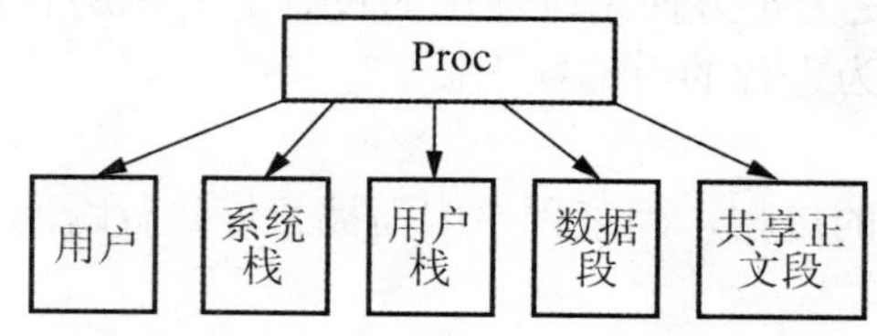

图 3.4　UNIX 进程映象表

(1) 进程状态。

(2) 进程和它的 user 结构在内存或外存上的位置。

(3) 用户标识数。标识进程属哪一个用户。

(4) 进程标识数。

(5) 进程睡眠原因，即等待事件的描述字。

(6) 进程调度参数，包括优先数、进程使用 CPU 的情况等有关的调度参数。

(7) 信号，其中含有发送给该进程，但未被处理的信号。

(8) 进程执行时间和核心资源的利用情况。主要用于进程统计和进程调度优先数的计算。

proc 仅占 PCB 的一小部分，而 user 是 PCB 的扩展部分，更多和更详细地描述进程的有关信息包含在 user 结构中。

共享正文段是进程映像中可由多个进程共享的部分，其中包括可供共享的程序和数据。而数据段和工作区(即栈区)通常是非共享部分。数据段中含有属于进程私有的程序和数据。栈分为核心栈和用户栈两个，分别存放该进程在核心态和用户态下运行的有关参数。

3.2.2　进程的基本调度状态及其转换

1. 进程的基本调度状态

进程有 3 种基本调度状态，具体说明如下。

(1) 执行状态(executing)。进程已获得必要的资源，并已占有处理机，在其上执行该进程的程序。

(2) 就绪状态(ready)。进程本身已具备了执行条件，即已获得除 CPU 之外其他所必需的资源，而正在等待分配处理机。有时也称此状态为可执行状态。

(3) 阻塞状态(blocked)。进程因等待资源或等待某一事件(如某一 I/O 操作完成)而处于不可执行的状态，也可以说，进程本身的执行条件不满足，即使为它分配 CPU 也不能在其上执行。

显然，在传统的单处理机系统中，任何时刻处于执行状态的进程最多只能有一个，这一进程也称为现行进程。在多处理机系统中，任何时刻现行进程数也一定少于或等于可用处理机数。

为了描述进程的整个生命期，在不少操作系统中，还设置了两个临时状态，即创建状态(created)和终止状态(terminated)，创建状态是进程正处于被创建过程中的临时状态。终止状态是一个进程已结束但正在做一些必要的善后处理工作所处的状态。

2. 进程状态间的转换

一个进程被创建完成，即由创建状态进入到就绪状态，直到进入终止状态。在整个被调度执行的过程中，进程可在 3 个基本状态间发生不断的转换，即它可多次进入就绪状态和执行状态，也可多次进入阻塞状态，这完全依据进程本身的条件和其他外部条件的变化。进程状态的转换可用状态转换图来描述，如图 3.5 所示。

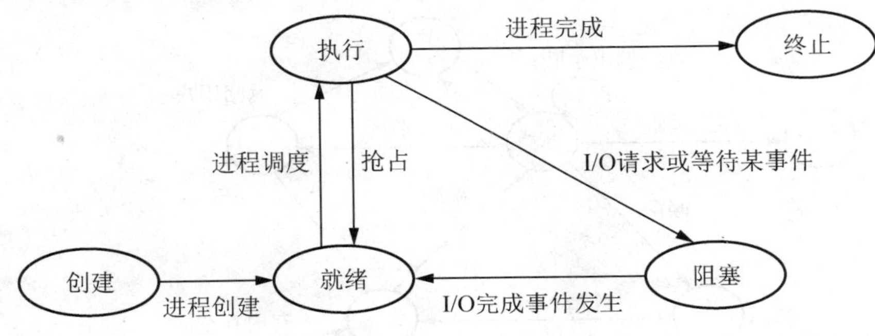

图 3.5　进程状态的转换

图中还表明了发生两个状态之间转换的发生原因，其中“执行→就绪”，说明被转换进程本身运行条件仍是满足的，只是由于某种原因处理机被暂时剥夺(抢占)。如在分时系统中分配给的时间片耗尽，或在实时系统中一个更高优先级的进程就绪，则要抢占当前进程的 CPU。

3. 进程的挂起状态

在有些系统中，还因如下需要，而引入另一种称为挂起(Suspended)状态(又称静止状态)。

(1) 终端用户发现有可疑问题时，要将自己的进程静止下来(暂时不参与进程调度)，以便研究和检查。

(2) 为了缓解内存的紧张情况，可将内存中处于阻塞状态的进程实体交换到外存上去，使进程处于静止阻塞状态。有时也可把某些处于就绪状态的进程也交换到外存上，使其处于静止就绪状态。

(3) 父进程常常需要检查和修改自己的子进程，或要协调子进程间的活动时，要挂起自己的子进程。进程被挂起，也就是使进程处于静止状态，在此状态下的进程暂不参与系统调度。由此，进程的基本状态又可分为执行(executing)、活动就绪(ready)、静止就绪(readys)、活动阻塞(blocked)和静止阻塞(blockeds)5 种，它们的转换关系如图 3.6 所示。

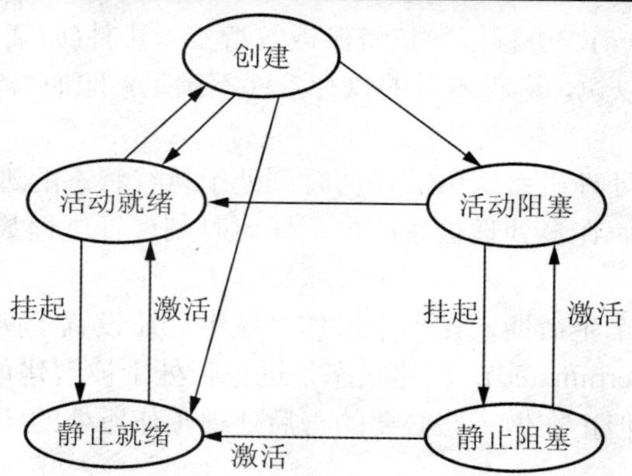

图 3.6　具有挂起状态的状态换图

4. UNIX 的进程状态

一个具体操作系统对进程状态的划分是各不相同的。以 UNIX S-5 为例，共设置了 9 种状态。这 9 种状态以及它们的转换如图 3.7 所示。

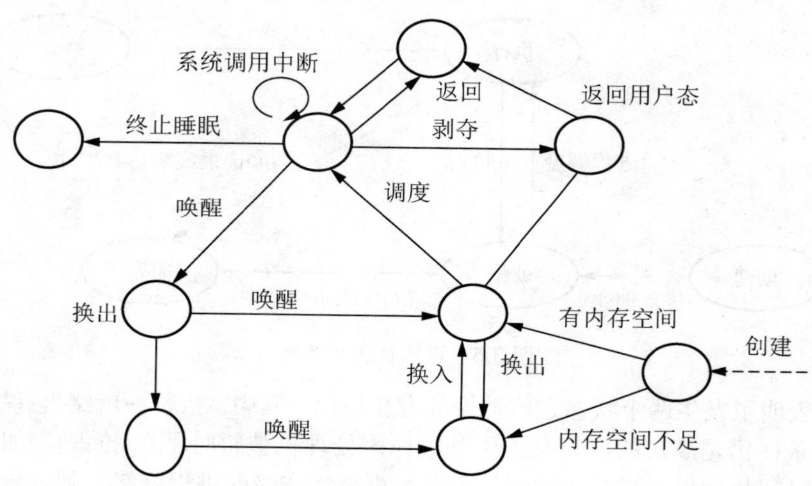

图 3.7　UNIX S-5 的进程状态转换

状态 1，核心态执行。进程在执行核心(内核)程序。

状态 2，用户态执行。进程在执行用户程序。

状态 3，内存就绪。进程实体已调入内存且处于就绪状态。

状态 4，外存就绪。进程处于就绪状态，但其实体被换出到外存中。

状态 5，内存睡眠。进程实体已调入内存且处于睡眠(阻塞)状态。

状态 6，外存睡眠。进程处于就绪状态，但其实体被换出到外存中。

状态 7，被剥夺。被进程调度程序剥夺了处理机的状态，实际上这一状态与内存就绪状态是等效的均可被调度而执行。

状态 8，创建状态。

状态 9，僵死状态。即是基本状态中终止状态，在 UNIX 中称为僵死状态。

由图 3.8 可看出，UNIX 把执行状态分为两种：用户态执行，表示进程正在执行用户程序；核心态执行，当一个进程执行系统调用，或 I/O 中断、时钟中断后，必须暂停用户程序的执行，而转去执行相应的系统程序，称为核心态执行。这两种状态的主要区别如下。

(1) 处于用户态执行时，进程所能访问的内存空间仅局限于该进程的用户态空间，也不能执行特权指令，如 I/O 指令等；而处于核心态执行时，则该进程可访问所有的内存空间，执行所有的特权指令。

(2) 进程在核心态执行时，处理机是不允许被剥夺的，而运行在用户态时是可以被剥夺的。

3.3 进程控制

进程控制的作用是对系统中的全部进程实行有效的管理，主要表现在对一个进程进行创建、撤销以及在某些进程状态间的转换控制。通常允许一个进程创建和控制另一个进程，前者称为父进程，后者称为子进程。创建父进程的进程称为祖父进程。子进程又可创建孙进程，从而形成一个树型结构的进程家族，如图 3.8 所示。采用这种树型结构的方式，使得进程控制更为方便灵活。父进程对子进程的控制采用进程控制原语。

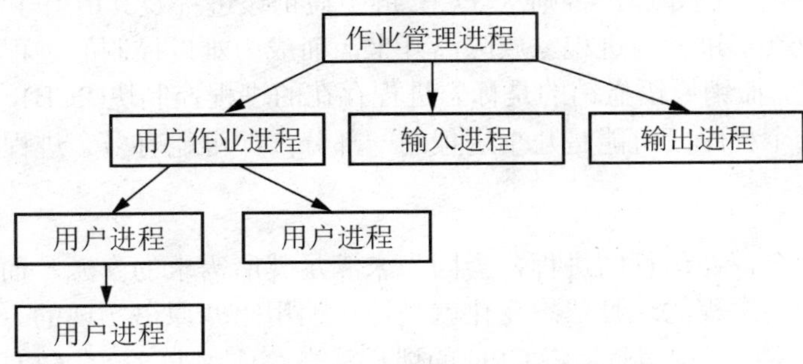

图 3.8　进程家族示例

3.3.1 原语

在操作系统中，某些被进程调用的操作，例如队列操作、对信号灯的操作及检查启动外设操作等，一旦开始执行就不能被中断，否则会出现操作错误，造成系统混乱。原语就是为实现这些操作而设置的。

原语通常由若干条指令组成，用来实现某个特定的操作。通过一段不可分割的或不可中断的程序实现其功能。原语是操作系统的核心，它不是由进程而是由一组程序模块所组成，是操作系统的一个组成部分，它必须在管态(一种机器状态，管态下执行的程序可以执行特权和非特权两类指令，通常把它定义为操作系统的状态)下执行，并且常驻内存，而个别系统有一部分不在管态下运行。原语和广义指令都可以被进程所调用，两者的差别在于原语有不可中断性，它是通过在执行过程中关闭中断实现的，且一般由系统进程调用。许多广义指令的功能都可用目态(一种机器状态，通常把它作为用户程序执行时的状态)下运行的系统进程完成，而不一定要在管态下完成，例如文件的建立、打开、关闭、删除等广义指令，都是借助中断进入管态程序，然后转交给相应的进程，最终由进程实现其功能。

引进原语的主要目的是为了实现进程的通信和控制。

3.3.2 进程控制原语

1. 创建原语

要创建一个新的子进程，父进程要通过创建原语来完成。进程存在的标志是进程控制块，因而创建一个新进程的主要任务就是为进程建立一个进程控制块(PCB)，将调用者提供的有关信息填入该 PCB 的各数据项中。所以，创建一个新进程，首先要根据建立的进程名字查找 PCB 表，若找到了则终止创建该进程，因为有同名进程存在。否则，申请分配一块 PCB 空间；然后把有关信息(进程名字、各信号量和状态位等)分别填入 PCB 的相应栏中，并把 PCB 链接到相应状态的进程 PCB 链中。

2. 撤销原语

进程完成任务之后，应当撤离系统而消亡，系统及时收回它占有的全部资源以便其他进程共享。此功能是通过撤销原语来完成的。撤销原语的实现过程是根据提供被撤销进程的名字，在 PCB 链中查找对应的 PCB，若找不到要撤销的进程的名字或该进程尚未停止，则转如异常，做终止作业处理，否则从 PCB 链中撤销该进程及其所有子孙进程(因为仅撤销该进程可能导致其子进程与进程家族隔离开来，而成为难以控制的进程)。

值得注意的是，撤销原语撤销的是标志进程存在的进程控制块(PCB)，而不是进程的程序段。这是因为一个程序段可能是几个进程的一部分，即可能有多个进程共享该程序段。

3. 阻塞原语

我们知道，一个正在运行的进程，会因为未满足其所需求的资源，而处于阻塞状态等待所需事件的发生，进程的这种状态变化就是通过调用阻塞原语实现的。其实现过程是：首先中断处理机，停止进程运行，将 CPU 的现行状态存放到 PCB 的 CPU 状态保护中，然后将该进程置为阻塞状态，并把它插入到阻塞队列中。

4. 唤醒原语

唤醒原语的基本功能是把除了处理机以外的一切资源都得到满足的进程置成就绪状态。执行过程是：首先找到被唤醒进程的内部名，从阻塞队列中删除该进程 PCB，并把该 PCB 插入到就绪队列中，将现行状态改变为就绪状态，以等待操作系统调度程序调度运行。

5. 挂起原语

挂起进程时，大多数情况下是将那些处于阻塞状态或就绪状态的进程调到外存，一般是父进程要求挂起子进程，极少数情况是现运行进程要求自我挂起。当出现引起进程挂起的事件时，系统将利用挂起原语(suspend())将指定进程或处于阻塞状态的进程挂起。其执行过程是：检查要被挂起进程的状态，若正处于活动就绪状态，便将其改为静止就绪；对于活动阻塞状态的进程，则将其改为静止阻塞。为了方便用户或父进程考察该进程的运行状况，则把该进程的 PCB 复制到某个指定的内存区域。如果是正在执行的进程被挂起，则转换为高度程序重新调度。

6. 激活原语

当故障解除或系统资源尤其是内存不紧张或进程请求激活指定进程时，系统或相应进程会调度激活原语将指定的进程激活，激活原语主要做两件事情：一是将进程映像调入内存；二是修改进程状态，把静止就绪改为活动就绪，静止阻塞改为活动阻塞。

3.4 进 程 调 度

3.4.1 进程调度的基本概念

进程调度也可被称为处理机调度，它协调和控制各进程对 CPU 的使用。相应的进程调度程序叫分派程序或低级调度程序。一旦作业调度程序选择了一个作业集合来运行，系统就要为作业建立起一组进程，这组进程协同运行，以便共同完成该作业的计算任务。这样，在系统中就存在许多进程，而这些进程具有获得使用处理机的可能性，它们同时在等待获得处理机的执行时间，进程调度的职能就是动态且合理地把处理机分配给就绪队列中的某一进程，并使该进程投入运行。为了完成这一任务，进程调度程序应具有以下主要职能。

(1) 记录系统中所有进程的有关情况。系统为了对进程进行有效的管理，必须把每个进程的有关信息记入 PCB 中，所记录的信息包括每个进程的名字，该进程的当前状态(运行、就绪或阻塞)，优先数，资源使用情况以及不活动的进程在它被暂停的那个时刻的现场信息等。

(2) 确定分配处理机的原则。处理机分配是指如何调度进程到处理机上执行以及执行多长时间。进程调度程序是根据进程调度算法来调度进程的。

(3) 分配处理机给进程。把处理机控制权交给被选中的进程，即让它开始执行。该进程由就绪状态变成运行状态。

(4) 从进程收回处理机。正在运行的进程，由于时间片用完，或具有更高优先数的进程需要处理机，或因等待某种资源等原因，必须交出处理机。系统根据调度原则，再选取合乎条件的进程投入运行。

值得注意的是，在任一时刻，处于运行状态的进程最多等于处理机的个数。在某个特定时刻，当许多进程正在等待输入或输出时，就会出现就绪队列中的进程数少于处理机数的现象。引起这种处理机空闲的原因多半是由于不恰当的高级调度策略所致。

引起进程调度的原因不仅与操作系统的类型有着密切的关系，而且还与下列因素有关。

(1) 正在运行的进程运行完毕。

(2) 运行中的进程要求 I/O。

(3) 执行某种原语操作。

(4) 一个比正在运行进程优先数更高的进程申请运行(在可剥夺调度方式下)。

(5) 分配给运行进程的时间片已经用完等。

3.4.2 进程调度所用的主要数据结构

操作系统对进程的管理具体体现在对进程的 PCB 管理，进程控制块(PCB)的几种组织方式有：线性表方式、索引表方式和链接表方式。一般情况下，进程控制 PCB 的组织方式采用的是链接表方式。因此，在进程调度中所用的主要数据结构是队列。

3.4.3 进程调度的方式

进程调度的方式可分为非剥夺式和剥夺式两种。

剥夺式调度是指当系统按照某种原则发现一个比正在运行的进程更合适、更应该占用 CPU 的进程时，系统将强迫处于运行状态的进程将 CPU 的使用权交给这个更适合的进程。常见的剥夺原则有优先权原则、短进程优先原则和时间片原则。采用剥夺式调度的系统能够及时处理紧急事件，它反映出了进程的优先级特征，但这势必会带来较大的系统开销，调度算法也会相对复杂一些。

非剥夺式调度是指一旦某个进程占用了 CPU，除非是由于它自身的原因自动放弃 CPU，否则它将一直运行下去直到完成。这种调度方式算法简单，系统开销也较小，但它不能反映出进程的优先级特征。

3.4.4 进程调度算法

进程调度的主要问题就是采用某种算法合理有效地把处理机分配给进程，其调度算法应尽可能提高资源的利用率，减少处理机的空闲时间。对于用户作业采用较合理的平均响应时间，尽可能地增强处理机的处理能力，避免有些作业长期不能投入运行。这些“合理的原则”往往互相制约甚至是矛盾的，难以全部达到要求。

选择进程投入运行，是根据对 PCB 就绪队列的遍历并应用调度算法决定的。就绪队列有两种组成办法：一是每当一个进程进入就绪队列时，根据其优先数的大小放到“正确的”优先位置上，当处理机变成空闲时，从队列的顶端选取进程投入运行；二是把进程放到就绪队列的尾部，需要寻找一个进程投入运行时，调度程序必须遍历整个 PCB 就绪队列，根据调度算法挑选一个合乎条件的进程投入运行。

为了防止某些进程独占处理机，保证给用户以适当的响应，对与时间有关的事件做出反应以及恢复某类程序错误，对每个进程的连续运行时间加以规定和限制是必不可少的。进程占用处理机的时间长短与进程是否完成、进程等待、具有更高优先数的进程需要处理机、时间片用完、产生某种错误等因素有着密切的关系，进程调度算法很多，在这里仅介绍几种常用的算法。

1. 先来先服务

这种调度算法是按照进程进入就绪队列的先后顺序来调度进程，到达得越早，其优先数越高。获得处理机的进程，只要未遇到其他情况，就一直运行下去，系统只需具备一个先进先出的队列，在管理优先数的就绪队列时，这种方法是一种最常见的策略，并且在没有其他信息时，也是一种最合理的策略。

2. 轮转调度

先来先服务的一个重要变形，就是轮转规则。简单轮转调度算法是系统把所有就绪进程按先后次序排队，处理机总是优先分配给就绪队列中的第一个就绪进程，并分配给它一个固定的时间片(如 100 毫秒)。当该运行进程用完规定的时间片时，被迫释放处理机给下一个处于就绪状态的进程，分给这个进程相同的时间片。每个运行完时间片的进程，如未遇到任何阻塞，就回到就绪队列的尾部，并等待下次调度到它时再投入运行。于是，只要是处于就绪队列中的进程，按此种算法迟早都会分得处理机并投入运行。

注意　当某个正在运行的进程的时间片尚未用完，而此时由于进程需要的 I/O 请求受到阻塞，这种情况下就不能把该进程送回就绪队列的尾部，而应把它送到相应的阻塞队列。只有等它所需要的 I/O 操作完毕之后，才能重新返回到就绪队列的尾部，等待时机成熟之后再投入运行。

上面所述的轮转法也被称为简单轮转法，它是以就绪队列中的所有进程均以相同的速度往前推进为其特征。其时间片的长短，对进程以什么样的速度推进有着很大的影响。当就绪进程很多而时间片又设置得很长时，就会影响一些需要"紧急"运行的作业。同样对短作业和要求 I/O 操作多的作业显然也是不利的，因而在简单轮转法的基础上又提出了分级轮转法。

3. 分级轮转法

所谓分级轮转法就是将当前的一个就绪队列，根据进程的优先数划分为两个或两个以上的就绪队列，并赋给每个队列不同的优先数。以两个就绪队列为例，一个具有较高优先数，另一个具有较低优先数，前者称为前台队列，后者称为后台队列。一般情况下，调度算法把相同的时间片分给前台就绪队列的进程，优先满足其需要。只有当前台队列中的所有进程全部运行完毕或因等待 I/O 操作而没有进程可运行时，才把处理机分配给后台就绪进程，分得处理机的就绪进程立即投入运行。通常后台就绪进程与前台就绪进程分得的时间片有差异，对长作业可采取增加时间片的办法来弥补。例如，分配短作业的执行时间为 100 毫秒，而长作业时间可增加到 500 毫秒，这就大大降低了长作业的交换频率，减少系统在交换作业时的时间消耗，提高系统的利用效率。

4. 优先数法

进程调度最常用的一种简单方法，是把处理机分配给就绪队列中具有最高优先数的就绪进程。根据已占有处理机的进程是否可被剥夺而分为优先占有法和优先剥夺法两种。

优先占有法的原理是，一旦某个最高优先数的就绪进程分得处理机，只要不是其自身的原因被阻塞(如要求 I/O 操作)而不能继续运行，就一直运行下去，直至运行结束。优先剥夺法的原理是，即使一个正在运行的进程的时间片未用完，无论什么时候，只要就绪队列中有一个比它的优先数高的进程，优先数高的进程就可以取代以前正在运行的进程，投入运行。而被剥夺的进程重新回到就绪队列中，等待 CPU 空闲时再次被调度投入运行。这就意味着，无论任何时刻，运行进程的优先数高于或等于就绪队列中的任何一个进程。

进程的优先数是根据什么条件确定的，这是一个很重要的问题，通常应考虑如下几个因素。

(1) 进程类型。根据不同类型的进程确定其优先数。例如，系统进程比用户进程具有较高的优先数(设备进程优于前后台用户作业进程)，特别是某些系统进程(具有频繁的 I/O 要求的进程)，必须赋予它一种特权，当它要求处理机时，应尽量得到满足。前台用户进程优于后台用户进程。联机操作用户进程的优先数高于脱机操作用户进程的优先数。对计算量大的进程所请求的 I/O 给予一个高优先数等。

(2) 运行时间。通常规定进程优先数与进程所需运行时间成反比，即运行时间长的(一般占用内存也较多)大作业，分配给它的优先数就越低，反之则越高。实际上这是短作业优先算法。此种方法对长作业用户来说，有可能长时间等待而得不到运行的机会。按此原则，在含有交互进程的较复杂的多道程序设计环境中，便可将作业的平均周转时间减少到最小。

(3) 作业的优先数。根据作业数来决定其所属进程的优先数。例如，一个常用于多道批处理系统的方法是，系统把用户作业卡上提供的外部优先数赋给该作业及其所创建的进程，前面 3 种因素实际上是一种静态优先数法，每个进程的优先数在其生存期间是一成不变的，因其算法简单而受到欢迎，但有时不尽合理，下面介绍较为合理的动态优先数。

(4) 动态优先数。所谓动态优先数是指进程的优先数在该进程的存在期间可以改变。随着进程的推进，确定优先数的条件也发生变化，这就更能精确地控制机器的响应时间和效率，在分时系统中，其意义尤为重要。大多数动态优先数方案设计成把交互式和 I/O 频繁的进程移到优先数队列的顶端，而把计算量大的进程移到较低的优先数上。在每级内，按先来先服务或轮转法原则分配处理机。对于一个给定时间周期，一个正在运行的进程，每请求一次 I/O 操作后其优先数就自动加 1。显然此进程的优先数直接反映出 I/O 请求的频率，从而使 I/O 设备具有很高的利用率。

以上几种调度算法各有特点，但分级轮转法较为理想。进程调度程序不仅仅是为了从就绪进程中选取一合理的进程投入运行，而且还必须给该进程分配运行时间片。为了保证终端用户提出请求之后在几秒钟之内就能得到响应，使用户感觉到好像只有他一个人在使用处理机，故一般所规定的时间片在几十毫秒到几百毫秒之间不等。时间片的长短由如下 4 个因素决定。

(1) 系统的响应时间。当进程数目一定时，时间片的长短直接影响系统的响应时间。

(2) 就绪队列中进程的数目。这与前面的问题正好相反，即当系统对响应时间要求一定时，时间片长则就绪队列中进程数应少，反之亦然。

(3) 进程的状态转换(即进程由就绪到运行，由运行到就绪)的时间开销。

(4) 计算机本身的处理能力。执行速度和可运行作业的道数。

可以有针对性地确定时间片的长短，让运行时间长的进程获得较大的时间片，应该让经常相互制约的进程有更多的机会获得处理机，但每次获得的时间片应较短。这样一来，系统优先考虑那些短的、相互制约的进程，而要求时间片长的进程虽然不经常运行，但其运行周期较长，采用上述方法，就能减少处理机分配不公所造成的开销。

进程调度算法甚多，在具体实施中，不是孤立地采用某一种方法，而是将几种算法结合起来使用，这样效率更高。

3.5 进程的同步与互斥

如前所述，系统中各进程可以并发执行，并以各自独立的速度向前推进。但另一方面，进程之间有时存在着一定的制约关系。这种制约关系来源于并发进程的合作以及对资源的共享，体现在如下两个方面。

(1) 进程若收不到另一进程给它提供的必要信息就不能继续运行下去，这种情况表明了两个进程之间在某些点上要交换信息。相互交流运行情况。这种制约关系的基本形式是进程—进程，称为直接制约关系。

(2) 若某一进程要求使用某一资源，而该资源正被另一进程使用，并且这一资源不允许两个进程同时使用，那么该进程只好等待已占用资源的进程释放后才能使用。这种制约关系的基本形式是：进程—资源—进程，称为间接制约关系。

在进程之间的这种相互依赖又相互制约、相互合作又相互竞争的关系，意味着进程之间需要某种形式的通信，这主要表现为同步和互斥两个方面。

3.5.1 进程间的同步和互斥

1. 进程间的同步

一般来说，一个进程相对另一进程的运行速度是不确定的。也就是说，进程之间是在异步环境下运行的，每个进程都以各自独立的、不可预知的速度向运行的终点推进。但是相互合作的几个进程需要在某些确定点上协调它们的工作。一个进程到达了这些点后，除非另一进程已完成了某些操作，否则就不得不停下来等待这些操作的结束。这就是进程间的同步。

在现实生活中，同步的例子也是俯拾即是。例如，在一辆公共汽车上，司机和售票员各行其职，独立工作。司机负责开车和到站停车，售票员负责售票和开、关门。但两者需要密切配合、协调一致。即当司机驾驶的车辆到站并把车辆停稳后，售票员打开车门，让乘客上、下车，然后关好车门，这时汽车司机继续开车行驶。由此例可以看出汽车司机和售票员之间的同步关系，如图3.9所示。

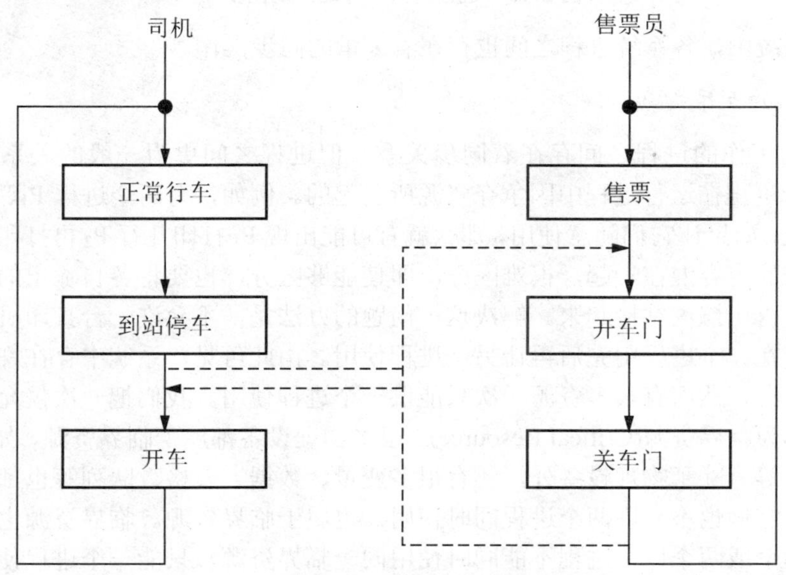

图3.9 汽车司机和售票员之间的同步关系

又如，有用户作业程序，其形式如下。

```
Z=func1(x)*func2(y)
```

其中 func1(x)和 func2(y)均是一个复杂函数，为了加快本题的计算速度，可用两个进程 P_1、P_2 各计算一个函数。进程 P_2 计算 func2(y)，进程 P_1 在计算完 func1(x)之后，与进程 P_2 的计算结果相乘，以获得最终结果 Z。

进程 P_1 在计算完 func1(x)之后，检测进程 P_2 的结果是否已经算好，如未算好，则进入阻塞状态；如果进程 P_2 已经算完，则进程 P_1 取其计算结果，然后进行乘法运算，最后得到 Z。进程 P_2 在计算出 func2(y)之后，要设置计算完成标志，供 P_1 检测，并向进程 P_1 发一信号，将进程 P_1 唤醒。

进程 P_1 和 P_2 之间的同步如图 3.10 所示。

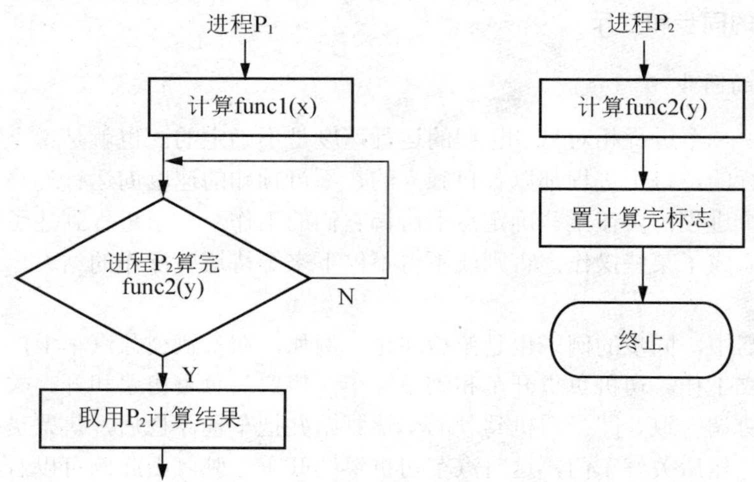

图 3.10　进程 P_1 和 P_2 之间的同步

在操作系统中，各系统进程之间也存在着大量的同步操作。

2. 进程间的互斥

在各协同工作的进程之间存在着同步关系，但进程之间更为一般的关系却是互斥关系。这是由于进程在运行过程中因争夺资源所引起的。例如，有两个进程 P_1、P_2，它们都要使用打印机，如果让它们随意使用，那么就有可能出现 P_1 打印几行 P_2 再打印几行的结果导致打印出来的内容混在一起，很难区分，即使能够区分，也要将各自输出的结果从打印纸上剪下来，再用糨糊粘接起来。解决这一问题的办法是，不允许一台打印机让两个进程同时使用，应在一个进程用完后再让另一进程使用。由此可见，系统中存在许多进程，它们共享各种资源，然而有很多资源一次只能供一个进程使用。我们把一次仅允许一个进程使用的资源称为临界资源(Critical Resource)。很多物理设备都属于临界资源，如输入机、打印机、磁带机等。除了物理设备外，还有很多变量、数据、表格、队列等也都由若干进程所共享，通常它们也不允许两个进程同时使用，也属于临界资源。临界资源也称可逐次再使用资源。两个或两个以上进程不能同时使用同一临界资源，只能一个进程使用完毕后，另一进程才能使用，这种现象称为进程互斥，故临界资源也称互斥资源。以下给出进程互斥和临界区的例子。

设有进程 A、B，在运行中它们都要使用临界资源 R(比如打印机或输入机) 如图 3.11 所示。进程 A 在①点提出使用要求，由于资源 R 未被其他进程使用，故进程 A 开始使用。在进程 A 使用过程中，进程 B 在②点也提出对资源 R 的请求。由于 R 是临界资源，故进程 B 的请求不能被满足，于是进程 B 被阻塞，等待进程 A 对资源的释放。进程 A 在③点释放了资源 R，表示该资源不再使用，同时唤醒等待该资源的进程 B，进程 B 从阻塞状态进入就绪状态。当进程调度程序再次调度到进程 B 时，它就开始使用资源 R 了，而且资源 R 只能供进程 B 自己使用，不允许其他进程使用。

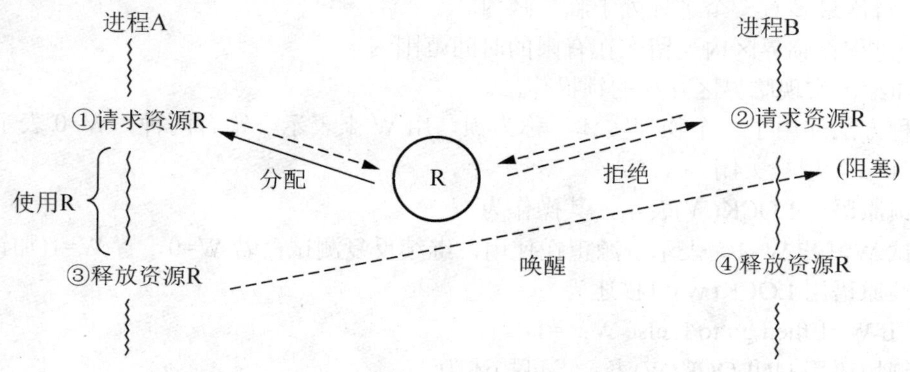

图 3.11　资源互斥使用例

又如，设有两个进程 P_1、P_2，它们共享同一变量 COUNT，P_1、P_2 的主要操作如下。

P_1：R1:=COUNT；	P_2：R2:=COUNT；
R1:=R1+1；	R2:=R2+1；
COUNT:=R1；	COUNT:=R2；

其中，R1 和 R2 是处理机的两个通用寄存器。

这两个进程各自对 COUNT 进行加 1 操作，两个进程共同访问和修改的结果使 COUNT 加 2，这是我们所期望的。但我们知道，P_1、P_2 是两个并发执行的进程，它们可以按各自独立的速度前进，所以运行的顺序也可能是：

P_1：R1:=COUNT；

P_2：R2:=COUNT；

P_1：R1:=R1+1；　　COUNT:=R1；

P_2：R2:=R2+1；　　COUNT:=R2；

显然，此时的效果是变量 COUNT 只增加了 1。为什么会有这种错误的结果呢？主要原因是没有把变量 COUNT 当作临界资源来对待，没有实施互斥操作。如果把变量 COUNT 当作临界资源，一次只允许一个进程进行访问和修改，即仅当进程 P_1 对 COUNT 进行修改并退出后，进程 P_2 才允许被访问和修改，那么就可以避免上述的错误结果。这就是说，为几个进程共享的数据结构、变量等也应作为临界资源来处理。各进程对临界资源操作的程序段的执行应该是互斥的。这种互斥执行的程序段称为临界区(Critical Section)或互斥段。

由此可见，对系统中任何一个进程来说，其工作正确与否不仅取决于它自身的正确性，而且与它在执行中能否与其他相关进程正确地实施同步或互斥有关，所以解决进程间的同步和互斥是非常重要的问题。

3. 实现临界区互斥的锁操作法

上面我们给出了临界资源和临界区的定义。为禁止两个进程同时进入临界区，必须有一相应机构来协调它们，这一机构应遵循下述原则。

(1) 有若干进程要求进入它们的临界区时，应在有限时间内使一进程进入临界区。换句话说，它们不应相互等待而致使谁都不能进入。

(2) 每次最多有一个进程处于临界区内。

(3) 进程在临界区内逗留应在有限的时间范围内。

下面给出实现临界区互斥的锁操作法。

这种方法使用了一个物理实体，称为锁，用 W 来表示，销有两种，W=0 表示锁已打开；W=1 表示锁被关闭。

加锁原语用 LOCK(W)表示，其操作为

测试 W，若 W=1，表示资源正在使用，继续反复测试；若 W=0，置 W=1(加锁)。

加锁原语用 LOCK(W)可描述为

L：if W=1 then go to L else W：=1；

开锁原语用 UNLOCK(W)表示，可描述为

W：=0；

于是，两个进程 P_1、P_2 使用如下程序实施进程的互斥。

```
    进程 P1              进程 P2
    LOCK(W)              LOCK(W)
      S1                   S2
   UNLOCK(W)            UNLOCK(W)
```

其中 S_1 和 S_2 分别为进程 P_1 和 P_2 的临界区。

在有些系统中，上述的加锁、开锁操作可用机器硬件指令来完成。例如 IBM/370 中就有一条称为“测试并置位”指令 TS。该指令的功能是按第二操作域指出的地址从主存中取出一个字节，其最高位(最左边的位)为 0 时，置条件码为 0，否则置条件码为 1，并将该字节的所有位均置 1。于是加锁原语 LOCK(W)可用指令

```
TS W
BNZ  *  -4
```

来代替，其中 BNZ 表示不等于 0 转移，*　−4 表示本指令地址减 4(BNZ 本身是 4 字节指令)。即当 W 不为 0 时转移到上一条指令 TS 继续测试，否则停止测试，进入临界区，请注意，测试 W 和置 W=1 是在一个指令周期内完成的。开锁原语 UNLOCK(W)用指令 MVI W，X‘00’来完成，MVI 将一个全 0 的字节送入 W 中。

用加锁和开锁的方法实现临界区互斥，其效率很低。因为只要一个进程进入临界区后，其他企图进入临界区的进程，在执行 LOCK(W)时，因不断测试 W 造成处理机时间的浪费。此时 CPU 一直处于忙碌状态，以等待 W 为 0。为此，E.W.Dijkstra 提出了一种解决同步、互斥问题的更一般的方法，这就是信号量(Semaphore)以及有关的 P、V 操作。

3.5.2　信号量和 P、V 操作

1. 信号量及 P、V 操作

信号量或信号灯是交通管理中的一种常用设备。交通管理人员利用信号灯的颜色(红、绿)实现交通管理。在操作系统中，信号量是表示资源的实体，是一个与队列有关的整形变量，基值仅能由 P、V 操作来改变。操作系统利用信号量对进程和资源进行控制和管理。根据用途不同，信号量分为公用信号量和私用信号量。公用信号量通常用于实现进程之间的互斥，初值为 1，它所联系的一组并发进程均可对其实施 P、V 操作；私用信号量一般用于实现进程间的同步，初值为 0 或为某个正整数 *n*，仅允许拥有它的进程对其实施 P 操作。

P、V 操作是定义在信号量 S 上的两个操作，其定义分别为

P(S)：S：=S−1

若 $S \geqslant 0$，则调用 P(S)的进程继续运行；若 $S < 0$，则调用 P(S)的进程被阻塞，并把它插入到等待信号量 *S* 的阻塞队列中。

V(S)：S：=S+1

若 $S > 0$，则调用 V(S)的进程继续运行；若 $S \leqslant 0$，从等待信号量 *S* 的阻塞队列中唤醒头一个进程，然后调用 V(S)的进程继续运行。

P、V 操作可表示为如下两个过程

```
Procedure   P(Var S:Semaphore)
Begin S:=S-1;
If   s<0 then   W(S)
End; {P}
Procedure   V(Var s:semaphore)
Begin S:=S+1;
  If   S≤0   then R(S)
End; {V}
```

其中 W(S)表示将调用该过程的进程置成等待信号量 *S* 的阻塞状态，并插入相应的阻塞队列中。R(S)表示要唤醒等待信号 *S* 阻塞队列中的头一个进程。

Dijkstra 提出的 P、V 操作是能够实现对临界区管理要求的两条原语，现在分析一下这两条原语。当信号量的初值为 1 时，如果有若干个进程都要求进入临界区时，由于每个进程都要调用 P(S)过程，则只有一个调用 P(S)的进程，执行 P 操作而使 *S* 为 0，立即进入临界区。而其余进程在执行完 P 操作后，由于 *S* 变为负值而进入阻塞，被插入到等待信号量 *S* 的阻塞队列中。由于信号量 *S* 的初值为 1，P 操作起到了限制一次只有一个进程进入临界区的作用。任何一个进程，在执行完临界区操作后，在退出临界区前必须调用 V 操作，从而保证了进程在临界区内逗留有限时间。当一个进程退出临界区时，如有进程在等待进入临界区，V 操作将唤醒位于阻塞队列中的头一个进程，使其可以进入临界区，因而不会出现进程无限等待进入临界区的情况，这完全符合对临界区管理的 3 条原则。以下举例说明如何利用信号量和 P、V 操作实现进程互斥和同步。

2. 利用信号量实现进程的互斥

利用信号量可以方便地解决临界区问题。设 S 为两进程互斥的公用信号量，初值赋予 1，表明该临界资源未被占用。只需把临界区的程序段置于 P(S)和 V(S)之间，即可实现两进程的互斥。例如进程 P_1 和进程 P_2 按如下安排，即可实现互斥。

进程 P_1　　　　　　进程 P_2

　S_1　　　　　　　　S_2

　V(S)　　　　　　　V(S)

其中的 S_1，S_2 是两个互斥的程序段，即 P_1、P_2 的临界区。

由于信号量的初值为 1，故第一个进程 P_1 执行 P 操作后信号量减为 0，表明临界资源空闲，可分配给该进程，使之进入临界区。若此时又有第二个进程 P_2 欲进入临界区，也应先执行 P 操作。结果使 S=−1，表示临界资源已被占用，因此第二个进程变为阻塞状态，当第一个进程在临界区内将 S_1 执行完毕，然后执行 V 操作，释放该资源而使信号量恢复到 0，又唤醒了第二个进程 P_2。待第二个进程 P_2 完成对临界资源的使用(S_2)后，又执行 V 操作，最后使信号量恢复到初值 1。

由此例可以看到：信号量 $S>0$ 时的数值表示某类可用资源的数量，执行 P 操作意味着申请分配一个单位的资源。因此可描述为 S:=S−1。当 $S\leqslant 0$ 表示已无资源可用，此时 S 的绝对值表示信号量 S 的阻塞队列中的进程数，而执行一次 V 操作意味着释放一个单位的资源，描述为 S:=S+1，若此时 $S\leqslant 0$ 表明信号量的阻塞队列中仍有被阻塞的进程，因此在执行 V 操作时应唤醒该队列的第一个进程。

【例 3-1】 前面例子中的公用变量 COUNT，也是一个临界资源。两个并发进程对 COUNT 的操作必须互斥地执行。对此，可写出如下程序。

```
begin
     COUNT:integer;
     S:semaphore;
     COUNT:=0; S:=1;
cobegin
    process  p1
    R1:register;
      begin
       P(S);
       R1:=COUNT;
       R1:=R1+1;
       COUNT:=R1;
       V(S)
      end;
    process  p2
    R2:register;
      begin
       P(S);
       R2:=COUNT;
       R2:=R2+1;
       COUNT:=R2;
```

```
        V(s)
       end;
  coend;
    end;
```

3. 利用信号量实现进程间的同步

一般来说，信号量初值为 0，两个进程之间的同步模型如下。

进程 P_1　　　　　进程 P_2

L_1：P(S)　　　　L_2：V(S)

设进程 P_1 先到达 L_1 点，当它执行 P(S)，使 $S=-1$，于是 P_1 进入阻塞状态并进入信号量 S 的阻塞队列；然后进程 P_2 到达 L_2 点，当它执行 V(S)时，将 S 值变为 0，于是唤醒 P_1，使其转变为就绪状态，当再调度到进程 P_1 时，则 P_1 可在 L_1 点后继续运行下去。由此可见，当进程 P_1 到达 L_1 点必须与进程 P_2 同步。在这种同步操作中，进程 P_1 受到进程 P_2 的制约，而进程 P_2 却不受进程 P_1 的制约，所以是非对称的。

【例 3-2】用信号量实现司机和售票员的同步。

设 S_1 和 S_2 分别为司机和售票员的私用信号量，初值均为 0，则司机和售票员的同步过程描述如下。

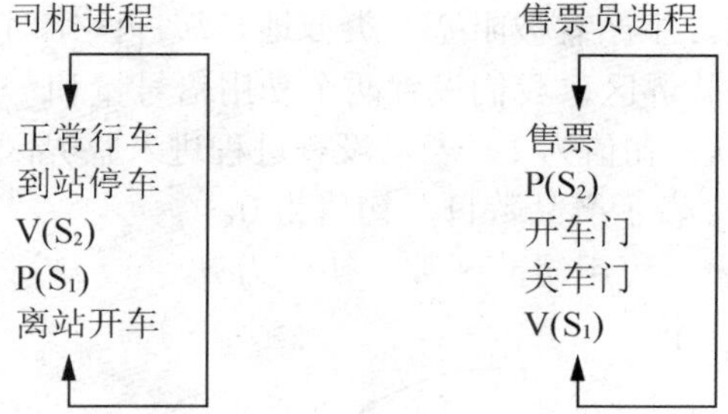

【例 3-3】设进程 A、B 是两个相互合作的进程，共用一个缓冲区。进程 A 负责从卡片输入机读入卡片送到缓冲区，进程 B 取走缓冲区中的卡片信息进行加工处理。进程 A 在完成将卡片送入缓冲区后，给进程 B 发一信号。进程 B 收到信号后，取走卡片信息进行加工处理。反之，进程 B 取走卡片信息后，给进程 A 发一信号，进程 A 再将卡片信息读入缓冲区。为此，我们利用两个私用信号量 S_1 和 S_2，其初值均为 0，信号量 S_1 表示缓冲区是否有卡片信息，信号量 S_2 表示缓冲区信息是否被取走。利用 P、V 操作实施进程 A、B 的同步过程如下。

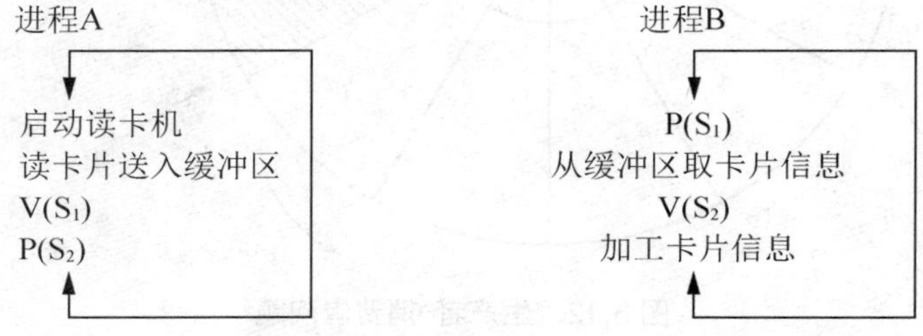

现在让我们对上述同步过程作一简单解释。假定进程 A 开始执行，它启动读卡机工作，

将卡片信息送入缓冲区。然后执行 $V(S_1)$，使得 $S_1=1$，表示缓冲区已装入卡片信息，再执行 $P(S_2)$，使 S_2 变为-1，于是进程 A 进入阻塞队列。系统调度程序调度进程 B 执行，进程 B 执行 $P(S_1)$，使 $S_1=0$，于是进程 B 将缓冲区信息取出加工，再执行 $V(S_2)$使 $S_2=0$，唤醒进程 A，使其变为就绪，然后进程 B 继续执行，返回到执行 $P(S_1)$，使 $S_1=-1$，于是进程 B 进入阻塞队列，停止执行，当下次进程调度程序将处理机分配给进程 A 时，进程 A 又重复执行读入卡片，唤醒进程 B，使自己进入阻塞队列，如此循环往复，直到读卡机上的全部卡片读完为止。

类似地，可以用 P、V 操作实现计算进程和打印进程之间的同步。每当计算进程将所得结果送入缓冲区后，由打印进程将该结果从缓冲区取走，进行打印输出。

4. 生产者-消费者问题(Producer-Consumer Problems)

把上述同步问题抽象化，便形成了生产者-消费者问题。该问题是很多并发进程间存在的内在关系的一种抽象。例如，生产者可以是计算进程，消费者是打印进程。在输入时可以认为输入进程是生产者，计算进程是消费者。因此，生产者-消费者问题有很大实用价值。我们可以通过一个循环缓冲区把一组生产者 P_1、P_2、…、P_n 和一组消费者 C_1、C_2、…、C_k 联系起来，如图 3.12 所示。假定这些生产者和消费者是互相等效的，只要缓冲区未满，生产者就可把产品送入缓冲区；类似地，只要缓冲区未空，消费者便可从缓冲区取走产品并消耗它。仅当缓冲区满时，生产者被阻塞，类似地，缓冲区空时消费者被阻塞。为了实现上述两组进程互斥地进入临界区，我们设置两个私用信号量和一个公用信号量。

(1) 公用信号量 mutex，初值为 1，表示没有进程进入临界区，它用于实现进程互斥。

(2) 私用信号量 empty 表示产品数目，初值为 0。

(3) 私用信号量 full 表示可用缓冲区数，初值为 n。

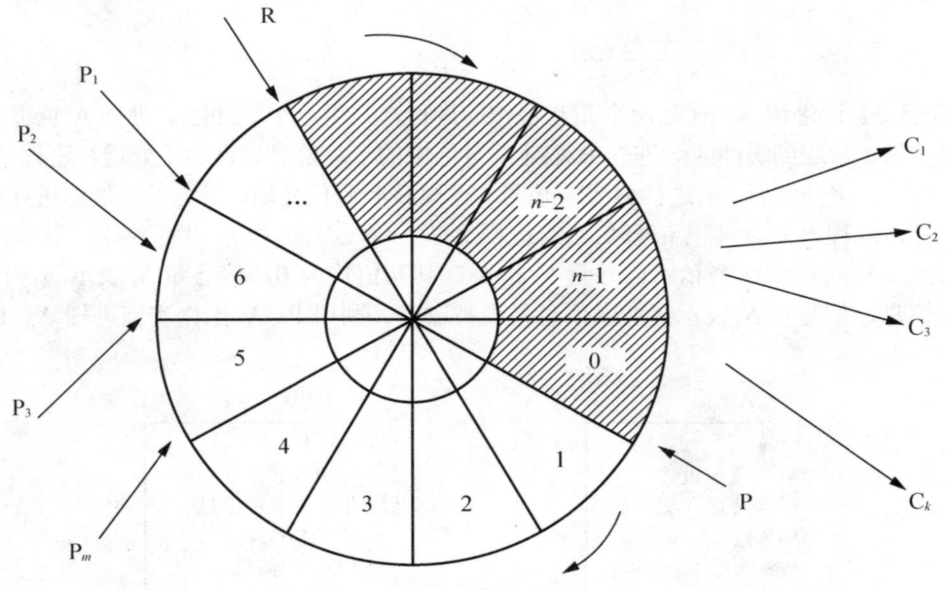

图 3.12　生产者-消费者问题

生产者-消费者进程描述如下。

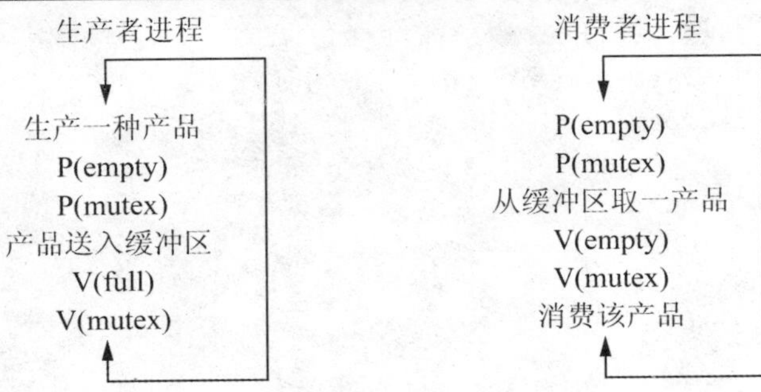

现在讨论 *m* 个生产者和 *k* 个消费者共享 *n* 个缓冲区的情况。每个生产者都要把各自生产的产品放入缓冲区，而每个消费者也都要从缓冲区取出产品去消费。在这种情况下，不仅生产者与消费者之间要同步，而且 *m* 个生产者之间，*k* 个消费者之间还必须互斥地访问缓冲区。生产者与消费者之间应该同步是显而易见的，只有通过互通消息才能知道缓冲区中是否可以存入产品或是否可以从缓冲区取出产品。那么为什么要互斥地访问缓冲区呢？如果 *m* 个生产者各自生产的产品都要往缓冲区中存放，当第一个生产者按指针 p 指示的位置放入了一个产品，但在改变指针值之前可能被打断执行。于是，当第二个生产者要存放产品时，仍按原先的指针值所指示的位置放入产品，这样两种产品放入同一位置，使得先放入的产品丢失。同样，*k* 个消费者都要取产品时，可能会出现都从指针 R 指示的同一位置取出产品，因此消费者取出产品也应互斥。这里的信号量 mutex 是用于生产者之间、消费者之间以及生产者和消费者之间的互斥。这就是说，每次只能由一个生产者或一个消费者去访问缓冲区。于是生产者和消费者可按如下方式并发执行。

```
begin
     B:array[0,…,n-1] of integer;
     P,R:integer;
     S,Sn,S0: semaphore;
     P:L=r:=0
     mutex:=1;empty:=n;full:=0;
     cobegin
    process produce i(I=1,2,……,m)
      begin
            L1:produce a product;
            P(empty);
            P(S);
            B[P]:=product;
            P:=(P+1)mod n;
            V(full);
            V(mutex);
            go to L1
        end:
    process consumer j(j=1,2,…,k)
        begin
           L2:P(full);
           P(mutex)
```

```
                Take a product form B[R];
                R:=(R+1)mod n;
                V(empty);
                V(mutex);
                Consume
                Go to L2
         endl;
      coend;
   end;
```

5. 读者—写者问题(Reader-Writer Problems)

在计算机系统中，有些文件是可共享的，当若干个并发进程都要访问某个共享文件 F 时，应区分是读还是写(修改)文件。显然可允许多个进程同时读文件 F，不允许在进程读文件时让另一进程去修改文件，或者有进程在修改文件时让另一进程去读，否则会造成读出的文件内容不正确。尤其是绝对不允许多个进程同时修改同一文件，这样一类问题称为“读者—写者”问题。

为了实现读者与写者的同步与互斥，我们设置一个信号量 *S*，用于读者与写者之间或写者与写者之间的互斥，初值为“1”。用一个变量 *rc* 表示当前正在读的读者个数，当进程可以去读或读结束后都要改变 *rc* 的值，因此 *rc* 又成为若干读进程的共享变量，它们必须互斥地修改 *rc*。故必须定义另一个用于互斥的信号量 S_r，初值也是“1”。读者—写者问题可描述如下。

```
   begin S,Sr:semaphore;
          rc;integer;
          S:=Sr:=1;
          Rc:=0;
   cobegin
     process reader i(i=1,2,…,m)
      begin  P(Sr);
               rc:=rc+1;
               If  rc=1 then  P(S);
               V(Sr);
               Read file F;
               P(Sr);
               Rc:=rc-1;
               If rc=0then V(S);
               V(Sr)
        end
   process Writer j(j=1,2,…,k)
        begin
               P(S)
                   Write file F;
                   V(S)
        end;
```

```
  coend;
end
```

在这个程序中，当有进程在读而使一个请求写的进程阻塞时，如果仍有进程不断地请求读则写进程将被长期地推迟运行。但在实际的系统中往往希望让写者优先。即当有进程在读文件时，如果有进程请求写，那么新的读者被拒绝，待现有读者完成读操作后立即让写者运行，只有当无写者工作时才让读者工作。下面是写者优先的程序。其中信号量 *S*，初值为 1，用于读者与写者之间或写者与写者之间的互斥有 *n* 个进程可同时进行读操作。

```
begin S,Sn;Semaphore;
        S:=1;Sn=n;
Cobegin
  Process reader I(I=1,2,…,n)
    Begin
          P(S);
          P(Sn);
          V(S);
          Read file F;
          V(Sn)
    End;
process writer j(j=1,2…,k)
  Begin
         P(S)
         For I:=1 to n do P(Sn);
         Write file F;
         For I:=1 to n do V(Sn);
         V(S)
   End;
Coend;
End;
```

其中 Process Reorder I 的 P(S)，V(S)保证了当有写者要工作时，不让新的读者去读。Process Writer j 中的一个循环语句保证让正在工作的读者完成读后再执行写，完成写操作后由第二个循环语句恢复 S_n 的初值，最后 V(S)用于唤醒被阻塞的读、写进程。

3.5.3　高级通信原语

以上讨论的 P、V 操作作为解决进程间通信的基本工具是卓有成效的。从逻辑上说，这些原语是完备的而且能力很强，但是它作为通信工具还不能令人满意。P、V 操作的不足之处在于：一方面它增加了编程的复杂性，不便于对程序的直观理解；另一方面，虽然利用信号量和 P、V 操作进程间能交换一些信息，但其效率很低。因此我们称 P、V 操作为低级通信原语。

进程间的同步和互斥也是进程间通讯的一种方式。在这种方式下，进程间不仅交换的信息量少，而且交换的是控制信息。下面介绍的消息缓冲方式和信箱通信方式可在进程间传送大量数据信息。因此，相应的通信原语就称为高级通信原语。

1. 消息缓冲通信

消息缓冲区作为进程间通讯的一个基本单位。消息缓冲区是包含如下信息的缓冲区。

发送者进程标识符：sender

消息长度：size

消息正文：text

指向下一消息缓冲区的指针：next

当一个发送进程欲发送消息时，便形成一个消息，并发送给指定的接收进程。由于接收进程可能会收到几个进程发来的消息，故应将所有的消息缓冲区链成一个队列，其队头由接收进程 PCB 中的队列队首指针来指出。此外在 PCB 中还应增加如下的数据项。

消息队列队首指针：mq

消息队列互斥信号量：*mutex*

消息队列资源信号量：*sm*

为了表示队列中消息的个数，在 PCB 中设置了信号量 *sm*，每当发送进程发来一个消息，并把它挂在接收进程的消息队列上时，便对 *sm* 执行 V 操作。而当接收进程从消息队列上取走下个消息时，先对 *sm* 执行 P 操作，如果说有消息，则从队列中移走队首指针 mq 指出的第一个缓冲区中的消息。

很明显，消息队列属于临界资源，故在 PCB 中设置了用于互斥的信号量 *mutex*，每当进入临界区前和退出临界区后，应对信号量 *mutex* 分别施行 P 操作和 V 操作。

为了实现进程之间的通信，系统提供发送原语和接收原语。

发送原语 send(receiver，addr)，其中 receiver 为接收该消息的进程标识符，addr 为发送区始址。发送区包括发送进程标识符、消息长度和消息正文。发送原语的作用是将欲发送的消息从发送区复制到消息缓冲区，并把它挂在接收进程的消息缓冲队列末尾。如果该接收进程因等待消息而处于阻塞状态，则将其唤醒。

接收原语 receive(addr)，其中 addr 是接收区始址。接收区包括发送进程标识符、消息长度和消息正文。接收原语的作用是把发送者发来的消息从消息缓冲区复制到接收区，然后将消息缓冲区从消息队列中删去，如果没有消息可以接收，则进入阻塞状态。

两个进程 A、B 之间采用消息缓冲方式进行通讯的过程如图 3.13 所示。进程 A 在发送消息前，应在自己的内存空间设置一发送区 a，把欲发送的消息正文、消息长度以及发送进程名填入其中，然后使用 send(B，a)进行发送。在进入发送原语后，利用原语的第一个参数，查找接收进程 B 的 PCB，若无此 PCB 便进入出错处理，否则调用内存分配程序获得消息缓冲区空间。在进入消息队列之前，先执行 P(mutex)。若 *mutex*=0，便根据接收进程 B 的 PCB 中的消息队列队首指针 mq，找到消息队列中的第一个消息，再根据消息缓冲区中的 next，可找到最后一个消息缓冲区，接着便把发送原语所建立的消息缓冲区挂在该队尾，然后把发送区中的内容复制到新挂上的消息缓冲区中，并将 next 填入 0，以表示处于队尾。最后再对 *mutex* 和 *sm* 信号量分别执行 V 操作。发送原语完成后，发送进程继续运行。

接收进程在接收消息之前，应在自己的内存空间设置一接收区 b，然后调用 receive(b)，在进入接收原语后，先对信号量 *sm* 进行 P(mutex)，若 *sm*<0，表示队列空，无消息可接收，该进程被阻塞；若 *sm*≥0，再执行 P(mutex)，根据接收进程 PCB 中的队首指针 mq，找到消息队列中的第一个消息，将其从队列中移出并修改 mq，使之指向下一消息。退出临界区时，执行 V(mutex)，并把消息从缓冲区复制到接收区，最后释放缓冲区。在接收原语完成后，接收进程继续运行。

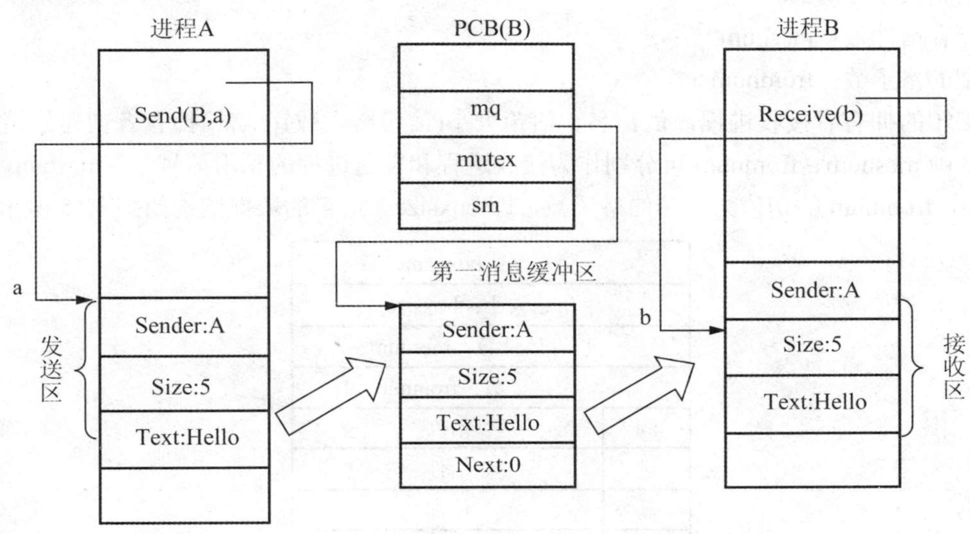

图 3.13　消息缓冲通讯

2. 信箱通信

信箱用于存放信件，而信件是一进程发送给另一进程的消息。

1) 信箱通信过程

在系统中的任一进程(或用户)想接收其他进程(或用户)发来的信件，必须为自己创建一个信箱。有了信箱便可接收其他进程发来的信件，也可将自己的信件发给具有信箱的其他进程。采用信箱实现两进程之间互相通信，需要使用两个通信原语，它们是发送原语(send)和接收原语(receive)。进程间用信箱交换信息，例如进程 A 想要向进程 B 发送消息时，进程 A 先把信息组成一封信件，然后调用 send 原语向进程 B 发送信件，并将信件投入进程 B 的信箱中。进程 B 想得到进程 A 的消息时，只要调用 receive 原语就可从信箱中索取来自进程 A 的信件。这就完成了一次进程 A 与进程 B 的通讯过程。进程 B 得到进程 A 发来的消息后进行必要的处理(或服务)，然后可以将处理结果组织成一封信件发送回去。进程 A 发出信件后，想要得到对方的处理情况，也可以索取一封回信，这就实现了进程 A 与进程 B 的另一次通信过程。进程间的通信过程如图 3.14 所示。

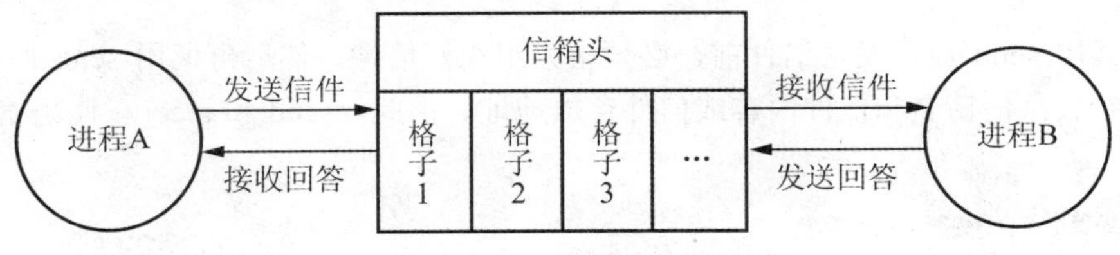

图 3.14　信箱通信过程

2) 信箱的数据结构

信箱是一种数据结构，逻辑上可分为两部分，即信箱头和信箱体。信箱头是信箱的描述部分；信箱体由若干格子组成，其中每一格子可存放一个信件。信箱头包括如下信息。

信箱名：boxname

信箱大小：boxsize

已存信件数：mesnum

空的格子数：fromnum

信箱的拥有者接收进程，信箱名、信箱大小(信箱格子数)在信箱拥有者创建信箱时确定。其中 mesnum、fromnum 可分别作为接收进程和发送进程的私用信号量，mesnum 的初值为 0，fromnum 的初值为信箱的格子数，即 boxsize。信箱的数据结构如图 3.15 所示。

信箱名：boxname	
信箱大小：boxsize	
已存信件数：mesnum	
空格子数：fromnum	
满	信件
满	信件
满	信件
空	格子
…	…
空	格子

图 3.15　信箱的数据结构

3) 发送原语与接收原语

使用信箱通讯方式时，若干进程都可以向同一信箱发送信件。同样，一个进程可向多个信箱发送同一信件。这就是说，发送进程与接收进程之间不仅可以是一对一的关系，也可以是一对多或多对一的关系。

每个进程用 send 原语把信件送入指定进程的信箱中，这时信箱应能容纳多封信件。但是，一旦信箱大小确定后，可存放的信件数就受到限制。为避免信件丢失，send 原语不能向已装满信件的信箱中投入信件。当信箱已满时，发送者必须等待接收进程从信箱取走信件后，方可再行放入。同样，一个进程可用 receive 原语取出该进程的信箱中的一个信件，但它不能从空的信箱中取出信件。当信箱无信件时，接收者必须等待，直到信箱中有信件为止。

进程调用 send 原语发送信件前，必须事先组织好信件，然后再调用 send 原语并在调用时给出参数：信箱名和信件内容或信件存放地址。由此，send 和 receive 原语格式如下。

```
send (boxname,msg)
receive(boxname,msg)
```

4) 原语的实现

发送原语的执行过程：根据 send 原语中的第一个参数信箱名，找到相应的信箱，若信箱有空的格子，则按第二个参数指出的地址把信件送入信箱中，如果有进程在等待该信箱中的信件，则将其唤醒；若该信箱已满，则调用 send 原语的进程被阻塞并插入等信箱队列。

接收原语的执行过程：根据 receive 原语中的第一个参数信箱名，找到相应的信箱，若信箱中有信件，则取出一封信放入第二个参数给出的地址中。如果有进程在等信箱，则将其唤醒，若信箱中无信件，则调用 receive 原语的进程存在着同步而不是互斥的关系。利用信号量及 P、V 操作，两原语的形式描述如下。

```
send (boxname,msg)
  begin
     local X;
     根据 boxname 找到信箱;
          P(fromnum);
          选择标志为空的格子;
          把消息 msg 放入空的格子 X 中;
          置格子 X 为满标志;
          V(mesnum);
  end
receive(boxname,msg)
   begin
          local X;
          根据 boxname 找到信箱;
          P(mesnum);
          选择标志为满的格子 X;
          将格子 X 中的信件取出放入 msg 中;
          置格子 X 的标志空;
          V(fromnum);
end
```

3.6 线　　程

自从 20 世纪 60 年代提出进程概念后，在一般操作系统中一直都是以进程作为能独立运行的基本单位。直到 20 世纪 80 年代中期，人们又提出了比进程更小的能独立运行的基本单位——线程(Thread)，试图用它来提高系统内程序并发执行的速度，从而进一步提高系统的吞吐量。线程概念已得到了广泛应用，不仅在新推出的操作系统中大多数都已引入线程概念，而且在新推出的数据库管理系统和其他应用软件中，也都纷纷引入线程来改善系统的性能。

3.6.1 线程的引入

如果说在操作系统中引入进程的目的，是为了使多个程序并发执行，以改善资源利用率来提高系统的吞吐量，那么，在操作系统中再引入线程则是为了减少程序并发执行时所付出的时空开销，使操作系统具有更好的并发性。为了说明这一点，我们首先回顾进程的两个基本属性：进程是一个可拥有资源的独立单位；进程同时又是一个可以独立调度和分派的基本单位。正是由于进程具有这两个基本属性，才使之成为一个能独立运行的基本单位，从而也就构成了进程并发执行的基础。

为使程序更好地并发执行，系统还必须进行以下一系列操作。

(1) 创建进程。系统在创建进程时，必须为之分配其所必需的、除处理机以外的所有资源。如内存空间、I/O 设备以及建立相应的 PCB 结构等。

(2) 撤销进程。系统在撤销进程时，又必须先对这些资源进行回收操作，然后再撤销 PCB 结构。

(3) 进程切换。在对进程进行切换时，由于要保留当前进程的 CPU 环境和设置新选中进程的 CPU 环境，为此需花费不少处理机时间。

简言之，由于进程是一个资源拥有者，因而在进程的创建、撤销和切换中，系统必须为之付出较大的时空开销。也正因为如此，在系统中所设置的进程数目不宜过多，进程切换的频率也不宜太高，这也就限制了进程并发程度的进一步提高。

如何能使多个程序更好地并发执行，同时又尽量减少系统的开销，已成为近年来设计操作系统所追求的重要目标。于是，有不少研究操作系统的学者们想到，可否将进程的上述属性分开，由操作系统分开来进行处理。即把作为调度和分派的基本单位，不同时作为独立分配资源的单位，使之轻装运行，而对拥有资源的基本单位，又不频繁地对之进行切换。正是在这种思想的指导下，产生了线程的概念。

3.6.2　线程的基本概念

线程可定义：进程中的一个执行活动；进程中的可调度实体；一个独立的程序计数器。

如果把进程理解为在逻辑上是操作系统的一个任务，那么线程表示完成该任务的许多可并发(并行)执行的子任务。举例来说，假设用户启动了一个窗口中的数据库应用程序，操作系统就将这个数据库调用表示为一个进程。现假设要求从数据库产生一份工资单报表，并传到一个文件中。可以想象这一传送操作将是一个冗长的操作，在这一操作过程中，用户可能会提出其他请求，如数据库查询。操作系统则将每一个请求(工资单报表、数据库查询等)都表示为数据库进程中的独立线程。线程可在处理器上独立调度执行，这就允许这两个操作同时进行(并发)。多线程进程中的各个线程不仅可在单机多任务系统中并发执行，在多机系统中还可分布到不同的场点上去并发执行。

在引入线程的系统中将传统的进程概念一般化，使得在一个进程中可以完成多个处理。这类系统所论及的“进程”都包括一个执行环境和一个或多个线程。具有多线程的服务器进程如图 3.16 所示。该文件服务器进程含有 n 个服务线程，这些线程可并发地为多个客户机的文件请求服务，从而显著地提高了文件服务的质量。“线程”这一术语是对一个处理的抽象，是从“执行的线索”这一说法中演变出来的。

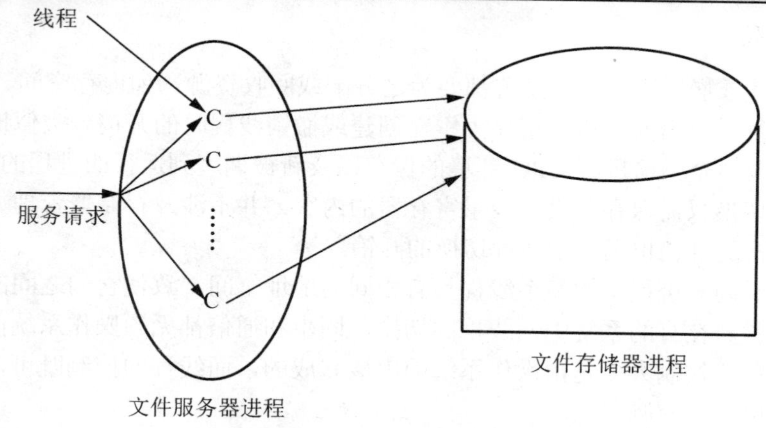

图 3.16 具有多线程的服务器进程

3.6.3 线程与进程的关系

线程具有许多传统进程所具有的特征，故又称为轻型进程(Light-Weight Process)或进程元。而传统的进程称为重型进程(Heavy-Weight Process)，它相当于只有一个线程的任务，在引入线程的操作系统中，通常一个进程都有若干个线程，至少需要一个线程。下面，从调度、并发性、系统开销、拥有资源等方面，来比较线程与进程。

1. 调度

在传统的操作系统中，拥有资源的基本单位和独立调度、分派的基本单位都是进程。而在引入线程的操作系统中，则把线程作为调度和分派的基本单位，而把进程作为资源拥有的基本单位，使传统进程的两个属性分开，线程便能轻装运行，从而可显著地提高系统的并发程度。在同一进程中，线程的切换不会引起进程的切换，在由一个进程中的线程切换到另一个进程中的线程时，才会引起进程的切换。

2. 并发性

在引入线程的操作系统中，不仅进程之间可以并发执行，而且在一个进程中的多个线程之间亦可并发执行，因而使操作系统具有更好的并发性，从而能更有效地使用系统资源和提高系统吞吐量。例如，在一个未引入线程的单 CPU 操作系统中，若仅设置一个文件服务进程，当它由于某种原因而被阻塞时，便没有其他的文件服务进程来提供服务。在引入线程的操作系统中，可以在一个文件服务进程中设置多个服务线程，当第一个线程等待时，文件服务进程中的第二个线程可以继续运行。当第二个线程阻塞时，第三个线程可以继续执行，从而显著地提高了文件服务的质量以及系统吞吐量。

3. 拥有资源

不论是传统的操作系统，还是设有线程的操作系统，进程都是拥有资源的一个独立单位，它可以拥有自己的资源。一般地说，线程自己不拥有系统资源(也有一点必不可少的资源)，但它可以访问其隶属进程的资源。也就是说一个进程的代码段、数据段以及系统资源，如已打开的文件、I/O 设备等，可供同一进程的所有线程共享。

4. 系统开销

由于在创建或撤销进程时，系统都要为之分配或回收资源，如内存空间、I/O 设备等。因此，操作系统所付出的开销将明显大于在创建或撤销线程时的开销。类似地，在进行进程切换时，涉及整个当前进程 CPU 环境的保存以及新被调度到运行的进程的 CPU 环境的设置。而线程切换只需保存和设置少量寄存器的内容，并不涉及存储器管理方面的操作。可见，进程切换的开销也远大于线程切换的开销。

同时，由于同一进程中的多个线程具有相同的地址空间，致使它们之间的同步和通信也变得比较容易。在有的系统中，线程的切换、同步和通信都无须操作系统内核的干预。也就是说，进程的控制大多是由操作系统的内核完成的，而线程的控制既可以由系统内核完成，也可以由用户控制完成。

3.6.4 线程的类型

对于通常的进程，不论是系统进程还是用户进程，在进行切换时都要依赖于内核中的进程调度。因此，不论什么进程都是与内核有关的，是在内核支持下进行切换的。

线程已在许多系统中实现，但实现的方式并不完全相同。在有的系统中，特别是一些数据库管理系统如 Informix，实现的是用户级线程(User-Level Threads)，这种线程不依赖于内核。而另一些系统(如 Mach 和 OS/2)实现的是内核支持线程(Kernel-Supported-Threads)，这种线程依赖于内核。还有一些系统如 Solaris 操作系统，则同时实现了这两种类型的线程。

对于线程来说，则可分成以下两类。

(1) 内核支持线程，它们是依赖于内核的。即无论是在用户进程中的线程，还是系统进程中的线程，它们的创建、撤销和切换都由内核实现。在内核中保留了一个线程控制块，内核根据该控制块而感知该线程的存在并对线程进行控制。

(2) 用户级线程。它仅存在于用户级中，对于这种线程的创建、撤销和切换，都不利用系统功能调用来实现，因而这种线程与内核无关。相应地，内核也并不知道有用户级的线程存在。

这两种线程各有优缺点，因此它们也各有其应用场所。下面对它们进行分析比较。

1. 线程的调度与切换的速度

内核支持线程的调度和切换与进程的调度和切换十分相似。例如，线程调度方式，同样也是抢占方式和非抢占方式两种。在线程的调度算法上，也同样可采用时间片轮转法、优先权算法等。当由线程调度程序选中一个线程后，再将处理机分配给它。当然，线程在调度和切换上所花费的开销要比进程的小得多。对于用户级线程的切换，通常是发生在一个应用进程的各线程之间，这时，不仅无须通过中断进入操作系统的内核，而且切换的规则也远比进程调度和切换的规则来得简单。例如，当一个线程阻塞后会自动地切换到下一个具有相同功能的线程，因此，用户级线程的切换速度特别快。

2. 系统功能调用

当传统的用户进程调用一个系统功能时，要由用户态进入核心态，用户进程将被阻塞。当内核完成系统调用而返回时，才将该进程唤醒，继续执行。而在用户级线程调用一个系统调用时，由于内核并不知道有该用户级线程的存在，因而把系统功能调用看做是整个进程的行为，于是使该进程等待，而调度另一个进程执行，同样是在内核完成系统调用而返回时进程才能继续执行。如果系统中设置的是内核支持线程，则调度是以线程为单位。当一个线程调用一个系统功能调用时，内核把系统调用只看作是该线程的行为，因而阻塞该线程，于是可以再调度该进程中的其他线程执行。

3. 线程执行时间

对于只设置了用户级线程的系统，调度是以进程为单位进行的。在采用轮转调度算法时，各个进程轮流执行一个时间片，这对诸进程而言似乎是公平的。但假如在进程 A 中包含了一个用户级线程，而在另一个进程 B 中含有 100 个线程，这样，进程 A 中线程的运行时间，将是进程 B 中各线程运行时间的 100 倍；相应地，速度就快 100 倍。假如系统中是设置的内核支持线程，其调度是以线程为单位进行的，这样，进程 B 可以获得的 CPU 时间是进程 A 的 100 倍，进程 B 可使 100 个线程并发工作。

3.7 死锁问题

进程的并发执行和系统资源的共享，可提高系统的处理能力，但也带来一种危险，即死锁现象的发生。所谓死锁(Deadlock)，是指多个进程因竞争资源而造成的彼此无休止地互相等待，在无外力作用下永远不能摆脱的僵局，这种僵局使参与的进程永远不能向前推进。

3.7.1 产生死锁的原因

系统中所有进程在其生命周期中都要使用资源，因此，在进程申请和释放资源的过程中，同时存在与其并发的进程也在不断地申请和释放资源。系统资源总是有限的，当异步推进的诸进程因申请和释放资源的顺序安排不当，就会造成死锁。两个进程发生死锁的例子如图 3.17 所示。

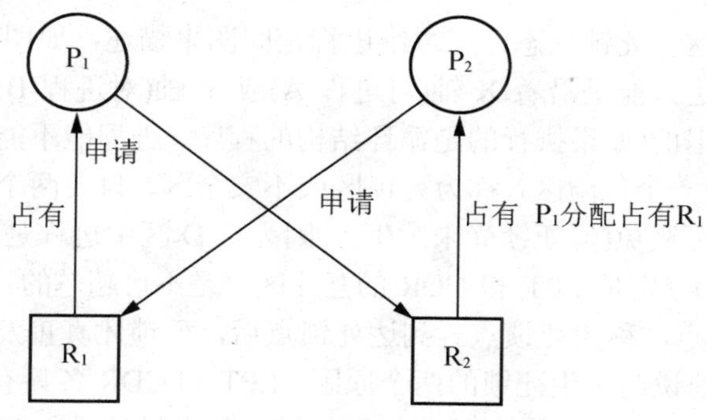

图 3.17　两个进程的死锁

P_1、P_2 是两个并行进程，R_1、R_2 是系统中可共享的独占资源。当两个进程以如下顺序推进时：P_2 分配占有 R_2；P_1 申请 R_2；P_2 申请 R_1。P_1 和 P_2 必定在它们的申请操作上被阻塞，这种状态在无外力的加入下，是一种不能解脱的僵局——死锁。所以产生死锁的原因可归纳为以下两点。

(1) 系统资源的不足。这必定会引起进程间资源竞争，资源竞争是产生死锁的原因之一。

(2) 进程推进顺序非法。任何系统资源不足是一定的，但是只有当进程执行过程中，请求和释放资源的顺序不当时，才会导致死锁，如图 3.17 所示。所以，进程推进顺序不当是产生死锁的第二个原因。

3.7.2 死锁例举

1. 竞争设备资源的死锁

设有进程 A、B，系统配有一台打印机 LPT 和一台读卡机 CDR，它们都是独占资源。进程 A、B 申请(Req)这两台设备的顺序如图 3. 18 所示。如果 A 和 B 各自的两个申请操作(Req)按如图所示的顺序①、②、③和④进行，那么进程 A 将阻塞在 Req(CDR)操作上，而 B 进程阻塞在 Req(LPT)操作上，于是形成了一个由进程 A、B 和资源 LPT 和 CDR 参与的系统。

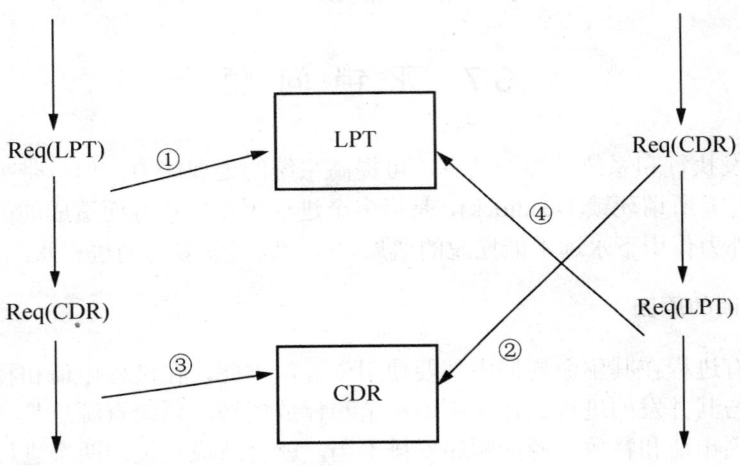

图 3.18 两个设备共享的死锁

为了进一步说明这一死锁状态，用二维进程空间图来描述，如图 3.19 所示。在二维进程空间中，进程的推进只能是沿着 X 轴(对进程 A)或 Y 轴(对进程 B)方向递增，这是因为指令的执行是不能倒退的(如果执行的是循环结构的程序，进程能不能倒退？为什么？请读者思考)。图中 D 区是一个危险区，称为死锁区或不安全区，只要两个进程的组合推进轨迹进入此区，死锁就不可避免(但死锁尚未发生)。因为在 D 区中进程是可推进的。

两个方向(X 和 Y)分别是 LPT 和 CDR 的互斥区，是不可超越的。最终必定迫使组合推进到 D 区右上角的顶点，称为死锁点。到达死锁点后，死锁才真正发生。二维进程空间的死锁图解，也能很好地说明产生死锁的两个原因。LPT 和 CDR 各只有一台，资源不足是肯定的。但是，图中组合推进轨迹①已避开了死锁区；只有导致进入 D 区的非法推进，如组合推进轨迹②，最终才会引起死锁。

2. 竞争单一资源的死锁

存储器资源就是属于这类单一资源。假设一个存储空间共有 m 个可供分配的存储单位(区)，它为 n 个进程所共享。若每个进程都要求申请 I 个存储单位，当 $m<nI$ 时就可能发

生死锁。例如，m=2，n=3，I=2，当两个进程(如 P_1、P_2)首先轮流申请它们各自的第一个单位后，存储单位就被分配完了，于是 P_1、P_2 将阻塞在它们的第二个请求上，而 P_3 在它第一个请求上就被阻塞，从而出现了死锁，如图 3.20 所示。

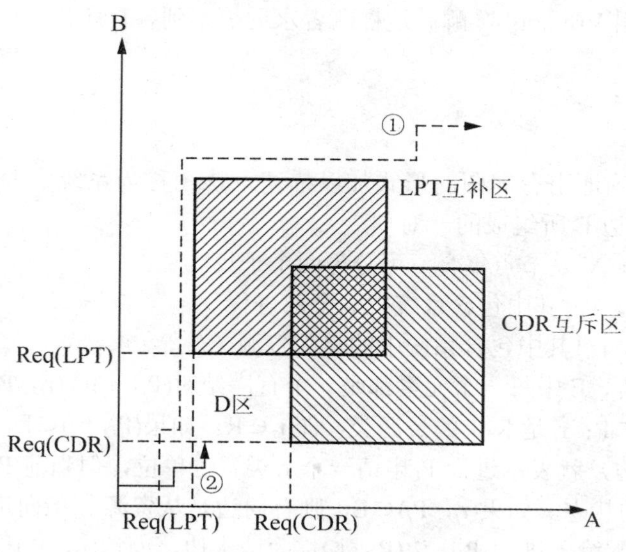

图 3.19 二维进程空间的死锁图解

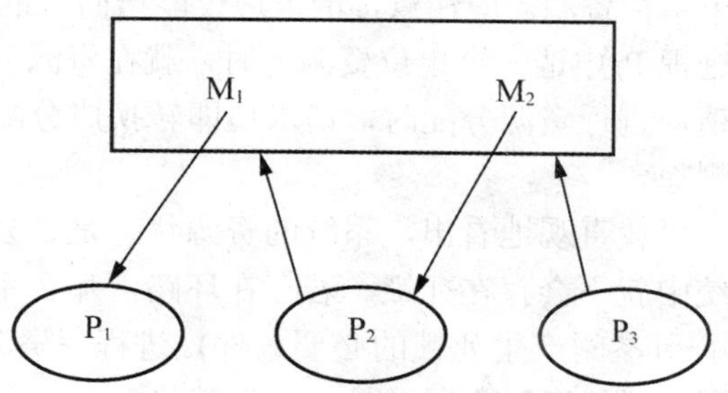

图 3.20 存储器共享的死锁

上述打印机、主存等资源属于可重复再使用的资源。另有一种所谓消耗性资源，如时钟信号、同步信号等，只被进程使用一次后便不能再使用。消耗性资源同样会引起死锁。例如，在进程使用某种同步或通信工具时，接收和发送的顺序安排不当，也会造成死锁现象。在“生产者-消费者”问题的算法中，把生产者进程中两个 P 操作的位置交换，如下所示：

```
Producer                          Comsumer
L1: P(mutex)                       L2: P(full)
   P(empty)                            P(mutex)
   ⋮                                   ⋮
```

当生产者连续向缓冲区中放入数据，每装满一个单位缓冲，*empty* 的值减 1。这样执行 n 次后，*empty* 的值已变为 0。当生产者执行第 n+1 次输入数据时，P(mutex)操作使 mutex

变为 0；P(empty)操作使 *empty* 的值变为-1，生产者被阻塞，等待消费者用 V(empty)把它唤醒。但当调度到消费者时，消费者首先执行 P(full)通过，然后执行 P(mutex)，使 *mutex* 的值变为-1，消费者被阻塞，等待生产者用 V(mutex)唤醒它。而要能使生产者执行 V(mutex)，它必须先被消费者用 V(empty)唤醒。这样两者永远等不到各自所需的信号，就出现了死锁状态。

3.7.3　死锁的描述

死锁可以更精确地用有向图的形式加以描述，该图称为系统资源分配图。该图是由一组节点 V 和一组边 E 所组成的一对偶。

G=(V，E)其中，V 是节点集合，可分为两个子集。

P={P_1，P_2，…，P_n}其中包含系统中的全部进程。

R={r_1，r_2，…，r_m}其中包含系统中的全部资源类。

E 为有向边集合，E 中每一个元素都是一个有序结对(P_i，r_j)或(r_j，P_i)。其中，P_i 是 P 中的一个进程，即 $P_i \in P$；r_j 是 R 中的资源类，即 $r_j \in R$。如果(P_i，r_j)∈E，则存在一条从进程 P_i 到资源 r_j 的有向边，就表示进程 P_i 申请一个 r_j 类资源单位，但当前 P_i 还只处在等待分配该资源(尚未获得)的状态。如果(r_j，P_i)∈E，则有向边是从资源 r_j 指向进程 P_i，表示已有一个 r_j 类资源单位分配给了进程 P_i。边(P_i，r_j)称为请求边，而边(r_j，P_i)称为分配边。在资源分配图中，圆圈节点表示进程，方框节点表示资源类。由于同类资源可以有多个，我们用方框中的圆点来表示各个单位资源。应注意，请求边仅能指向方框 r_j ，而分配边则从方框中的圆点指向进程。当进程 P_i 申请一个单位资源 r_j 时，就在资源分配图中画一条相应的请求边，当系统响应该申请，进行资源分配时，请求边即转换成分配边。当以后进程释放该资源时，分配边也就被删除。

给出资源分配图，可以较直观地看出，系统的资源状态是否会存在死锁。如果图中不存在封闭的环路，则系统中就不会存在死锁。若存在环路，那么系统就可能出现死锁。具体情况，还需作进一步分析(参阅产生死锁的必要条件)。进程—资源循环链如图 3.21 所示。前一进程保持后一进程所需要的资源，所以是一个死锁状态。

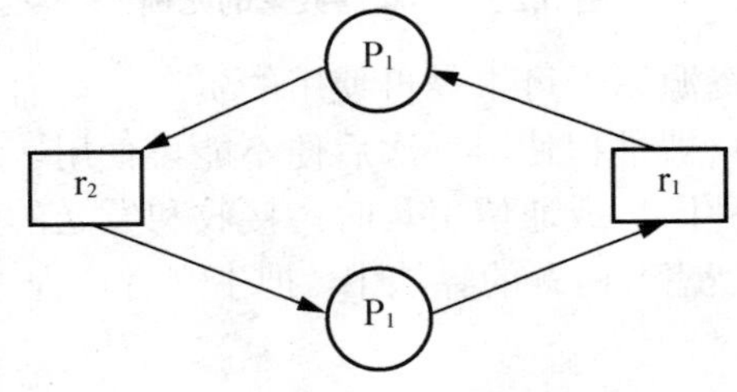

图 3.21　进程—资源循环链

无环路资源分配图、有死锁的资源分配图和有环路但不死锁的资源分配图分别如图 3.22(a)、(b)、(c)所示。(b)中存在一个进程—资源环路。$P_1 \to r_1 \to P_2 \to r_3 \to P_3 \to r_2 \to P_1$。则 P_1、P_2、P_3 都因互相等待对方的资源而形成死锁。图(c)虽有闭环存在，但因 r_2 中有一个资源单位被不包含在环路中的进程 P_2 占用，在有限的时间内，P_2 必然释放这一资源单位，使 P_1 可获得该资源单位，闭环消失。这实际上可看做是一种外力的作用。

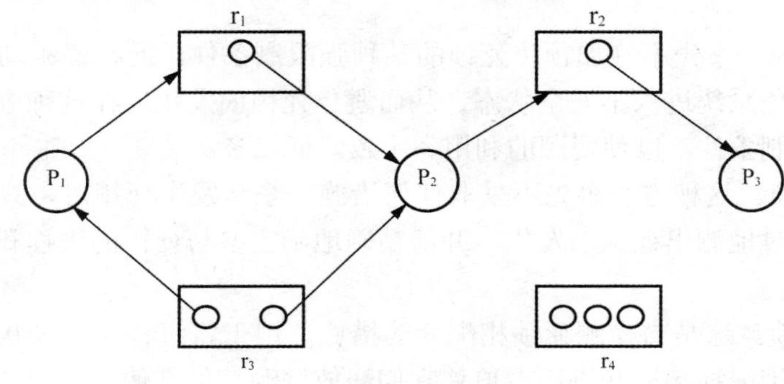

(a) 无循环资源分配图

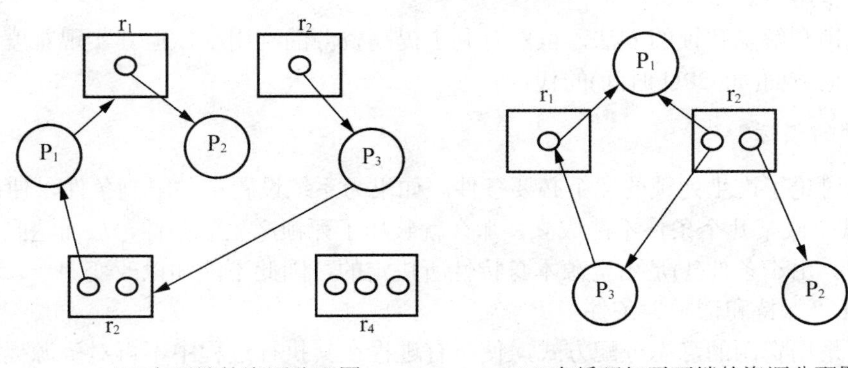

(b) 有死锁的资源分配图　　(c) 有循环但无死锁的资源分配图

图 3.22　几种资源分配图

3.7.4　产生死锁的必要条件和死锁的预防

1. 死锁的必要条件

从前面分析可知，产生死锁的必要条件如下。

(1) 互斥条件。资源是独占的，且排他性使用。

(2) 保持请求条件。进程至少已占有一个资源，但它的推进还必须请求分配其他资源，如果因暂不能获得而被阻塞，进程对原占有的资源保持不放。

(3) 不剥夺条件。进程已获得的资源，在未使用完之前不能剥夺，只能用完后自行释放。

(4) 环路等待条件。如 3.7.3 节所分析，存在一个进程—资源循环链。

应当强调指出，发生死锁必须上述 4 个条件在系统中同时存在。其中，环路等待条件更为重要，它往往含有其他两个条件的意思。

2. 解决死锁的方法

死锁是系统中的有害现象，轻则使系统效率大为降低，重者可能引起整个系统的瘫痪，目前解决死锁的基本方法如下。

(1) 预防死锁。通过设置某种限制条件，去破坏产生死锁必要条件中的一个或几个，来防止死锁出现。这一方法较易实现，但往往由于所施加的限制条件太严格，导致系统资源利用率下降。

(2) 避免死锁。事先不施加预防死锁的某种强限制条件，而在资源动态分配过程中，采用某种方法避免系统进入不安全状态，从而避免死锁的发生。在这种方法中，只是事先施加一些弱的限制条件，以使资源的利用率不致降低很多。

(3) 检测死锁。这种方法事先不采取任何措施，系统发生死锁时，只是通过系统设置的检测机构，及时地测出死锁的发生，并能精确地确定参与死锁的进程和资源，然后解除已发生的死锁。

(4) 解除死锁。这是与检测死锁相配套的措施。用于将进程从死锁状态中解脱出来。常用的方法是撤销或挂起一些进程，迫使它们释放资源，供其他在死锁环中的进程获得资源从而推进至结束。

检测死锁和解除死锁的方法，虽然有利于提高资源的利用率，但其实现难度很大，并且要花费其他方面(如 CPU 时间)的代价。

3. 死锁的预防

在前面讨论了产生死锁的 4 个必要条件。如果为系统设置某种限制条件，使条件(2)、(3)、(4)中某个或某几个条件不能成立，那么就破坏了死锁产生的条件，从而达到预防死锁发生的目的。由于条件(1)是由资源本身特性所决定的，因此不能加以改变。

1) 破坏“保持和请求”条件

系统可采用资源的静态分配方式，使所有进程在其执行过程中不再对资源提出请求，于是这个条件就不复存在。另一种办法是，每个进程仅在它不再占有任何资源时才可能提出申请资源，也就是在它申请另外资源之前，必须释放它当前已占有的全部资源。

这种方法的优点是简单、易于实现且安全，但是资源利用率很低。而且由于有些进程长期占用一些资源，致使其他需要使用这类资源的进程迟迟不能执行。

2) 破坏“不剥夺”条件

这种方法要求进程在新申请资源时，若不能立即得到满足，而处于等待状态时，必须释放它已占用的全部其他资源。就是说，其占用的资源在使用完前可以被剥夺，仅当该进程重新获得了它原有的资源以及得到新申请资源时，它才被重新唤醒。

这种预防方法实现起来较为复杂，且花费的开销也很大。因为由于一个资源在用完之前被剥夺，可能会造成进程前阶段工作的失效。而且多次反复地申请和释放同样的资源，使进程的执行无限地推迟，这不仅延长了进程的周转时间，还增加了系统的开销，降低了系统的吞吐量。

3) 破坏“环路等待”条件

这种方法的基本思路是按资源的类型进行线性排序，并赋予不同的序号。对资源的请求必须严格按资源序号递增的次序提出，这样可保证资源分配图上不再存在环路，从而否定了“环路等待”条件。若按这一方法限制，P_2 就不允许申请 r_1(因其已占领 r_2)，那么 P_2 指向 r_j 的请求也就不复存在，整个图中没有环路，P_1 和 P_2 也不会发生死锁。

资源排序的原则是，较为紧缺的稀少资源应赋予大的序号。这种方法与前面两种方法比较，其资源利用率和系统吞吐量都有较明显的改善。但是，其效果的优劣，很大程度上决定于资源的合理排序，使系统资源序号和用户程序使用这些资源的基本次序相一致。这往往较难做到，任何一种排序方法，都不能适用于所有用户程序对资源使用次序的要求。这就必须对某些用户程序的某些资源提前分配。例如，令输入设备的序号为 1，打印机的序号为 2，以此类推。对大部分程序，可能先使用输入设备，再使用打印机。但当某程序要求先使用打印机，再使用输入设备时，它必须提前申请分配输入设备，才能申请分配打印机。另一方面，这种有序资源申请的方法，无疑会增加用户编程的困难。

3.7.5　死锁的避免

预防死锁的方法所采取的几种策略，总的来说，都是增加了较强的限制条件，而使实现简单，但都严重地损害了系统的性能。而避免死锁的方法只施加较弱的限制，因而可获得较好的系统性能。

1. 安全状态和不安全状态

在避免死锁的方法中，允许进程动态地申请资源。系统在进行资源分配之前，先计算资源分配的安全性。若此次分配不会导致系统进入不安全状态，便将资源分配给该进程，否则本次分配就不进行。

所谓安全状态，是指系统能按某种进程顺序如<P_1，P_2，…，P_n>，来为每个进程分配其所需的资源，直至最大需求，使每个进程都可顺利地完成。那么，这一系统状态称为安全状态，<P_1，P_2，…，P_n>称为安全序列。换言之，若系统存在一个安全存列<P_1，P_2，…，P_n>，则系统处于安全状态；若不存在这样的安全序列，称系统处于不安全状态。

虽然，并非所有的不安全状态都是死锁状态，但只要系统进入不安全状态最终必定导致进入死锁状态，如图 3.17 所示。反之，只要系统处于安全状态，系统便可避免进入死锁状态。因此，避免死锁的实质在于如何避免系统进入不安全状态。

为了进一步说明资源分配的安全性，举例如下：假设系统中有 P_1、P_2 和 P_3 共 3 个进程和 12 台磁带机，在 T_0 时刻的分配状态见表 3-2。

表 3-2　T_0 时刻的分配表

进　程	最大需求	已分配	还需请求	系统可用
P_1	10	50	5	3
P_2	5	2	3	
P_3	9	2	7	

经分析可得出 T_0 状态(时刻)系统是安全的。因为此时存在一个安全序列<P_1，P_2，P_3>，只要按此序列为进程分配磁带机，每个进程都可顺利完成，其步骤如下所示。

(1) 将可用的 3 台磁带机分配给 P_2，在有限时间后，P_2 可执行完成，释放它占用的全部磁带机 5 台。

(2) 再将这 5 台磁带机分配给 P_1，最终 P_1 也可结束，释放它占用的 10 台磁带机。

(3) 接下来 P_3 有足够的磁带机可使用，使它也顺利完成。

但是，如果在 T_0 状态下不按安全序列进行分配，可能导致系统进入一个不安全状态。例如在 T_0 状态下，P_3 申请一台磁带机，且系统实施了这次分配，使系统状态 T_0 变为 T_1 状态，见表 3-3。

表 3-3　系统实施分配后的情况

进　程	最大需求	已分配	还需请求	系统可用
P_1	10	5	5	2
P_2	5	2	3	
P_3	9	3	6	

从此已不难推知，T_1 状态已不再存在安全序列。因为可用的两台磁带机已不能满足任何进程的需求。由上例分析可见，一次不恰当的分配会导致系统进入不安全状态，最终引起死锁的发生。所以，经安全检测后，这样的申请是不能满足(分配)的。

2. 银行家算法数据结构

最具代表性的避免死锁的算法，是 Dijkstra 的银行家算法。这是由于该算法用于银行系统现金贷款的发放而得名。为实现银行家算法，系统中必须设置若干数据结构。

1) 可利用资源向量 Available

它是一个含有 m 个元素的数组，其中每一个元素代表一类可利用的资源数量，如 Available [j]=k 表示系统中现有 r_j 类资源共有 k 个。向量的初值是系统中所配置的该类全部可用资源的数量，其值随该类资源的分配和回收而动态地改变。

2) 最大需求矩阵 Max

这是一个 $n \times m$ 矩阵，它定义了系统中 n 个进程中的每一进程对 m 类资源的每一类资源的最大需求，如 Max[i，j]=k，表示进程 i 对 r_j 类资源最大需要量为 k。

3) 分配矩阵 Allocation

这是一个 $n \times m$ 矩阵，它定义了系统中每一类资源当前分配给每一进程的数量，如 Allocation[i，j]=k，表示进程 i 当前已分得 r_j 类资源数量为 k。

4) 需求矩阵 Need

它是一个 $n \times m$ 的矩阵，它表示系统中每一个进程尚需的各种资源的数量，如 Need[i，j]=k，表示进程 i 还需要 k 个 r_j 类。

显然，上述 3 个矩阵存在下列关系：Need[i，j]=Max[i，j]−Allocation[i，j]。

5) 工作向量 Work

这是一个含有 m 个元素的数组。它是银行家算法中的一个中间变量，其中始终存放系统可提供给进程的各类资源的当前值。在算法中，执行安全检查开始时，work：=Allocation。

6) 状态标志 Finish[i]

它标志系统是否有足够的资源分配给进程 i，使之运行完成。开始时，Finish[i]=false，如果有足够的资源分配给进程 i，则 Finish[i]：=true，系统中每个进程都有一个 Finish 标志。

3. 银行家算法

设 $Request_i$ 是进程 P_i 的请求向量，$Request_i[j]=k$ 则表示进程 P_i 请求 k 个 R_j 类资源。那么，当 P_i 发出资源请求后，银行家算法的检查过程则如下。

(1) 查它的请求是否已超出它的需求量，即 $Request_i$<=$Need_i$ 若成立，则转入过程(2)；否则出错，因它的需求已超出它所宣布的最大需求值。

(2) 检查它的请求是否大于系统当前可利用的资源量，若 *Request*

(2) 检查它的请求是否大于系统当前可利用的资源量，若 $Request_i>Available$，表示系统已无足够资源可分配，P_i 必须等待，否则转入过程(3)。

(3) 试探把请求的资源分配给进程 P_i，并修改下面的数据结构的值。

$$Available:=Available-Request_i$$

$$Allocation_i=Allocation_i+Request_i$$

$$Need_i:=Needi-Request_i$$

(4) 修改上述值后产生的新分配状态(试探性的)进行安全计算。安全性算法的实质是，在这个试探性分配后产生的新状态中寻找是否存在一个安全序列，如存在，则这一新状态是一个安全状态，此次分配可实际进行。安全性算法可描述如下。

(5) 设置工作向量 Work。执行安全性算法开始时，把 Available 赋值给 Work，即 Work：=Available。

(6) 设置状态标志 Finish。Finish 是标志相应进程是否得到所需的全部资源使其执行完成。所以在检测开始时，必须把所有进程的 Finish 都置为 false 状态。

(7) 从所有进程中寻找一个具有下列条件的进程。

```
Finish[i]=false
Needi<=Work
```

找到执行过程(3)；否则执行过程(4)。

(8) 当进程 P_i 获得它所需的全部资源后，可顺利执行直至完成，并释放出分配给它的全部资源，故执行

```
Work：=Work+Allocationi
Finish[i]：=true
```

然后返回(7)。

(9) 判断是否所有进程的 Finish 标志都为 true，若是，表示本次分配是安全的，分配后形成的系统新状态是一安全状态；否则，系统将进入不安全状态，所以本次分配不能进行。

4. 银行家算法例举

假设系统中有 5 个进程{P_0，P_1，P_2，P_3，P_4}和 3 类资源{A，B，C}，每类资源的数量分别为 10，5，7。在 T_0 时刻系统分配状态如下。

	Max			Allocation			Need			Available			Finish
	A	B	C	A	B	C	A	B	C	A	B	C	
P_0	7	5	3	0	1	0	7	4	3	3	3	2	false
P_1	3	2	2	2	0	0	1	2	2				false
P_2	9	0	2	3	0	2	6	0	0				false
P_3	2	2	2	2	1	1	0	1	1				false
P_4	4	3	3	0	0	2	4	3	1				false

1) 检查 T_0 时刻系统的安全性

系统此时可用资源 Available 为(3，3，2)赋给 work 作为安全性检查的初值。通过上述算法对 T_0 时刻的资源分配情况进行分析，可得出若按下表所示进程顺序进行分配，所有

进程都能顺利完成，即存在一个安全序列为{P_0，P_1，P_2，P_3，P_4}，所以是 T_0 是一个安全状态。

	Work			Need			Allocation			Work+allocation			Finish
	A	B	C	A	B	C	A	B	C	A	B	C	
P_1	3	3	2	1	2	2	2	0	0	5	3	2	true
P_3	5	3	2	0	1	1	2	1	1	7	4	3	true
P_4	7	4	3	4	3	1	0	0	2	7	4	5	true
P_2	7	4	5	6	0	0	3	0	2	10	4	7	true
P_0	10	4	7	7	4	3	0	1	0	10	5	7	true

2) 进程 P_1 请求资源

假设 P_1 提出请求向量 $Request_1$(1，0，2)，按银行家算法检查如下。

(1) 首先判断 $Request_1$(1，0，2)<=$Need_1$(1，2，2)。

(2) 再判断 $Request_1$(1，0，2)<=Available(3，3，2)。

(3) 对 P_1 进行试探性分配，并修改 Available、$Allocation_1$ 和 $Need_1$ 向量，如下所示。

Available：(3，3，2) → (2，3，0)

Allocation：(2，0，0) → (3，0，2)

Need：(1，2，2) → (0，2，0)

(4) 进行安全性检查，可以找到一个安全序列{P_1，P_3，P_4，P_2，P_0}。因此，系统是安全的，可以立即将资源分配给 P_1。

3) 进程 P_0 也请求资源

P_0 发出请求向量 $Request_0$(0，2，0)，执行银行家算法。

(1) $Request_0$(0，2，0) <=$Need_0$(7，4，3)。

(2) $Request_0$(0，2，0) <=Available(2，3，0)。

(3) 对 P_0 进行试探性分配，并作如下修改。

Available，(2，3，0)→(2，1，0)

Allocation：(0，1，0)→(0，3，0)

$Need_0$：(7，4，3)→(7，2，3)

(4) 进行安全性检查，可用资源数 Available(2，1，0)已不能满足任何进程的需要，如下所示，已不存在以下安全序列。

	Allocation			Need			Available		
	A	B	C	A	B	C	A	B	C
P_0	0	3	0	7	2	3	2	1	0
P_1	3	0	2	0	2	0			
P_2	3	0	2	6	0	0			
P_3	2	1	1	0	1	1			
P_4	0	0	2	4	3	1			

故可得知系统进入不安全状态，对 P_0 的请求不能实施分配。如果在本例中，P_0 的请求向量改为 $Request_0(0，1，0)$，系统是否可实现资源分配，请读者思考。

3.8 本章小结

本章主要讨论了进程的定义和特征、进程的描述、进程控制、进程调度、进程的同步和互斥、线程以及死锁问题。

进程(Process)是操作系统中最基本、最重要的概念。本章首先从从顺序程序设计谈起、程序的并发执行和资源共享、程序并发执行的特性三个方面引入进程的概念。“进程”定义为“可与其他程序并发执行的程序在一个数据集上的执行过程”。进程具有动态性、并发性、独立性、异步性和结构特征五大特征。

进程控制的作用是对系统中的全部进程实行有效的管理，主要表现在对一个进程进行创建、撤销以及在某些进程状态间的转换控制。父进程控制子进程的控制原语有创建原语、撤销原语、阻塞原语、唤醒原语、挂起原语、激活原语等。进程调度的主要问题就是采用某种算法合理有效地把处理机分配给进程，其调度算法应尽可能提高资源的利用率，减少处理机的空闲时间。常用的进程调度算法有先来先服务、轮转调度、分级轮转法、优先数法。大部分的进程之间都存在同步和互斥关系。一个进程到达了这些点后，除非另一进程已完成了某些操作，否则就不得不停下来等待这些操作的结束。这就是进程间的同步。两个或两个以上进程不能同时使用同一临界资源，只能一个进程使用完毕后，另一进程才能使用，这种现象称为进程互斥。进程的同步和互斥是通过信号量机制实现的，通过信号量值的变化以及 P、V 操作实现进程同步和互斥。线程是进程中的一个执行活动；进程中的可调度实体；一个独立的程序计数器。

本章从调度、并发性、拥有资源、系统开销四个方面论述了进程和线程的关系。进程的并发执行和系统资源的共享，可提高系统的处理能力，但也带来一种危险，即死锁现象的发生。所谓死锁(Deadlock)，是指多个进程因竞争资源而造成的彼此无休止地互相等待，在无外力作用下永远不能摆脱的僵局，这种僵局使参与的进程永远不能向前推进。本章论述了死锁产生的原因、产生死锁的必要条件、死锁的预防以及死锁的避免算法——银行家算法。

3.9 习　题

1. 选择题

(1) 下列进程状态的转换中，不正确的是(　　)。

A. 就绪→运行　　　　B. 运行→就绪

C. 就绪→阻塞　　　　D. 阻塞→就绪

(2) 某进程由于需要从磁盘上读入数据而处于阻塞状态，当系统完成了所需的读盘操作后，此时该进程的状态将(　　)。

A. 从就绪变为运行　　　　B. 从运行变为就绪

C. 从运行变为阻塞　　　　D. 从阻塞变为就绪

(3) 多个进程的实体能存在于同一内存中，在一段时间内都得到运行，这种性质称作进程的(　　)。

A. 动态性　　B. 并发性　　C. 调度性　　D. 异步性

(4) 进程控制块是描述进程状态和特性的数据结构，一个进程(　　)。

A. 可以有多个进程控制块

B. 可以和其他进程共用一个进程控制块

C. 可以没有进程控制块

D. 只能有唯一的进程控制块

(5) 在大多数同步机构中，均用一个标志来代表某种资源的状态，该标志常被称为(　　)。

A. 公共变量　　B. 标志符　　C. 信号量　　D. 标志变量

(6) 如果进程 PA 对信号量 S 执行 P 操作，则信号量 S 的值应(　　)。

A. 加 1　　B. 减 1　　C. 等于 0　　D. 小于 0

(7) 进程状态从就绪态到运行态的转化工作是由(　　)完成的。

A. 作业调度　　B. 中级调度　　C. 进程调度　　D. 设备调度

(8) 资源预先分配策略可以实现死锁的(　　)。

A. 预防　　B. 避免　　C. 检测　　D. 恢复

(9) 避免死锁的一个著名的算法是(　　)。

A. 先入先出法　　B. 银行家算法

C. 优先级算法　　D. 资源按序分配法

2. 填空题

(1) 进程创建工作主要完成的是创建进程控制块(PCB)，并把它挂到__________队列中。

(2) 进程调度的主要功能是____________________，____________________和____________________________________。

(3) 通常，线程的定义是____________________________________。在现代操作系统中，资源的分配单位是________________，而处理机的调度单位是________________，一个进程可以有__________线程。

(4) 进程最基本的特性是______________和______________；每个进程都有唯一的__________________，系统对进程的管理就是利用____________________实现的。

(5) 死锁的必要条件有 4 个。如果在计算机系统中____________________它们，就一定发生死锁。

3. 简答题

(1) 什么是进程？为什么要引入“进程”这一概念？

(2) 试从动态性、并发性和独立性上比较进程和程序。

(3) 进程由哪几个部分组成？每一部分的内容和作用是什么？

(4) 进程有哪些基本特征？并说明这些特征。

(5) 何谓原语？进程控制有哪些原语？

(6) 有 k 个进程共享一临界区，对于下述情况，请说明信号的初值及含义，并用 P、V 操作写出互斥的算法。

① 一次只允许一个进程进入临界区。

② 一次允许 k 个进程进入临界区。

(7) 设有 n 个单元的环形缓冲区，以及一个无穷信息序列。甲进程按信息序列依次逐个地把信息写入环形缓冲区，乙进程则逐个地把缓冲区信息读出。

① 叙述甲、乙进程间的制约关系。

② 下列用 P、V 操作表示的同步算法有何错误？

其中：s_1 初值=0，s_2 的初值=n-1

③ 用 P、V 操作写出正确的同步算法。

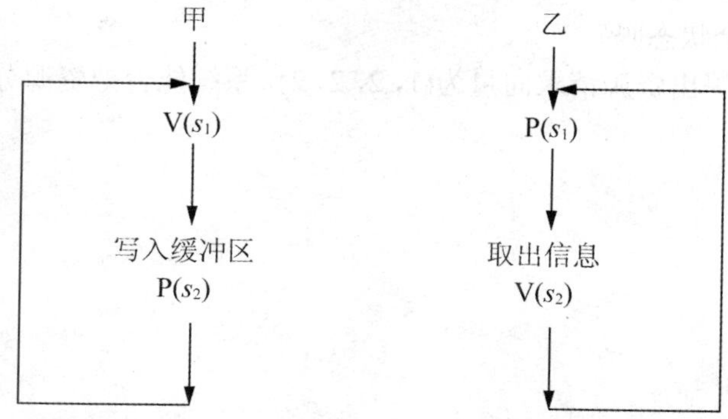

(8) 试修改下面生产者—消费者问题解法中的错误。

```
Producer:                                  consumer:
    begin                                begin
      repeat                                  repeat
          produce an item in nextp;               p(mutex);
          p(mutex);                               p(empty);
          p(mutex);                               nextc: =buffer(out);
          p(full);                                out:=out+1;
          v(mutex);                               v(mutex);
      until  false;                           consume  item  in nextc;
                                          until false;
        end                                   end
```

(9) 用银行家算法判断下述每个状态是否安全。如果一个状态是安全的，说明所有进程是如何能够运行完毕的；如果一个状态是不安全的，说明为什么可能出现死锁。

状态 1

进　程	占有资源数	最 大 需 求
P1	2	6
P2	4	7
P3	5	6
P4	0	2

可供分配数：1

状态 2

进　程	占有资源数	最 大 需 求
P1	4	8
P2	3	9
P3	5	2

可供分配数：2

(10) 假定有如下资源分配状态，现可用资源向量为(1，3，2，2)。

	Max				Allocation				Need				Available			
	A	B	C	D	A	B	C	D	A	B	C	D	A	B	C	D
P_0	0	0	4	4	0	0	3	2	0	0	1	2	1	3	2	2
P_1	2	2	3	0	1	0	0	0	1	2	3	0				
P_2	3	6	5	6	1	3	2	0	2	3	3	6				
P_3	0	4	2	4	0	3	1	2	0	1	1	2				
P_4	0	2	2	8	0	0	1	2	2	0	1	6				

① 该状态是安全状态吗？

② 如果此时 P_2 提出资源请求向量为(1，2，2，2)，系统能否把资源分配给它？为什么？

第4章　存储器管理

教学目标

通过本章的学习，使学生了解和掌握存储空间的概念和各种存储管理方法，以及相应的硬件支持和软件支持。

教学要求

知识要点	能力要求	关联知识
存储管理的任务和功能	(1) 了解存储管理的任务 (2) 掌握存储管理的功能	存储分配方式、地址重定位、虚拟存储技术、共享和保护
连续存储管理	(1) 了解单一连续存储管理 (2) 了解固定分区存储管理 (3) 掌握动态分区管理方式	单一连续存储管理、固定分区存储管理、动态分区管理方式
页式存储管理	(1) 理解页式存储管理的基本原理 (2) 了解静态页式管理方式 (3) 掌握动态页式管理方式	页号、页内地址、页表、页面置换、页面置换算法、页式管理优缺点
段式及段页式存储管理	(1) 理解段式存储管理方式 (2) 了解段页式存储管理方式	分段、段式管理的分配和回收、地址转换、段页式管理方式
虚拟存储管理	(1) 理解虚拟存储管理的概念 (2) 理解虚拟存储器的特征 (3) 理解虚拟存储技术 (4) 了解虚拟存储在页式和段式存储管理上的应用	虚拟存储技术、虚拟存储器、局部性原理

重点难点

- 存储管理的任务和功能
- 动态分区管理方式
- 页式存储管理
- 段式存储管理
- 虚拟存储管理

4.1　存储管理的任务和功能

为了对主存储器进行合理有效的管理，一般将内存空间分为系统区和用户区两大部分。系统区主要存放操作系统常驻内存部分和一些系统软件常驻内存部分以及相关的系统数据；用户区主要用来存放用户的程序和数据。操作系统存储管理主要是针对用户区进行的。在多道程序设计环境中，需要将存储空间划分成更多的区域，以便同时存放多道用户的作业，因此，操作系统必须对有限的存储器进行有效的管理，以提高系统的利用率。

存储管理的主要任务是为用户提供方便的、安全的和充分大的存储空间。具体表现在如下几个方面。

(1) 方便用户使用存储器，用户无需考虑存储器的分配、回收和保护等工作，这些工作对于用户来说是“透明”的，完全由操作系统管理。

(2) 为多道程序的并发执行提供良好的环境，使每道程序都能在不受干扰的环境中运行。

(3) 逻辑上扩充内存空间，使大程序能在小内存中运行。

(4) 提高存储器利用率，尽量减少空闲的和不可利用的内存储器区域，使有限的内存能更好地为多个用户程序服务。

为了完成上述任务，要求存储管理必须具备以下几个功能：存储空间的分配和回收，地址重定位，对存储器的逻辑扩充，存储器的共享和保护等。

4.1.1　存储空间的分配和回收

存储空间的分配和回收是内存管理的主要功能之一。操作系统必须随时掌握内存的使用状况，譬如可以设计一张“内存分配表”来记录各内存区域的使用情况，操作系统中的存储管理能根据表中记录的每个存储区(分配单元)的状态作为内存分配的依据。当用户提出申请时，实施存储空间的分配管理，并能及时回收系统或用户释放的存储区，以供其他用户使用。为此，这种存储分配机制应能完成如下工作。首先记住每个存储区域的状态，哪些是已经分配的，哪些还可以用作分配。用来保存每个存储区域的状态的数据结构称为内存分配记录表。然后是在系统程序或用户提出申请时，按所需的量实施分配，并修改相应的主存分配记录表，最后还要回收系统或用户释放的存储区域，并相应地修改内存分配记录表。

按照分配时机来分，内存分配主要有以下两种方式。

1. 静态存储分配

采用静态存储分配方式时，用户在编写程序或由编译系统产生的目的程序中采用的地址空间为逻辑地址。当装配程序对它们进行装入、连接时，才确定它们在内存中的相应位置(物理地址)，从而产生可执行程序。这种分配方式要求用户在进行装入、连接时，系统必须分配其要求的全部存储空间，若存储空间不够，则不能装入该用户程序。同时，用户程序一旦装入到内存空间，它将一直占据着分配给它的存储空间，直到程序结束时才释放该空间。另外，在整个运行过程中，用户程序所占据的存储空间是固定不变的，也不能动态地申请存储空间。显然，这种分配方式不仅不能实现用户对存储空间的动态扩展，而且也不能有效地实现存储器资源的共享。

2. 动态存储分配

动态存储分配方式是一种能有效使用存储器的方法。采用这种分配方式时，用户程序在存储空间中的位置虽然也是在装入时确定的，但是它不必一次性将整个程序装入到内存中，可根据执行的需要，一部分一部分地动态装入。同时，装入内存的程序不再执行时，系统可以收回该程序所占据的内存空间。另外，用户程序装入内存后的位置，在运行期间可根据系统需要而发生改变。此外，用户程序在运行期间也可动态地申请存储空间以满足程序需求。由此可见，动态存储分配方式在存储空间的分配和释放上，表现得十分灵活，现代的操作系统通常采用这种存储方式。

4.1.2 地址重定位

要想弄清楚地址重定位的概念，首先应该了解以下几个概念。

1. 名空间和地址空间

用户在编写程序时，无论是用高级语言还是汇编语言编写的源程序都是由若干符号和数据组成的，成为一个实体。程序是通过一些符号名称来调用、访问子程序和数据的。这些符号名与存储器地址无任何直接关系，符号名的集合构成了名字空间，简称名空间。源程序经过编译或是汇编以后，形成了一系列机器指令组成的集合，被称为目标程序，而编译系统总是从零号地址单元开始，为目标程序指令顺序分配地址，也就是说，目标程序中的指令都以“0”作为参考地址，这些地址被称为相对地址(或者称为逻辑地址、虚地址)。相对地址的集合称为相对地址空间，简称地址空间(或称为逻辑空间、虚空间)。

2. 存储空间

目标程序最后要被装入系统内存，才能真正执行。内存由若干个存储单元组成，每个存储单元都有一个编号，这个编号可以唯一地标识每个单元，被称为内存地址，也称为绝对地址(或称为物理地址)，绝对地址的集合称为绝对地址空间，也称为物理空间，或称为存储空间。也就是说，所谓存储空间是指内存中一系列存储信息的物理单元的集合。这些物理单元的编号称为物理地址或绝对地址。因此，存储空间的大小是由内存的实际容量决定的。

显然，逻辑地址空间是逻辑地址的集合，是相对于用户或程序设计人员的，是一个“虚”的概念，而存储空间是物理地址的集合，是系统管理和维护的对象，是一个“实”的物体。用户设计好的一个程序是存在它自己的地址空间中的，只有当它要在计算机上运行时，系统才将它装入到存储空间中。

一般情况下，用户的一个程序在装入时所分配的存储空间和它的地址空间是不一致的，也就是说，用户程序在 CPU 上执行时，它所要访问的指令和数据的物理地址和地址空间中的相对地址是不同的，如图 4.1 所示。显然，如果用户程序在装入或执行时，不对有关地址进行修改，将会导致错误的结果。这种由于用户程序装入内存而引起的地址空间中的相对地址转化为存储空间中的绝对地址的地址变换过程，称为地址重定位，也称地址映射。

根据地址转换的时机和采用的技术手段的不同，地址重定位分为以下两种。

1) 静态地址重定位

静态地址重定位是指重定位在用户程序装入时由装配程序一次完成，即地址变换只是在装入时一次完成，以后不再改变。这种重定位方式实现起来比较简单容易，在早期多道程序设计中大多采用这种方案，但是，它也存在不少缺点。首先程序必须分配一个连续的存储空间；其次，难以实现程序和数据的共享。

2) 动态地址重定位

动态地址重定位是指在程序执行的过程中，当 CPU 要对存储器进行访问时，通过硬件地址变换机构，将要访问的程序和数据的相对地址转换成内存地址。

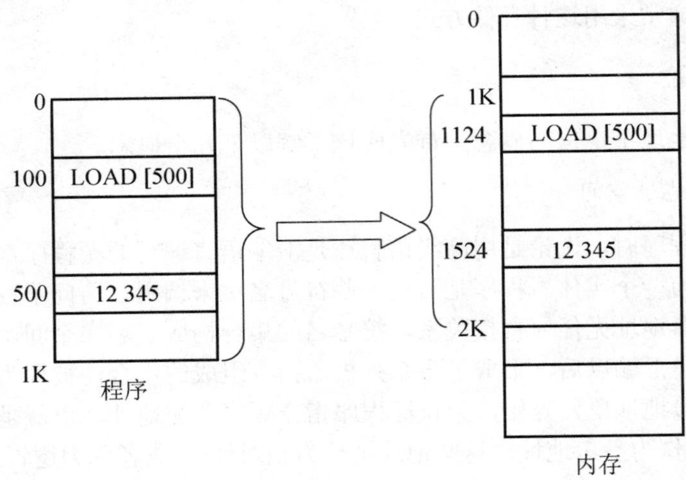

图 4.1　程序由地址空间装入存储空间

地址重定位机构需要一个或多个基地址寄存器 BR 和一个或多个虚地址寄存器 VR。指令或数据的内存地址 MA 与逻辑地址的关系：MA＝(BR)＋(VR)，如图 4.2 所示。地址重定位的具体过程如下。

(1) 设置基地址寄存器 BR，虚地址寄存器 VR。

(2) 将程序段装入内存，且将其占用的内存区起始地址送入 BR 中，如(BR)＝1K。

(3) 在程序执行过程中，将所要访问的相对地址送入 VR 中，如(VR)＝500。

(4) 地址变换机构把 VR 和 BR 的内容相加，得到实际访问的物理地址。

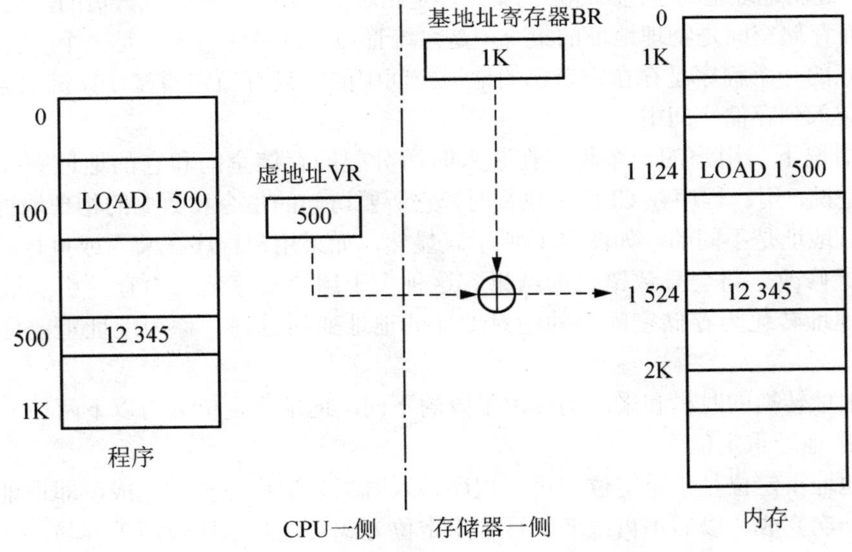

图 4.2　动态重定位过程

动态地址重定位的优点如下。

(1) 执行时程序可以在内存中浮动。对于移动后的程序，只需按程序存放的起始单元地址来修改基地址寄存器 BR 的值，程序又可继续执行，有利于提高内存的利用率和存储空间使用的灵活性。

(2) 有利于程序段的共享实现。当系统提供多个基地址寄存器 BR 时，规定某些或某个基地址寄存器作为共享程序段使用，就可实现内存中的相应程序段为多个程序所共享。

(3) 为实现虚拟存储管理提供了基础。有了动态地址重定位的概念和技术，程序中的信息块可根据执行时的需要分配在内存中的任何区域，还可以覆盖或交换不再使用的区域，使得程序的逻辑地址空间可比实际的物理存储空间大，从而实现了虚拟存储管理功能。

动态地址重定位的缺点如下。

(1) 实现存储器管理的软件比较复杂。

(2) 需要附加的硬件支持。

4.1.3 存储器的扩充

计算机在实际的应用中，内存单元的容量受到实际存储单元的限制。随着现代计算机技术的迅速发展，用户程序的容量也随之增大。系统在运行时，经常会出现内存容量不能满足用户程序的要求。为了解决这一问题，通常解决的方式之一就是从物理上扩充内存的容量，也就是在计算机系统中增加更多的存储器芯片，以扩大存储空间的容量。但是这必然将提高系统的成本，使用户无法接受。另一种方式就是利用目前机器中实有的内存空间，存储管理机制提供相应的技术，来达到内存单元逻辑上的扩充。现在采用的一般是覆盖技术、交换技术和虚拟存储技术。采用这些技术能有效地解决在较小内存空间中如何执行大程序或多个程序的问题。

1. 覆盖技术

在单 CPU 系统中，每一时刻 CPU 只能执行一条指令，而且一个用户程序并不需要一开始就将它的全部程序和数据装入内存中。因此，可以把程序划分为若干个功能相互独立的程序段，并且让那些不会同时被 CPU 执行的程序段共享同一个内存区。通常，这些程序段被保存在外存中，当 CPU 要求某一程序段执行时，才将该程序段装入内存中覆盖以前的某一程序段。对于用户看来，内存好像扩大了，这便是覆盖技术。

覆盖技术要求程序员提供一个清楚的覆盖结构。程序员在设计过程中必须完成把一个程序划分成不同的程序段并规定好它们的执行和覆盖顺序的工作。覆盖技术可由操作系统自动完成，系统根据程序员提供的覆盖结构来完成程序段之间的覆盖，用户必须向系统指明这种结构，这在无形中就给程序员增加了负担。

例如，某一用户程序由 A、B_1、B_2、C_1、C_2 和 C_3 这 6 个程序段组成，它们之间的关系如图 4.3a 所示。程序段 A 调用程序段 B_1 和 B_2，程序段 B_1 调用程序段 C_1，程序段 B_2 调用程序段 C_2 和 C_3。

由图可知，程序段 B_1 和 B_2 之间不会相互调用，因此，可以将程序段 B_1 和 B_2 共享一个内存区，其分配的内存大小为 B_1 和 B_2 中所需主存的较大者，即 60KB。同理可知，程序段 C_1、C_2 和 C_3 也可共享一个内存区，内存分配大小为 50KB。这样，我们可以按照图 4.3b 的形式来划分覆盖结构。同时，还可以看到，用户程序所要求的主存空间为(A(20KB)＋B_1(60KB)＋B_2(30KB)＋C_1(30KB)＋C_2(20KB)＋C_3(50KB))210KB，但采用了覆盖技术后，只需要(20KB＋60KB＋50KB)130KB 的内存空间，从而大大提高了内存的利用率。

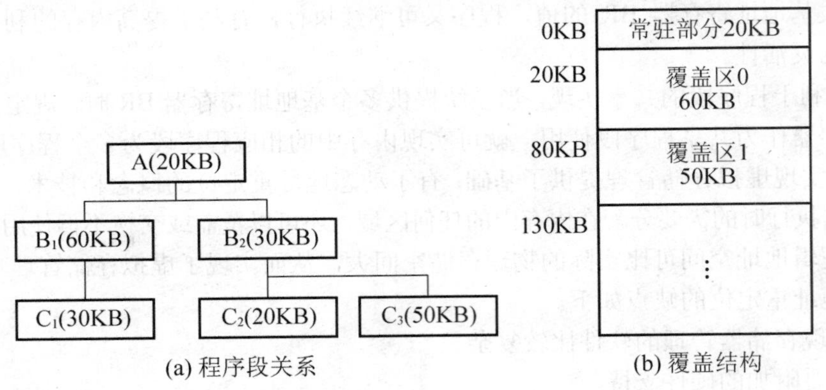

图 4.3　覆盖示例

2. 交换技术

交换技术就是将系统暂时不用的程序或数据部分或全部从内存中调出，以腾出更大的存储空间，同时将系统要求使用内存的程序和数据调入内存中，并将控制权转交给它，让其在系统上运行。实际上这种技术是通过在内存与外存之间不断交换程序和数据，以实现用户在较小的存储空间中完成较多作业的执行。这样，从用户角度(逻辑上)来看，内存容量得到了扩充。

与覆盖技术相比，交换技术不要求程序设计人员给出程序段之间的覆盖结构，它主要是在进程或作业之间进行，而覆盖技术则主要是在同一个进程或作业之间进行。交换技术的运用，可以在较小的存储空间中运行较多的作业或进程，覆盖技术的运用，可以在较小的存储空间中运行比其容量大的作业或进程。

3. 虚拟存储技术

覆盖技术和交换技术的进一步发展和完善就提出了虚拟存储技术的概念，虚拟存储技术是通过请求调入和替换功能，对内外存进行统一管理，为用户提供了一种宏观上似乎比实际内存容量大得多的存储器，它不是一个实际的存储器，而是一个“非常大”的存储器的逻辑模型。对于用户来说并不关心这个逻辑存储器的结构和组成，他们只需要在一个很大的地址空间里安排和运行他们的作业。对用户透明是虚拟存储技术的特征。虚拟存储技术多与动态分页、段式和段页式管理配合使用，这将在本章后面详细介绍。

4.1.4　存储共享与保护

由于内存区域为多个用户程序共同使用，所以存储共享有两方面的含义：一是指多个用户程序共同使用存储空间，各个程序使用各自不同的存储区域。二是指多个用户程序共同使用内存中的某些程序和数据区，这些共享程序和数据区称为共享区。由于多道程序共享内存空间，因而就要确保各道程序都在所分配的存储区内操作，互不干扰，互不侵犯。要防止一道程序由于发生错误而损害其他程序，特别需要防止破坏其中的系统程序。

常用的内存保护方法有硬件法、软件法和软硬件结合法，常用的方法如下。

1. 上下界寄存器法

当一个进程被进程调度程序选中成为执行状态时，由操作系统负责将该进程在内存分区中的起始地址和末尾地址分别置入上、下界寄存器中。在进程执行过程中形成的每一个绝对地址，都与这两个寄存器的值相比较，进行地址有效性校验。当绝对地址大于上界寄存器的值，且小于下界寄存器的值时，则为正确，否则会产生地址越界中断。

2. 基址限长寄存器法

当作业装入到所分配的区域后，操作系统把该区域的始址和长度送入基址寄存器和限长寄存器，启动作业执行时由硬件机构根据基址寄存器和限长寄存器进行地址转换，从而得到绝对地址，地址转换过程如图 4.4 所示。

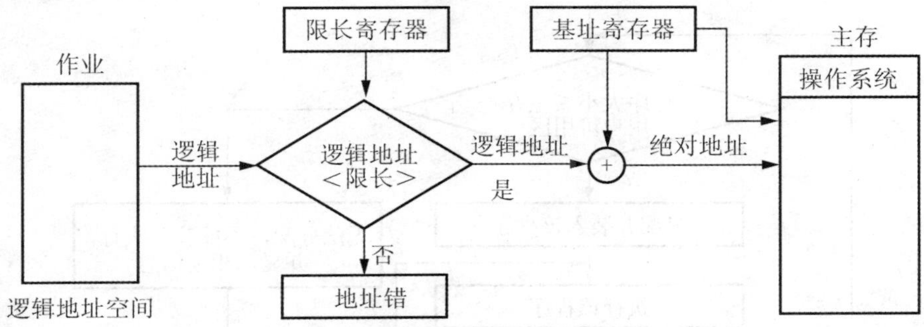

图 4.4 地址转换过程

当逻辑地址小于限长值时，则逻辑地址加基址寄存器值就可得到绝对地址；当逻辑地址大于限长值时，表示作业欲访问的地址超出了所分得的区域，这时就产生地址越界中断，终止程序执行，报告地址出错信息，从而起到存储保护的作用。

3. 保护键法

保护键法也是一种常用的存储保护法。保护键法为每一个被保护存储块分配一个单独的保护键。在程序状态字中则设置相应的保护键开关字段，同时对进入系统的不同进程赋予不同的开关代码与被保护的存储块中的保护键匹配。如果开关字与保护键匹配或存储块未受到保护，则访问该存储块是允许的，否则将产生访问出错中断。

4.2 连续存储管理

连续存储管理，是指为一个用户程序分配连续的内存空间。这种管理方式又可以进一步分为单一连续存储管理和分区存储管理两种方式。其中，分区存储管理方式是将内存的用户可用区划分成若干个大小不等的区域，每一个进程占据一个区域或多个区域，从而实现多道程序设计环境下各并发进程共享内存空间。分区管理根据分区的时机不同，又可以进一步分为固定分区和动态分区两种方法。

4.2.1 单一连续存储管理

这是最简单的一种存储管理方式，但只能用于单用户、单任务的操作系统中。

这种方式下的存储空间除了被系统占用外，其他剩余空间全部被一个用户程序所占用，因此管理起来较为简单。单一连续存储管理方式下一般将整个内存空间划分为 3 个区域：系统区、用户区和剩余空闲区。

单一连续区主要指内存用户区每次只被一个用户程序使用。如果系统资源能够满足用户程序要求，则系统分配内存资源给该用户程序，否则，若系统资源不能满足用户程序要求，则系统无法执行该程序，同时给出相应的提示信息。

单一连续存储管理主要采用静态分配与静态重定位方式，即用户程序(进程)一旦调入内存后，必须等到该程序执行结束后才能释放内存空间。因此，单一连续存储管理不支持进程大小不受内存容量限制的虚拟存储器的实现。单一连续区的主存分配与回收方法如图 4.5 所示。

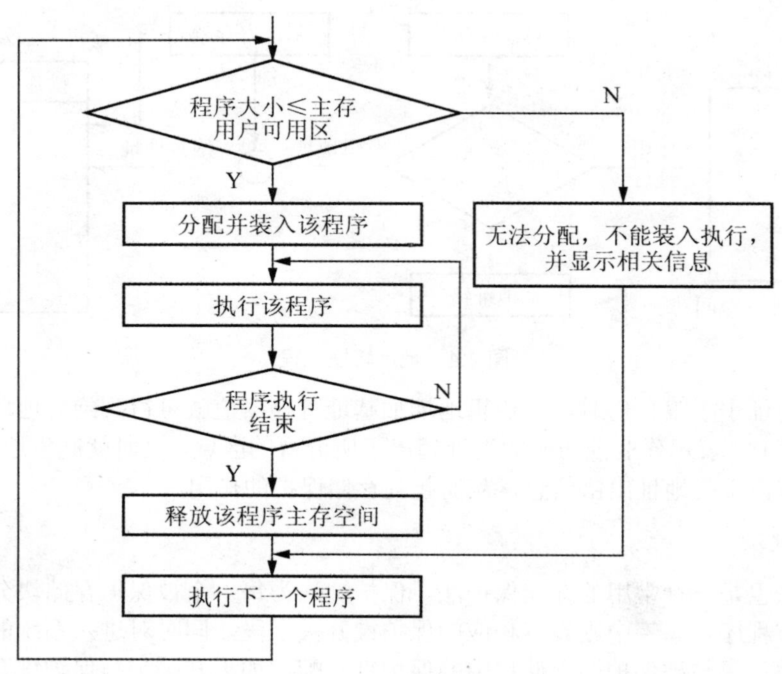

图 4.5　单一连续区主存分配与回收

单一连续区管理的存储保护也很容易实现。在早期的单用户、单任务操作系统中，大多配置了存储器的保护机构，用于防止用户程序对操作系统的破坏，主要采用了设置基地址寄存器和界限寄存器的方法来实现。但后来常见的单用户操作系统中一般都未采用存储保护措施。这是因为，一方面可以节省硬件，另一方面也是因为这是可行的。其根据是单用户系统由于机器由单用户独占，不存在受其他用户程序干扰的问题，可能出现的破坏行为也只是由用户程序自己去破坏操作系统，其后果并不严重，只是影响该用户程序的运行，且操作系统也很容易通过系统的再启动而重新装入内存。

单一连续区管理的主要优点是管理简单，只需要很少的软件和硬件支持，并且便于用户了解和使用。但是它也存在着以下明显的缺点。

(1) 不支持多道程序设计。不管用户程序的大小，都独占内存，而一个用户程序所要求的存储空间不会正好等于内存的可用空间，因而系统的存储空间浪费较大。

(2) 用户程序所需内存容量大于内存用户空间时，该程序不能运行。

由于以上的特点，单一连续存储管理方式只适用于单用户、单任务的操作系统。20 世纪 70 年代至 80 年代，由于当时的小型计算机和微型计算机的内存容量不大，因此，这些计算机大多采用单一连续存储管理方式。

4.2.2　固定分区管理

固定分区分配是最简单的一种可运行多道程序的存储管理方式，也称静态分区。固定分区是指系统在初始化时，将内存空间划分为若干个大小不等的区域，每个分区只能装入一道作业，这样把用户空间划分为几个分区，从而允许几道作业并发运行，分区的个数也就是系统能够并发执行的作业的最大道数。在整个系统运行期间分区的大小、分区的个数都是固定不变的。

为了实现这种固定分区的管理，系统需要建立一张分区说明表，见表 4-1。在这个分区说明表中，指出了系统的分区个数以及每个分区的大小、起始地址和分配状态(该区是否分配)。内存的分配、回收、存储、保护以及地址转换都是通过该表进行的。

表 4-1　分区说明表

分区号	大小	起始	状态
1	16KB	20KB	未分配
2	64KB	36KB	已分配
3	80KB	100KB	已分配
4	128B	180KB	未分配

固定分区的内存分配较为简单，当用户程序要装入内存执行时，系统根据其需要量按照分区说明表中的信息，找出一个足够大的未分配的分区分配给它，然后用静态重定位装配程序将该进程调入内存中，同时修改对应的分区说明表的状态设置为使用状态。若找不到合适的分区，则给出提示信息，中止该进程的运行。当进程执行完毕，不需要内存资源时，存储管理程序将对应的分区状态设置为未使用状态。

固定分区存储管理法中，虽然可以使多个作业在同一时刻共享存储区，且实现技术简单，但内存利用率不高。因为一个作业占据内存的大小，只有当它在调入内存时，由调度程序为其创建进程的时候才能确定，而分区的大小是在系统初始化时进行划定的。由于用户作业占据的内存空间不可能刚好等于某个分区的大小，所以，在已分配的分区中，通常都有一部分未被进程占用而浪费的内存空间，这一部分空间称作为存储器的“碎片”或“内零头”。

固定分区分配是最简单的多道程序的存储管理方式，主要优点是简单易行，特别是对作业的大小事先可以知道的专用系统比较实用。缺点是内存利用不充分，作业大小受分区的限制，因此现在已经很少将它用于通用的计算机操作系统中。

4.2.3　动态分区管理

1. 动态分区的基本概念

在固定分区分配方式中，由于存在“碎片”问题，所以内存浪费现象比较严重。为了获得更好的内存利用率并使存储空间的划分更能够适应不同的作业组合，产生了动态分区管理方式。

动态分区，又称可变分区。在这种管理方式下，系统并不是预先划分内存空间，而是根据作业的实际需要动态地划分内存空间。也就是说，在系统初启时，除了操作系统中常驻内存部分以外，只存在一个空闲分区。随后，分配程序将该区依次划分给调度程序选中的进程，并且分配的大小可随用户进程对主存的要求而改变。显然，这种管理方式下，内存中分区的个数，每个分区的大小都随着时间的变化而变化。

与固定分区法相同，动态分区也可以使用分区说明表等数据结构来对内存进行管理。但由于系统在运行的过程中，无法确定分区的个数和分区的大小等情况，使得分区说明表的大小也难以确定。因而，在动态分区分配方式中，通常采用将内存中的空闲区单独构成可用分区自由链表的形式以描述系统内存管理。

自由链表是利用每个空闲区的开始几个存储单元来存放本空闲区的大小及下一个空闲区的起始地址，从而将所有的空闲区都链接起来。然后，系统再设置一个自由链表的首指针，让其指向第一个空闲区。这样，存储管理程序可以通过自由链表的首指针查找到所有的空闲区。

2. 动态分区的分配与回收

动态分区的存储分配是指系统利用某种分配算法从可用分区表或自由链中寻找满足条件的空闲区分配给相应的作业。目前常用的分配算法有 4 种：首次适应算法、下次适应算法、最佳适应法和最坏适应法。

(1) 首次适应法。首次适应法要求自由链表按空闲区的起始地址递增的顺序排列。采用这种算法进行内存分配时，从自由链表中的第一个空闲区逐个查找，当找到第一个空闲区的长度大于或等于用户作业所需的空间时，就按作业的大小从该区划分出一块内存分配给作业，剩余区将构成一个新的空闲区，并保留在可用分区表或自由链中。

这种算法尽可能地利用存储器的低地址部分的空闲区，而尽量保留高地址部分为大的空闲区，以便满足当作业要求较大内存空间时的要求。其缺点是低地址部分不断被分割，致使留下许多难以利用的很小的空闲区，而且每次查找又都是从低地址部分开始，这无疑会增加查找可用空闲区的开销。

(2) 循环首次适应算法。也称作下次适应算法，它是从首次适应算法演变形成的。在为作业配置内存空间时，不再每次从链首查找，而是从上次找到的空闲区的下一个空闲区查找，直到找到第一个能满足要求的空闲区，并从中划出一块与请求的大小相等的内存空间分配给作业。

为实现该算法，应设置起始查寻指针，以指示下一次起始的查寻的空闲区，并采用循环查找方式，即如果最后一个(链尾)空闲区的大小仍然不能满足要求，应返回到第一个空闲区，比较其大小是否满足要求，找到后应立即调整起始查寻指针。这种算法能使内存的空闲区分布地更均匀，减少了查找空闲区的开销，但这会导致缺乏大的空闲区。

(3) 最佳适应算法。采用这种算法要求可用分区表或自由链表按照空闲区从小到大的次序排列。当用户作业申请一个空闲区时，存储器管理程序就从可用分区表或自由链表的头部开始查找，当找到第一个满足条件的空闲区时，停止查找，进行存储区的分配。

采用这种算法的优点是从空闲区中挑选一个能满足作业要求的最小分区，避免了“大材小用”。孤立地看，最佳适应算法似乎是最佳的，事实上这种算法也存在缺点，那就是由于空闲区通常不可能正好和作业所要求的大小相等，因而要将其分割成两部分，这往往使剩下的空闲区非常小而成为“碎片”，以至几乎无法使用。随着系统的运行，这种小空闲区也逐步增多，造成了内存空间的浪费。故有些系统往往还采用与之相反的分配算法，即最坏适应法。

(4) 最坏适应法。最坏适应法是把一个作业分配到内存中最大的空闲区中。采用这种算法要求可用分区表或自由链表按照空闲区从大到小的次序排列。当用户进程申请一个空闲区时，存储管理系统分析可用分区表或自由链表中的第一个空闲区是否满足用户的作业要求，若满足要求，则将第一个空闲区分配给它，否则分配失败。

这种算法看起来是最差的算法，因为它总是将最大的空闲区来满足用户的要求。但是经过分析后发现，最坏适应算法也具有实用价值。其原因是：在大空闲区中装入作业后，剩下的空闲区往往也很大而不至于是“碎片”，于是也能满足以后较大的作业要求。该算法对中、小作业的运行是很有利的。

以上介绍的是有关动态分区的分配问题，对应分配的问题就是回收与合并问题。

当用户作业和进程执行结束时，存储管理程序要回收使用完毕的空闲区，并将其插入到空闲区可用表或自由链表中。在回收的过程中，需要对回收的空闲区进行合并。因为如果不对空闲区进行合并，则会由于每个作业或进程所要求的内存长度不一样而形成大量分散的较小的空闲区，从而造成大量内存的浪费。所以需要对小的空闲区要尽可能多地进行合并，以便形成能够满足作业需求的大的空闲区。将一个被释放的空闲区插入空闲区可用分区表或自由链表中时，会出现4种合并情况。

(1) 释放区与上下两个空闲区相邻。在这种情况下，将3个空闲区合并为一个空闲区。新空闲区起始地址为上空闲区的起始地址，大小为3个空闲区之和。同时，修改可用分区表或自由链中的表项目。

(2) 释放区与上空闲区相邻。在这种情况下，将释放区与上空闲区合并为一个空闲区，其起始地址为上空闲区的起始地址，大小为释放区和上空闲区之和。同时，修改可用分区表或自由链表中的表项目。

(3) 释放区与下空闲区相邻。在这种情况下，将释放区与下空闲区合并为一个空闲区，其起始地址为释放区的起始地址，大小为释放区和下空闲区之和。同时，修改可用分区表或自由链表中的表项目。

(4) 释放区与上下两个空闲区都不相邻。在这种情况下，释放区作为一个新的空闲可用区插入到可用分区表或自由链中。

3. 动态分区地址转换

静态重定位和动态重定位技术，都可以用来完成分区内存管理的地址转换，但是由于动态分区时，分区的大小不固定，有时因系统内存中有过多的小的空闲区，操作系统会整理内存空间，将小的空闲区合并而移动内存中的程序和数据。因此，对动态分区方式应采用动态重定位装入作业，当作业执行时由硬件地址转换机构完成地址转换。

4. 分区的共享和保护

在分区管理方式中，如果每个作业只能占用一个分区，那么就不允许各道作业存在公共的共享区域。这样，当几道作业都要使用某个例行程序时就只好在各自的存储区域内各放一套了，这种方式显然降低了内存的使用效率。所以有些计算机系统提供了多对基址/限长寄存器，允许一个作业占用多个分区。系统可以规定某对基址/限长寄存器限定的区域是共享的，用来存放共享的程序和常数。对共享区的信息也必须规定只能执行或读出，而不能写入，若某作业要想往该共享区域写入信息时，则将遭到系统的拒绝，并产生保护中断。因此，几道作业共享的例行程序或数据就可存放在一个共享的分区中，只要让各道作业的共享存储区域部分有相同的基址/限长址，就可实现分区共享。

分区管理下采用的保护机制通常有上下界寄存器法、基址寄存器法和保护键法，这些方法在前面已介绍，这里不作赘述。

5. 分区存储管理的优缺点

优点主要有如下几点。

(1) 实现了多道程序设计，从而提高了系统资源的利用率。

(2) 系统要求的硬件支持少，管理简单，实现容易。

缺点主要有如下几点。

(1) 必须给作业分配一组连续的内存区域。

(2) “碎片”问题严重，内存仍不能得到充分利用。

(3) 内存的扩充只能采用覆盖与交换技术，无法真正实现虚拟存储。

4.3 页式存储管理

尽管分区管理从实现方法来看比较简单，但由于该管理方式要求作业占用内存的一组连续的存储单元，这样会导致整个计算机存储系统出现系列问题。首先，当连续空闲区不能满足进程的要求时，即使系统中所有空闲区之和大于进程对内存的要求，也仍然不能装入进程；其次，在动态分区的存储空间中，常常由于存在着一些不足以装入任何作业的小的分区而浪费掉部分存储资源，这就是所谓的存储器的“碎片”问题。尽管采用一些技术可以解决这个问题，但要为移动大量信息花去不少处理机时间，代价较高。如果我们能取消作业对其存储区域的连续性要求，必然会进一步提高内存空间的利用率，又无需为移动信息付出代价。基于这一指导思想，产生了离散存储管理方式。如果离散分配的基本单位是页，则称为分页式存储管理；如果离散分配的基本单位是段，则称为分段存储管理方式。

4.3.1 页式管理的基本原理

页式存储管理取消了存储分配的连续性，它能够将用户进程分配到不连续的存储单元中连续执行。

页式存储管理系统中，在系统初始化时把每个作业的地址空间分成一些大小相等的块，称之为页(Page)。所有的页从“0”开始依次有一个页号。页的大小通常在1～4KB范围内，但是，页的大小总是2的整数次幂。经过页的划分之后，进程的虚拟地址变为页号P与页内位移量即页内地址 W 所组成。分页系统的地址结构如图 4.6 所示。图 4.6 所示的地址长度为 24 位，其中 0～9 位为页内地址，从这个地址结构可以知道，页面的大小为 1024 字节(1K)，其地址空间最多可有 16K 页。

23 … 10	9 … 2 1 0
页号P	页内地址W

图 4.6　分页系统的地址结构

除了把作业或进程的虚拟空间划分为大小相等的页之外，页式管理还把内存空间以与页相等的大小划分为若干个物理块，这些物理块称为页面(Page Frame)或页桢、页框。每个页面也从“0”开始依次编址。这些块为系统中的任一进程所共享(除去操作系统区外)。分页管理时，系统以页为单位为用户进程分配页面，每个页面之间可以不再连续，从而取消了存储分配的连续性。

与分区管理相比，页式管理方式的优越性主要体现在以下两个方面。

(1) 实现了连续存储到非连续存储的飞跃，为实现虚拟存储打下了基础。

(2) 解决了内存中的“碎片”问题，因为从分配思想上看已不存在不可利用空闲的页面，尽管每个进程的最后一页不一定占满整个页面。这部分未占满页面的存储区域称为“页内碎片”，任意一个“页内碎片”都不会大于整个页面的大小，从而提高了内存的利用率。

分页存储管理根据作业装入内存的时机不同，一般分为静态页式管理和动态页式管理。下面将具体介绍这些存储管理方法。

4.3.2　静态页式管理

静态页式管理是指用户作业在开始执行以前，将该作业的程序和数据全部装入到内存的各个页面中，如果当时页面(页框、页桢)数不足，则该作业必须等待，系统再调度另外的作业。

1. 页式管理中所用的数据结构

1) 页表

页表占用内存的一块固定的存储区，它是在作业装入内存并创建其相应进程时，由操作系统根据内存的分配情况建立的。页表中需要两个信息，一个是页号，另一个是页面号，记录着该进程的每个页分配到内存的哪些页面中。显然，每个进程至少拥有一张页表，这个页表记录了进程的虚拟地址和内存地址的映射关系。

2) 请求表

请求表就是用来确定作业或进程的虚拟地址空间的各页表在内存中的实际对应位置。当系统有多个作业或进程时，系统必须知道每个作业或进程的页表起始地址和长度，才能进行内存分配和地址变换。整个系统设置一张请求表，请求表的内容包括进程号、请求页面数、页表始址、页表长度和状态等，见表 4-2。

3) 存储页面表

为了描述内存空间的分配情况，系统设置一张存储页面表。存储页面表指出了内存各页面是否已被分配，以及未被分配的页面总数。存储页面表的形式有两种：一种是在内存中划分出一个固定的区域，该区域中每个单元的每个位表示一个页面的使用状态，若该位为 1，代表所对应的页面已分配，若该位为 0，代表所对应的页面空闲。这种存储页面表称为位示图，如图 4.7 所示。

表 4-2　请求表

进　程　号	请求页面数	页 表 始 址	页 表 长 度	状　　态
1	20	1 024	20	已分配
2	30	1 044	30	已分配
3	21			未分配
…	…	…	…	…

0	2	3	4		…	27	28	29	30	31
0	1	1	0	0	…	1	1	0	1	1
0	0	1	1	1	…	0	1	1	1	0
0	0	0	1	1	…	1	1	0	1	0

图 4.7　位示图

位示图要占用一部分内存空间，一个划分为 2 048 个页面的主存，如内存单元长度为 32 位，则位示图就占据 2 048/32=64 个内存单元。

存储页面表的另一种形式是采用空闲页面链的方法。在空闲页面链中，队首页面的第一单元和第二单元分别存放空闲页面的总数和指向下一个空闲页面的指针，其他页面的第一单元则分别存放指向下一个空闲页面的指针。空闲页面链的方法由于使用了空闲页面本身的存储单元来存放空闲页面链的指针，因此不占据额外的主存空间，是一种较为经济的存储页面表的组织法。

2. 静态页式管理中的分配与回收

静态页式管理的分配和回收非常方便。作业或进程分配页面时，首先从请求表中查出作业或进程所要求的页面数。然后，由存储页面表检查是否有足够的空闲页面，若没有，则本次无法分配。如果有，则分配并设置页表，并填写请求表中的相应表项(页表始址、页表长度和状态)，同时修改存储页面表将分配出去的页面对应的状态设置为分配状态。

页面的回收算法也较为简单，当进程执行完毕时，根据进程页表中登记的页面号，将这些页面插入到存储页面表中，使之成为空闲页面。最后，拆除该进程所对应的页表即可。

3. 页式管理中的地址变换

静态页式管理的另一个关键问题是地址变换。地址变换机构的基本任务，是利用页表，把用户程序中的逻辑地址变换为内存的物理地址。由于页内地址和物理地址是一一对应的，不需进行变换，因此，地址变换机构的任务，实际上是将页号变换为页面号。页式管理中的地址变换过程全部由硬件地址变换机构自动完成，采用的是动态重定位技术。

由于页表驻留在内存的某个固定区域中，而取数据或指令又必须经过页表变换才能得到实际的物理地址。因此，页式管理中取一个数据或指令至少要访问内存两次以上。一次访问页表以确定所取数据或指令的物理地址，另一次是根据地址取数据或指令。这比通常执行指令的速度下降了一半。解决这个问题的方法之一是把页表放在寄存器中而不是内存中，但由于寄存器价格太贵，因此这样做是不可取的。另一种办法是在地址变换机构中加入一个高速联想存储器，构成一张快表。

加入快表机构后，地址变换过程如下：CPU 在给出逻辑地址后，地址变换机构首先根据页号在快表中进行检索，若存在相应的页号，则直接从“快表”中读出该页号对应的页面号，形成物理地址。否则，需要再访问内存中的页表，从页表中读出相应的页面号，形成物理地址，同时将找到的页表项登记到“快表”中。当“快表”填满后，又要在“快表”中登记一个新的页表项时，则需采用一定的淘汰策略在“快表”中淘汰一个老的、被认为不再需要的页表项。淘汰策略可以采用“先进先出——FIFO”或“最近最少用淘汰法—LRU”等，这些算法与后面介绍的页面置换(淘汰)算法相似，这里不再赘述。

静态分页管理解决了分区管理时的碎片问题。但是，由于静态页式管理要求作业在装入时必须一次性整体全部装入主存，如果当时系统中可用的页面数小于用户要求，该作业只好等待，即作业的大小仍受内存中可用页面数的限制。为解决这些问题，可采用动态页式存储管理技术来实现。

4.3.3　动态页式存储管理

动态页式管理是在静态页式管理的基础上发展起来的，它分为请求页式管理和预调入页式管理。

请求页式管理和预调入页式管理在作业或进程开始执行之前，都不把作业或进程的程序段和数据段一次性地全部装入内存，而只装入被认为是经常反复执行和调用的工作区部分。其他部分则在执行过程中动态装入。请求页式管理与预调入页式管理的主要区别在它们的调入方式上。请求页式管理的调入方式是，当需要执行某条指令而又发现它不在内存时或当执行某条指令需要访问其他的数据或指令时，这些指令和数据不在内存中，从而发生缺页中断，系统将外存中相应的页面调入内存。

预调入页式管理的调入方式是，系统对那些在外存中的页进行调入顺序计算，估计出这些页中指令和数据的执行和被访问的顺序，并按此顺序将它们顺次调入和调出内存。除了在调入方式上请求页式管理和预调入页式管理有些区别之外，其他方面这两种方式基本相同。因此，下面主要介绍请求页式管理。

1. 请求页式管理中页表的结构

请求页式管理需要解决以下几个具体的问题：①系统如何获知进程当前所需页面不在内存；②当发现缺页时，采用何种方式把所缺页面调入内存；③当内存中没有空闲的页面时，为了接收一个新的页，需要淘汰一个老的页，需要采用什么策略来选择被淘汰的页面，且被淘汰的页面是否需要保存。

为解决上述问题需将静态分页管理的页表结构扩充，如图 4.8 所示。

页号	页框号	中断位	修改标志	引用标志	外存始址

图 4.8　请求页式管理下的页表

页号和页框号，同静态分页管理。

中断位，用以标识该页是否在内存中。

修改标志，用以标识该页可曾因进程的执行而被修改过，若被修改过，则淘汰该页时应将该页重新写到外存上加以保存。

引用标志，用以标识该页最近是否被访问过。

外存始址，指当该页不在内存时，在外存存放的起始地址。

由此可见，修改标志与淘汰页面的方式有关，而引用标志与淘汰算法有关。

2. 页面置换算法

进程在运行过程中，若其所访问的页面不在内存而需将它调入内存，但内存已没有空闲的页面时，为了保证该进程能继续运行，系统必须从内存中调出一页程序或数据到磁盘的对换区中，这一工作称为页面调度或页面置换。页面置换实际上是确定淘汰哪一页的问题。从理论上讲，应该将那些以后不会再访问的页面调出，或将在较长时间内不再访问的页面调出。但是，要实现这样一个调度算法确实很难。目前存在着许多种置换算法，它们都试图更靠近这个理论上的目标。事实上，如果淘汰算法选择不当，则有可能会出现刚被调入内存的页面马上又被调出内存，使整个系统的页调度非常频繁，以至 CPU 大部分时间都花费在内存与外存的调入、调出上，这种现象称为“抖动”也称为“颠簸(Thrashing)”。

为了衡量置换算法的优劣，一般均是在页面固定分配策略的前提下考虑各种置换算法的。算法好坏的一个重要衡量指标是缺页中断率。缺页中断率可以这样给它定义：假定作业 P 共有 n 页，而系统分配给它的内存只有 m 个页面(m，n 均为正整数，且 $1\leqslant m\leqslant n$)，即最多只能容纳 m 页。如果作业 P 在运行中成功访问的页在内存中的次数为 S，不成功的访问次数为 F(即缺页中断次数)，则缺页中断率就为 $f=F/(S+F)$。

下面分别介绍几种典型的页面置换算法。

1) 优化算法(Optimal Replace Algorithm，ORA)

这是一种理论化的算法，其所选择的被淘汰的页将是永不使用的页，或者是在最长时间内不再访问的页。要真正做到这一点很困难，故它也不是很实际的算法。但可将该算法作为衡量其他各种实际算法的标准。

2) 先进先出算法(First In First Out，FIFO)

这是最早出现的置换算法。该算法总是淘汰最先进入内存的页面，即选择内存中驻留时间最久的页面予以淘汰。该算法实现简单，只需把一个进程已调入内存的页面，按先后次序链接成一个队列，并设置一个指向最老页面的替换指针即可。

先进先出算法的另一个缺点是会出现一种奇异现象——Belady 现象。一般情况下，对于一个作业如果分配给它的内存页面越多，缺页中断率就越低，反之就越高。但是，对 FIFO 算法来说，在未给作业分配足够满足它要求的页面数时，有时会出现分配的页面数增多，而缺页中断率反而增高的奇异现象，这种现象称为 Belady 现象。

FIFO 算法产生 Belady 现象的根本原因是它没有考虑到程序执行的动态特征。

3) 最近最少使用置换算法(Least Recently Used，LRU)

该算法要求淘汰的页面是在最近一段时间里较久未被访问的那一页。它是根据程序执行时所具有的局部性来考虑的，即那些刚被访问过的页面可能马上要用到，而那些在较长时间里未被访问的页面，一般说来，可能不会马上使用到。

为了比较准确地淘汰最近最少使用的页面，可以采用堆栈的方法来实现。栈中存放当前内存中的页号，每当访问一页时就调整一次栈，使栈顶总是指出最近访问的页，而栈底就是最近最少使用的页号。于是，发生缺页中断时总是淘汰栈底所指示的页。

由该例子可以看出，堆栈方式的 LRU 算法，淘汰的页面确实是较长时间以后才使用到的，该例的 LRU 算法执行性能已经达到了 ORA 算法的性能，所以 LRU 算法是一种较为有效的页面置换算法。但调整堆栈是非常费时的，所以有些系统常常采用一些特殊的硬件来实现这种算法。

一种硬件的实现办法是采用一定位数的计数器，每执行完一条指令后就在计数器上加 1。每一个页表必须设置一个能容纳该计数器值的域——访问字段，在每次访问主存后，就把当前计数器的值保存到访问字段中。一旦发生缺页，系统就检查页表中所有访问字段值，找出该值最小的页，把该页淘汰，该页就是最久未使用的页。

另一种硬件实现办法是，假设主存有 n 个页面，硬件就维持一个 $n \times n$ 位的矩阵，开始时所有的位都是 0。当访问到页 k 时，硬件首先把 k 行的位都置成 1，再把 k 列的位都置成 0；当发生缺页时，就选择该矩阵中二进制最小的行所对应的页淘汰。显然，该页也是最久未使用的页。

4) 最不经常使用置换算法(Least Frequently Used，LFU)

该算法要求为每一页表项配置一个一定位数的计数器作为访问字段，开始时所有的计数器均为 0。一旦某页被访问时，其页表项中的计数器值加 1。系统每过一段时间 T 就将所有的页表项计数器清 0。在需要选择一页置换时，便比较各计数器的值，并选择其计数值最小的页面淘汰，显然它是最少被使用的页面。该算法实现也较容易，但代价较高，而且合适的间隔时间 T 的选择也是难题。

4.3.4　页式存储管理优缺点

由于页式存储管理有效地解决了存储器的“碎片”问题，因而能同时为更多的作业提供存储空间，能在更高的程度上进行多道程序设计，从而相应地提高了存储器和 CPU 的利用率，分页系统具备如下优点。

(1) 解决了内存的“碎片”问题，能有效地利用内存。

(2) 方便多道程序设计，并且程序运行的道数增加了。

(3) 可提供大容量的虚拟存储器，作业的地址空间不再受实际内存大小的限制。

(4) 更加方便了用户，特别是大作业的用户。当某作业地址空间超过主存空间时，用户也无需考虑覆盖结构。

页式存储管理方式的缺点如下。

(1) 要求有相应的硬件支持，如需要动态地址变换机构、缺页中断处理机构等，增加了计算机的成本。

(2) 必须提供相应的数据结构来管理存储器，而这些数据结构不仅占用了部分主存空间，同时它们的建立和管理要花费 CPU 的时间。

(3) 虽然解决了分区管理中的“碎片”问题，但在分页系统中页内“碎片”问题仍然存在。

(4) 对于静态分页管理系统，用户作业要求一次性装入内存，将给用户作业的运行带来一定的限制。

(5) 在请求分页管理中，需要进行缺页中断处理，特别是请求调页的算法若选择不当，还有可能出现抖动现象，增加了系统开销，降低了系统效率。

4.4　段式及段页式存储管理

从固定分区到动态分区，进而又发展到分页系统的原因，主要都是为了提高内存的利用率，然而，上述存储管理方式为用户提供的都是一维线性地址空间。而事实上，从程序本身的逻辑结构和逻辑关系上看，它既有主程序、子程序，也有数据结构和数据等。而在分页式存储管理下，将作业地址空间机械地分割成很多个页，从而破坏了程序内部的天然逻辑结构，这样常常会把逻辑上相关部分的内容划到不同的页面上，这对于模块化程序和变化的数据结构的处理，以及不同作业之间对某些公用子程序或数据块的共享等问题的解决，都存在着较大的困难；此外，程序人员一般都希望把信息按其内容或函数关系分成段，每段有其自己的名字，且可以根据名字来访问相应程序或数据段。按照这种逻辑结构来分配内存，则引入了分段(Segment)存储管理，通常分为简单段式(简称段式)和段页结合式两种。

4.4.1　简单段式管理

简单段式管理下主要解决以下几个问题。

1. 如何分段

一个作业(程序)通常是由若干个具有逻辑意义的段(如主程序、子程序，数据等)组成，把程序按逻辑含义或过程(函数)关系分成若干个相对独立的段，每段都有自己的段名。用户程序可用段名和入口指出调用一个段的功能，程序在编译或汇编时，再将段名定义一个段号。每段逻辑地址均是以 0 开始进行顺序编址。段内地址是连续的，而段与段之间的地址不连续。这样，用户的作业或进程的地址空间就形成了一个二维线性地址空间，逻辑地址结构形式如图 4.9 所示。

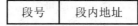

图 4.9　段式管理的地址结构

因此任意一个地址必须首先指出段号，其次再指出段内偏移地址。而且一旦地址结构确定了，那么这个系统中一个作业允许的最多段数和每段的最大长度就确定了。如某系统段地址结构为 32 位，其中段号占 12 位，段内地址占 20 位，则在该系统中一个作业最多可有 4K 个段，每段的长度可达 1MB。段式存储管理程序以段为单位分配内存，段的长度是由相应的逻辑信息单位的长度决定的，故段的长度是不等的。

2. 段式管理的分配和回收

分段存储管理是以段为单位进行内存分配的，每段是一个连续的存储区，各段之间的内存区不一定连续也不等长，内存的分配和释放是随需要动态进行的。当要求调入某段时，若内存中有足够空闲区满足该段的长度，则可采用与分区式管理相同的分配和释放算法。若没有足够的空闲区，则可采用与请求分页管理相同的几种替换算法。

与分页类似，系统为每一个运行的作业建立一个段表，其内容主要包括段号、段长、内存起始地址、状态标志等。段号是对作业中所有段的编号；段长是该段存储空间的大小，其长度可变；内存起始地址是该段在内存中的实际物理地址，也是地址变换作为依据的基准；状态标记是指该段是否已经调入内存，是否具有某种访问权限等。

3. 地址转换

为实现从进程的逻辑地址到物理地址的变换功能，在存储管理系统中设置了段表寄存器，用于存放段表的始址和段表长度。在进行地址变换时，系统将段号与段表长度进行比较，若段号太大表示访问越界，便产生越界中断信号。若未越界，则根据段表的始址和该段的段号，计算出该段对应的段表项的位置，从中读出该段在内存的起始地址，然后再检查段内地址是否超过该段的段长，若超过，同样发生越界中断信号。若未越界，则将该段的起始地址与段内地址相加得到访问的内存物理地址。分段系统的地址变换过程如图 4.10 所示。

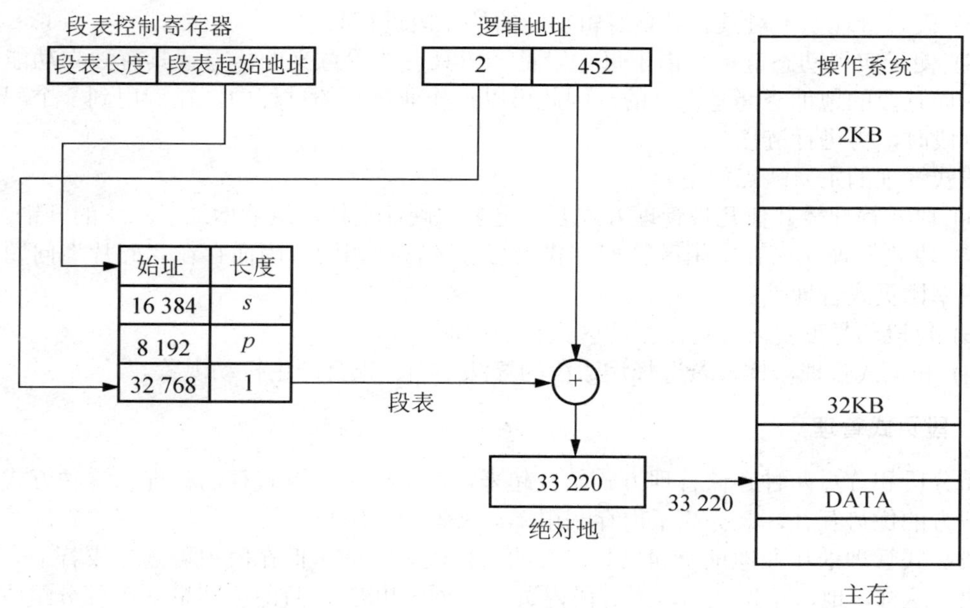

图 4.10　段式管理地址变换

与页式管理相同，段式管理的一次访问内存也必须经过两次以上访问内存的操作。为了提高访问速度，也需要将高速相联存储器引入，把部分段表存入其中，形成段式快表。地址转换时，先查快表，若快表命中，则立即形成绝对地址，否则再通过段表进行慢地址翻译，并将该段信息填入快表中。

4. 分段式存储管理中的共享和保护

如果用户作业需要共享内存中的某段程序或数据，只要用户使用相同的共享段名，那么系统在建立段表时，只需在相应的段表栏目上填入已在内存中的段的始址和长度，即可实现段的共享，从而提高系统主存的利用率。

在实现段的共享时，必须采取一定的保护措施。可在段表中增设一个存取权限域，存取权限可分为：只执行(共享程序段)、只读(共享数据段)和可读/写(私人段)。访问段时，通过存取权限核对，即可实现存取保护。此外，在地址转换时，通过段表中的长度信息，将长度与段内地址比较，就可进行地址越界保护。

由上面的介绍可以看出段式与页式管理很相似，但必须注意这两者在概念上的不同。分段是信息的逻辑单位，它含有一组具有相对完整意义的信息，是出于用户的需要，对用户是可见的。段的长度不固定，由用户在编程时确定，或由编译程序在对源程序进行编译时，根据信息的性质来划分。而分页是信息的物理单位，分页仅仅是由于系统管理的需要，对用户来说是不可见的，页的大小是事先固定的。分页地址空间是一维的，而分段是二维的。

5. 段式管理的优缺点

与页式管理和分区管理相比较段式管理有如下优点。

(1) 与请求页式管理一样，段式虚拟存储管理提供了内外存统一管理的虚拟存储实现方案。不同的是，段式虚存每次交换的是一个程序段或数据段。

(2) 在段式管理中，段长可根据需要动态增长。

(3) 段式管理便于对具有完整逻辑功能的信息段进行共享。

(4) 便于实现动态链接。由于每一段是一组具有逻辑意义的信息或具有独立功能的程序段，而且段的地址空间是二维的，因此可以在作业运行的过程中，在调用到一个程序段或数据段时，再进行链接。

段式管理的主要缺点如下。

(1) 段式管理较其他几种管理方式要求更多的硬件支持，这就增加了系统的开销。

(2) 段式管理在内存空闲区管理方式上与分区管理相同，因而存在“碎片”问题，内存利用率比页式管理差。

(3) 每段的长度受内存可用空间区大小的限制。

(4) 和页式管理一样，若选择淘汰段的算法不当，也会产生抖动现象。

4.4.2 段页式管理

将分段和分页两种存储管理方式结合起来，就形成了段页式存储管理。这种方式可以进行双方的优势互补，既提高了内存利用率，又方便了用户。

段页式管理的作业地址空间也是二维的、按段划分的。但在段中再划分成若干大小相同的页。这样，地址结构就由段号、段内页号和页内相对地址(即位移量)3 个部分组成，如图 4.11 所示。

用户使用的仍是段号和段内相对地址，由地址变换机构自动将段内相对地址的高几位解释为段内页号，将剩余的低位解释为页内相对地址。这样，作业地址空间的最小单位就不再是段，而是页，因此内存也可以按页划分、按页装入，从而一个段可以装入到若干个不连续的页面内，段的大小也不再受内存可用区的限制了。

段页式管理中采用每个作业一张段表，此外，每个段又建立一张页表，段表中的地址是页表的起始地址，而页表中的地址则为页面号，这样，它们的互相关系就成为一种链接结构，如图 4.12 所示。

图 4.11　段页式管理中的地址结构

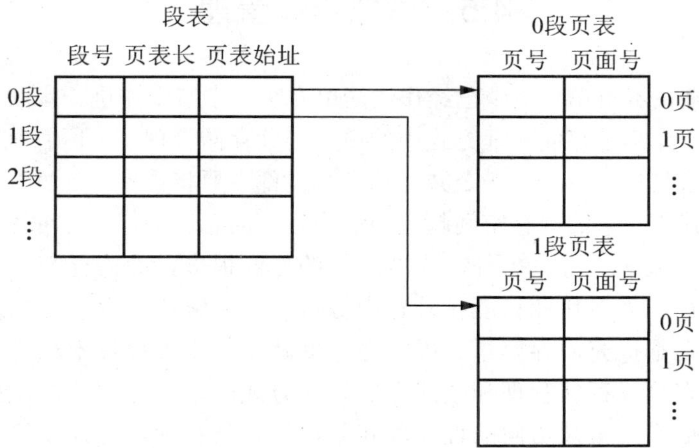

图 4.12　段页式存储系统的段表与页表

在进行地址转换时，根据逻辑地址中的段号检查段表得到相应段的页表始址，然后根据页号查页表得到对应的内存页面号，由页面号和页内偏移就可形成欲访问的绝对地址。由此可看出，要存取一次信息，必须经历 3 次访问内存操作，一次访问段表，一次访问页表，最后才能按绝对地址存取信息，这样就降低了指令执行的速度。为了提高执行速度，也采用联想存储器来存放快表，快表中应指出段号、页号和主存页面号。有快表后的地址转换过程如图 4.13 所示。

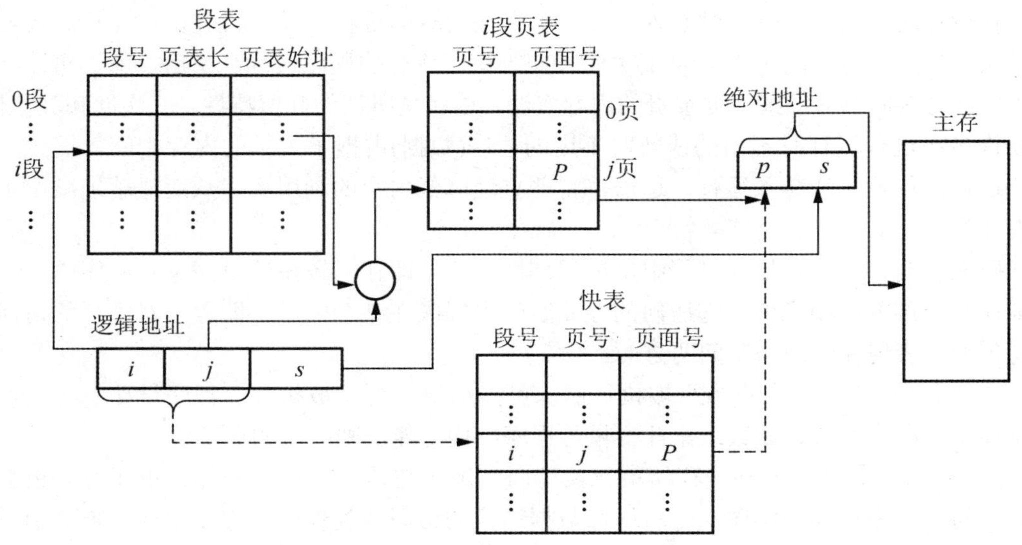

图 4.13　段页式存储管理系统地址转换

综合分段分页技术，可以知道：段是信息的逻辑单位，页是信息的物理单位，分段式存储管理的作业地址空间是二维的，而分页式存储管理的作业地址空间是一维的。段的长度是不固定的，而页的长度是等长的。它虽然增加了硬件成本和系统开销，但在方便用户和提高存储利用率上很好地实现了存储管理的目标。

4.5 虚拟存储管理

虚拟存储管理在本章第一节中已经作过简单介绍，本节中作进一步的详细介绍。

本章前面几节介绍了存储管理方式中的单一连续存储管理、分区存储管理还有静态页存储管理方式，这些管理方式的一个共同特点就是都需要将程序一次性装入内存。这样，如果作业很大，其所要求的内存空间超过当前内存空间总和的话，作业不能被一次性地装入内存，致使作业无法执行。另外，当要运行的作业很多，而内存空间不足的话，只能让一部分作业运行，大量作业只能在外存中等待。为了解决内存不足的情况，我们可以在物理上和逻辑上都扩充内存容量。虚拟存储器就是使用虚拟技术从逻辑上对存储器进行扩充。采用动态页式存储管理和段式存储管理方式时，仅在需要时才把部分程序或数据调入内存，其他不经常被访问的程序段和数据放在外存中，待需要访问时，再将它们调入内存并为其申请内存空间，这样，操作系统通过请求调入和替换功能对内外存进行统一管理，为用户提供了一种宏观上似乎比实际内存容量大得多的存储器，这个虚拟的大存储器称为虚拟存储器。虚拟存储技术多与动态分页、段式和段页式管理配合使用，这将在本节中详细介绍。

4.5.1 虚拟存储的基本概念

1. 局部性原理

作业在运行时如果一次性装入内存，那么在运行的过程中便一直驻留内存直到作业运行结束，尽管运行中的进程会因 I/O 而长期等待，或有的程序运行一次后，就不再需要运行了，然而它们都将继续占据宝贵的内存资源，这就是所谓的驻留特性。一次性和驻留性，会使许多在进程运行时不用的或暂时不用的程序(数据)占据了大量的内存空间，而使一些需要运行的作业无法装入运行。这样，将严重地降低内存的利用率，从而显著地减少了系统吞吐量。

研究表明，程序在执行过程中呈现局部性规律。即在一较短的时间里，程序的执行仅局限在某个部分，相应地，它访问的存储空间也局限在某个区域。即程序对内存的访问是不均匀的，表现在时间与空间两方面。

(1) 时间局部性。一条指令被执行后，可能很快会再次被执行。程序设计中经常使用的循环子程序、堆栈、计数或累计变量等程序结构都能反映时间的局部性。

(2) 空间局部性。若某一存储单元被访问，那么与该存储单元相邻的单元可能也会很快被访问。程序代码的顺序执行对线性数据结构的访问或处理以及程序中往往把常用变量存放在一起等都能反映出空间局部性。

换句话说，CPU 总是集中地访问程序中的某一个部分而不是随机地对程序所有部分具有平均访问的概率。由程序的局部性，人们认识到一个程序特别是一个大型程序的一部分装入内存是可以运行的。局部性原理使得虚拟存储技术的实现成为可能。

根据程序局部性原理和上述事实，说明没有必要一次性把整个程序全部装入内存后再开始运行，在程序执行过程中其某些部分也没有必要从开始到结束一直都驻留在内存，而且，程序在内存空间中没有必要完全连续存放，只要局部连续便可。也就是，我们可以把一个程序分多次装入内存，每次装入当前运行需要使用的部分——多次性；在程序执行过程中，可以把当前暂不使用的部分换出内存，若以后需要时再换进内存——交换性(即非驻留性)；程序在内存中可分段存放，每一段是连续的——离散性。

2. 虚拟存储器定义

当用户作业要求的存储空间很大，不能被装入内存时，基于局部性原理，系统可以把当前要用的程序和数据装入内存并启动程序运行，而暂时不用的程序和数据驻留在外存中。在执行中需要用到不在内存中的信息时，通过系统的调入、调出功能和置换功能将暂时不用的程序和数据调出内存，腾出内存空间让系统调入要用的程序和数据。这样，系统便能很好地运行该用户作业了。因此，所谓虚拟存储器，是指具有请求调入功能和置换功能，对内外存进行统一管理，能从逻辑上对内存容量加以扩充的一种存储器系统。从用户角度上看，系统具备了比实际内存容量大得多的存储器，人们把这样的存储器称为虚拟存储器。

虚拟存储器是存储管理的核心概念。由于内存价格较高，不可能一味的扩充内存空间来满足用户程序的需要。采用了虚拟存储器技术，使得存储空间的逻辑容量可以由内存和外存容量结合起来，其运行接近内存的速度，成本却没有大的增加。可见虚拟存储技术是一种性能非常优越的存储器管理技术，故被广泛地应用于大、中、小型机器和超级微型机中。

3. 虚拟存储器的特征

(1) 多次性。多次性是指用户程序在运行前，并不是一次将全部内容装入到内存中，而是在程序的运行过程中，系统不断地对程序和数据部分地调入、调出，完成程序的多次装入工作。

(2) 对换性。程序在运行期间，允许将暂时不用的程序和数据调出内存(换出)，放入外存的对换区中，待以后需要时再将它调入内存中(换入)，这便是虚拟存储器的换入、换出操作，即对换性。

4.5.2 虚拟存储的实现

虚拟存储是建立在离散存储管理的基础上的。因为虚拟存储的多次性特性允许将一个程序或数据分多次调入内存。显然连续分配中的单一连续存储管理以及分区管理都无法实现虚拟存储。而采用离散存储管理方式比如请求页式管理和段式管理时，仅在需要调入某部分程序或数据时，才为其申请内存空间，这样就不会造成对内存的浪费。这就是把虚拟存储器建立在离散分配基础上的原因。通常，虚拟存储技术多与动态分页、段式和段页式管理配合使用。

1. 页式虚拟存储管理

请求页式管理中在简单页式管理基础上，增加了请求调页功能和页面置换功能形成的页式虚拟存储系统。它允许只装入部分页面的程序(及数据)，便启动运行。以后，再通过调页功能及页面置换功能，陆续地把即将要运行的页面调入内存，同时把暂不运行的页面换出到外存上。置换时以页面为单位。为了能实现请求调页和置换功能，系统必须提供必要的硬件支持和相应的软件。

(1) 硬件支持。主要的硬件支持：①请求分页的页表机制，它是在纯分页的页表机制上增加若干项而形成的，作为请求分页的数据结构；②缺页中断机构，即每当用户程序要访问的页面尚未调入内存时，便产生一缺页中断，请求操作系统将所缺的页调入内存；③地址变换机构，它同样是在纯分页地址变换机构的基础上发展形成的。

(2) 实现请求分页的软件。这里包括用于实现请求调页的软件和实现页面置换的软件。它们在硬件的支持下，将程序正在运行时所需的页面(尚未在内存中的)调入内存，再将内存中暂时不用的页面从内存置换到磁盘上。

2. 分段虚拟存储

这是在分段系统的基础上，增加了请求调段及分段置换功能后，所形成的段式虚拟存储系统。它允许只装入若干段(而非所有的段)的用户程序和数据，即可启动运行。以后再通过调段功能和段的置换功能，将暂不运行的段调出，同时调入即将运行的段。置换是以段为单位进行的。

为了实现请求分段，系统同样需要必要的硬件支持。一般需要下列支持。

(1) 请求分段的段表机制。这是在纯分段的段表机制基础上增加若干项而形成的。

(2) 缺段中断机构。用户程序所要访问的段尚未调入内存时，产生一个缺段中断，请求操作系统将所缺的段调入内存。

(3) 地址变换机构。与请求调页相似，实现请求调段和段的置换功能也须得到相应的软件支持。

目前，有不少虚拟存储器是建立在段页式系统基础上的，通过增加请求调页和页面置换功能而形成了段页式虚拟存储器系统，而且把实现虚拟存储器所需支持的硬件，集成在处理器芯片上。例如，Intel 80386 以上的处理器芯片都能支持段页式虚拟存储器。

4.6 本章小结

存储器管理在操作系统中占有重要地位。内存储器是硬件系统中除 CPU 之外的另一重要资源，任何程序只有装入内存才能运行。特别是在多道程序系统下，内存被多道程序共享，会引起一系列复杂的问题，所以操作系统必须对内存实施有效的管理。存储器管理的主要目的是为用户提供一个安全的、方便和足够大的存储空间。它的主要功能是实现存储区的分配和管理、逻辑地址到物理地址的映射、内存的逻辑扩充以及和存储区的共享和保护等。

本章主要介绍了几种常用的存储管理方法，分别是分区管理、页式管理、段式管理和段页式管理。

主存分配按分配时机的不同，可分为静态存储分配和动态存储分配。在早期的多道程序系统中，采用了静态存储分配；现代计算机系统中，为了更有效地利用内存，更多地采用了动态存储分配策略。

虚拟存储器是存储管理的核心概念。当用户作业要求的存储空间很大，不能被装入内存时，基于局部性原理，系统可以把当前要用的程序和数据装入内存中启动程序运行，而暂时不用的程序和数据驻留在外存中。在执行中需要用到不在内存中的信息时，通过系统的调入、调出功能和置换功能将暂时不用的程序和数据调出内存，腾出内存空间让系统调入要用的程序和数据。这样，系统便能很好地运行该用户作业了。因此，所谓虚拟存储器，是指具有请求调入功能和置换功能，对内外存进行统一管理，能从逻辑上对内存容量加以扩充的一种存储器系统。从用户角度上看，系统具备了比实际内存容量大得多的存储器。

总之，存储管理技术是在不断发展着的，随着现代技术的日新月异，大规模、超大规模、集成技术的飞跃发展，也随着人们对计算机应用技术的不断深入，必会对存储管理提出更多新的问题，存储管理技术也必将在技术的带动下，得到进一步的发展、完善、为人们更好地、更有效地使用计算机提供帮助。

4.7 习　题

1. 填空题

(1) 主存中的一系列的物理存储单元的集合称为______。

(2) 把将作业地址空间的逻辑地址转变为物理地址的过程称为______。

(3) 在目标程序装入内存时，一次性完成地址修改的方式是______。

(4) 静态重定位是在______时重定位，动态重定位是在______时重定位。

(5) 在存储管理技术中常用______方式来摆脱主存容量的限制。

(6) 在页式管理中，页式虚地址与内存物理地址的映射是由______和______完成的。

(7) 虚拟存储器的基本特征是______、______、______、______。

(8) 若选用的______的算法不合适，可能会出现抖动现象。

(9) 请求分页存储管理和简单分页的根本区别是______。

(10) 分页的作业地址是______，分段的作业地址是______。

(11) 段表的表目的主要内容包括______、______、______、______。

(12) 在段页式存储管理系统中，每道程序都有一个______表和一组______表。

(13) 虚拟存储器的容量主要受到______和______的限制。

(14) 在段页式存储管理中，面向______的地址空间是段式划分，面向______的地址空间是页式划分。

(15) 在请求页式存储管理中，若所需的页面不在内存中，则会引起______。

2. 选择题

(1) 在存储管理中，采用覆盖技术的目的是(　　)。

A. 节省内存空间　　B. 物理上扩充内存容量

C. 提高 CPU 的效率　　D. 实现内存共享

(2) 动态重定位技术依赖于(　　)。

A. 重定位装入程序　　B. 重定位寄存器
C. 地址机构　　D. 目标程序

(3) 虚拟存储器的最大容量(　　)。

A. 为内外存量之和　　B. 由计算机的地址结构决定
C. 是任意的　　D. 由作业的地址空间决定

(4) 在虚拟存储系统中，若进程在内存中占 3 块(开始时为空)，采用先进先出页面淘汰算法当执行访问页号序列为 1、2、3、4、1、2、5、1、2、3、4、5、6 时，将产生(　　)次缺页中断。

A. 7　　B. 8　　C. 9　　D. 10

(5) 很好地解决了“内零头”问题的存储管理方法是(　　)。

A. 页式存储管理　　B. 段式存储管理
C. 多重分区管理　　D. 可变式分区管理

(6) 系统“抖动”现象的发生是由(　　)引起的。

A. 置换算法选择不当　　B. 交换的信息量过大
C. 内存容量不足　　D. 请求页式管理方案

(7) 分区管理中采用“最佳适应”分配算法时，宜把空闲区按(　　)次序登记在空闲区表中。

A. 长度递增　　B. 长度递减　　C. 地址递增　　D. 地址递减

(8) 在固定分区分配中，每个分区的大小(　　)。

A. 相同　　B. 随作业长度变化
C. 可以不同但预先固定　　D. 可以不同但根据作业长度固定

(9) 实现虚拟存储器的目的是(　　)。

A. 实现存储保护　　B. 实现程序浮动
C. 扩充外存容量　　D. 扩充内存容量

(10) 把作业地址空间中使用的逻辑地址变成内存中物理地址的过程称为(　　)。

A. 重定位　　B. 物理化　　C. 逻辑化　　D. 加载

(11) 首次适应算法的空闲区是(　　)。

A. 按地址递增顺序连在一起　　B. 始端指针表指向最大空闲区
C. 按大小递增顺序连在一起　　D. 寻找从最大空闲区开始

(12) 在分页系统环境下，程序员编制的程序，其地址空间是连续的，分页是由(　　)完成的。

A. 程序员　　B. 编译地址　　C. 用户　　D. 系统

(13) 在请求分页存储管理中，若采用 FIFO 页面淘汰算法，则当分配的页面数增加时，缺页中断的次数(　　)。

A. 减少　　B. 增加
C. 无影响　　D. 可能增加也可能减少

(14) 虚拟存储管理系统的基础是程序的(　　)理论。

A. 局部性　　B. 全局性　　C. 动态性　　D. 虚拟性

(15) 下述(　　)页面淘汰算法会产生 Belady 现象。

A. 先进先出　　B. 最近最少使用

C. 最不经常使用　　D. 最佳

3. 综合题

(1) 存储器管理的主要任务和功能是什么？

(2) 什么是重定位？重定位有哪几种方法？

(3) 什么是覆盖技术和交换技术？它们之间有什么区别？

(4) 为什么要进行存储保护？分区管理中通常有哪几种保护方法？

(5) 页式存储器的内零头与页面大小有什么关系？

(6) 分页管理有哪几种形式？它们之间有什么区别？

(7) 什么是虚拟存储器？虚拟存储器有哪些优点？

(8) 叙述实现虚拟存储器的基本原理。

(9) 虚拟存储器的容量可以大于主存容量加外存容量的总和吗？

(10) 简述请求分页虚拟存储中页表有哪些数据项，每项的作用是什么？

(11) 请求页式管理中有哪几种置换策略？它们是如何实现的？

(12) 如果一个作业在执行过程中，按下列的页号依次访问主存：1，2，3，4，2，1，5，6，2，1，2，3，7，6，3，2，1，2，3，6。作业固定占用 4 个内存页面(块)，试问分别采用 FIFO、LRU 和 ORA 算法时，各产生多少次缺页中断？并计算相应的缺页中断率，同时写出在这 3 种调度算法下产生缺页中断时淘汰的页面号和在主存的页面号。

(13) 用于内存逻辑扩充的技术主要有几种？分别简单介绍。

(14) 段式存储管理有什么优缺点？它与页式存储管理的主要区别是什么？

(15) 叙述段式虚拟存储管理的实现过程。

第5章 设 备 管 理

教学目标

通过本章的学习，使学生了解和掌握设备管理的基本概念，包括中断技术、缓冲技术以及设备分配和控制等。

教学要求

知识要点	能力要求	关联知识
设备管理概述	(1) 了解I/O系统硬件结构、外设的分类 (2) 掌握设备管理的目标和功能 (3) 了解设备管理和文件管理的关系	I/O系统硬件结构、外设分类、设备独立性、设备管理功能等
缓冲管理	(1) 掌握引入缓冲的原因 (2) 了解单缓冲和双缓冲 (3) 掌握环形缓冲和缓冲池	缓冲的引入、单缓冲、双缓冲、环形缓冲、缓冲池
I/O控制方式	(1) 了解程序直接控制方式 (2) 理解掌握中断控制方式 (3) 理解掌握DMA控制方式 (4) 理解掌握通道控制方式	程序直接控制方式、中断控制方式、DMA控制方式、通道控制方式
中断技术	(1) 理解中断的概念 (2) 掌握中断的分类 (3) 理解中断处理过程	中断、中断的分类、中断处理过程
设备分配	(1) 了解设备分配中的数据结构 (2) 理解设备分配思想和分配程序 (3) 掌握SPOOLing技术	设备分配中的数据结构、设备分配思想、设备分配程序、SPOOLing技术
设备处理	(1) 了解设备驱动程序的功能和特点 (2) 了解设备驱动程序的处理过程	设备驱动程序

重点难点

- 设备管理的目标和功能
- 缓冲引入的目的
- 缓冲池及其工作方式
- I/O控制方式
- 中断
- SPOOLing技术

5.1 设备管理概述

在计算机系统中，设备管理是指对数据传输控制和对除中央处理器和主存储器之外的所有其他设备的管理。由于 I/O 设备不仅种类繁多，而且它们的特性和操作方式，往往相差甚大，这就使设备管理成为操作系统中最繁杂且与硬件紧密相关的部分。

除中央处理器和主存储器之外的所有其他设备称为外部设备。

5.1.1 I/O 系统硬件结构

对于不同规模的计算机系统，其 I/O 系统的硬件结构也有所差异。通常可分为两大类：微型机 I/O 系统和主机 I/O 系统。

1. 微型机 I/O 系统

由于微型机本身比较简单，其 I/O 系统多采用总线 I/O 系统结构，如图 5.1 所示。由图可以看出，CPU 和内存是直接连接到总线上的。I/O 设备通过设备控制器连接到总线上，CPU 并不直接同 I/O 设备进行通信，而是与设备控制器进行通信，并通过它去控制相应的设备。因此，设备控制器是处理机和设备之间的接口，且应根据类型来配置与之相适应的控制器，如磁盘控制器和打印机控制器等。

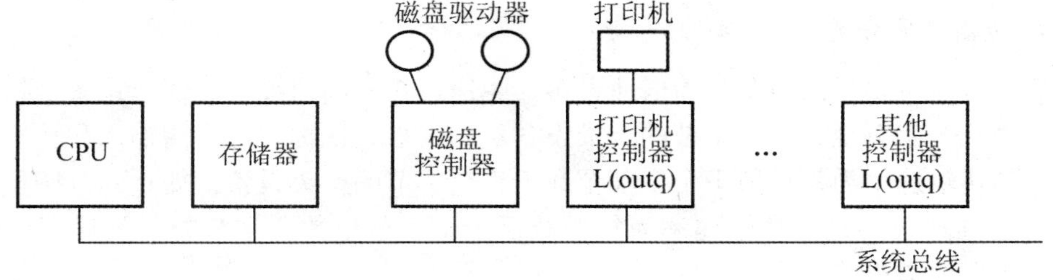

图 5.1 总线型 I/O 系统结构

2. 主机 I/O 系统

通常为主机配置的 I/O 设备较多，特别是配有较多的高速外设，如果所有这些设备的控制器，都通过一条总线直接与 CPU 通信，无疑会使总线和 CPU 的负担太重。为此，在 I/O 系统中不采用单总线结构，而是增加一级 I/O 通道，用以代替 CPU 与各设备控制器进行通信，实现对它们的控制。具有通道的 I/O 系统结构如图 5.2 所示。其中，I/O 系统共分为 4 级：最低级为 I/O 设备，次低级为设备控制器，次高级为 I/O 通道，最高级为计算机。因而也称这样的 I/O 系统结构为四级结构。

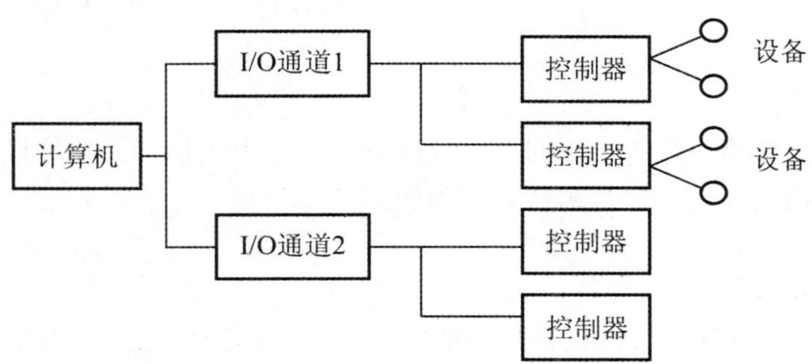

图 5.2 具有通道的 I/O 系统

5.1.2　外设的分类

外部设备的种类繁多，用途各异，现存的各种仪器设备均有可能作为计算机系统的外部设备，依据不同的方式可对设备有不同的分类方法，下面是几种常见的分类方法。

1. 按操作特性分类

按这种方法可把外部设备分为存储设备和输入/输出(I/O)设备。存储设备是计算机用来存储信息的设备，如磁盘、光盘及磁带等。I/O 设备包括输入设备和输出设备两类。输入设备的作用是将外部带来的信息输入计算机，如键盘及鼠标等。输出设备的作用是将计算机加工好的信息输出到外部，如显示器及打印机等。

2. 按信息交换的单位分类

按这种方法可将外部设备分为字符设备和块设备。块设备用于存储信息。由于信息的存取总是以数据块为单位，故被称为块设备，如磁带及磁盘等。字符设备用于数据的输入和输出，其基本单位是字符，故称为字符设备，如打印机及键盘等。

3. 按传输速率分类

按这种方法可将外部设备分为低速设备、中速设备和高速设备。低速设备是指传输速率为每秒中几个字节至数百个字节的一类设备，如键盘、鼠标、语音的输入和输出等。中速设备是指传输速率为每秒数千个字节至数十千个字节的一类设备，如行式打印机、激光打印机等。高速设备是指传输速率为每秒数百千个字节至数兆字节的一类设备，如磁带机、磁盘机及光盘机等。

5.1.3　设备管理的目标和功能

1. 设备管理的目标

在操作系统中设备管理的目标有以下 4 项。

1) 提高设备的利用率

外部设备经济价值在整个计算机系统中占有相当大的比重，如何有效地使用这些设备是操作系统中的首要任务。尽管现代计算机外部设备的工作速度有一定程度的提高，但与中央处理机的速度相比仍显得速度太慢，为提高设备的利用率，除合理分配和使用外部设备外，应努力提高设备与 CPU 的并行程度，与此相关的技术有通道技术、中断技术和缓冲技术。

2) 设备独立性

设备独立性是指将用户所使用的设备与机器中进行 I/O 操作的物理设备分离开来。用户不用关心具体的物理设备，只需按习惯为所需的设备起一个逻辑名字，在用户程序中仅使用逻辑设备名即可。

设备独立性有以下两种类型。

(1) 独立于同类设备的具体设备号。如系统中有相同类型的多个设备，则不论使用其中的哪个设备都行。即与给定设备类型中的哪一台设备供其使用无关。

(2) 独立于设备类型。如程序要求输入信息，则不论从什么设备上输入均可，对输出也一样，即用户程序与设备类型无关。

3) 字符编码的独立性

各外部设备的字符编码方式会有所不同，为减轻用户编程时的负担应使用统一内部字符码。这就要求设备管理中应有适应于各设备的字符编码的变换机构。

4) 设备处理的一致性

外部设备种类繁多且其特性各不相同，差别主要有以下几点。

(1) 速度。在不同的设备之间传输数据，传输速率可能有几个数量级的差别。如键盘输入和光盘输入速度相差甚远。

(2) 传送单位。有的设备以字符为单位传递信息，有的设备以块为单位传递信息。

(3) 允许的操作。不同的设备有着不同的特性和操作方法。如磁带能反绕、卡片机不能倒退以及磁盘能随机读写等。

(4) 出错条件。根据所用设备的不同，出错条件也不同。如奇偶校验错误及打印机无纸等。

为了简便和避免出错，应用统一的方法来处理所有的设备。为了做到这一点，应将设备的特性与处理它们的程序分开，使之只与设备本身紧密联系。这样，可使某一类设备共用一个设备处理程序。

2. 设备管理的功能

为了实现上述目标，设备管理应具有以下功能。

(1) 监视系统中所有设备的状态。系统中存在许许多多设备，这些设备在系统运行期间处于各自不同的状态，为了对设备实施分配和控制，系统必须要在任何时间都能快速地跟踪设备状态。设备状态信息保留在设备控制块(DCB)中，DCB 能动态地记录设备状态的变化及相关信息。

(2) 设备分配。在多用户多进程中，系统必须决定进程何时取得一台设备，使用多长时间，使用完毕后如何收回等问题，具体的设备分配方法将在 5.5 节中详细介绍。

(3) 设备控制是设备管理的另一功能，它包括设备驱动和设备中断处理，具体的工作过程是在设备处理的程序中发出驱动某设备工作的 I/O 指令后，再执行相应的中断处理。

5.1.4 设备管理与文件管理的关系

操作系统的各个功能之间关系是非常密切的，设备管理功能也不例外，与操作系统的其他功能有着非常密切的关系。例如，操作系统设备管理功能经常调用 CPU 管理功能来进行进程状态切换和 I/O 中断处理，现在经常借助虚存管理功能来实现设备缓冲区机制和安全保护功能。最为密切的当然是设备管理功能与文件系统之间的关系，这种密切关系具体体现在如下两点。

1. 统一的接口和无关层的实现

操作系统设备管理功能的主要用户界面与文件系统的主要用户界面是统一的(或者说，设备管理的主要用户界面包含在文件系统的用户界面中)，而且设备管理功能无关层(也称独立层，负责实现对所有设备来说具有共性的功能，并且向用户级软件提供一个统一的接口)的主体代码包含在文件系统代码中(直到文件与设备的分化点)。在文件系统的某个高层开始分化。对访问对象进行判断，访问文件则进入文件系统的更低层，访问设备(包括访问字符设备和直接访问块设备)则进入设备管理功能的设备相关层(驱动层，存放操作系统中所有设备驱动程序)。

2. 块设备管理与文件系统的关系

文件系统与设备管理虽然都涉及外部设备，但文件系统是管理外部空间和其中存储的信息，而设备管理是对外部设备的物理接口进行物理操作。对文件的访问经高几层的不同逻辑空间逐层向下转化为最终的物理扇区后，文件系统的底层就要调用设备管理功能中的块设备驱动程序来完成实际的 I/O 操作，从而文件系统不必涉及各种块设备的具体接口形式和连接形式。或者，文件系统可看作是因规模和特点考虑而将块设备空间管理和信息管理从设备管理功能中分离出去的内容。

总之，设备管理与文件系统(共同形成的一系列软件层次)共同完成了设备高级接口(即抽象用户接口)到物理设备的操作转换和地址转换。

5.2 缓 冲 管 理

在现代操作系统中，几乎所有的 I/O 设备在与内存交换数据时，都使用了缓冲区，因为提高 I/O 速度和设备的利用率，在很大程度上都需要借助于缓冲技术来实现。缓冲可分为硬件缓冲和软件缓冲两种。硬件缓冲可用硬件缓冲器来实现，但由于成本太高，除一些关键部位采用外，一般情况下不采用硬件缓冲器。软件缓冲器是应用广泛的一种缓冲机制，它由缓冲区和缓冲管理两部分组成。缓冲区是指在 I/O 操作时用来临时存放输入/输出数据的一块存储区域。缓冲管理的主要功能是组织好这些缓冲区，并提供获得和释放缓冲区的手段。

5.2.1　缓冲的引入

在操作系统中，引入缓冲的主要原因可归结为以下几点。

1. 缓和 CPU 与 I/O 设备间速度不匹配的矛盾

事实上，凡在数据到达速率与其离去速率不同的地方，都可设置缓冲，以缓和它们速度不匹配的矛盾。众所周知，通常的程序都是时而进行计算，时而产生输出。如果没有缓冲，则程序在输出数据时，必然会因为打印机的速度跟不上，而使 CPU 停下来等待，然而在计算阶段，打印机又空闲无事。显然，如果在打印机或控制器中设置一缓冲区，用于快速地暂存程序的输出数据，以后由打印机“慢慢地”从中取出数据打印，这样就可使 CPU 与 I/O 设备并行工作。

2. 减少对 CPU 的中断次数

如从外设来的数据仅用一位缓冲来接收，则每收到一位数据时便中断一次，倘若设置一个 8 位的缓冲寄存器，则可使中断次数降为 1/8。很明显，用缓冲技术可以减少对 CPU 的中断次数。

3. 提高CPU和I/O设备之间的并行性

引入缓冲后，在输入数据时，输入设备可以先将数据输入到缓冲区存放，与此同时CPU在进行计算工作。输出数据时，CPU也在进行计算工作，而同时输出设备可将缓冲区中的数据取出慢慢打印。很明显，缓冲的引入可以提高CPU和I/O设备的并行性，从而也提高了系统的吞吐量和设备的利用率。

可以看出，缓冲技术在操作系统中所起的作用是比较明显的，以下就几种不同类型的缓冲——单缓冲、双缓冲、环型缓冲及缓冲池，分别进行描述。

5.2.2 单缓冲与双缓冲

1. 单缓冲

单缓冲是操作系统提供的最简单的一种缓冲形式。每当一个进程发出一个I/O请求时，操作系统便在主存中为之分配一缓冲区，该缓冲区用来临时存放输入/输出数据。

在单缓冲形式下，数据输入的情形是这样的：当进程要求数据输入时，操作系统先控制外设将数据送往缓冲区存放，然后进程从缓冲区中取出数据继续运行。采用单缓冲方式可以缓和CPU和外设速度之间的矛盾，同时也可以使CPU和外设并行工作，但是它不能使设备和设备之间通过单缓冲达到并行操作。

单缓冲方式由于只有一个缓冲区，这一缓冲区在某一时刻能存放输入数据或输出数据，但不能既是输入数据又是输出数据，否则在缓冲区中的数据会引起混乱，所以此缓冲区可认为是临界资源，不允许多进程同时访问它。在单缓冲方式下解决输入及输出的情形是：当数据输入到缓冲区时，输入设备在工作，而输出设备空闲；当数据从缓冲区输出时，输出设备在工作，输入设备空闲。这样，单缓冲方式不能通过缓冲区解决外设之间的并行问题，为解决此问题必须引入双缓冲。

2. 双缓冲

解决外设之间并行工作的最简单的办法是设置双缓冲。在双缓冲方案中，具体的做法是为输入或输出设置两个缓冲区 $Buffer_1$ 和 $Buffer_2$。当进程要求输入数据时，首先输入设备将数据送往缓冲区 $Buffer_1$，然后进程从 $Buffer_1$ 中取出数据进行计算，在进程从 $Buffer_1$ 中取数据的同时，输入设备可向缓冲区 $Buffer_2$ 送入数据。当缓冲区 $Buffer_1$ 中的数据被取完时，进程又可从 $Buffer_2$ 中提取数据，与此同时输入设备又可以将数据送往 $Buffer_1$，进程从 $Buffer_1$ 中提取数据进行计算。显然，在此方式中，输入设备和输出设备可以并行工作。双缓冲方式和单缓冲方式相比，虽然双缓冲方式能进一步提高CPU和外设的并行程度，并能使输入设备和输出设备并行工作，但是在实际系统中很少采用这种方式，这是因为计算机系统中的外设很多，又有大量的输入和输出，同时双缓冲很难匹配设备和CPU的处理速度。因此，现代计算机系统中一般使用环形缓冲或缓冲池结构。

5.2.3 环形缓冲

环形缓冲技术是在主存中分配一组大小相等的存储区作为缓冲区，并将这些缓冲区链接起来，每个缓冲区中有一个指向下一个缓冲区的指针，最后一个缓冲区的指针指向第一个缓冲区，这样，*n* 个缓冲区就成了一个环形。此外，系统中有个缓冲链首指针指向第一个缓冲区。环形缓冲区结构如图 5.3 所示。

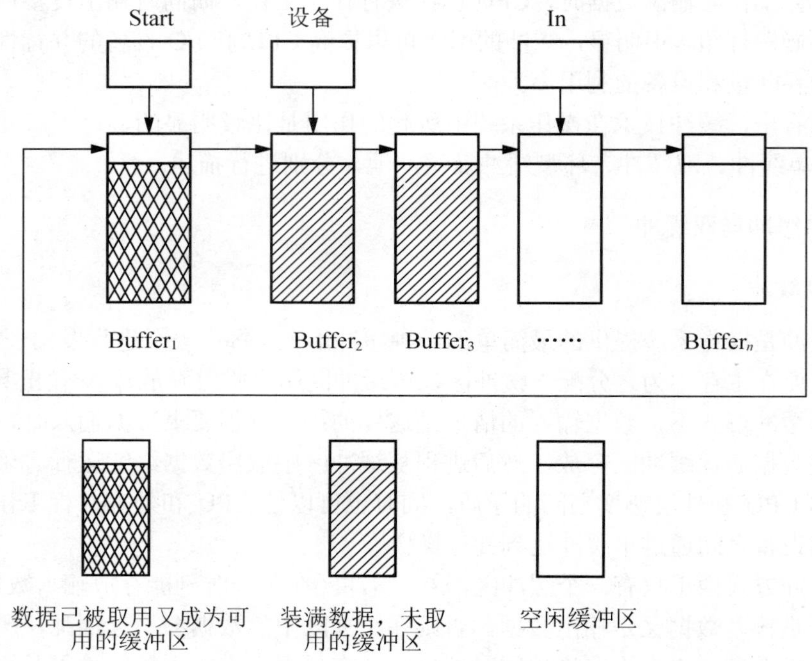

图 5.3　环形缓冲区结构

环形缓冲用于输入(输出)时，除 Start 指针指向第一个缓冲区外，还需要有两个指针 In 和 Out。对输入而言，先从设备接收数据到缓冲区，In 指针指向可输入数据的第一个缓冲区，当进程运行过程中需要数据时，从环形缓冲区中取一个装满数据的缓冲区从中取出数据，Out 指针指向可提取数据的第一个满缓冲区。

系统初启时，指针初始化为 Start = In = Out。当输入时，数据输入到 In 指针指向的缓冲区，输完后，In 指针指向下一个可用的空缓冲区。进程从缓冲区提取数据时，提取 Out 指针所指的缓冲区的内容，操作完后，Out 指针指向下一个满缓冲区。

在环形缓冲这一方案中，为保证并行操作必须有这样一种约束条件，即 In≠Out。在一般情形下，Out＜In。当 Out 即将赶上 In 时，进程从缓冲区提取数据这一操作必须等待，当 In 即将赶上 Out 时，从设备输入数据这一操作也必须等待。

虽然，环形缓冲可解决双缓冲中存在的问题，但当系统较大时，会有许多这样的环形缓冲，不仅要耗费大量的内存空间，而且其利用率不高。为提高缓冲区的利用率，目前广泛流行采用缓冲池技术。

5.2.4　缓冲池

从自由主存中分配一组缓冲区即可构成缓冲池。在缓冲池中每个缓冲区的大小等于物理记录的大小，它们作为公共资源被共享，缓冲池既可用于输入，也可用于输出。下面从以下几个方面简单介绍缓冲池技术。

1. 缓冲池的组成

缓冲池中的缓冲区一般有以下 3 种类型：空闲缓冲区、装输入数据的缓冲区和装输出数据的缓冲区。为管理上的方便，系统将同类型的缓冲区连成队列，于是就有以下 3 个队列：空缓冲队列 emq，队首指针为 F(emq)，队尾指针为 L(emq)；装输入数据的输入缓冲队列 inq，队首指针为 F(inq)，队尾指针为 L(inq)；装输出数据的输出缓冲队列 outq，队首指针为 F(outq)，队尾指针为 L(outq)，如图 5.4 所示。

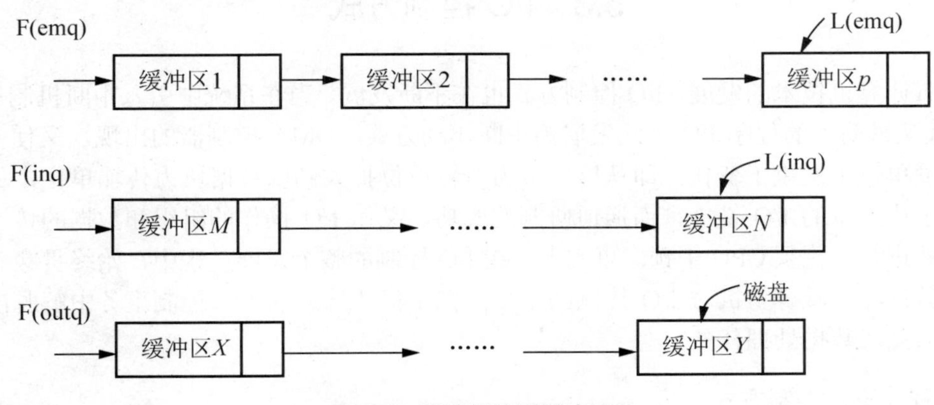

图 5.4 缓冲区队列缓冲区

除上述 3 个队列外，还应具有 4 种工作缓冲区：(1)用于收容输入数据的缓冲区 hin；(2)用于提取输入数据的缓冲区 sin；(3)用于收容输出数据的缓冲区 hout；(4)用于提取输出数据的缓冲区 sout，如图 5.5 所示。

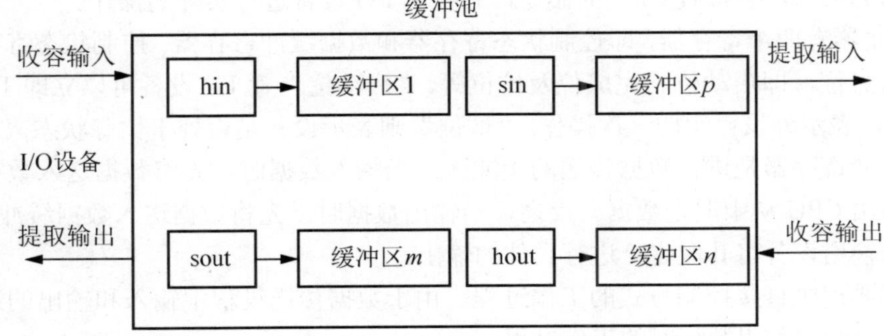

图 5.5 缓冲池的工作缓冲区

2. 缓冲池的工作方式

缓冲区可以在收容输入、提取输入、收容输出和提取输出 4 种方式下工作。

(1) 收容输入。当输入进程需要数据时，系统从 emq 队列的队首摘下一空缓冲区，把它作为收容工作缓冲区 hin。然后，将数据输入其中，然后再将它挂在队列 inq 的末尾。

(2) 提取输入。当计算进程需要输入数据进行计算时，系统从输入队列队首取得一缓冲区作为提取输入工作缓冲区 sin，计算进程从中提取数据，当进程用完该缓冲区数据后，再将它挂在空缓冲队列 emq 的末尾。

(3) 收容输出。当计算进程需要输出数据时，系统从空缓冲队列 emq 的队首取得一空缓冲区，将它作为收容输出工作缓冲区 hout。hout 输出数据后，再将它挂在队列 outq 的末尾。

(4) 提取输出。当要进行输出操作时，从输出队列 outq 的队首取得一缓冲区，作为提取输出工作缓冲区 sout。当数据提取完毕后，再将该缓冲区挂在空缓冲队列 emq 的末尾。

5.3 I/O 控制方式

随着计算机技术的发展，I/O 控制方式也在不断发展。当在系统中引入中断机制后，使 I/O 方式从最简单的程序 I/O 方式发展为中断驱动方式。DMA 控制器的出现，又使 I/O 方式在传输单位上发生了变化，即从以字节为传输单位扩大到以数据块为传输单位，从而大大改善了块设备的 I/O 性能。而通道研制的成功，又使 I/O 操作的组织和数据的传送，都能独立地进行而无须 CPU 干预。事实上，在 I/O 控制的整个发展过程中，始终贯穿着这样一条宗旨：尽量减少主机对 I/O 控制的干预，把主机从繁杂的 I/O 控制事务中解脱出来，更多地去完成数据处理任务。

5.3.1 程序直接控制方式

程序直接控制方式是指由程序直接控制内存或 CPU 和外围设备之间进行信息传送的方式。通常又称为“忙—等”方式或循环测试方式。

在数据传送过程中，必不可少的一个硬件设备是 I/O 控制器，它是操作系统软件和硬件设备之间的接口，它接收 CPU 的命令，并控制 I/O 设备进行实际的操作。

I/O 控制器有两个寄存器，即控制状态寄存器和数据缓冲寄存器。控制状态寄存器有几个重要的信息位，即启动位、完成位及忙位等。“启动位”置 1，设备可以立即工作。“完成位”置 1，表示外设已完成一次操作。“忙位”则表示设备是否处于忙碌状态。

数据缓冲寄存器是进行数据传送的缓冲区。当输入数据时，先将数据送入数据缓冲寄存器，然后由 CPU 从中取走数据。反之，当输出数据时，先将数据送入数据缓冲寄存器，然后及时由输出设备将其取走，进行具体的输出。

下面讲述程序直接控制方式的工作过程。由于数据传送过程中输入和输出的过程比较类似，下面只给出输出数据时的工作过程。

(1) 把一个启动位为“1”的控制字写入该设备的控制状态寄存器。

(2) 将需输出的数据送到数据缓冲寄存器。

(3) 测试控制状态寄存器中的“完成位”，若为 0，转过程(2)；否则，转过程(4)。

(4) 输出设备将数据缓冲寄存器中的数据取走进行实际的输出。

程序直接控制方式虽然比较简单，也不需要多少硬件的支持，但它存在以下明显的缺点。

(1) CPU 利用率低，CPU 与外围设备只能串行工作。由于 CPU 的工作速度远远高于外围设备的速度，使得 CPU 大量时间都处于等待和空闲状态，CPU 的利用率大大降低。

(2) 外设利用率低，外设之间不能并行工作。

5.3.2 中断控制方式

为了克服程序直接控制的缺点，提高 CPU 的利用率，应使 CPU 与外设并行工作，于是出现了中断控制方式。这种方式要求在 I/O 控制器的控制状态寄存器中有相应的“中断允许位”。

中断控制方式下的数据的输入按以下步骤进行。

(1) 进程需要数据时，将允许启动和允许中断的控制字写入设备控制状态寄存器中，启动该设备进行输入操作。

(2) 该进程放弃处理机，等待输入的完成。操作系统进程调度程序调度其他就绪进程占用处理机。

(3) 当输入完成时，输入设备通过中断请求线向 CPU 发出中断请求信号，CPU 在接收到中断信号之后，转向中断处理程序。

(4) 中断处理程序首先保护现场，然后把输入缓冲寄存器中的数据传送到某一特定单元中去，同时将等待输入完成的那个进程唤醒，进入就绪状态，最后恢复现场，并返回到被中断的进程继续执行。

(5) 在以后的某一时刻，操作系统进程调度程序选中提出的请求并得到获取数据的进程，该进程从约定的内存特定单元中取出数据继续工作。

此方式下的输出操作与输入操作基本类似。在中断控制方式中，CPU 在执行其他进程时，假如那个进程也要求输入或输出操作，CPU 也可以发出启动不同设备的启动指令和允许中断指令，从而做到设备与设备之间的并行操作以及设备与 CPU 之间的并行操作。

尽管中断控制方式与程序直接控制方式相比，CPU 的利用率大大提高且能支持外设之间的并行操作，避免了 CPU 循环测试控制状态寄存器这一工作，但它仍存在许多问题。其中最大的缺点是每台设备输入/输出数据时，相应的中断 CPU 的次数也会增多，这会使 CPU 的有效计算时间大大减少，为解决这一问题，又产生了 DMA 控制方式和通道控制方式。

5.3.3 DMA 控制方式

直接存储器访问(Direct Memory Access，DMA)方式的基本思想是在外设和主存之间开辟直接的数据交换通路。

在 DMA 方式中，I/O 控制器有比上两种方式更强的功能。DMA 控制器除有控制状态寄存器和数据缓冲寄存器外，还包括传送字节计数器和内存地址寄存器等。DMA 控制器可用来代替 CPU 控制内存和外设之间进行成批的数据交换。

DMA 方式的特点如下。

(1) 数据传送的基本单位是数据块。即 CPU 与 I/O 设备之间，每次传送的至少是一个数据块。

(2) 所传送的数据是从设备送往内存，或者相反。

(3) 仅在传送一个或多个数据块的开始和结束时，才需中断 CPU，请求干预，整块数据的传送是在 DMA 控制器的控制下完成的。

从 DMA 方式的特点可以看出，DMA 方式较之中断控制方式成百倍地减少了 CPU 对

I/O 控制的干预，进一步提高了 CPU 的使用效率，同时也提高了 CPU 与 I/O 设备的并行操作程度。

在 DMA 方式下，DMA 控制器与 CPU，主存与 I/O 设备之间的关系如图 5.6 所示。

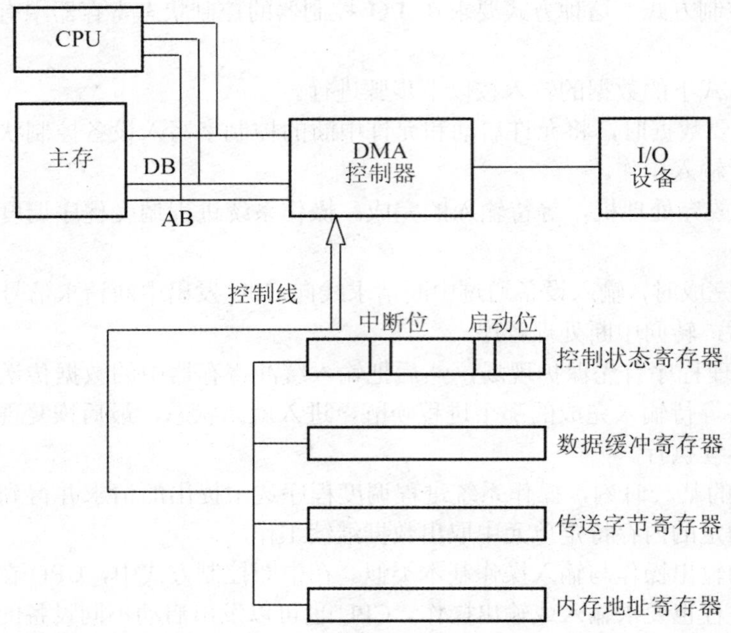

图 5.6　主存与 I/O 设备之间的关系

DMA 方式下的数据输入处理过程如下。

(1) 当某一进程要求设备输入数据时，CPU 把准备存放输入数据的内存始址及要传送的字节数据分别送入 DMA 控制器中的内存地址寄存器和传送字节计数器。

(2) 将控制状态寄存器中的数据允许位和启动位置“1”，启动设备进行成批的数据输入。

(3) 该进程进入等待状态，等待数据输入的完成，操作系统进程调度程序调度其他进程占用 CPU。

(4) 在 DMA 控制器的控制下，按内存地址寄存器中的内容把数据缓冲寄存器的数据源源不断地写入到相应的主存单元，直至所有的数据全部传送完毕。

(5) 输入完成时，DMA 控制器通过中断请求线发出中断信号，CPU 接收到后转中断处理程序进行善后处理。

(6) 中断处理结束时，CPU 返回被中断进程处执行。

(7) 当操作系统进程调度程序调度到该进程时，该进程按指定的内存始址和实际传送的数据对输入数据进行加工处理。

虽然 DMA 方式比以前两种方式有明显的进步，但它仍存在一定的局限性。首先，DMA 方式对外设的管理和某些操作仍由 CPU 控制。另外，多个 DMA 控制器的同时使用可能会引起内存地址的冲突，同时也很不经济。为了克服以上的毛病，就出现了通道控制方式。

5.3.4 通道控制方式

通道控制方式与 DMA 方式相类似，也是一种内存和设备直接进行数据交换的方式。与 DMA 方式不同的是，在通道控制方式中，数据传送方向存放数据的内存始址及传送的数据块长度均由一个专门负责输入/输出的硬件——通道来控制。另外，DMA 方式每台设备至少需要一个 DMA 控制器，而通道控制方式中，一个通道可以控制多台设备与内存进行数据交换。

通道是一个独立于 CPU 的专门负责输入/输出控制的处理机，它和设备控制器一起控制设备与内存直接进行数据交换。它有自己的通道指令，这些指令受 CPU 控制启动，并在操作结束时向 CPU 发出中断信号。

每条通道指令应包含以下内容。

(1) 操作码：它规定指令所执行的操作，如读、写等。

(2) 内存地址：标明数据传送时内存的首指。

(3) 计数：表示传送数据的字节数。

(4) 通道程序结束位 R_0：表示通道程序是否结束。当 R_0=1 表示本条指令是最后一条指令。

(5) 记录结束标志 R_1：表示所处理的记录是否结束。R_1=1 表示这是处理某记录的最后一条指令。

一个由二条通道指令所构成的简单程序见表 5-1。该程序是将内存中不同地址的数据写成多个记录。

表 5-1 二条通道指令所构成的简单程序

操　作	R_0	R_1	计　数	内存地址
WRITE	0	0	80	1 420
WRITE	0	1	170	2 120

其中，这两条指令是将单元 1 420～1 499 中的 80 个字符和单元 2 120～2 289 中的 170 个字符写成一个记录。

在通道控制方式中，通道有 3 种不同的类型，即字节多路通道、选择多路通道和数组多路通道。由这 3 种通道组成的数据传送结构如图 5.7 所示。

字节多路通道以字节为单位传送信息，它可以分时地执行多个通道程序。它主要用来连接大量低速设备，如终端、卡片机等。

选择多路通道一次只能执行一个通道程序，只有执行完一个通道程序后才能执行另一个通道程序，所以它一次只能控制一台设备进行 I/O 操作。但它具有传送速度快的特点，因而用来连接高速外部设备，如磁盘机等。

数组多路通道以分时方式执行几个通道程序，同时以块为单位传送数据，所以它具有字节多路通道的分时操作及选择通道连接较高速外设的特点。一般连接中速设备，如磁带机等。

通道控制方式的数据传送过程如下。

(1) 当进程要求设备输入时，CPU 发指令指明 I/O 操作、设备号和对应通道。

(2) 对应通道收到 CPU 发来的启动指令后，读出内存中的通道指令程序、设置对应设备的控制状态寄存器的初值。

(3) 设备按通道指令的要求，把数据送往内存指定区域。

(4) 若传送结束，I/O 控制器通过中断请求线发送中断信号请求 CPU 做中断处理。

(5) 中断处理结束后，CPU 返回到被中断进程处继续执行。

(6) 当进程调度程序选中这个已得到数据的进程后，才能进行加工处理。

与前面几种方式相比，通道控制方式有更强的 I/O 处理能力。有关 I/O 的工作委托通道去做，当通道完成 I/O 任务后，向 CPU 发中断信号，请求 CPU 处理。这样就使 CPU 基本上摆脱了 I/O 控制工作，大大提高了 CPU 的工作效率及与外设间的并行工作程度。

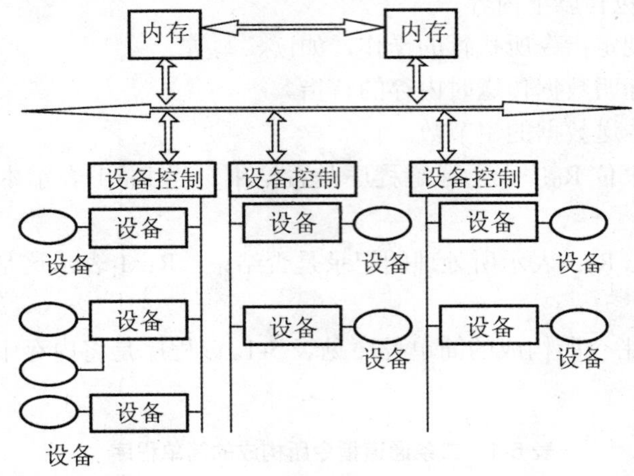

图 5.7　通道方式的数据传送结构

5.4　中 断 技 术

从上节可以看出，除了程序直接控制方式之外，无论是中断控制方式、DMA 方式，还是通道控制方式，都需要在设备和 CPU 之间进行通信。由设备向 CPU 发中断信号之后，CPU 接收相应的中断信号进行处理。这几种方式只是在中断次数、数据传送方式及控制指令的执行方式等方面有所不同。在计算机系统中，除了上述 I/O 中断之外，还存在着许多其他的突发事件，例如电源掉电、程序出错等，这些也会发出中断信号通知 CPU 做相应的处理。

5.4.1　中断的基本概念

中断(Interrupt)是指在计算机执行期间，系统内发生任何非寻常的或非预期的急需处理事件，使得 CPU 暂时中断当前正在执行的程序而转去执行相应的事件处理程序，待处理完毕后又返回原来被中断处继续执行或调度新的进程执行的过程。引起中断发生的事件被称为中断源。中断源向 CPU 发出的请求中断处理信号称为中断请求，而 CPU 收到中断请求后转去执行相应的事件处理程序称为中断响应。

在有些情况下，尽管产生了中断源和发出中断请求，但 CPU 内部的处理机状态字 PSW 的中断允许位已被清除，从而不允许 CPU 响应中断。这种情况称为禁止中断。CPU 禁止中断后，只有等到 PSW 的中断允许位被重新设置后才能接收中断。禁止中断也称为关中断。中断请求、关中断、开中断等都是由硬件实现的。开中断和关中断是为了保证某些程序执行的原子性。

除了禁止中断的概念之外，还有一个比较常用的概念是中断屏蔽。中断屏蔽是指在中断请求产生之后，系统用软件方式有选择地封锁部分中断而允许其余部分的中断仍能得到响应。

中断屏蔽是通过每一类中断源设置一个中断屏蔽触发器来屏蔽它们的中断请求而实现的。不过，有些中断请求是不能屏蔽甚至不能禁止的，也就是说，这些中断具有最高优先级。不管 CPU 是否是关中断的，只要这些中断请求一旦提出，CPU 必须立即响应。例如，电源掉电事件所引起的中断就是不可禁止和不可屏蔽中断。

5.4.2 中断的分类

根据中断源产生的条件，可把中断分为外中断和内中断。

外中断是指来自处理机和内存外部的中断，包括 I/O 设备发出的 I/O 中断、外部信号中断(例如用户键入 ESC)、各种定时器引起的时钟中断以及调试程序中设置的断点引起的调试中断等。外中断在狭义上一般被称为中断。

内中断主要指在处理机和内存内部产生的中断。内中断一般称为陷入或异常。它包括程序运算所引起的各种错误，如地址非法、校验错、页面失效、存取访问控制错、算术操作溢出、数据格式非法、除数为零、非法指令、用户程序执行特权指令、分式系统中的时间片中断以及从用户态到核心态的切换等都是陷入的例子。

5.4.3 中断的处理过程

I/O 设备在设备控制器的控制下完成了 I/O 操作后，控制器便向 CPU 发出中断请求，CPU 响应后便转向中断处理程序。中断处理程序的处理过程如下。

(1) 唤醒被阻塞的驱动程序进程。无论是什么类型的中断，当中断处理程序开始执行时，都必须唤醒阻塞的驱动程序进程。

(2) 保护被中断进程的现场。将被中断进程的现场信息保留在相应的中断栈中。

(3) 分析中断原因、转入相应的设备中断处理程序。对中断源进行测试，找出本次中断的 I/O 设备，将该中断处理程序的入口地址装入到程序计数器中，使处理机转向中断处理程序。

(4) 进行中断处理。执行相应的中断处理程序进行中断处理。如果是正常完成中断，驱动程序进行中断处理；如果是异常结束，则根据发生异常的原因做相应的处理。

(5) 恢复被中断进程的现场。中断处理程序完成后，可将保存在中断栈中的被中断进程的现场信息取出装入到相应的寄存器中。

5.5 设备的分配

在多道程序环境下，系统中的设备不允许用户自行使用，而必须由系统分配。每当进程向系统提出 I/O 请求时，只要是可能的和安全的，设备分配程序便按照一定的策略，把其所需的设备分配给用户(进程)。在有的系统中为了确保在 CPU 与设备之间能进行通信，还应分配相应的控制器和通道。为了实现设备分配，还必须在系统中设置相应的数据结构。

5.5.1 设备分配中的数据结构

在进行设备分配时，通常都需要借助于一些表格的帮助。在表格中记录了相应设备或控制器的状态及对设备或控制器进行控制所需的信息。在进行设备分配时所需的数据结构表格有设备控制表、控制器控制表、通道控制表、系统设备表等。

1. 设备控制表(DCT)

系统为每一个设备都配置了一张设备控制表，用来记录本设备的使用情况，如图 5.8 所示。

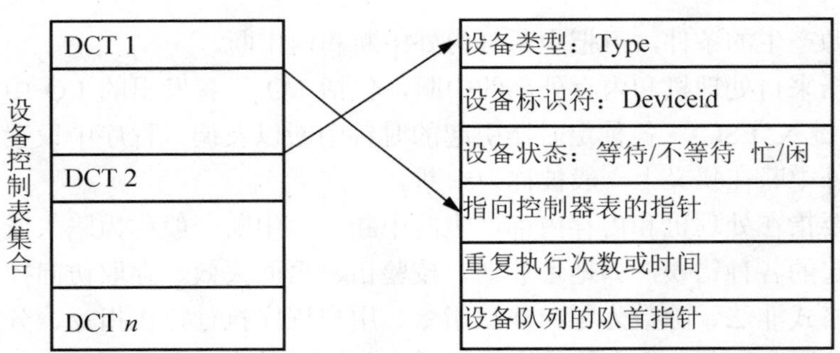

图 5.8 设备控制表

设备控制表中除了有用于指示设备类型的字段 Type 和设备标识字段 Deviceid 外，还应有下列字段。

(1) 设备队列队首指针。凡因请求本设备而未得到满足的进程，其 PCB 都应按照一定的策略排成一个队列，称该队列为设备请求队列或简称设备队列。其队首指针指向队首 PCB，在有的系统中还设置了队尾指针。

(2) 设备状态。当设备自身正处于使用状态时，应将设备的忙标志置“1”。若与该设备相连接的控制器或通道正忙，不能启动该设备，则将设备的等待标志置“1”。

(3) 与设备连接的控制器表指针。该指针指向该设备所连接的控制器的控制表。在具有多条通道的情况下，一个设备将与多个控制器相连接。此时，在 DCT 中还应设置多个控制器表指针。

(4) 重复执行次数。由于外部设备在传送数据时，较易发生信息传送错误。因而在许多系统中，如果发生传送错误，并不立即认为传送失败，而是令它重新传送，并由系统规定设备在工作中发生错误时，应重复执行的次数。在重复执行时，若能恢复正常传送，则认为传送成功。仅当屡次失败而致使重复执行次数达到规定值而传送仍不成功时，才认为传送失败。

2. 控制器控制表、通道控制表和系统设备表

(1) 控制器控制表(COCT)。系统为每一个控制器都设置了一张用来记录本控制器情况的控制器控制表，如图 5.9(a)所示。

(2) 通道控制表(CHCT)。每个通道都配有一张通道控制表，如图 5.9(b)所示。

(3) 系统设备表(SDT)。这是系统范围的数据结构，其中记录了系统中所设备的情况。每个设备占一个表目，其中包括设备类型、设备标识符、设备控制表及设备驱动程序的入口等项，如图 5.9(c)所示。

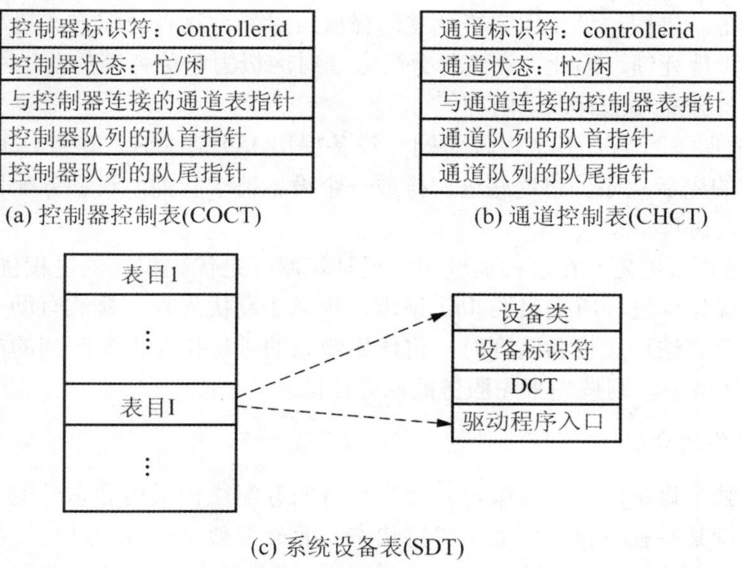

图 5.9 COCT、CHCT 和 SDT 表

5.5.2 设备分配思想

根据设备的特性可把设备分为独享设备、共享设备和虚拟设备 3 种。下面就这 3 种类型的设备分别讨论它们的分配思想。

1. 独享设备的分配

所谓独享设备是指这类设备被分配给一个作业后，被这个作业所独占使用，其他的任何作业都不能使用，直到该作业释放所占设备为止。常见的独享设备有行打印机、光电输入机等。通常独享设备在使用前或使用过程中需要人工干预，如为打印机装纸、从打印机上取下打印结果等。

针对独享设备，系统一般采用静态分配方式。即在一个作业执行前，将它所需要使用的这类设备分配给它，当作业结束撤离时，才将分配给它的独享设备收回。静态分配方式实现简单，而且绝对不会发生死锁，但采用静态分配方式进行设备分配时会造成设备的利用率不高。

2. 共享设备的分配

所谓共享设备是指允许多个用户共同使用的设备。如磁盘、磁鼓等设备，可由多个进程同时访问。设备的共享有两层含义：一是对设备介质的共享，如磁盘上的扇区，多个用户可把信息存于同一设备的不同扇区上，这种共享一般是以文件的形式存放的。二是对磁盘等驱动器的共享，多个用户访问这些设备上的信息是通过驱动器来实现的。对磁盘、磁鼓等设备采用共享分配，可将这些设备交叉分给多个用户或多个进程使用，很明显，提高了设备的利用率。

对共享设备的分配一般采用动态分配这一方式，所谓动态分配是指在进程执行过程中，当进程需要使用设备时，通过系统调用命令向系统提出设备请求，系统按一定的策略给进程分配所需设备，进程一旦使用完毕就立即释放。显然，这种分配方式提高了设备的利用率，但是容易出现死锁，因此，在选择分配方法时应极力避免死锁的发生。

常见的设备分配方法有以下两种。

(1) 先来先服务。当有多个进程对同一设备提出 I/O 请求时，该算法是根据进程对某设备提出请求的先后次序，将这些进程排成一个设备请求队列，设备分配程序总是把设备首先分配给队首进程。

(2) 优先级高者优先。在进程调度中的这种策略，是优先权高的进程优先获得处理机。如果对这种高优先权进程所提出的 I/O 请求，也赋予高优先权，显然有助于这种进程尽快完成。在利用该算法形成设备队列时，将优先级高的进程排在设备队列的前面，而对于优先级相同的 I/O 请求，则按先来先服务的原则排队。

3. 虚拟设备的分配

系统中的独享设备的数量有限，且独享设备的分配往往采用静态分配方式，使得许多进程会因为等待某些独享设备而处于等待状态。而分得独享设备的进程，在其整个运行期间往往占有这些设备，却不经常使用，因而使得这些设备的利用率很低。为克服这一缺点，可通过共享设备来模拟独享设备以提高设备利用率及系统效率，于是就有了虚拟设备。

所谓虚拟设备是指代替独享设备的那部分存储空间及有关的控制结构。对虚拟设备采用的是虚拟分配，其过程是：当进程中请求独享设备时，系统将共享设备的一部分存储空间分配给它。进程与设备交换信息时，系统把要交换的信息存放在这部分存储空间中，在打印机空闲时将存储空间上的信息送到打印机上打印出来。

5.5.3　设备分配程序

1. 基本的设备分配程序

对于具有 I/O 通道的系统，在进程提出 I/O 请求后，系统的设备分配程序可按下述步骤进行设备分配。

(1) 分配设备。首先根据物理设备名，查找系统设备表 SDT，从中找出该设备的 DCT，根据 DCT 中的设备状态字段，可知该设备是否正忙。若忙，便将请求 I/O 进程的 PCB，挂在设备队列上。否则，便按照一定的算法来计算本次设备分配的安全性。如果不会导致系统进入不安全状态，便将设备分配给请求进程，否则，仍将其 PCB 插入设备等待队列。

(2) 分配控制器。在系统把设备分配给请求 I/O 的进程后，再到其 DCT 中找出与该设备连接的控制器的 COCT，从 COCT 内的状态字段中可知该控制器是否忙碌。若忙，便将请求 I/O 的进程的 PCB 挂在该控制器的等待队列上，否则，将该控制器分配给进程。

(3) 分配通道。在该 COCT 中又可找到与该控制器连接的 CHCT，在根据 CHCT 内的状态信息可知该通道是否忙碌。若忙，便将请求 I/O 的进程挂在该通道的等待队列上，否则，将该通道分配给进程。只有在该设备、控制器和通道三者都分配成功时，这次的设备分配才算成功。然后，便可启动该 I/O 设备进行数据传送。

2. 设备分配程序的改进

仔细研究上述基本的设备分配程序，可以发现：进程是以物理设备名来提出 I/O 请求的，采用的是单通道的 I/O 系统结构，容易产生“瓶颈”现象。为此，应从以下两方面对基本的设备分配程序加以改进，以使独占设备的分配程序具有更大的灵活性，提高分配的成功率。

(1) 增加设备的独立性。为了获得设备的独立性，进程应用逻辑设备名请求 I/O。这样，系统首先从 SDT 中找出第一个该类设备的 DCT，如该设备忙，又查找第二个该类设备的 DCT。仅当所有的该类设备都忙时，才把进程挂在该类设备的等待队列上。而只要有一个该类设备可用，系统便可进一步计算分配该设备的安全性。

(2) 考虑多通路情况。为了防止在 I/O 系统出现“瓶颈”现象，通常都采用多通路的 I/O 系统结构。此时对控制器和通道的分配，同样要经过几次重复。即若设备(控制器)所连接的第一个控制器(通道)忙时，应查看其所连接的第二个控制器(通道)。仅当所有的控制器(通道)都忙时，此次的控制器(通道)分配才算失败，才把进程挂在控制器(通道)的等待队列上。而只要有一个控制器(通道)可用，系统便将它分配给进程。

5.5.4 SPOOLing 技术

早期的计算机只能由一个用户独占。后来，随着分时系统的出现，就允许由多个用户共享一台主机。类似地，一台只允许一个用户独占的设备，能否通过某种技术把它改造为由多个用户共享的设备呢？其答案是肯定的。SPOOLing 技术就是用于将一台独占设备改造成共享设备的一种行之有效的技术。

1. 什么是 SPOOLing

当系统中出现多道程序后，完全可以利用其中的一道程序，来模拟脱机输入时的外围控制机的功能，把低速 I/O 设备上的数据传送到高速磁盘上。再用另一道程序来模拟脱机输出时的外围控制机功能，把数据从磁盘传送到低速的输出设备上。这样，便可在主机的直接控制下，实现脱机输入、输出功能。此时的外围操作与 CPU 对数据的处理同时进行，我们把这种联机情况下实现的同时外围操作称为 SPOOLing(Simultaneaus Periphernal Operations On-Line)，或称为假脱机操作。

2. SPOOLing 系统的组成

SPOOLing 系统是对脱机输入、输出工作的模拟，它必须有高速随机外存的支持，这通常是采用磁盘。SPOOLing 系统主要有以下 3 部分。

(1) 输入井和输出井。这是在磁盘上开辟的两大存储空间。输入井是模拟脱机输入时的磁盘，用于收容 I/O 设备输入的数据。输出井是模拟脱机输出时的磁盘，用于收容用户程序的输出数据。

(2) 输入缓冲区和输出缓冲区。在内存中要开辟两个缓冲区：输入缓冲区和输出缓冲区。输入缓冲区用于暂存由输入设备送来的数据，以后再传送到输入井。输出缓冲区用于暂存从输出井送来的数据，以后再传送给输出设备。

(3) 输入进程 SP_1 和输出进程 SP_0。进程 SP_1 模拟脱机输入时的外围控制机，将用户要求的数据从输入机通过输入缓冲区再送到输入井。当 CPU 需要输入数据时，直接从输入井读入内存。SP_0 进程模拟脱机输出时的外围控制机，把用户要求输出的数据，先从内存送到输出井，待输出设备空闲时，再将输出井中的数据，经过输出缓冲区送到输出设备上。SPOOLing 系统结构如图 5.10 所示。

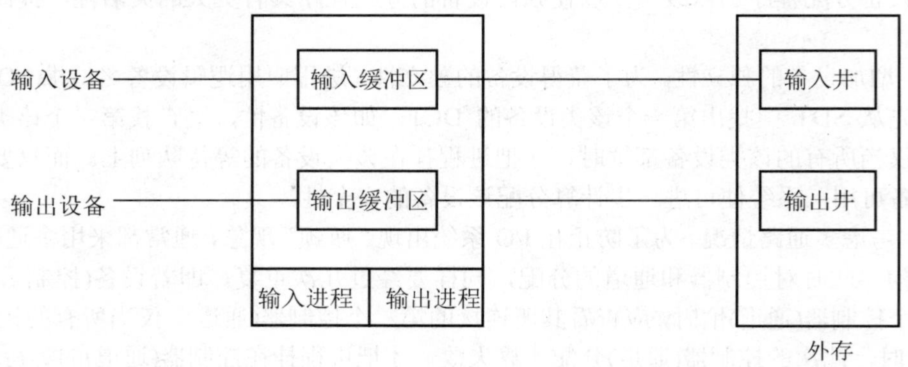

图 5.10　SPOOLing 系统结构

3. SPOOLing 系统的特点

(1) 提高了 I/O 的速度。对数据进行的 I/O 操作，已从对低速 I/O 设备进行的 I/O 操作，演变为对输入井或输出井中数据的存取，如同脱机输入输出一样，提高了 I/O 速度，缓和了 CPU 与低速 I/O 设备之间速度不匹配的矛盾。

(2) 将独占设备改造为共享设备。因为在 SPOOLing 系统中，实际上并没有为任何进程分配设备，而只是在输入井或输出井中，为进程分配一个存储区和建立一张 I/O 请求表。这样，便将独占设备改造为共享设备。

(3) 实现了虚拟设备功能。宏观上，虽然是多个进程在同时使用一台独立设备，而对每一个进程而言，他们都认为自己是独占了一个设备，当然，该设备只是逻辑上的设备。SPOOLing 系统实现了将独占设备变换为若干台对应的逻辑设备的功能。

5.6　设备处理

设备处理程序通常又称为设备驱动程序。它是 I/O 进程和设备控制器之间的通信程序，又由于它常以进程的形式存在，故简称为设备驱动进程。其主要任务是接收上层软件发来的抽象请求，如 read 或 write 命令，再把它转化为具体要求后，发送给设备控制器，启动设备去执行，故应为每一类设备配置一种驱动程序。有时也可为非常类似的两类设备配置一个驱动程序。

1. 设备驱动程序的功能和特点

设备驱动程序的主要功能如下。

(1) 将接收到的抽象要求转换为具体要求。

(2) 检查用户 I/O 请求的合法性，了解 I/O 设备的状态，传递有关参数，设置设备的工作方式。

(3) 发出 I/O 命令，启动分配到的 I/O 设备，完成指定的 I/O 操作。

(4) 及时响应由控制器或通道发来的中断请求，并根据其中断类型调用相应的中断处理程序进行处理。

(5) 对于设置有通道的计算机系统，驱动程序还应能够根据用户的 I/O 请求，自动地构成通道程序。

设备驱动程序的特点如下。

(1) 驱动程序主要是在请求 I/O 的进程与设备控制器之间的一个通信程序。它将进程的 I/O 请求传送给控制器，而把设备控制器中所记录的设备状态、I/O 操作完成情况，反映给请求 I/O 的进程。

(2) 驱动程序与 I/O 设备的特性紧密相关。因此，对于不同类型的设备，应配置不同的驱动程序。例如。可以为相同的多个终端设置一个终端驱动程序，但即使是同一类型的设备，由于生产厂家的不同并不完全兼容，因而也需分别为它们配置不同的驱动程序。

(3) 驱动程序与 I/O 控制方式紧密相关。常用的设备控制方式是中断驱动和 DMA 方式。这两种方式的驱动程序明显不同，因为前者应按数组方式启动设备及进行中断处理。

(4) 由于驱动程序与硬件紧密相关，因而其中的一部分程序必须用汇编语言书写，目前有很多驱动程序，其基本部分已经固化，放在 ROM 中。

2. 设备驱动程序的处理过程

不同类型的设备有不同的驱动程序，但设备驱动程序大都可分为两部分，除能驱动 I/O 设备工作的驱动程序外，还有设备中断处理 I/O 完成后的工作程序。

设备驱动程序的主要任务是驱动设备，但在驱动之前有一些准备工作，只有在完成所有的准备工作后，才向设备控制器发送一条启动命令。设备处理程序的处理过程如下。

(1) 将逻辑设备转换为物理设备。当逻辑设备打开时，在相应的逻辑设备描述器中记录了该逻辑设备与实际物理设备之间的联系。

(2) I/O 请求的合法性检查。输入输出设备在某一时刻只能进行输入或输出操作，如设备不支持这次 I/O 请求，则认为这次 I/O 请求非法。对于磁盘、磁带之类的设备，虽然是读写设备，但在某一时刻也只能进行其中的一项操作，如规定的是写操作，则读操作是非法的。

(3) 检查设备的状态。启动某设备的前提是该设备处于空闲状态，因此启动该设备之前，必须从设备控制器的状态寄存器中读出该设备的状态，只有在该设备处于空闲状态时，才能启动该设备控制器，否则应等待。

(4) 传送参数。许多设备除应向其控制器发出启动命令外，还必须传送相应的参数。

如在启动磁盘读写之前，应先将传送的字节数、数据应到达的主存起始地址送入控制器的相应寄存器中。

(5) 启动 I/O 设备。完成上述准备工作后，驱动程序向控制器的命令寄存器中传送相应的控制命令。驱动程序发出 I/O 命令后，基本的 I/O 是在设备控制器的控制下进行的。通常 I/O 操作要完成的工作很多，需要一定时间，因等待 I/O 操作，驱动程序进程的状态由运行变为阴塞，直到中断到来才将它唤醒。

5.7　终端管理和时钟管理

本节以终端和时钟为例，说明不同的 I/O 设备具有不同的物理特性。

5.7.1　终端管理

每台计算机都有一个或多个终端，由于终端的类型、型号较多，因此需要终端驱动程序屏蔽其细节。

根据操作系统如何与终端通信，将终端分成 3 类：存储映像终端、RS-232 串行接口和网络接口终端。

1. 存储映像终端

存储映像终端包括键盘和显示器，二者直接与计算机相连。存储映像终端使用称为视频 RAM(Video RAM)的特殊存储器。视频 RAM 是计算机地址空间的一部分，系统使用与其他地址空间一样的方式对它进行访问。

视频存储卡有一个芯片称为视频控制器(Video Controller)。这个芯片从视频 RAM 中取出字符，产生用于驱动显示器(监视器)的视频信号，如图 5.11 所示。监视器产生水平扫描屏幕的电子束。典型的屏幕有 480～1 024 行，每行 640～1 200 点。这些点称为像素(Pixel)。视频控制器调节电子束，决定一个像素是亮的还是黑的。彩色监视器有三个电子束，分别对应红色、绿色和蓝色。

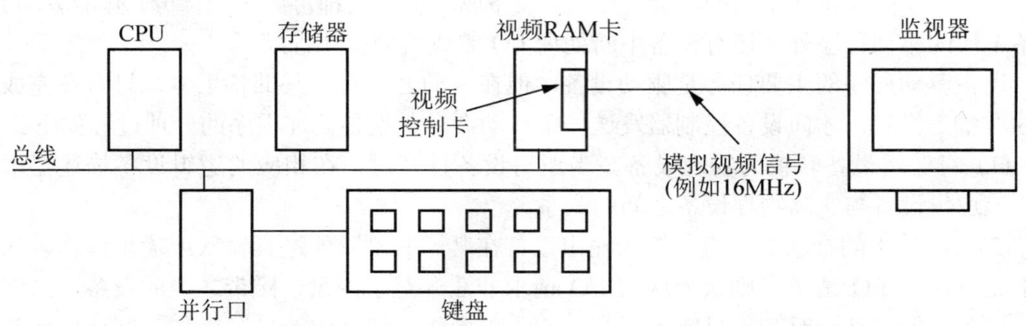

图 5.11　存储映像终端直接写入视频 RAM

一个简单的单色显示器可显示 25 行，每行 80 个字符。每个字符的宽度为 9 个像素，高度为 14 个像素(包括字符间的空白)。这种显示器有 350 行扫描线，每行扫描线有 720 个点，每帧每秒重画 45～70 次。视频控制器被设计成首先从视频 RAM 中取出 80 个字符，产生 14 条扫描线，再取 80 个字符，再产生 14 条扫描线，这样一直工作下去。事实上，大多数视频控制器显示每个字符的每行扫描线时，都取一次字符以便在控制器中不需要缓冲。每个字符的9列宽14行高的位模保存在视频控制器的视频ROM中(也可以使用RAM，以支持用户字体)。ROM按12位编址，8位来自字符代码，4位指定扫描线。ROM中每个字节的8位控制8个像素，字符间的第9个像素总是为空。因此屏幕上的每行文本需14×80次存储器访问，也需访问相同次数的字符发生器。

对于存储映像显示器，键盘是与显示器分开的，它可能通过一个串行口或并行口和计算机相连。对于每一个键动作，产生CPU中断，键盘中断程序通过读I/O口取得键入的字符。

在IBM个人计算机中，键盘包括一个内嵌的微处理器，通过特殊的串行口和主板上的一个控制芯片通信。任何时刻击键或释放键，都产生一个中断，而且键盘仅提供键码，而不是ASCII码。当击A键时，键码(30)被存放于I/O寄存器。输入的字符是大写、小写还是其他形式，则由驱动程序确定。因为驱动程序知道哪些键被按下还没有释放，因此它有足够的信息完成这项工作。虽然键盘接口把全部工作都交给了软件，但提供了很大的灵活性。

2. RS-232终端

RS-232终端通过一次传输一位的串行口与计算机通信，如图5.12所示。这些终端使用9针或25针的连接器。其中一针为发送数据，一针为接收数据，一针接地，其他各针用于各种控制功能，实际上大多数并未使用。为了向RS-232终端发一个字符，计算机必须一次传输一位，在字符前面加一个起始位，后接一个或两个终止位为字符定界。可在终止位前插入一个提供基本校验的奇偶位，通常仅在与主机系统通信时才需要这种技术。RS-232终端通常用于计算机的远程通信，两者之间使用调制解调器及电话线连接。

计算机和终端在内部都是对整个字符进行操作，但又必须通过串行线路以一次传输一位的方式进行通信。为此开发了一种芯片，用来实现字符到串行口和串行口到字符的转换，称为通用异步收发器(Universal Asynchronous Receiver Transmitter，UART)。UART通过把RS-232接口板插入总线和计算机相连。RS-232终端正逐步消失，而由PC和X终端代替，目前它们只用于一些大型系统中。

RS-232终端有多种形式，最简单的是硬备份终端，通过键盘键入的字符传输到主机，主机传出的字符再打印到纸上。现在这些终端已经过时且很少见到。另一类的哑终端也按这种方式工作，不同的是用屏幕代替了纸，在功能上和硬备份一样。这类终端被称为玻璃终端。玻璃终端也已过时。

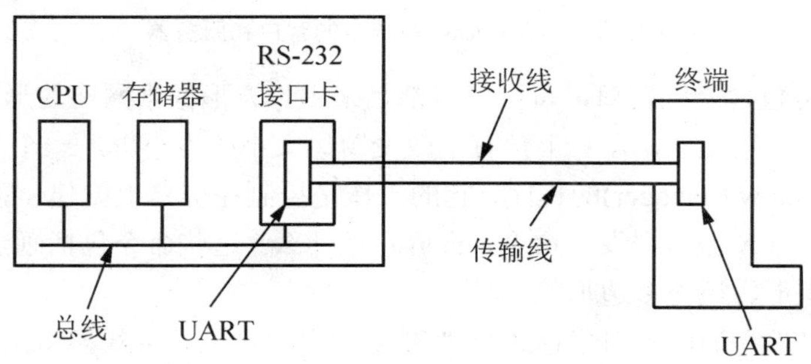

图5.12 RS-232终端与计算机通信

智能终端事实上是微缩专用计算机，其具有 CPU、存储器和软件。软件一般在 ROM 中。从操作系统的观点来看，智能终端与玻璃终端的不同在于智能终端可以理解特殊的转义字符序列。

3. X 终端

此为智能终端中最高档的一种，它包含和主机 CPU 一样强大的 CPU。X 终端还包含几兆字节的主存、键盘和鼠标，在其上运行 MIT 的 X-Windows 系统。一般 X 终端通过以太网和主机通信。

一个 X 终端是运行 X 软件的计算机。一些产品只能运行 X，其他产品作为通用机能把 X 作为和其他程序一样的程序来运行。无论哪种方式，X 终端都有一个大的位映像屏幕，一般像素为 960×1 200 或更高，颜色有黑色、灰色或彩色。此外，还拥有完整的键盘和鼠标。

X 终端内收集从键盘或鼠标传送来的输入并接收远程计算机命令的一个程序，称为 X 服务器。它通过网络与运行在主机上的 X 客户通信，使 X 服务器运行于终端内。客户程序运行在远程主机上会令人奇怪，但 X 服务器的工作是位显示，因此它靠近用户是有益的。客户和服务器的管理如图 5.13 所示。

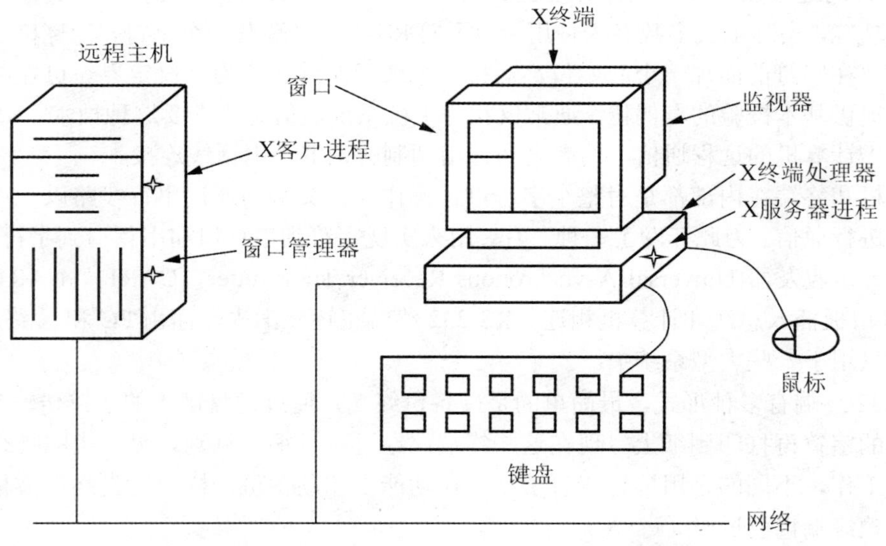

图 5.13　X-Window 系统中的客户和服务器

X 终端的屏幕包含一些窗口，每个窗口都是采用长方形像素网格的形式。在其顶部有一标题条，左边有一滚动条，在右上角有一改变窗口大小的方小框。一个 X 客户是一个称为窗口管理器(Window Manager)的程序，它的工作是控制在屏幕上创建、删除和移动窗口。为了管理窗口，它向 X 服务器发一命令，告诉它做什么。这些命令包括画点画线、画矩形、画多边形、填充矩形、填充多边形等。

X 服务器的工作是调度来自鼠标、键盘和 X 客户的输入并更新显示，它要跟踪当前选中了的那一个窗口(鼠标所指的)，所以它知道键盘输入的内容应送给哪个客户。

5.7.2 时钟管理

时钟也是一种外部设备，它既不是一个块设备，也不是一个字符设备。但时钟软件却可以以设备驱动程序的形式进行工作。

在计算机系统中使用两种类型的时钟。一种是最简单的时钟，它被连接到110V或220V的电力线上，以50Hz或60Hz的频率在每个电压周期产生一次中断。另一种时钟是可编程时钟，如图5.14所示。它由3个元件组成：晶振、计数器和保持寄存器。当把石英晶体进行适当的切削并安装于一定压力之下时，它会产生非常精确的周期信号。把这个信号送入计数器并使其递减，当计数减至零时产生一个中断。

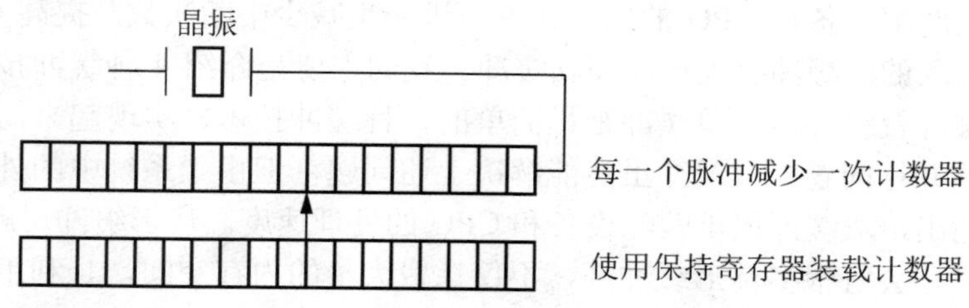

图5.14 可编程时钟

典型的可编程时钟有几种操作模式。在单触发模式(One-shot Mode)中，一个时钟启动时，它把保持寄存器的值备份到计数器中，然后每当从晶振来一个脉冲，就对计数器值减1；当计数器值为零时，产生一次中断，并停止工作，直至再次被软件启动。在方波模式(Square-wave Mode)中，每次计数器计数至零并引起中断后，保持寄存器自动备份到计数器，整个过程不断重复进行。这些周期性的中断称为时钟滴答(Clock Tick)。

可编程时钟的优点是它的中断频率可由软件控制。如果使用振荡频率为1MHz的晶体，那么计数器每一微秒接收到一个脉冲，对于16位的寄存器，中断可编程为按1～65 536微秒的间隔发生。

时钟硬件所做的工作仅仅是按给定的时间间隔产生中断，其他和时间有关的工作必须由软件(时钟驱动程序)来做，时钟软件的任务包括以下内容。

(1) 维护日期和时间。

(2) 防止进程运行时间超过允许界限。

(3) 对CPU的使用进行计账。

(4) 处理用户进程提出的时间闹钟系统调用。

(5) 对系统某些部分提供监视计时器。

(6) 支持直方图监视和统计信息搜集。

5.8 本章小结

本章从设备的分类、设备管理的任务和功能出发，对设备和中央处理器之间的传送控制方式、缓冲技术、设备分配技术、I/O进程控制以及设备驱动程序进行了充分的介绍和讨论。

常见的设备和CPU之间的数据传送的控制方式有4种，它们是直接传送方式、中断控制方式、DMA 方式和通道控制方式。程序直接控制方式比较简单而且不需要那么多硬件支持，但 CPU 和外设只能串行工作且 CPU 要花大量的时间进行循环测试。中断控制方式虽然在一定程度上解决了上述问题，但由于一次数据传输中断次数很多，使得 CPU 要花费较多的时间处理中断，且能够并进行操作的设备总数也受到中断处理的时间限制。DMA 方式和通道控制方式比较好的解决了上述问题。这两种方式采用了外设和内存直接交换数据的方式，只有在一段数据传送结束时，这两种方式才发出中断信号请求 CPU 做善后处理，从而大大减少了 CPU 的工作负担。这两种方式的区别是：DMA 方式要求 CPU 执行设备驱程序启动设备，给出存放数据的内存地址以及操作方式和传送字节长度等，而通道控制方式则是在 CPU 发出 I/O 启动命令后，由通道指令来完成这些工作。

缓冲是为了匹配设备和 CPU 的处理速度，进一步减少中断次数及提高 CPU 和设备之间的并行性而引入的。缓冲有硬缓冲和软缓冲。我们主要是介绍 4 种缓冲技术：单缓冲、双缓冲、环形缓冲及缓冲池。单缓冲是最简单的一种缓冲技术，实现起来简单，但它不能解决外设之间的并行问题。双缓冲虽然能解决上述问题，但由于系统中的外设很多，又有大量的输入和输出，双缓冲很难匹配设备和 CPU 的处理速度。环形缓冲可解决上述问题，但当系统较大时，会有很多环形缓冲区，不仅耗费大量的内存空间，且利用率不高，因此引入缓冲池技术。需要注意的是由于缓冲区是临界资源，因此对缓冲区或缓冲队列的操作必须互斥。

I/O 进程控制是对整个 I/O 操作的控制，包括对用户进程 I/O 请求命令的处理，启动通道指令或驱动程序进行真正的 I/O 操作，以及分析中断原因、响应中断等。设备驱动程序是驱动物理设备和 DMA 控制器或 I/O 控制器等直接进行 I/O 操作的子程序集合。它们负责设置相应设备有关寄存器的值、启动设备进行 I/O 操作，指定操作的类型和数据的流向等。

5.9　习　　题

1. 选择题

(1) 按(　　)分类可将设备分为块设备和字符设备。

A. 操作特性　　B. 按信息交换的单位
C. 按系统和用户的观点　　D. 按传输速率

(2) 提高 I/O 速度和设备利用率，在 OS 中主要依靠(　　)功能。

A. 设备分配　　B. 缓冲管理　　C. 设备管理　　D. 设备独立性

(3) 使用户所编制的程序与实际使用的物理设备无关是由(　　)功能实现的。

A. 设备分配　　B. 设备管理　　C. 设备独立性　　D. 虚拟设备

(4) 通道是一种特殊的(　　)，具有执行通道程序的能力。

A. I/O 设备　　B. 设备控制器　　C. I/O 专用处理机　　D. I/O 控制器

(5) 缓冲技术中的缓冲池在(　　)中。

A. 主存　　B. 外存　　C. ROM　　D. 寄存器

(6) 引入缓冲的主要目的是(　　)。

A. 改善 CPU 和 I/O 设备之间速度不匹配的情况
B. 节省内存

C. 提高 CPU 的利用率

D. 提高 I/O 设备的效率

(7) CPU 输出数据的速度远远高于打印机的打印速度，为解决这一矛盾，可采用(　　)。

A. 并行技术　　B. 通道技术　　C. 缓冲技术　　D. 虚存技术

(8) 为了使多个进程能有效地同时处理输入和输出，最好使用(　　)结构的缓冲技术。

A. 缓冲池　　B. 环形缓冲　　C. 单缓冲区　　D.双缓冲区

(9) 如果 I/O 设备与存储设备进行数据交换不经过 CPU 来完成，这种数据交换方式是(　　)。

A. 程序直接控制方式　　B. 中断控制方式

C. DMA 控制方式　　D. 顺序存取方式

(10) (　　)用作连接大量的低速或中速 I/O 设备。

A. 选择多路通道　　B. 字节多路通道

C. 数组多路通道　　D. 虚拟设备

(11) 如果有多个中断同时发生，系统将根据中断优先级响应优先级最高的中断请求。若要调整中断事件的响应次序，可以利用(　　)。

A. 中断向量　　B. 中断嵌套　　C. 中断屏蔽　　D. 中断响应

(12) 设备管理程序对设备的管理是借助一些数据结构来进行的，下面的(　　)不属于设备管理数据结构。

A. JCB　　B. DCT　　C. COCT　　D. CHCT

(13) 下面关于设备独立性的论述中，第(　　)条是正确的论述。

A. 设备独立性是 I/O 设备具有独立执行 I/O 功能的一种特性

B. 设备独立性是指用户程序独立于具体使用的物理设备的一种特性

C. 设备独立性是指能独立实现设备共享的一种特性

D. 设备独立性是指设备驱动独立于具体使用的物理设备的一种特性

(14) 下面关于虚拟设备的论述中，第(　　)条是正确的论述。

A. 虚拟设备是指允许用户使用比系统中具有的物理设备更多的设备

B. 虚拟设备是指允许用户以标准化方式来使用物理设备

C. 虚拟设备是把一个物理设备变换成多个对应的逻辑设备

D. 虚拟设备是指允许用户程序不必全部装入内存便可使用系统中的设备

(15) 以下叙述中正确的是(　　)。

A. 在现代计算机中，只有 I/O 设备才是有效的中断源

B. 在中断处理中必须中断屏蔽

C. 同一用户所使用的 I/O 设备也可并行工作

D. SPOOLing 是脱机 I/O 系统

(16) 大多数低速设备都属于(　　)设备。

A. 独享　　B. 共享　　C. 虚拟　　D. SPOOLing

(17) 操作系统中的 SPOOLing 技术，实质是将(　　)转化为共享设备的技术。

A. 虚拟设备　　B. 独享设备　　C. 脱机设备　　D. 块设备

(18) 利用虚拟设备达到 I/O 要求的技术是指(　　)。

A. 利用外存作缓冲，将作业与外存交换信息和外存与物理设备交换信息两者独立起来，并使它们并行工作的过程

B. 把 I/O 要求交给多个物理设备分散完成的过程

C. 把 I/O 信息先存放在外存上，然后由物理设备分批完成 I/O 要求的过程

D. 把共享设备改为某个作业的独享设备，集中完成 I/O 要求的过程

(19) 在操作系统中，用户在使用 I/O 设备时，通常采用(　　)。

A. 物理设备名　　B. 逻辑设备名

C. 虚拟设备名　　D. 设备牌号

(20) (　　)算法是设备分配常用的一种算法。

A. 短作业优先　　B. 最佳适应

C. 先来先服务　　D. 首次适应

2. 填空题

(1) 设备分配应保证设备有________和避免________。

(2) 设备管理中采用的数据结构有________、________、________、________4 种。

(3) 从资源管理(分配)的角度出发，I/O 设备可分为________、________、________3 种类型。

(4) 引起中断发生的事件称为________，中断分为________和________两种。

(5) 常见的 I/O 控制方式有程序直接控制方式、中断控制方式、________和________。

(6) 通道指专门用于负责输入/输出工作的处理机。通道所执行的程序称为________。

(7) 虚拟设备是通过________技术把________设备变成能为若干用户________的设备。

(8) 打印机是________设备，磁盘是________设备，因此它最适合的存取方法是________。

(9) SPOOLing 系统是由________、________、________、________、________、________组成。

(10) 缓冲池可以在________、________、________、________4 种方式下工作。

3. 简答题

(1) 设备分为哪几种类型？

(2) 数据传送有哪几种方式？

(3) 什么是缓冲？为什么要引入缓冲？

(4) 什么是中断？中断的处理过程是怎样的？

(5) DMA 方式和中断方式有什么不同？

(6) 简述设备分配的过程。

(7) 什么是缓冲池？设计一个数据结构来管理缓冲池。

(8) SPOOLing 系统由哪几部分组成？其特点有哪些？

(9) 设备驱动程序的处理过程是怎样的？

(10) 对独享设备、共享设备和虚拟设备分别采用什么分配方式？

第6章 文件管理

教学目标

通过本章的学习，使学生了解和掌握文件和文件系统的有关概念，文件的逻辑结构及物理结构、目录文件、文件的操作、文件的共享与保护及文件存储空间的管理等。

教学要求

知识要点	能力要求	关联知识
文件和文件系统	(1) 掌握文件的概念及分类、存取方式 (2) 掌握文件系统的概念及其功能	文件、文件分类、文件系统
文件的结构与组织	(1) 掌握文件的逻辑结构 (2) 掌握文件的物理结构	文件的逻辑结构 文件的物理结构
文件目录	(1) 了解文件的目录项 (2) 掌握文件的一级、二级、多级目录结构	文件目录项、一级目录结构、二级目录结构、多级目录结构
文件存储空间管理	了解文件存储管理的3种管理方法	空闲块表、空闲块链、位示图
文件操作	(1) 了解对文件和记录的操作 (2) 了解的文件的使用操作	对文件的操作、对记录的操作、读文件、写文件
共享、保护、保密	(1) 了解文件共享的两种方法 (2) 了解保护文件的三项措施 (3) 了解文件的两种保密方式	文件共享、文件保护、文件保密

重点难点

- 文件和文件系统的概念
- 文件的逻辑结构和物理结构
- 文件目录
- 位示图
- 文件安全性

6.1 文件与文件系统

在计算机系统中，常常有大量的程序和数据，由于多数计算机的内存容量有限，且不能长期保存这些数据，所以在一般情况下人们把它们以文件的形式存放在外存中，需要时才将它们调入内存。为了便于对文件进行管理，现在的操作系统几乎都有文件管理的功能，因此，文件与文件系统是目前多数操作系统的重要组成部分。

6.1.1 文件的概念

文件是具有标识符(文件名)的一组相关信息的集合，根据文件形式的不同，可分为有结构文件和无结构文件两种。在有结构的文件中，文件由若干个相关记录组成，而无结构文件则被看成是一个字符流。文件可以包含范围非常广泛的内容。系统和用户都可以将具有一定独立功能的程序模块、一组数据或一组文字命名为一个文件。例如，可以将一个班的学生记录作为一个文件。文件名通常由一串 ASCII 码或汉字构成，名字的长短因系统而异。如有的系统中规定为 8 个字符，有的系统规定为 14 个字符。用户利用文件名来访问文件。

此外，文件所具有的属性包括以下几项。

(1) 文件类型。可以从不同的角度来规定文件的类型，如系统文件或用户文件等。

(2) 文件长度。指文件的当前长度，长度的单位可以是字节、字或块，也可能是最大允许的长度。

(3) 文件的物理位置。用于指示文件在哪一个设备上及在该设备的哪个位置。

(4) 文件的存取控制。规定哪些用户能够读、哪些用户能够读、写、或者执行。

(5) 文件的建立时间。指文件的创建时间。

6.1.2　文件的分类

为了便于管理和控制文件，人们将文件分为若干种类型，下面是几种常见的分类方法。

1. 按用途分类

(1) 系统文件。它是由系统软件构成的文件，对用户不直接开放，只允许用户调用。

(2) 用户文件。它是用户委托系统保存的文件，如源代码及目标程序等。

(3) 库文件。它是由标准子程序和常用的应用程序所组成的文件，它只允许用户调用而不允许用户修改。

2. 按文件中的数据形式分类

(1) 源文件。它是由源程序和数据构成的文件。从终端输入或输出，一般由 ASCII 码或汉字组成。

(2) 目标文件。它是由相应的编译程序编译而成的文件，由二进制代码组成，扩展名为.obj。

(3) 可执行文件。它是由目标文件链接而成的文件，扩展名为.exe。

3. 按操作保护分类

(1) 只读文件。仅允许对其进行读操作的文件。

(2) 读写文件。允许用户对其进行读和写操作的文件。

(3) 执行文件。只允许用户调用执行，而不允许进行读和写操作的文件。

4. 在 UNIX 系统中，按文件的性质分类

(1) 普通文件。一般的系统文件及用户文件。

(2) 目录文件。文件目录组成的文件。

(3) 特殊文件。由一切输入输出慢速字符设备构成的文件。这类文件对于查找目录、存取权限验证等的处理与普通文件相似，而其他部分的处理要针对设备特性要求做相应的特殊处理。

6.1.3 文件的存取方式

所谓文件的存取方法，是指读写文件存储器上的一个物理块的方法，是指操作系统为用户程序提供的使用文件的技术和手段。文件的存取方法不仅与文件的性质有关，而且与用户使用文件的方式有关。通常有3类存取方法：顺序存取法、直接存取法和按键存取法。

1. 顺序存取法

在提供记录式文件结构的系统中，顺序存取法就是严格按物理记录排列的顺序依次存取。记录长度都相等的文件的顺序存取是十分简单的。读操作总是读出文件的下一个记录，同时，自动让文件记录读指针推进，以指向下一次要读出的记录位置。对于记录长度不等的顺序文件，每个记录的长度信息存放在记录前面的一个单元中。读出时，先根据读指针值读出存放记录长度的单元，然后根据该记录的长度把当前记录读出，同时修改读指针。写入时，则可把记录长度信息连同记录一起写到写指针指向的记录位置，同时调整写指针值。

2. 直接存取法

直接存取法允许用户随意存取文件中的任何一个物理记录，而不管上次存取了哪一个记录。直接存取法又称随机存取法，在无结构的流式文件中，直接存取法必须事先用必要的命令把读写位移到欲读写的信息开始处，然后再进行读写。对于等长记录文件，这是很方便的，如果准备读写第 i 个记录的首址，则此地址为该文件的首址加上记录的序号 i 与记录长度的乘积。对于变长记录文件，情况就大有不同，例如要读出记录Ri，则必须从文件的起始位置开始顺序通过前面所有记录，并要读出其中每一个记录前面的存放记录长度的单元，才能确定记录Ri的首址。显然，这种逻辑组织对于直接存取是十分低效的。为了加速存取，通常采用索引表的组织。在索引结构的文件中，欲存取的记录首址存放在索引表项中。

3. 按键存取法

按键存取法，实质上也是直接存取法，它不是根据记录编号或地址来存取，而是根据文件中各记录内容进行存取的。适用于这种存取方法的文件组织形式也与顺序文件不同，它是按逻辑记录中的某个数据项的内容来存放的，这种数据项通常被称为“键”。这种根据键而不是根据记录号进行存取的方法，称为按键存取法。除了顺序存取法、直接存取法外，在文件系统中还有其他的存取法，例如分区存取法等，在此就不再介绍了。

6.1.4 文件系统及其功能

文件系统是操作系统中负责存取和管理信息的模块，它用统一的方式管理用户和对系统信息的存储、检索、更新、共享和保护，并为用户提供一整套方便有效的文件使用和操作方法。它由管理文件所需的数据结构(如文件控制块及存储分配表等)和相应的管理软件以及访问文件的一组操作组成。

一个文件系统应具有以下功能。

(1) 使用户可执行创建、修改及删除读写文件的命令。

(2) 使用户能在系统控制下共享其他用户的文件，以便用户可共享其他人的工作成果。

(3) 使用户能以合适的方式构造其他文件。

(4) 使用户能使用在文件间进行数据传输的命令。

(5) 使用户能用符号名对文件进行访问，而不应要求用户还得使用设备名来访问文件(与设备独立性要求一致)。

(6) 为防止意外事故，文件系统应有转储和恢复文件的能力。

(7) 能提供可靠的保护和保密措施。

6.2 文件的结构与组织

人们常以两种不同的观点去研究文件的结构。一是用户的观点，主要研究观察到的文件组织形式，用户可以直接处理其中的结构和数据，常被称为逻辑结构。另一种是实现的观点，主要研究存储介质上的实际文件结构，是指文件在外存上的存储组织形式，常被称为物理结构或存储结构。

6.2.1 文件的逻辑结构

文件的逻辑结构可分为以下两类。

1. 有结构的文件

有结构的文件是指由若干个相关的记录构成的文件，又被称为记录式文件。文件中的记录一般有着相同或不同数目的数据项，按记录的长度，记录式文件可分为以下两类。

(1) 等长记录文件，指文件中所有记录的长度都是相等的。

(2) 变长记录文件，指文件中各记录的长度不相同。

2. 无结构的文件

无结构的文件又称流式文件，组成流式文件的基本信息单位是字节或字，其长度是文件中所含字节的数目，如大量的源程序和库函数等。

6.2.2 文件的物理结构

文件的物理结构指文件在外存物理存储介质上的结构，它可分为连续结构、链接结构和索引结构 3 种。下面分别介绍这 3 种结构。

1. 连续结构

一个逻辑文件信息依次存放在外存的若干连续物理块中的结构称为文件的连续结构，或称连续文件。在连续文件中，序号为 i+1 的逻辑块，其物理块号一定紧跟在序号为 i 的逻辑块的物理块后。文件的连续结构如图 6.1 所示。

连续文件可以采用顺序存取或随机存取方式。对顺序存储介质的连续文件采用顺序存取，如磁带。对随机存储介质上的连续文件可顺序存取也可随机存取。

连续文件的优点是知道文件在存储介质上的起始地址和文件长度后能快速存取。但其缺点是文件长度一经确定后不易改变，不利于文件内容的增加，且删除文件的某些操作会留下无法使用的零头空间。因此，引入了文件的链接结构。

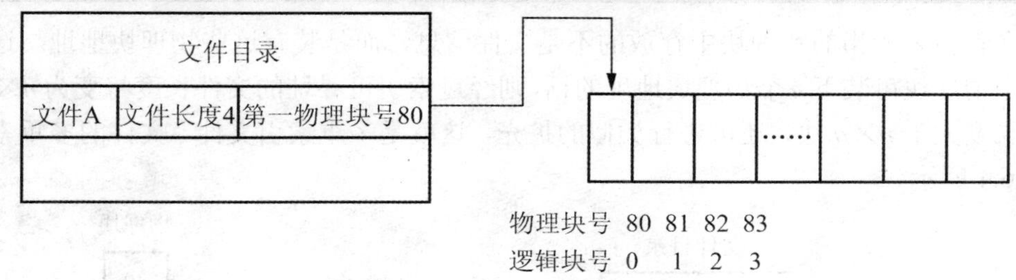

图 6.1　文件的连续结构

2. 链接结构

文件的链接结构是用非连续的物理块来存放信息，物理块之间没有物理块号的顺序，其中每个物理块中有一个指针，指向下一个连接的物理块，从而使存放该文件的物理块链接成一个串联队列，文件的最后一个物理块的指针标记为“∧”，表示文件至本块结束。一个文件的链接结构如图 6.2 所示。

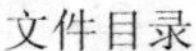

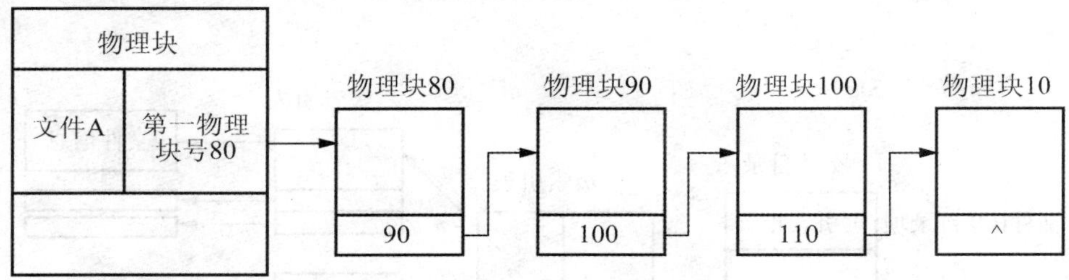

图 6.2　文件的链接结构

图 6.2 中文件 A 有 4 个物理块，搜索时可通过指针顺序搜索得到指定的物理块。链接结构的特点是不需要指明文件的长度，只需指明文件的第一个块号即可，且文件的逻辑记录可存放到不连续的物理块中，能较好地利用外存空间，还易于对文件进行扩充，调整链接指针可对任一信息块进行删除或插入另一物理块的操作。

链接结构的缺点是只能按队列中的指针顺序搜索，效率较低，且对其的存取只能是顺序存取，不宜随机存取。为解决以上问题，提出了文件的索引结构。

3. 索引结构

为了能随机存取文件，产生了索引结构的文件。这种文件将逻辑文件顺序地划分成长度与物理存储块长度相同的物理块，并为每个文件分别建立逻辑块号与物理块号的对照表。这种表被称为索引表。文件的索引结构如图 6.3 所示。图 6.3 中文件 B 有 4 个逻辑块，分别存放在物理块 30、25、20、15 中。

访问索引文件的步骤：查文件的索引表，由逻辑块号得到物理块号，再由物理块号获得所要求的信息。

索引文件的优点是可满足文件的动态增长、方便迅速地实现随机存取。但在很多情况下，文件很大，文件的索引表也就很大。如果索引表的大小超过一个物理块，就必须像处理其他文件的存放那样决定索引表的物理存放方式。较好的解决方法是采用多重索引，也就是说在索引表所指的物理块中存放的不是文件信息，而是装有这些物理块地址。这样，如果一个物理块可装下 n 个物理块地址的话，则经过索引可寻址的文件长度将变为 $n \times n$ 块，如文件长度大于 $n \times n$ 块，还可进行类似的扩充，这就是多重索引文件。文件的多重索引结构如图 6.4 所示。

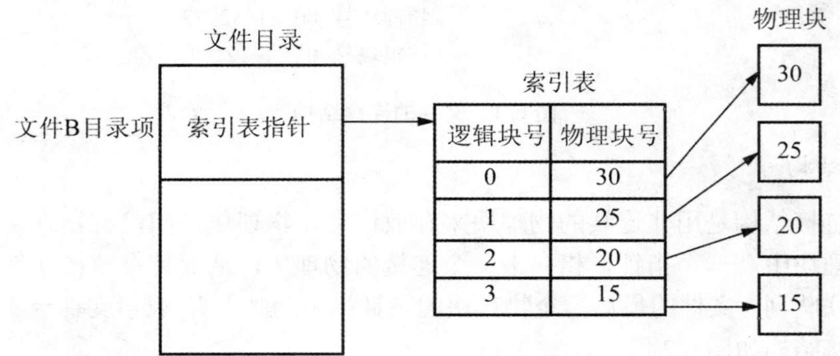

图 6.3　文件的索引结构

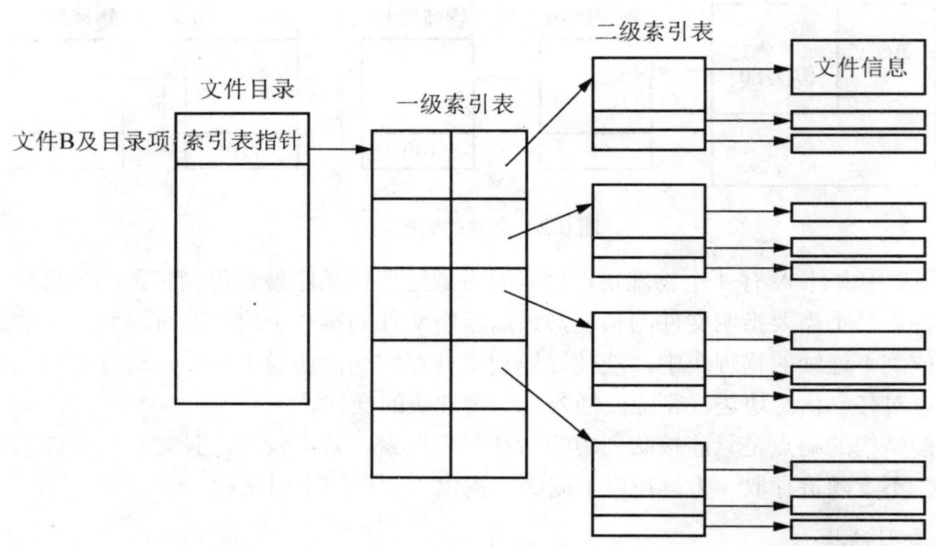

图 6.4　文件的多重索引结构示意图

索引结构的缺点是由于使用索引表而增加了存储空间的开销，存取文件时需至少访问文件存储器两次以上，降低了存取速度。提高存取速度的方法是在访问某文件之前将索引表装入内存，这样就只需访问一次文件存储器。

6.3　文 件 目 录

在计算机系统中有许许多多的文件，为了便于对文件进行存取和管理，必须建立文件名与文件物理位置的对应关系。在文件系统中将这种关系叫做文件目录，它是一种表格。每一个文件占用一个表目，称为文件的目录项。一般情形下文件目录项包括以下信息。

(1) 文件名，即文件的标识符。

(2) 文件的逻辑结构，指对流式文件需说明文件的长度，对记录文件需说明记录是否定长、记录长度及个数等。

(3) 文件在辅存上的物理位置，指对连续结构和链接结构的文件登记文件的起始物理块号和指向第一物理块的指针，对索引结构的文件登记文件的索引表地址。

(4) 文件的建立、修改日期及时间，指登记建立和修改文件的日期和时间。

(5) 文件的类型，指明文件的类型。

(6) 存取控制信息，指明用户对文件的存取权限。

由于系统中文件很多，文件目录项也很多，为了便于管理，通常将文件目录分为一级目录、二级目录及多级目录。下面分别介绍这几种目录结构。

6.3.1　一级目录结构

一级目录结构是把系统中的所有文件都建立在一个目录下，每个文件占用其中一个目录项。当建立一个文件时，就在文件目录下增加一个空的目录项，并填入相应的内容。当删除一个文件时，根据文件名查找相应的目录项，找到对应的目录项后将内容全部置空。一级目录结构如图 6.5 所示。

文件名	文件的物理位置	日期	时间	其他信息
C				
Bsc				
Wps				
…				

图 6.5　一级目录结构

对于一级目录结构而言，它的优点是简单，且能实现目录管理的基本功能——按名存取。但它的缺点至少有以下两点。

(1) 搜索文件的时间长。系统中的文件很多，对应的目录项也很多，从目录中查找文件需从头到尾扫描目录项，而整个扫描过程所需的时间较长，因此搜索文件的时间较长。

(2) 文件有重名现象。所谓重名，是指在同一盘内同一目录下存在两个或两个以上的同名文件。尽管系统可保证不会出现重名现象，但用户在实际的命名过程中由于系统中有很多文件，而用户不可能记住所有已存在的文件的名字，因此极可能造成与现存文件重名现象的发生。

为了解决一级目录结构所存在的问题，提出了二级目录结构。

6.3.2　二级目录结构

二级目录结构是指把系统中的目录分成二级。二级目录分别是主目录和用户文件目录。主目录由用户名和用户文件目录首地址组成，用户文件目录由用户文件的所有目录组成。二级目录结构如图 6.6 所示。

在二级目录结构中，当一个新用户要建立一个文件时，系统在主目录中为其开辟一项，并为其分配一个存放文件目录的存储空间，然后把用户名和用户文件目录首地址填到主目录中，将文件的有关信息填到用户文件目录项中。当一个老用户建立一个文件时，在对应的空的用户文件目录项中填入相应的内容即可。当用户要访问一个文件时，先按用户名在主目录中找到用户文件目录的首地址，然后再去查用户文件的目录项，即可找到要访问的文件。

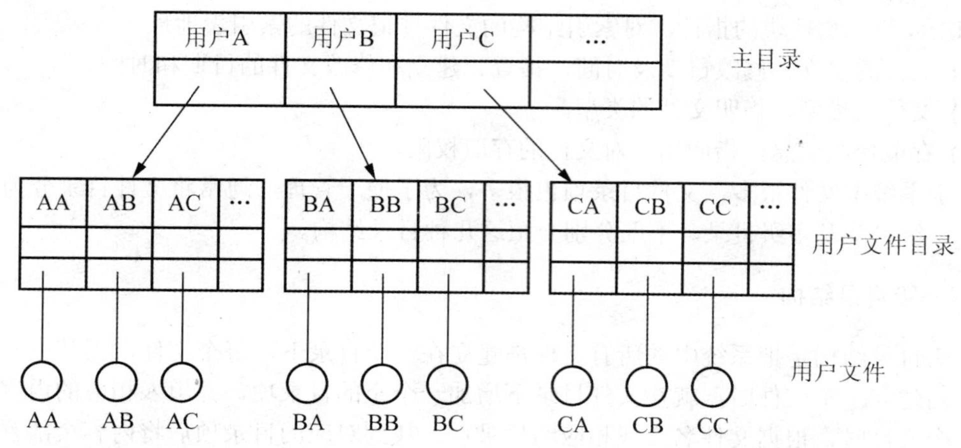

图 6.6　二级目录结构

在二级目录结构中，搜索文件时需给出对应的用户名和文件名，即为区别文件除了文件名以外还要有用户名，由于用户名不同，因此即使不同的用户使用的文件名相同，也不会造成混乱。

二级目录结构与一级目录结构相比，有以下优点。

(1) 搜索文件的时间变短。

(2) 较好地解决了重名问题。

但二级目录结构也存在不足之处：缺乏灵活性、不能反映现实世界中的多层次关系。因此，就产生了多级目录结构。

6.3.3　多级目录结构

多级目录结构由根目录和多级目录组成。除最末一级目录外，任何一级目录的目录项可以对应一个目录文件，也可以对应一个数据文件，文件一定是在树叶上，多级目录结构又被称为树形目录结构。多级目录结构如图 6.7 所示。

图中方框表示目录文件，圆圈表示文件。

在多级目录中，访问文件是通过路径名来访问的。所谓路径名是指从根目录开始到该文件的通路上所有目录文件名和该文件的符号名组成的一条路径。路径名通常是由根目录和所经过的目录文件名和文件名以及分隔符来表示。UNIX 系统中，分隔符用“/”表示。如 ROOT/B/C/F1，ROOT/B/B/BB/BB/F2 分别表示两个不同文件的路径名。两个路径名简化为/B/C/F1，/B/B/BB/BB/F2。在多级目录结构中，沿路径查找文件可能会耗费大量的查找时间，一次访问或许要经过若干次间接查找才能找到所要文件。为解决此问题，系统引入了当前目录。用户在一定时间内，可指定某一级的一个目录作为当前目录(或称工作目录、值班目录)，而后用户想访问某一个文件时，便不用给出文件的整个路径名，也不用从根目录开始查找，而只需给出从当前目录到查找的文件间的路径名即可，从而减少查找路径。

引入当前目录后，在实际查找时，如果给出的路径名是以“/”开头，则从根目录开始按给定的路径查找，否则从当前目录开始按指定路径查找。

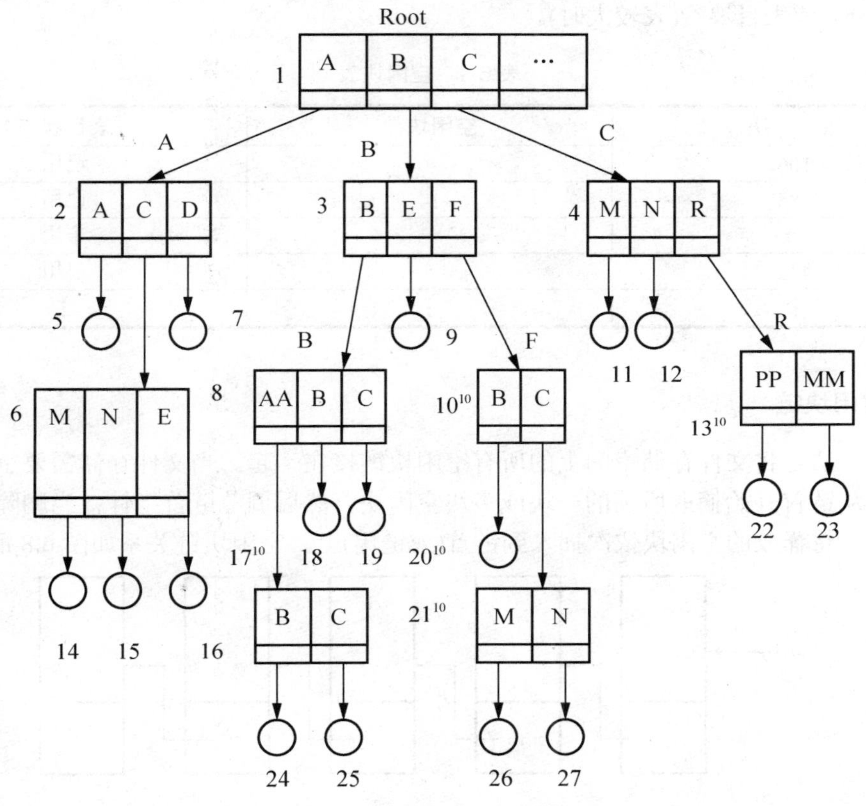

图 6.7 多级目录结构

多级目录结构与前两种结构相比，有以下优点。

(1) 层次清楚。

(2) 解决了文件重名问题。

(3) 查找速度快。

6.4 文件存储空间的管理

光碟、磁盘、磁带是保存文件内容的设备，它们被分成物理块，全部物理块组成文件存储空间。文件存储空间的管理就是对块空间的管理，包括空闲块的分配、回收和组织等。只有合理地进行存储空间的管理，才能保证多用户共享外存和快速地实现文件的按名存取。下面介绍常用的管理方法。

6.4.1　空闲块表

空闲块表适合于连续组织的文件，因为在建立文件时按文件尺寸申请一组连续的空闲块区，撤销文件时归还这组连续的空闲块区，见表 6-1。与可变分区分配算法相似，可采用首次适应、最差适应及最佳适应算法。回收空闲块时，注意空闲块区的归拼问题。由于空闲块区的个数是动态改变的，导致空闲块表目个数不能预先确定，因此可能会产生表目溢出(表较小时)或表目浪费(表较大时)。

表 6-1　空闲块表

首　块	空闲块数	表目状态
106	4	已用
285	14	已用
—	—	未用
432	5	已用
⋮	⋮	⋮

6.4.2　空闲块链

此种方法是将文件存储空间上的所有空闲块链接在一起。当文件存储需要空闲块时，分配程序从链首开始摘取所需的一块或多块空闲块，然后调节链首指针；当删除文件回收空闲块时，将释放的空闲块依次插入到链首(或链尾)上。空闲块链关系如图 6.8 所示。

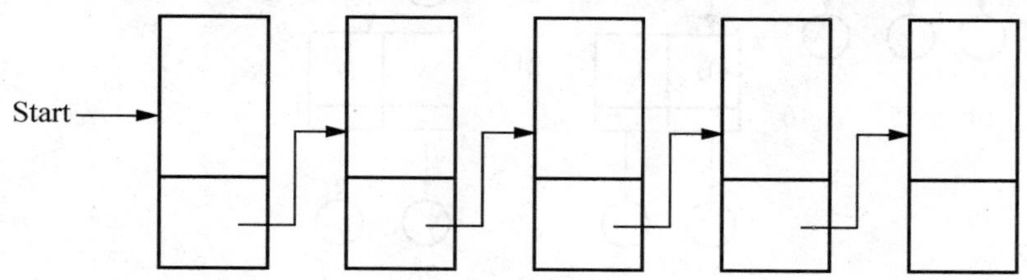

图 6.8　空闲块链示意图

此种方法的优点是简单，但其工作效率较低，因为在空闲块链上增加或移动空闲块时需要执行许多 I/O 操作。

6.4.3　位示图

空闲块管理的另一个方法是建立位示图，通过位示图来反映整个存储空间的分配情况。在位示图中，每个物理块占 1 个位，按物理块的顺序排列，“0”表示对应的物理块未被占用，“1”表示物理块已被占用，如图 6.9 所示。

利用位示图进行空闲块分配时，只需在图中查找“0”位，然后将其转换为对应的物理块号，将该物理块分配给申请者，并将相应的位置“1”。回收时将释放的物理块号转换成对应的位，并将此位置“0”。

位示图的优点是占用空间少，位示图几乎可以全部进入内存，但分配时需顺序扫描空闲区，且物理块号并未在图中直接反映出来，需要进一步计算。

1	1	1	1	0	1	1	0	0	0	0	1	0	0	0	1
1	1	1	1	0	1	1	0	0	0	0	1	0	0	0	1
0	0	0	1	0	0	0	0	1	1	1	1	1	1	1	1
1	0	0	1	1	0	1	0	1	0	1	1	0	0	0	0
1	1	1	1	0	1	1	0	0	0	0	1	0	0	0	1
1	1	1	1	0	1	1	0	0	0	0	1	0	0	0	1
0	0	0	1	0	0	0	0	1	1	1	1	1	1	1	1
1	0	0	1	1	0	1	0	1	0	1	1	0	0	0	0
0	0	0	1	0	0	0	0	1	1	1	1	1	1	1	1

图 6.9 位示图

6.5 文件操作

作为一个完善的系统，应具有一系列的功能，其中有些功能对用户是透明的。本节所要介绍的是呈现在用户面前的功能，它们可通过用户对文件所能施加的操作来表现。

6.5.1 文件的操作

在系统中，人们不可避免地要对文件进行各种各样的操作，对文件的操作可以分为两类：一类是对文件自身的操作，例如，创建一个新文件、删除一个旧文件、备份一个文件、为文件改名等；另一类是对文件中记录的操作，例如，检索一个文件中的所有记录、检索一个文件中的单个记录等。下面分别介绍这两类操作。

1. 对文件的操作

常见的对文件的操作有以下几种。

(1) 创建文件。创建文件时，系统要为文件分配一个目录项及存放新文件的外存空间，并在文件的目录项中记录文件的有关信息，如文件名、物理地址等。

(2) 删除文件。删除文件时，系统根据用户给出的路径名，找到对应的文件，并回收该文件占用的全部资源，且将其目录项置空。

(3) 打开文件。用户想访问一个文件时，必须向系统提出打开文件的请求，并给出文件的路径名、操作类型等信息。打开文件后才能对文件进行操作。

(4) 读文件。读文件时，系统根据用户指定的路径名，将文件读入到内存指定的地址中。

(5) 写文件。系统根据用户指定的路径名，将内存中的数据信息写到相应的文件中。

(6) 关闭文件。不使用文件时，可申请系统关闭指定的文件，关闭文件后只有重新打开才能对其进行操作。

2. 对记录的操作

对文件中的记录进行操作，通常有以下几种。

(1) 读操作：将文件中的一条或多条记录读入到进程中。

(2) 写操作：进程将其输出的数据项写入到文件的一条或多条记录中。

(3) 查找：检索文件，在其中查找一条或多条满足条件的记录。

(4) 修改：检索文件，在其中找到一条满足条件的记录后，对其中的一个或多个数据进行修改，修改完毕后再将记录写回到文件中。

(5) 插入：将一个新记录插入到文件的某条记录之前或之后。

(6) 删除：从文件中删除一个满足条件的记录。

6.5.2 文件的使用

为了保证文件系统对文件的正确管理，对文件的使用应遵循一定的步骤。为避免一个共享文件(多个用户都可使用的文件)被几个用户同时使用而造成的混乱，规定使用文件前先“打开”。一个文件被打开后，在它被关闭之前不允许非打开者使用。

从前面介绍的操作系统的功能可以看出，用户的文件交系统管理后，为保证文件的安全、可靠，用户使用文件的操作步骤如下。

读一个文件信息时，操作如下。

(1) “打开”文件。

(2) “读”文件。

(3) “关闭”文件。

写一个文件信息时，操作如下。

(1) “建立”文件。

(2) “写”文件。

(3) “关闭”文件。

“打开”、“建立”及“关闭”是文件系统中的特殊操作。用户调用“打开”和“建立”操作来申请对文件的使用权，只有当系统验证符合使用权利时，用户才能使用文件；调用“关闭”操作来归还文件的使用权。

有的系统为了方便用户，用户可不调用“打开”、“建立”、“关闭”操作，而直接调用“读/写”操作。当用户要求访问一个未被打开的文件时，系统就先去做打开工作，然后再进行读/写操作；当用户访问了一个文件后又要访问另一个文件时，系统就先关闭先前的一个文件，再打开一个当前要访问的文件，然后进行读/写。文件的这种使用方式称为隐式的，允许用户隐式使用时，用户不必显式地提出“打开”、“建立”及“关闭”的要求，但系统仍必须做这些工作。

用户可调用“删除”操作要求删除一个有权删除的文件。一个文件被删除后，系统收回该文件所占的存储空间。

6.6 文件的共享、保护和保密

文件系统在实现文件共享时，必须考虑文件的安全性，文件的安全性体现在文件的保护和文件的保密两个方面。对文件而言，既要保证它是共享的，又要保证它是安全的，不能随意遭到破坏。所谓共享，是指多个用户可以共同使用某一个或多个文件。共享不仅是多个用户共同完成一个任务所必需的，且能节省大量的存储空间，同时为用户提供了极大的方便，它是文件系统性能好坏的标志之一。由于文件实现了共享，文件的安全性就遭到威胁，因此必须对文件进行保护。文件的保护是指文件不得被未经文件所有者授权的任何用户存取，对于授权用户也只能在允许的存取权限内使用文件。

6.6.1 文件的共享

实现文件的共享的方法有多种，下面仅介绍其中的两种。

1. 绕弯路法

绕弯路法是 Multics 操作系统采用过的方法。在该方法中，系统允许每个用户获得一个"当前目录"，用户对文件的访问都是相对于"当前目录"下的，可以通过"向上走"的方式去访问其上级目录。一般用"*"表示一个目录的父目录。在图 6.7 的多级目录结构图中，假定当前目录为 R，当用户要访问文件 14 时，可利用路径*/*/A/C/M。当用户要访问文件 7 时，可利用路径*/*/A/D。可看出，多用户可随意访问任一文件，从而达到文件的共享。

2. 连接法

一些系统为用户指定使用目录，用户要访问指定目录开始的子树，如图 6.10 所示。

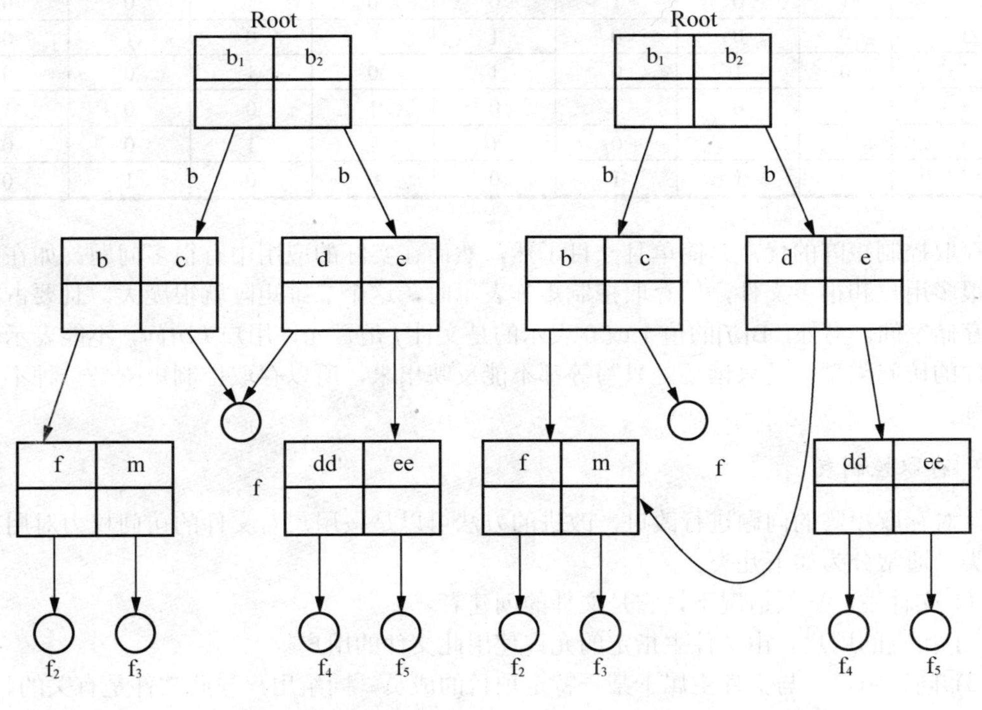

(a) 对文件的连接　　(b) 对目录的连接

图 6.10 文件的共享连接

如用户可使用目录 b_1，则用户可使用目录 b_1 和目录 b_1 下的所有文件。如果对不同目录的文件进行共享，则需建立对文件或目录的连接。对文件的连接如图 6.10(a)所示，如指定用户甲使用 b_1 目录，用户乙使用 b_2 目录，让 b_1 目录和 b_2 目录都连接到 f_1 上，则用户甲和用户乙就可共享文件 f_1。对目录的连接如图 6.10(b)所示，如用户甲和用户乙分别使用目录 b_1 和 b_2，但它们共享 b，那么可以把 b_1 和 b_2 都与 b 连接，从而达到共享 b 的目的。

6.6.2　文件的保护

对文件进行保护，主要有以下几项措施。

1. 存取控制矩阵

存取控制矩阵是一个二维矩阵 B[ij]，二维矩阵列出系统的全部用户，用 $i(i=1, 2, \cdots, n)$表示，另一维列出系统中的全部文件，用 $j(j=1, 2, \cdots, m)$表示。如系统允许用户 i 访问文件 j，则 B[ij]=1，否则 B[ij]=0。存取控制矩阵见表 6-2。

表 6-2　存取控制矩阵

用户＼文件	1	2	3	4	5	6	7	8
1	0	1	0	0	1	0	0	1
2	1	0	1	0	0	1	0	0
3	0	0	0	1	0	0	1	0
4	0	1	0	1	0	1	0	0
5	1	0	1	0	1	0	0	1
6	0	0	0	1	1	1	0	0
7	0	1	1	0	0	0	1	0

存取控制矩阵的优点是简单且一目了然，然而在实际的应用中有很多问题。如在系统中有很多用户和很多文件，用存取控制矩阵表示时，这个二维矩阵就很庞大，且要占据很大的存储空间。另外，B[ij]的值 1 或 0 表示的是文件 j 是否允许用户 i 访问，不能表示用户对文件的访问类型，是只读还是只写等都不能反映出来，所以存取控制矩阵是一种不完善的措施。

2. 存取控制表

针对存取矩阵的问题进行改进，改进的方法可以是按用户对文件的访问权力对用户进行分类，通常分为如下几类。

(1) 文件主。一般情况下，它是文件的创建者。

(2) 指定的用户。由文件主指定的允许使用此文件的用户。

(3) 同组用户。与文件主属于某一特定项目的成员，同组用户与此文件是有关的。

(4) 其他用户。

用存取控制表进行文件保护时，需将所有对某一文件有存取要求的用户按某种关系或工程项目的类别分成若干组，而把一组用户归入其他用户组，同时还需规定每一组用户的存取权限。所有用户组的存取权限的集合就是该文件的存取控制表，见表 6-3。

用户要求访问某一文件时，系统首先要检查存取控制表，只有合法的用户才能对该文件进行指定的权限操作。常见的文件的存取权限一般有以下几种。

(1) E 表示只执行。

(2) R 表示只读。

(3) W 表示只写。

(4) B 表示只在文件尾写。

(5) D 表示删除。

以上权限可进行适当的组合。

3. 用户权限表

存取控制表是以文件来考虑用户的存取权限而制定的表，类似地，我们可以把一个用户(或用户组)所要存取的文件集中起来制定一张用户权限表，见表 6-4。由表可以看出，当文件很多，用户对每个用户文件都享有存取权限时，此表也很长。

表 6-3　存取控制表

文件 / 用户	WW
文件名	RWE
B 组	R
B 组	W
C 组	E
其他	NONE

表 6-4　用户权限表

用户 / 文件名	I 组
文件 A	RWE
文件 B	RE
文件 C	RW
文件 D	E
…	…
文件 X	R

6.6.3　文件的保密

文件安全性的另一方面是文件的保密，文件的保密是指防止他人窃取文件。常用的文件保密方法有以下几种。

1. 口令

用户为自己的每个文件规定一个口令，并附在用户文件目录中。凡请求该文件的用户必须先提供口令，只有当提供的口令与目录中的口令一致时才允许用户存取该文件。当文件主允许其他用户使用他的文件时，必须将口令告诉其他用户。

使用口令的优点是简便、节省空间。其缺点有以下几点。

(1) 可靠性差，指口令易被窃取。

(2) 存取控制不易改变。文件主将口令告诉别人后，无法再收回以拒绝某用户继续使用该文件，他必须更改口令，然后将新口令告诉其他允许使用该文件的用户。

(3) 保护级别少。只有允许使用和不使用两种，针对允许使用而言，没有指明只读、只写等权限。

2. 密码

对文件进行保密的另一措施是密码技术。一个简单的做法是当用户建立一个文件时，它利用一个代码键来启动一个随机数发生器，产生一系列随机数，由文件系统将这些相继的随机数依次加到文件的字节上去。译码时用相同的代码键启动随机数发生器，从存入的文件中依次减去所得到的随机数，文件就还原了。

利用此种措施时，代码键不存入系统。只有当用户存取文件时，才需将代码键送入系统。文件主只将代码键告诉允许访问该文件的用户，而系统程序员是不知道的。所以此种方法的保密性强。

密码技术除保密性强外，还具有节省存储空间的优点。但它必须花费大量的编码和译码时间，从而增加了系统开销。

6.7 本章小结

本章首先介绍的是文件和文件系统的基本概念。文件是有标识符的相关字符流的集合或一组相关记录的集合。一个记录是有意义的信息的基本单位，它有定长和变长两种基本格式。文件系统是操作系统中负责存取和管理文件信息的机构，它由管理文件所需的数据结构和相应的管理软件以及访问文件的一组操作组成。

为了合理有效地利用存储空间，以及高效地进行按名存取，文件按一定的逻辑结构组成逻辑文件，逻辑文件是用户可见的抽象文件。文件的逻辑结构可分为字符流式的无结构文件和记录式的有结构文件两类。逻辑文件的存取有顺序存取和随机存取两种。

文件除逻辑结构外，还有物理结构。文件物理结构是指文件在外存物理存储介质上的结构，它分为连续结构、链接结构和索引结构三种。连续文件的优点是：知道文件在存储设备上的起始地址和文件长度后，能快速存取，但它不利于文件的扩充和增生。链接结构可解决上述问题，但它只能按队列中的指针顺序搜索，效率较低，且存取方法只能是顺序存取，不宜随机存取。索引结构可解决上述问题，但它也存在问题，即使用索引增加了存储空间的开销。

文件名或记录名与物理地址之间的转换通过文件目录来实现。文件目录有单级、两级及多级目录三种。两级目录和多级目录是为了解决文件的重命名问题和提高搜索速度提出来的。多级目录构成文件的树形结构。

文件的共享是指多个用户可以共同使用某一个或多个文件。实现文件的共享有多种方法，其中最常见的有绕弯路法、建立值班目录方法。对文件的存取控制是和文件共享、保护紧密相关的。存取控制可采用存取控制矩阵、存取控制表、口令和密码等方法确定用户权限。

6.8 习　题

1. 选择题

(1) 文件系统是指(　　)。

A. 文件的集合

B. 文件的目录

C. 实现文件管理的一组软件

D. 文件、管理文件的软件及数据结构的集合

(2) 从用户的角度看，引入文件系统的主要目的是(　　)。

A. 实现虚拟存储　　B. 保护系统文档

C. 保护用户文档和系统文档　　D. 实现对文件的按名存取

(3) 文件的逻辑结构将文件分为记录式文件和(　　)文件。

A. 索引文件　　B. 流式文件　　C. 字符文件　　D. 读写文件

(4) 为了解决文件的“重名”问题，通常在文件系统中采用(　　)。

A. 约定的方法　　B. 多级目录　　C. 路径　　D. 索引

(5) 文件系统中用(　　)管理文件。

A. 作业控制块　　B. 页表

C. 目录　　D. 软硬件结合的方法

(6) 一个文件的绝对路径是从(　　)开始，逐步沿着每一级子目录向下追溯，最后到指定的整个通路上所有子目录名组成的字符串。

A. 当前目录　　B. 根目录　　C. 多级目录　　D. 二级目录

(7) 对一个文件的访问，常有(　　)共同限制。

A. 用户访问权限和文件属性　　B. 用户访问权限和用户优先级

C. 优先级和文件属性　　D. 文件属性和口令

(8) 磁盘上的文件以(　　)单位读写。

A. 块　　B. 记录　　C. 柱面　　D. 磁道

(9) 磁带上的文件一般只能(　　)。

A. 顺序存取　　B. 随机存取

C. 以字节为单位存取　　D. 直接存取

(10) 使用文件前必须先(　　)文件。

A. 命名　　B. 建立　　C. 打开　　D. 备份

(11) 位示图可用于(　　)。

A. 文件目录的查找　　B. 磁盘空间的查找

C. 主存空间的共享　　D. 实现文件的保护和保密

(12) 文件系统采用多级目录结构后，对于不同用户的文件，其文件名(　　)。

A. 应该相同　　B. 应该不同

C. 可以相同，也可以不同　　D. 受系统约束

(13) 在以下的文件物理存储组织形式中，(　　)常用于存放大型的系统文件。

A. 连续文件　　B. 串连文件　　C. 索引文件　　D. 多重索引文件

(14) 在文件系统中，文件的不同的物理结构有不同的优缺点。在下列的文件的物理结构中，(　　)不具有随机存取的能力。

A. 连续结构　　B. 链接结构　　C. 索引结构　　D. 多重索引结构

(15) 在文件的物理结构中，(　　)不利于文件长度动态增长。

A. 连续结构　　B. 链接结构　　C. 索引结构　　D. 多重索引结构

(16) 文件采用二级目录结构，可以(　　)。

A. 缩短访问文件存储器时间　　B. 实现文件共享

C. 节省主存空间 D. 解决不同用户之间的文件重命名

(17) 常用的文件存取方法有 3 种：顺序存取、( )存取及按键存取。

A. 流式 B. 串联 C. 顺序 D. 随机

(18) 下列算法中用于磁盘移臂调度的是( )。

A. 时间片轮转法 B. LRU 算法

C. 最短寻道时间优先算法 D. 优先级高者优先算法

(19) 以下叙述中正确的是( )。

A. 文件系统要负责对文件存储空间的管理，但不能完成文件名到物理地址的转换

B. 多级目录结构中，对文件的访问通过路径名和用户目录名来进行

C. 文件被划分成大小相等的若干个物理块，一般物理块的大小是不固定的

D. 逻辑记录是对文件进行存取操作的基本单位

(20) 文件管理是对( )进行管理。

A. 主存 B. 辅存

C. 逻辑地址空间 D. 物理地址空间

2. 填空题

(1) 按文件的用途分类，文件分为系统文件、库文件和用户文件，编译程序属于______。

(2) 操作系统实现按名存取进行检索等关键在于解决文件名与______的转换。

(3) 文件的结构就是文件的组织形式，从用户观点出发所看到的文件组织形式称为文件的______，分为______和______两种形式；从实现的观点出发，文件在外存上的存放组织形式称为文件的______，有______、______及______3 种形式。

(4) ______算法选择与当前磁头所在磁道距离最近的请求作为下一次访问的对象。

(5) 在文件系统中，按文件的逻辑结构划分，可将文件划分为______和记录式文件。

(6) 在二级目录结构中，第一级为______，第二级为______。

(7) 数据库文件的逻辑结构形式是______。

(8) 文件目录用于______，是文件系统实现按名存取的重要手段。

(9) 按用户对文件的存取权限将用户分为若干组，同时规定每一组用户对文件的访问权限。这样，所有用户组存取权限的集合称为该文件的______。

(10) 在文件系统中，要求物理块必须连续的物理文件是______。

(11) 文件系统为每个文件另建立一张指示逻辑记录和物理块之间的对应关系表，由此表和文件本身构成的文件是______。

(12) 常用的文件保密措施有______和______。

3. 简答题

(1) 什么是文件？文件可以分为哪几种类型？

(2) 什么是文件系统？它有什么功能？

(3) 什么是文件的逻辑结构？有哪几种逻辑结构？

(4) 什么是文件的物理结构？有哪几种物理结构？分别具有什么优缺点？

(5) 什么是文件目录？它包括哪些内容？
(6) 文件有哪几种目录结构？它们有什么优缺点？
(7) 外存存储空间的管理方法有哪些？
(8) 对文件有哪些操作？怎样使用文件？
(9) 什么是文件的共享？如何实现文件的共享？
(10) 什么是文件的保护、保密？如何实现？

第 7 章　磁盘存储管理

教学目标

通过本章的学习，使学生了解和掌握磁盘存储器的概念、磁盘驱动调度算法及磁盘空间管理等内容。

教学要求

知识要点	能力要求	关联知识
磁盘存储器	(1) 掌握磁盘存储器的相关概念 (2) 掌握磁盘存储器的存储结构、工作原理、工作模式及分区格式	软盘组织结构、硬盘
驱动调度算法	(1) 了解常见的驱动调度算法 (2) 了解调度算法选择的依据	驱动调度算法
磁盘存储空间管理	(1) 了解磁盘存储空间管理方式	空闲空间表法、空闲块链表法、空闲块成组链接法、位示图法
磁盘存储空间管理应用	(1) 理解典型例题	硬盘相关数据计算、磁盘存储空间管理

重点难点

- 硬盘的存储结构、工作原理、工作模式、分区格式
- 磁盘存储空间 3 种管理方式

7.1　磁盘存储器概述

磁盘存储器是最常用的一种辅助存储器，用于存放当前不需要立即使用的信息，一旦需要，再和主机成批交换数据，它是主存储器的后备。磁盘存储器的最大特点是存储容量大、可靠性高、价格低。

磁盘存储器是将磁性材料涂敷在很薄的塑胶片或非磁性金属物质表面而形成的。磁层的厚度为 1～5μm。该磁层就是记录数据的介质，它是存储信息的基础，通过磁头将电脉冲表示的二进制代码转换成磁记录介质上的不同剩磁状态来实现信息的写入。而介质上的磁化单元信息又可通过磁头转换成电脉冲，以实现信息的读出。磁盘分为软盘和硬盘两种。

7.1.1　软盘的组织结构

软盘在使用之前必须先格式化。格式化后的软盘的盘片上被分成若干同心圆(称之为磁道)，每个磁道又分成若干个扇区，每个扇区存储 512 个字节，如图 7.1 所示。

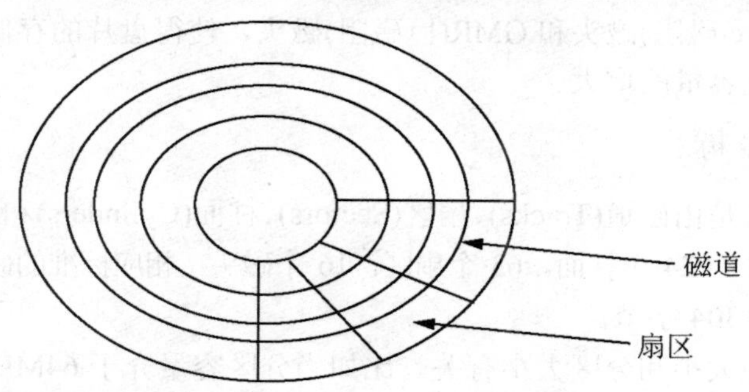

图 7.1　格式化后的软盘示意图

磁道的宽度与磁头的宽度相同。为了减少干扰，磁道与磁道之间要保持一定的间隔，沿磁盘半径方向，单位长度内磁道的数目被称为道密度(TPI)，最外层为 0 道；沿磁道方向，单位长度内存储二进制信息的个数被称为位密度。为了简化电路的设计，每个磁道存储的位数都是相同的，所以其位密度也随着从外向内而增加。所有盘面上相同位置的磁道组称为一个柱面。

文件在存储时是以簇为单位，即一个簇中不能包含两个文件的内容，也就是说无论一个文件有多小，哪怕只有一个字节，一旦占用了一个簇，那么别的文件就不能在写入这个簇了，这个簇中剩余的空间就被浪费了。每个簇由一个或多个扇区构成。软盘的一个簇只有一个扇区，即 512 个字节。若在软盘上存储一个含有 5 字节的文件，那么它要占用 512 个字节。

磁盘的存储容量分为非格式化容量和格式化容量两种。非格式化容量取决于盘片本身磁介质所允许的记录密度，格式化容量取决于操作系统如何为磁盘划分磁道和扇区。我们一般所说的存储容量指的是格式化容量，它一般低于非格式化容量。

磁盘的非格式化容量为 $Cn=w\times3.14\times d\times m\times n$，其中 w 为位密度，d 为最内圈直径(200mm)，m 为记录面数，n 为每面磁道数。

磁盘格式化后的存储容量=$n\times t\times s\times b$，其中 n 为保存数据的总盘面数，t 为每面磁道数，s 为每道的扇区数，b 为每个扇区存储的字节数。

磁盘的存取时间(访问时间)＝寻道时间＋等待时间。寻道时间为磁头移动到目标磁道所需的时间，我们可以通过降低磁盘的平均寻道时间来降低访问时间；等待时间(又称旋转时间)为等待读写的扇区旋转到磁头下方所用的时间。磁盘的存取时间一般选用磁道旋转一周所用时间的一半作为平均等待时间。

磁盘的数据传输速率是指磁头找到地址后，单位时间写入或读出的字节数(即 TB/T，TB 为一个磁道上记录的字节数，T 为磁道每转一圈所需的时间)。

7.1.2　硬盘

硬盘是将若干盘片叠起来固定在一起，绕着同一个轴旋转。1968 年，IBM 公司首次提出名为“温彻斯特(Winchester)”的技术，“温彻斯特”技术的精髓是“密封、固定并高速旋转的镀磁盘片，磁头沿盘片径向移动，磁头悬浮在高速转动的盘片上方，而不与盘片直接接触”。这就是现代硬盘的原型。在 20 世纪 80 年代末，IBM 公司又相继研发了

MR(Magneto Resistive 磁阻)磁头和 GMR(巨磁阻)磁头，使得盘片的存储密度大幅度提高，从而带动了整块硬盘容量的增大。

1. 硬盘的存储结构

硬盘的存储结构是由磁道(Tracks)、扇区(Sectors)、柱面(Cylinders)和磁头(Heads)组成的。如标准 IDE 接口支持 1 024 个柱面，63 个扇区，16 个磁头，相应标准的硬盘容量为 16×1 024×63×512＝528 482 304 字节。

在硬盘上，簇的大小和分区大小有关。比如当分区容量介于 64MB 和 128MB 之间时，每个簇有 4 个扇区；当分区容量介于 128MB 和 256MB 之间时，每个簇有 8 个扇区；当分区容量大于 1 024MB 之间时，每个簇有 64 个扇区，其容量达到 32KB。在此时一个 1 字节的文件在硬盘上也会占用 32KB 的空间。所以要根据具体情况来进行合理分区，以免浪费很大的硬盘空间。如果使用的是 Windows 98、Windows 2000 或者 Windows XP 的话，可以利用它们提供的 FAT32 分区，使得硬盘的每一个簇小到 4KB。

2. 硬盘的工作原理

硬盘驱动器加电正常工作后，利用控制电路中的单片机初始化模块进行初始化工作。此时磁头置于盘片中心位置。初始化完成后，主轴电机将启动并高速旋转，装载磁头的小车机构移动，将浮动磁头置于盘片表面的 00 道，处于等待指令的启动状态。当接口电路接收到计算机系统传来的指令信号后，通过前置放大控制电路，驱动音圈电机发出磁信号，根据感应阻值变化的磁头对盘片数据信息进行正确定位，并将接收后的数据信息解码，通过放大控制电路传输到接口电路，反馈给主机系统完成指令操作。由于断电引起的硬盘操作结束状态，在反力矩弹簧的作用下浮动磁头驻留到盘面中心。

3. 硬盘的工作模式

现在的主板支持 3 种硬盘工作模式：NORMAL 模式、LBA 模式和 LARGE 模式。

(1) NORMAL 模式，即普通模式，是最早的 IDE 方式。在此方式下对硬盘访问时，BIOS 和 IDE 控制器对参数不作任何转换。该模式支持最大 1024 个柱面，63 个扇区，16 个磁头，相应标准的硬盘容量为 16×1 024×63×512=528 482 304(B)=504(MB)。在此模式下无论硬盘的实际物理容量有多大，可访问的硬盘空间最大也只能是 504MB。

(2) LBA(Logical Block Addressing)模式，即逻辑块寻址模式。这种模式所管理的硬盘空间突破了 504MB 的瓶颈，可达 8.4GB。在 LBA 模式下，设置的柱面、磁头、扇区等参数并不是实际的硬盘的物理参数。在访问硬盘时，由 IDE 控制器把柱面、磁头、扇区等参数确定的逻辑地址转换为实际硬盘的物理地址。在 LBA 模式下可设置的最大磁头数为 255，其他参数与 NORMAL 模式相同，由此可计算出可访问的硬盘容量为 512×63×255×1 024=8.4(GB)。

(3) LARGE 模式，即大硬盘模式。当硬盘的柱面超过 1 024 而又不被 LBA 支持时可采用此模式。LARGE 模式采取的方法：把柱面数除以 2，把磁头数乘以 2，其结果是总容量不变。例如在 NORMAL 模式下柱面数为 1 220，磁头数为 16，进入 LARGE 模式则柱面数为 610，磁头数为 32。这样在 DOS 看来柱面数小于 1 024，即可正常工作。

4. 硬盘常用的分区格式

根据目前流行的操作系统来看，常用的分区格式有 4 种，分别是 FAT16、FAT32、NTFS 和 Linux。

(1) FAT16 格式。FAT16 格式是 MS-DOS 和早期的 Windows 95 操作系统中最常见的硬盘分区格式。它采用 16 位的文件分配表，能支持最大为 2GB 的硬盘。几乎所有的操作系统都支持这一种格式。

FAT16 分区格式的最大缺点是磁盘利用率低。FAT16 支持的分区越大，磁盘上每个簇的容量也越大，造成的浪费也越大。

(2) FAT32 格式。它采用 32 位的文件分配表，突破了 FAT16 对每一个分区的容量只有 2GB 的限制。

FAT32 分区格式的最大优点是在一个不超过 8GB 的分区中，每一个簇的容量都固定为 4KB，可以大大减少磁盘的浪费，提高磁盘利用率。但也有一个缺点是由于文件分配表的扩大，运行速度变慢。

(3) NTFS 格式。NTFS 格式的优点是安全性和稳定性极其出色，在使用中不易产生碎片。它能对用户的操作进行记录，通过对用户权限进行非常严格的限制，充分保护了系统与数据的安全。

(4) Linux 格式。它的分区格式与其他的操作系统完全不同，共有两种：一种是 Linux Native 主分区，一种是 Linux Swap 交换分区。这两种格式的安全性与稳定性极佳，死机的次数大大减少。

7.2　驱动调度算法

由于辅存设备都包含速度相对较慢的机械设备，频繁地机械访问操作将会影响操作系统的执行性能。就磁盘而言，追求的就是有较短的存取时间(访问时间)和较高的数据传输速率，而磁盘调度是降低磁盘平均访问时间最有效的方法。因此如何有效地对磁盘调度，是操作系统必须考虑的主要因素之一。下面介绍几种驱动调度算法。

7.2.1　循环排序

对旋转型的外设，记录具有循环的特点。当某一请求序列来到时，进行某种排序具有非常的意义。

【例 7-1】 有一磁盘转速为 20ms/转，每一个磁道保存 5 个记录，如果收到以下 4 个 I/O 请求，并且在一条到该设备的可用通路，请分析请求序列为 4 3 2 1 时，采用下列哪一些响应序列速度最快？(假设定位时间为 10ms，读出记录时间为 5ms，且当前记录为 3)

(1) 4 3 2 1。

(2) 1 2 3 4。

(3) 4 1 2 3。

实现这种算法需要一个位置测定装置，然后再安排合适的响应序列，才能达到较快的速度。

7.2.2 优化分布

信息在存储空间的排列方式也会影响存取等待。

【例 7-2】 假设有 10 个逻辑记录 A、B、C、D、…、J 被存于旋转型设备上，每道存放 10 个记录，如果经常顺序处理这些记录，旋转速度为 20ms，处理程序读出每个记录后花 4ms 进行处理，试分析下列两种排序下处理完 10 个记录的总时间。

(1) A B C D E F G H I J　　　　(2) A H E B I F C J G D

分析：因为转速为 20ms，即读 10 个记录需 20ms，则每读一个记录的时间为 2ms。

对于第(1)种：当读出 A 并处理完时，刚好转到 D 的开始，为了读 B，必须待到下一周转到 B 时才能进行，等待时间为 2×8=16ms。因此处理 10 个记录的总时间为 10×(2＋4＋16)=220(ms)。

对于第(2)种：当读出 A 并处理完时，刚好转到 B 的开始，因此不用等待就可读 B 并处理，因此处理 10 个记录的总时间为 10×(2＋4)=60(ms)。

7.2.3 交替地址

把每一个记录重复记录在这台设备的多个区域，可以显著减少存取时间，这样读相同的数据记录，就有几个交替地址，这种方法也被称为多重副本或折叠。

【例 7-3】 若每道有 8 个记录，旋转速度 20ms，如果记录 A 存于 1 道，记录 1，则存取记录 A 平均时间为半周，即 10ms；如果记录 A 的副本存于 1 道，记录 1 和 1 道，记录 5，则存取记录 A 平均时间降为 5ms(存取时间折半)。

这种技术要耗用较多的存储空间。适用于反复读取，不需修改的数据。

7.2.4 搜索定序

对于磁盘设备，除了旋转位置外，还有搜查定位的问题。输入输出请求需要 3 个地址：柱面号、道号和记录号。

如：对磁盘同时有以下 5 种访问请求，见表 7-1。

表 7-1　对磁盘的访问请求

柱　面　号	磁　道　号	记　录　号
7	4	1
7	4	8
7	4	5
40	6	4
2	7	7

如果当前移动臂处于 0 号柱面。若按上述次序访问磁盘，移动臂从 0→7→40→2 号柱面，这样移臂很不合理。

如果将访问请求按柱面号 2、7、7、7、40 的次序处理，就可节省移臂时间。进一步考查 7 号柱面的 3 个访问为 1、5、8，那么移臂时间会更短。

由此可见，对于磁盘一类设备，在启动之前按驱动调度策略对访问的请求优化排序是十分必要的。除了应有使旋转圈数最少的调度策略外，还应考虑使移臂时间最短的调度策略。

对于移动臂磁盘还有许多其他驱动调度算法。

(1) 先来先服务算法(FCFS)。

(2) 最短查找时间优先算法(SSTF)。总是执行查找时间最短的那个请求。

(3) 双向扫描算法(Scan)。移动臂从磁盘的一端出发，向另一端移动，遇到需要访问的柱面就完成访问请求，直至到达磁盘的另一端。到达另一端后，移动臂就改变移动方向，继续完成在这一方向上的访问请求。

(4) 单向扫描算法(C-Scan)。为适应极大量存取请求的情况而设计的一种扫描方式。移动臂总是从 0 号柱面至最大号柱面顺序扫描，然后直接返回 0 号柱面，以此重复进行。在一个柱面上，移动臂停留到磁盘旋转过一定圈数。

(5) 电梯调度算法(Look)。总是从移动臂的当前位置开始沿着臂的移动方向选择离移动臂最近的那一个柱面的访问者。如果沿臂的移动方向无请求访问，就改变臂的移动方向再选择。

7.2.5　算法选择

在众多的磁盘调度算法中，要选择一个最适合系统的算法相当困难。先来先服务算法确实能够给予相当的公平性，但却无法获得较佳的效果。最短查找时间优先算法算是一般且普遍的算法。双向扫描算法和单向扫描算法适合负载较大的情况，但实际上在大多数的操作系统中并未被实现，因为需要硬件的支持。

此外，磁盘服务的要求也会受文件分配方式的影响。连续分配将会产生许多邻近块的磁盘要求，而减少磁头的移动；而链表或索引结构，则可能会访问包含几个散布于磁盘各处的块，这将会产生较多的磁头移动。由此可见，由于涉及诸多因素，使得我们很难评估各种算法的优劣。

7.3　磁盘存储空间管理

为了实现能对外存空间的有效利用，并提高对文件的访问效率，需要系统对外存中的空闲块资源妥善管理。在大多数情况下，都是利用磁盘来存放文件。因此本节就基于磁盘文件介绍几种常用的磁盘空闲块管理技术：空闲空间表法、空闲块链接法、成组链接法及位示图法。

7.3.1　空闲空间表法

1. 建立一张空闲空间表

空闲空间表包含 4 项内容：序号、第一个空闲块号、空闲块个数、物理块号，见表 7-2。

表 7-2　空闲空间表

序　　号	第一个空闲块号	空闲块个数	物理块号
1	2	4	2，3，4，5
2	18	6	18，19，20，21，22，23
3	59	5	59，60，61，62，63
……			

所有连续的空闲块在表中占一项。

2. 空闲块分配

在建立新文件时，要为它分配空间，为此，系统检索空闲空间表，寻找合适的表项。如果对应空闲区的大小恰好等于所申请值，就把该项从表中清除。如果该区大于所需数量，则把分配后剩余的部分记录在表中。常用的分配算法有以下几种。

(1) 优先适应算法。每次分配时，总是顺序查找未分配表，找到第一个能满足长度要求的空闲块为止。

(2) 最佳适应算法。从空闲区中挑选出一个能满足作业要求的最小分区。容易造成剩下空闲区太小以致无法使用。

(3) 最坏适应算法。总是挑选一个最大的空闲区分割给作业使用。这种做法能保证剩下的空闲区不至于太小，对小作业有利。

3. 空闲块回收

当用户删除一个文件时，系统就回收该文件占用的块，并把相应的空闲块信息填回到空闲空间表中。如果释放的块和原有空闲块相邻，则把它们合并成一个大的空闲区，记在一个表项中。

随着文件不断地被创建和被删除，如同内存动态分配一样会产生碎片，这些碎片可以采用紧缩法进行处理。

7.3.2　空闲块链接法

把所有的空闲块连接在一起，系统保持有一个指针指向第一个自由块，每一个自由块包含指向下一个自由块的指针。申请一块时，从链头取一块并修改系统指针。删除时释放占用块使其成为空闲并将它挂到空闲链头上，如图 7.2 所示。

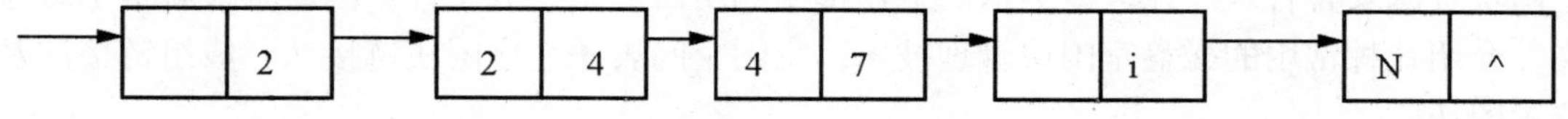

图 7.2　空闲块链

这种方法的效率很低，每次申请都要读出空闲块并取得指针，若需 n 块，则要重复 n 次。这就需要进行大量的 I/O 操作。

7.3.3　空闲块成组链接法

空闲块成组链接法是对空闲块链接法的改进。办法是把所有空闲盘块按固定数量分组，组与组之间形成链接关系。每组第一块登记下一组空闲块的物理块号和空闲块总数，最后不足规定数量那一部分的物理块号及总数记入专用块中。

在 UNIX 系统中，假设有一个文件共用 438 块可用空间，编号从 12 到 449，如果每 100 块分成一组，则其空闲块成组链接法如图 7.3 所示。

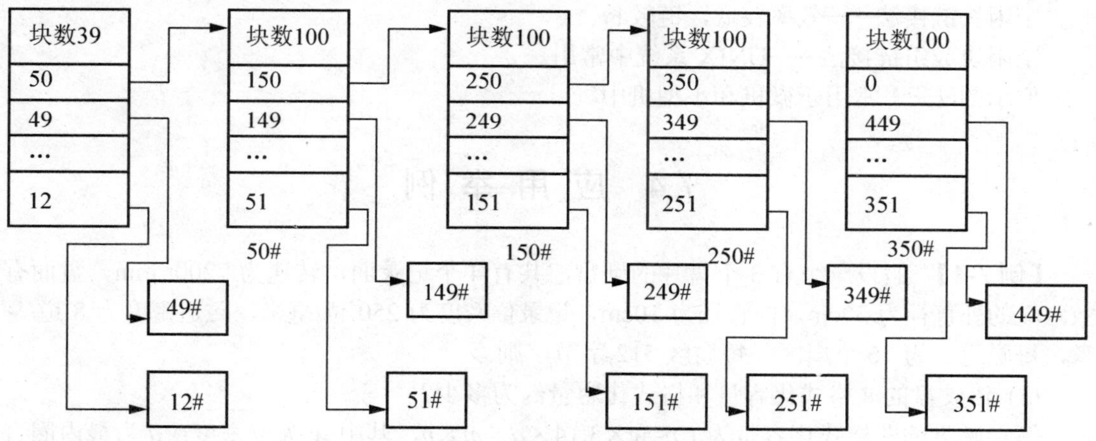

图 7.3　空闲块成组链接法示意图

分配时，先从专用块分配；回收时，放入专用块。

1. 空闲块分配

将专用块复制到内存的专用栈。空闲块数用栈深来表示。分配空闲块时，总是将表示栈深的数值减 1(39−1)，然后以 38 作为检索专用块中空闲块号的索引，得到块号 12，它就是当前分出的第一个空闲块。

39
50
49
48
47
…
12

2. 空闲块回收

先将要回收的块号放入栈底，然后将表示栈深的数值加 1，如果表示栈深的数值达到规定的数量，则表示栈满。如果此时还要回收，就先将栈深值和各空闲块号写到要回收的块中，然后把栈深值及栈中值清 0，以栈深值 0 为索引，将新回收的块号写入相应的单元之中，栈深值加 1。

7.3.4　字位映像表法(位示图法)

用若干个字节构成一张表，每一位对应一个物理块。“1”表示该块已占用，“0”表示该块空闲。二进制的位数完全由磁盘的总块号决定。

由于该方法占用的空间小，因而可以将表复制到内存中，使得盘块的分配与回收都可以高速进行。当关机或文件信息转储时，位示图信息需要完整地在盘上保留下来。

空闲空间表法——适于连续文件，有碎片。

空闲块链接法——效率较低，链较长。

空闲块成组链接法——UNIX 系统中常用。

位示图法——常用于微机和小型机中。

7.4 应用举例

【例 7-4】 假设一个有 3 个盘片的硬盘，共有 4 个记录面，转速为 7200r/min，盘面有效区域的外直径为 30cm，内直径为 10cm，记录位密度为 250 位/毫米，磁道密度为 8 道/毫米，每磁道分为 16 个扇区，每扇区 512 字节，则

(1) 该硬盘的非格式化容量和格式化容量约为多少？

解：磁盘的非格式化容量为 $Cn=w\times3.14\times d\times m\times n$，其中 w 为位密度；d 为最内圈直径；m 为记录面数；n 为每面磁道数。

所以 Cn=250/8×3.14×10×10×4×10×10×8=31 400 000(B)=30MB。

磁盘格式化后的存储容量=$n\times t\times s\times b$，其中 n 为保存数据的总盘面数；t 为每面磁道数；s 为每道的扇区数；b 为每个扇区存储的字节数。

所以，磁盘格式化后的存储容量=4×(30−10)/2×10×8×16×512=26 214 400(B)=25MB。

(2) 数据传输速率约为多少？

解：数据传输速率=16×512×7 200/60=983 040(B)=960Kbit/s。

(3) 若一个文件超出一个磁道容量，剩余的部分应存于何处？

解：其他盘面的同一编号的磁道上。

【例 7-5】 设某系统的磁盘有 500 块，块号为 0、1、2、3、…、499。

(1) 若用位示图法管理这 500 块的盘空间，问字长为 32 位时，需要多少个字的位示图？

解：位示图法就是在内存中用一些字建立一张位示图，其中的一位表示一个盘块的使用情况，通常用“1”表示占用，“0”表示空闲。因此，本问题中位示图所占的字数为[500/32]=16。([ ]表示取整)

(2) 第 i 字的第 j 位对应的块号是多少？(其中：i=0，1，2，…；j=0，1，2，…)

解：第 i 字的第 j 位对应的块号 N=32×i+j。

【例 7-6】有 5 个记录 A、B、C、D、E 存放在某磁盘的某磁道上。假定这个磁道被划分成 5 块，每块存放一个记录，块号 1、2、3、4、5 分别存放记录 A、B、C、D、E。现在要顺序处理这 5 个记录，如果磁盘旋转速度为 20 ms/周，处理程序每读出一个记录后要花 7 ms 进行处理。试问：

(1) 处理完这 5 个记录所需的总时间是多少？

解：所需的总时间=20×5+7=107(ms)。因为每转过一个记录需 20/5=4 ms，每读出一个记录后需要 7ms 的处理时间，等处理完再读下一个记录时，只能等到下一周，所以每旋转一周读出一个记录。当读出第 5 个记录时，第 5 周刚好转完，因此，需要另外加 7 ms。

(2) 为减少磁盘旋转的周数，应如何安排这 5 个记录？并计算所需的总时间。

解：为减少磁盘旋转的周数，块号 1、2、3、4、5 中分别存放记录 A、C、E、B、D，所需的总时间为 20×2+17=57 ms。

7.5 本章小结

磁盘存储器是最常用的一种辅助存储器，用于存放当前不需要立即使用的信息，一旦需要，再和主机成批交换数据，它是主存储器的后备。本章对磁盘存储器的构造、特点等进行了讲述。

由于辅存设备都包含速度相对较慢的机械设备，频繁地机械访问操作将会影响操作系统的执行性能。就磁盘而言，追求的就是有较短的存取时间(访问时间)和较高的数据传输速率，而磁盘调度是降低磁盘平均访问时间最有效的方法。因此如何有效地对磁盘调度，是操作系统必须考虑的主要因素之一。所以本章对磁盘驱动调度算法，结合实例做了重点讲解。

为了实现能对外存空间的有效利用，并提高对文件的访问效率，需要系统对外存中的空闲块资源妥善管理。因此本章就基于磁盘文件介绍了空闲空间表法、空闲块链接法、成组链接法及位示图法等几种常用的磁盘空闲块管理技术。

7.6 习　题

1. 选择题

(1) 软磁盘是(　　)设备。

A. 独占　　B. 共享　　C. 不确定　　D. 字符

(2) 在磁盘上确定分块所在的位置必须给出的参数依次为(　　)。

A. 扇区号、磁道号、盘面号　　B. 盘面号、磁道号、扇区号
C. 扇区号、磁头号、柱面号　　D. 柱面号、磁头号、扇区号

(3) 启动磁盘完成一次输入输出操作，(　　)是硬件设计时就设定的。

A. 寻找时间　　B. 延迟时间
C. 传送时间　　D. 一次 I/O 操作的总时间

(4) 磁盘移臂的(　　)调度算法总是从等待访问者中挑选时间最短的那个请求先执行。

A. 先来先服务　　B. 最短寻找时间优先
C. 电梯　　D. 单向扫描

(5) (　　)总是从移动臂当前位置开始沿着臂的移动方向选择离当前移动臂最近的那个柱面的访问者，沿臂的移动方向无请求访问时，就改变臂的移动方向再选择。

A. 先来先服务调度算法　　B. 最短寻找时间优先调度算法
C. 电梯调度算法　　D. 单向扫描调度算法

(6) 在磁盘的输入输出操作中，需要做的工作可以不包括(　　)。

A. 确定磁盘的存储容量

B. 移动移动臂使磁头移到指定的柱面

C. 旋转磁盘使指定的扇区处于磁头的位置下

D. 让指定的磁头读写信息，完成信息的传送操作

(7) 磁盘的旋转调度速度是根据(　　)决定访问者的执行顺序的。

A. 延迟时间　　B. 传送时间　　C. 启动时间　　D. 寻找时间

(8) 假定磁盘的旋转速度是 10ms/圈，每个磁道被划分成大小相等的 4 块，则传送一块信息的时间为(　　)。

A. 4ms　　B. 5ms　　C. 10ms　　D. 2.5ms

2. 判断题

(1) 在计算机系统中，对磁盘上信息读写的最小单位是“字符”。　　(　　)

(2) 在移臂调度算法中，电梯调度算法是寻找一个离磁头当前位置最近的一个柱面请求并为之服务。　　(　　)

(3) 磁盘驱动调度分为移臂调度和旋转调度，它们的执行次序无关紧要。　　(　　)

(4) 在旋转调度中，根据寻找时间的长短确定访问者的执行次序。　　(　　)

(5) 硬盘上的信息存放顺序是按照盘面上的磁道顺序存放满一个盘面后再存放下一个盘面的。　　(　　)

(6) 在文件存储空间管理中，如果采用空闲块链法，对于空闲块的分配和回收可以同时进行，以提高效率。　　(　　)

(7) UNIX 系统中对文件存储空间的空闲块的管理方法是位示图法。　　(　　)

3. 计算题

(1) 假设对磁盘的请求磁道的次序为：95、180、35、120、10、122、64 及 68，磁头初始位置为 30(移动方向由外向内)，试分析并画出先来先服务调度算法、最短寻找时间优先调度算法、电梯调度算法和单向扫描调度算法的磁头移动轨迹，并列出磁头移动的磁道数(磁道号 0～199)。

(2) 假设某磁盘的旋转速度是 20ms/圈，格式化时每个盘面被分成 10 扇区，现有 10 个逻辑记录存放在这一磁盘上，磁盘情况见表 7-3。

表 7-3　磁盘情况表

扇 区 号	逻 辑 记 录	扇 区 号	逻 辑 记 录
1	A	6	F
2	B	7	G
3	C	8	H
4	D	9	I
5	E	10	J

问：①顺序处理完这 10 个记录总共花费了多少时间？

②请给出一个记录优化分布的答案，使处理程序能在最短时间内处理完这 10 个记录，并计算优化后需要花费多少时间？

(3) 假定一个盘组共有 100 个柱面，每个柱面上有 16 磁道，每个盘面分成四个扇区，问：

① 整个磁盘空间有多少个储存块？

② 如果用字长为 32 位的单元构造位示图，共需多少个字？

③ 位示图中第 18 个字的第 16 位对应的块号是多少？

(4) 假定磁带的记录密度为 800 字符/英寸，每一逻辑记录长为 200 个字符，块与块之间的间隙为 0.6 英寸，现有 1 000 个逻辑记录需要存储在磁带上，请问：

① 不采用成组操作时，磁带空间的利用率是多少？

② 采用 5 个逻辑记录为一组的成组操作，磁带空间的利用率是多少？

(5) 在 UNIX 系统中，假设有一个文件共需 167 块可用空间，编号从 3 到 169。如果每 50 块分成一组，请画出其空闲块成组链接法示意图。

第 8 章　操作系统实例一：Linux

教学目标

通过本章学习，使学生了解 Linux 操作系统的特点、进程通信和调度、三级页式虚拟存储器管理、VFS 和 Ext2 文件系统以及 Linux 的安全机制等内容。

教学要求

知识要点	能力要求	关联知识
Linux 概述	(1) 掌握 Linux 系统的特点 (2) 了解 Linux 系统的发展 (3) 掌握 Linux 系统的体系结构、用户界面	Linux 的特点、体系结构、用户界面
Linux 的进程管理	(1) 理解 Linux 系统下的进程管理 (2) 掌握 Linux 系统下的线程管理 (3) 了解 Linux 系统下的进程通信	进程管理、线程、信号量、进程通信
Linux 的存储管理	(1) 了解 Linux 的虚拟内存管理方式 (2) 掌握 Linux 的三级页表	虚拟存储、内存分配和回收、页表、缺页中断
Linux 的文件管理	(1) 掌握 Linux 的目录结构 (2) 了解 Linux 的文件虚拟系统 (3) 了解 Linux 的 Ext2 文件系统 (4) 理解 Linux 的文件操作系统调用	目录结构、文件虚拟系统、Ext2 文件系统
Linux 设备管理	(1) 了解 Linux 设备驱动程序 (2) 理解 Linux 设备管理	设备驱动程序、设备管理
Linux 安全机制	(1) 了解 Linux 自身的安全机制 (2) 掌握 Linux 用户账号与口令安全 (3) 了解 Linux 的文件访问控制	安全机制、用户账号、口令、文件访问控制

重点难点

- Linux 系统的特点、体系结构
- Linux 的进程管理
- Linux 的存储管理
- Linux 的文件管理
- Linux 设备管理
- Linux 安全机制

8.1　Linux 概述

Linux 是一套免费使用和自由传播的类 UNIX 操作系统。虽然 Linux 可以用于多种计算机平台，但它主要用于基于 Intel x86 系列 CPU 的计算机上。这个系统是由全世界各地的成千上万的程序员设计和实现的。其目的是建立不受任何商品化软件的版权制约的、全世界都能自由使用的 UNIX 兼容产品。

8.1.1 学习 Linux 操作系统的意义

学习和使用 Linux，能为用户节省一笔可观的资金。Linux 是目前唯一可免费获得的、为 PC 机平台上的多个用户提供多任务、多进程功能的操作系统，这是人们要使用它的主要原因。就 PC 机平台而言，Linux 提供了比其他任何操作系统都要强大的功能，Linux 还可以使用户远离各种商品化软件提供者促销广告的诱惑，再也不用承受每过一段时间就升级之苦，因此，可以节省大量用于购买或升级应用程序的资金。

Linux 不仅为用户提供了强大的操作系统功能，而且还提供了丰富的应用软件。用户不但可以从 Internet 上下载 Linux 及其源代码，而且还可以从 Internet 上下载许多 Linux 的应用程序。可以说，Linux 本身包含的应用程序以及移植到 Linux 上的应用程序包罗万象，任何一位用户都能从有关 Linux 的网站上找到适合自己特殊需要的应用程序及其源代码，这样，用户就可以根据自己的需要来下载源代码，以修改和扩充操作系统或应用程序的功能。这对于 Windows NT、Windows 98、MS-DOS 或 OS/2 等商品化操作系统来说是无法做到的。

Linux 为广大用户提供了一个在家里学习和使用 UNIX 操作系统的机会。尽管 Linux 是由计算机爱好者们开发的，但是它在很多方面上是相当稳定的，从而为用户学习和使用目前世界上最流行的 UNIX 操作系统提供了廉价的机会。现在有许多 CD-ROM 供应商和软件公司(如 RedHat 和 TurboLinux)都支持 Linux 操作系统。Linux 成为 UNIX 系统在个人计算机上的一个代用品，并能用于替代那些较为昂贵的系统。因此，如果一个用户在公司上班的时候在 UNIX 系统上编程，或者在工作中是一位 UNIX 的系统管理员，他就可以在家里安装一套 UNIX 的兼容系统，即 Linux 系统，在家中使用 Linux 就能够完成一些工作任务。

Linux 提供了非常方便的访问 Internet 的手段。任何一位用户，当他学习和掌握了 Linux 的必要知识以后，只要准备一些必要的硬件设备(如调制解调器)，就能在自己的家里进入 Internet。

8.1.2 Linux 系统的特点

1. Linux 系统的特点

Linux 操作系统在短短的几年之内得到了非常迅猛的发展，并得到越来越多的重视，这与 Linux 具有的良好特性是分不开的。Linux 包含了 UNIX 的全部功能和特性。简单地说，Linux 具有以下几个主要特性。

1) 与 UNIX 兼容

Linux 已经成为具有全部 UNIX 特征，遵从 POSIX 标准的操作系统，UNIX 的所有主要功能都有相应的 Linux 工具和实用程序。UNIX 的软件程序源码在 Linux 上重新编译之后就可以运行。BSDUNIX 的可执行文件可以直接在 Linux 环境下运行。所以，Linux 实际上是一个完整的UNIX类型的操作系统。Linux 系统上使用的命令多数都与UNIX 命令在名称、格式及功能上相同。

2) 多用户多任务

多用户是指系统资源可以被不同用户各自拥有使用，即每个用户对自己的资源(例如：

文件、设备)有特定的权限，互不影响。Linux 和 UNIX 都具有多用户的特性。

多任务是现代计算机的最主要的一个特点。它是指计算机同时执行多个程序，而且各个程序的运行互相独立，互不影响。多任务分为抢占调度多任务和协作多任务。前者的多任务性表现在每个程序都保证有机会运行，且每个程序都一直执行到操作系统抢占 CPU 让其他程序运行为止。后者的多任务性表现在一个程序一直运行到它们主动让其他程序运行，或运行到它们已没有任何事情可做为止。

3) 良好的用户界面

Linux 向用户提供了两种界面：图形界面和命令行界面。Linux 的传统用户界面是基于文本的命令行界面，即 Shell，它既可以联机使用，又可保存在文件上脱机使用。Shell 有很强的程序设计能力，用户可方便地用它编制程序，从而为扩充系统功能提供了更高级的手段。可编程 Shell 是指将多条命令组合在一起，形成一个 Shell 程序，这个程序可以单独运行，也可以与其他程序同时运行。

4) 设备独立性

设备独立性是指操作系统把所有外部设备统一当成文件来看待，只要安装了它们的驱动程序，任何用户都可以像使用文件一样，操纵及使用这些设备，而不必知道它们的具体存在形式。

具有设备独立性的操作系统，通过把每一个外围设备看作一个独立文件来简化增加新设备的工作。当需要增加新设备时，系统管理员就在内核中增加必要的连接。这种连接(也称作设备驱动程序)保证每次调用设备提供服务时，内核以相同的方式来处理它们。当新的及更好的外设被开发并交付给用户时，操作允许在这些设备连接到内核后，就能不受限制地立即访问它们。设备独立性的关键在于内核的适应能力。其他操作系统只允许一定数量或一定种类的外部设备连接，而设备独立性的操作系统能够容纳任意种类及任意数量的设备，因为每一个设备都通过其与内核的专用连接独立进行访问。

Linux 是具有设备独立性的操作系统。尽管它没有包含全部的为商用计算机及其软件制造的外部设备，但是，由于 Linux 是 UNIX 的一个兼容产品，它的内核具有高度适应能力，随着更多的程序员加入 Linux 编程，会有更多硬件设备加入到各种 Linux 内核和发行版本中。另外，由于用户可以免费得到 Linux 的内核源代码，因此，用户可以修改内核源代码，以便适应新增加的外部设备。

5) 提供了丰富的网络功能

Linux 在通信和网络功能方面优于其他操作系统。其他操作系统不包含如此紧密地和内核结合在一起的连接网络的能力，也没有内置这些联网特性的灵活性，而 Linux 为用户提供了完善且强大的网络功能。

其网络功能之一是支持 Internet。Linux 免费提供了大量支持 Internet 的软件，Internet 是在 UNIX 领域中建立并繁荣起来的，在这方面使用 Linux 是相当方便的，用户能用 Linux 与世界范围内的其他人通过 Internet 网络进行通信。

其网络功能之二是文件传输。用户能通过一些 Linux 命令完成内部信息或文件的传输。

其网络功能之三是远程访问。Linux 不仅允许进行文件和程序的传输，它还为系统管理员和技术人员提供了访问其他系统的窗口。通过这种远程访问的功能，一位技术人员能够有效地为多个系统服务(即使那些系统位于相距很远的地方)。

Linux 还包含大量网络管理、网络服务等方面的工具，用户可利用它建立高效稳定的防火墙、路由器、工作站、Internet 服务器和 WWW 服务器。它还包括大量系统管理软件、网络分析软件和网络安全软件等。

6) 可靠、安全和高性能

在相同的硬件环境下，Linux 可以像其他著名的操作系统那样运行，提供各种高性能的服务，可以作为中小型 ISP 或 Web 服务器工作平台。

由于 Linux 源码是公开的，可以消除系统中存在“后门”的疑惑。这对于关键部门、关键应用来说，是至关重要的。Linux 采取了许多安全技术措施，包括对读、写进行权限控制、带保护的子系统、审计跟踪及核心授权等，这为网络多用户环境中的用户提供了必要的安全保障。

7) 便于定制和再开发

在遵从 GPL 版权协议的条件下，各部门、企业、单位或个人可以根据自己的实际需要和使用环境，对 Linux 系统进行裁剪、扩充、修改或者再开发。

8) 良好的可移植性

可移植性是指将操作系统从一个平台转移到另一个平台使它仍然能按其自身的方式运行的能力。

Linux 是一种可移植的操作系统，能够在从微型计算机到大型计算机的任何环境中和任何平台上运行。可移植性为运行 Linux 的不同计算机平台与其他任何机器进行准确而有效的通信提供了手段，不需要另外增加特殊的和昂贵的通信接口。

9) 互操作性强

Linux 操作系统能够以不同方式实现与非 Linux 操作系统的不同层次的互操作。

10) 自由软件源码公开

Linux 项目从一开始就与 GNU 项目紧密结合起来，它的许多重要组成部分直接来自 GNU 项目。任何人只要遵守 GPL 条款，就可自由使用 Linux 源程序，这就激发了世界范围内热衷于计算机事业的人们的创造力。通过 Internet，这个软件得到了迅速传播和广泛使用。

2. Linux 系统的版本

Linux 有两种版本，一个是核心(Kernel)版本，另一个是发行(Distribution)版本。

1) 核心版本

核心版本主要是 Linux 内核，由 Linus 等人在不断地开发和推出新的内核。Linux 内核的官方版本由 Linus Torvalds 本人维护。核心版本的序号由两部分数字构成，其形式如下。

```
major.minor.patchlevel
```

其中，major 为主版本号，minor 为次版本号，二者共同构成当前核心版本号。patchlevel 表示对当前版本的修订次数。例如，2.2.11 表示对核心 2.2 版本的第 11 次修订。

2) 发行版本

发行版本是各个公司推出的版本，它们与核心版本是各自独立发展的。例如，Red Hat 8.0。

8.1.3 Linux 系统的发展

Linux 是专门为个人计算机所设计的操作系统。它最早是由芬兰赫尔辛基大学的学生

Linus Torvalds 设计的。当时 Linux 是他的一项个人研究项目，其目的是为 Minix 用户设计一个比较有效的 UNIX PC 版本。Linus Torvalds 称它为 Linux。Minix 是由 Andrew Tannebaum 教授开发的，发布在 Internet 上，免费给全世界的学生使用。Minix 具有较多 UNIX 的特点，但与 UNIX 不完全兼容，Linus 打算为 Minix 用户设计一个较完整的 UNIX PC 版本，于 1991 年发行了 Linux 0.11 版本，并将它发布在 Internet 上，免费供人们使用。

以后几年，其他的 Linux 爱好者根据自己的使用情况，综合现有的 UNIX 标准和 UNIX 系统中应用程序的特点，修改并增加了一些内容，使得 Linux 的功能更完善。

Linux 设计了与所有主要的窗口管理器的接口，提供了大量 Internet 工具，如 FTP、TELNET 和 SLIP 等。

Linux 提供比较完整的程序开发工具，最常用的是 C++编译器和调试器。

尽管 Linux 拥有了 UNIX 的全部功能和特点，但它却是最小、最稳定和最快速的操作系统。在最小配置下，它可以运行在仅 4MB 的内存上。

Linux 是在 Internet 开放环境中开发的，它由世界各地的程序员不断完善，而且免费供用户使用。尽管如此，它仍然遵循商业 UNIX 版本的标准，因为在前几十年里，UNIX 版本大量出现，电子电气工程协会(IEEE)开发了一个独立的 UNIX 标准，这个新的 ANSI UNIX 标准被称为计算机环境的可移植性操作系统界面(PSOIX)。这个标准限定了 UNIX 系统如何进行操作，对系统调用也做了专门的论述。PSOIX 限制所有 UNIX 版本必须依赖大众标准，现有大部分 UNIX 和流行版本都是遵循 POSIX 标准的。Linux 从一开始就遵循 POSIX 标准。

Linux 由许多不同的组织开发和发行，每一种 Linux 都带有独特的程序集，而且每种 Linux 都提供组成 Linux 版本的一组核心文件。用户可以从 Internet 上发现很多 Linux 的版本及其所包含的核心文件和应用程序。用户也可以从某些光盘上找到有关的软件。目前比较流行的版本主要是 Red Hat、Slackware 和 Turbo Linux。

Red Hat 是全球最大的开源技术厂家，其产品 Red Hat Linux 也是全世界应用最广泛的 Linux。Red Hat 公司总部位于美国北加利福尼亚。在全球拥有 22 个分部。对于 Red Hat 来说，开放源代码已经不只是一个软件模型，而是 Red Hat 的商业模式。因为 Red Hat 坚信只有协作，企业才能创造出具有非凡质量和价值的产品。

在 Red Hat 的 300 名工程师中，有 6 名来自于全世界最顶尖的 10 名 Linux 核心开发者，7 名来自全球最出色的 10 名 Linux 开发工具工程师。Red Hat 已经为全球 30 万台服务器提供 500 万套软件，是目前全球最先自负盈亏的 Linux 企业、NASDAQ 上市公司，其银行存款高达 29 亿美元，是全球企业最重要的 Linux 和开源技术提供商。

Linux 在中国正在快速发展。现在，国内已经有越来越多的企业选择 Linux 作为自己的操作系统平台，为 Linux 提供软硬件支持的生产人员也越来越多，这当中既有热爱 Linux 的程序员和他们的忠实拥护者，也包括金山、用友等消费类的行业软件厂商。此外还有很多行业如能源、保险、电子政务等也在开始使用 Linux 操作系统。中国政府计划注资开发基于 Linux 的计算机系统，来发展一个以 Linux 为基础的国内软件行业。

8.1.4 Linux 体系结构

Linux 操作系统所有的内核系统功能都包含在一个大型的内核软件之中，Linux 系统也支持可动态装载和卸载的模块结构。利用这些模块，可以方便地在内核中添加新的内核组件或卸载不再需要的内核组件。Linux 系统内核结构如图 8.1 所示。

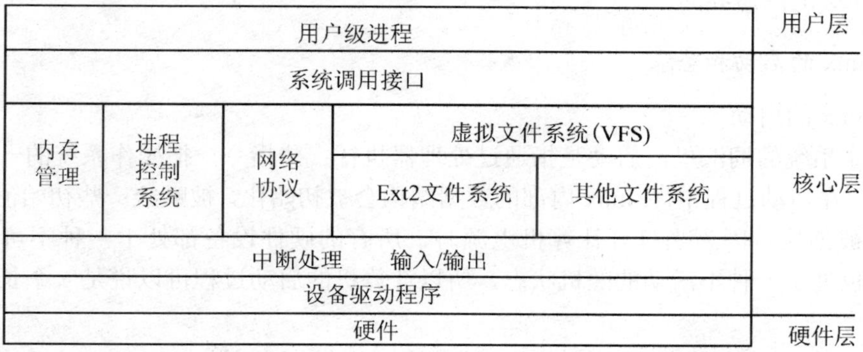

用户级进程　　用户层

系统调用接口

内存管理　　进程控制系统　　网络协议　　虚拟文件系统(VFS)　　Ext2文件系统　　其他文件系统　　核心层

中断处理　　输入/输出

设备驱动程序

硬件　　硬件层

图 8.1　Linux 系统内核结构框图

操作系统分成用户层、核心层和硬件层 3 个层次。所有运行在内核之外的程序分为系统程序和用户程序两大类，它们运行在"用户模式"之下。系统程序及其他所有的程序都在内核之上运行，它们与内核之间的接口由操作系统提供的一组"抽象指令"定义，这些抽象指令称为"系统调用"。系统调用看起来像 C 程序中的普通函数调用。内核之外的所有程序必须通过系统调用才能进入操作系统内核。

内核程序在系统启动时被加载，然后初始化计算机硬件资源，开始 Linux 的启动过程。进程控制系统用于进程管理、进程同步、进程通信、进程调度和内存管理等。程序以文件(源文件、可执行文件等)形式存放。可执行文件装入内存准备执行时，进程控制系统与文件系统相互作用，用可执行文件更换子进程的映像。进程是系统中的动态实体。控制进程的系统调用包括进程的创建、终止、执行、等待、空间扩充及信号传送等。进程调度模块为进程分配 CPU。Linux 系统的进程调度算法采用多级队列轮转法。Linux 系统支持多种进程通信机制，其中最常用的是信号、管道及 UNIX 系统支持的 System VIPC 机制等。

内存管理控制内存分配与回收。系统采用交换和请求分页两种策略管理内存。根据系统中物理内存空间的使用情况，进程映像在内存和辅存(磁盘)之间换入换出。利用请求分页技术提供虚拟存储器。

文件系统管理文件、分配文件空间、管理空闲空间、控制对文件的访问，且为用户检索数据。进程通过一组特定的系统调用(如 open、close、read、write 及 chmod 等)与文件系统交互作用。

Linux 系统使用了虚拟文件系统(VFS)，它支持多种不同的文件系统，每个文件系统都要提供给 VFS 一个相同的接口。因此，所有的文件系统对系统内核和系统中的程序来说，看起来都是相同的。通过 VFS 层，允许用户同时在系统中透明地安装多种不同的文件系统。

文件系统利用缓冲机制访问文件数据。缓冲机制与块设备驱动程序相互作用，以启动从核心向块设备写数据或从块设备向核心传送(读)数据。

Linux 系统支持字符设备、块设备和网络设备 3 种类型的硬件设备。Linux 系统和设备驱动程序之间使用标准的交互接口。这样，内核可以用同样的方法使用完全不同的各种设备。

核心底层的硬件控制模块负责处理中断以及与机器通信。外部设备(如磁盘或终端等)在完成某个工作或遇到某种事件时，中断 CPU 执行，由中断处理系统进行相应分析与处理，处理之后将恢复被中断进程的执行。

8.1.5 Linux 的用户界面

1. Linux 的启动和登录

1) Linux 的启动

在操作系统的词汇里，启动是指通过处理器执行一些指令，把操作系统的一部分放入到内存中。在启动过程中，Linux 内部的数据结构会被初始化，被赋给一些初始值，同时某些进程会被创建。因为当打开计算机电源时，所有的硬件设备都处于一种不可预知的状态，内存也处于一种不活动的随机状态，所以计算机的启动过程可以说是一个长且复杂的任务。

一般来说，Linux 是从硬盘启动的。硬盘的第一个扇区叫做 MBR(Master Boot Record，主引导记录)，其上存储着分区表和一个小程序。由这个小程序引导启动操作系统的第一个扇区，Linux 是一个高度灵活且非常优秀的软件，所以在 MBR 里，它使用 LILO 或 GRUB 来代替上述的那个程序。LILO 或 GRUB 允许用户选择所要启动的操作系统。

2) 登录

登录实际上是验证(Authentication)。Linux 系统使用账号来管理特权、维护安全。按照默认设置，root 代表根用户(又称超级用户)或系统管理员。

2. Linux 命令界面

Linux 的传统用户界面是基于文本的命令行界面，即 Shell。Shell 就是一个命令行解释器，它的作用是遵循一定的语法将输入的命令加以解释并传给系统。它为用户提供了一个向 Linux 发送请求以便运行程序的接口系统级程序，用户可以用 Shell 来启动、挂起、停止甚至是编写一些程序。

Shell 本身是一个用 C 语言编写的程序，它是用户使用 Linux 的桥梁。Shell 既是一种命令语言，又是一种程序设计语言。作为命令语言，它互动式地解释和执行用户输入的命令；作为程序设计语言，它定义了各种变量和参数，并提供了许多在高级语言中才具有的控制结构，包括循环和分支。它虽然不是 Linux 系统内核的一部分，但它调用了系统内核的大部分功能来执行程序、创建文档，并以并行的方式协调各个程序的运行。

在 Linux 和 UNIX 系统里可以使用多种不同的 Shell。最常用的几种是 Bourne Shell(sh)、C Shell(csh)和 Korn Shell(ksh)。几种 Shell 都有它们的优点和缺点。

1) Bourne Shell

Bourne Shell 的作者是 Steven Bourne。它是 UNIX 最初使用的 Shell 并且在每种 UNIX 上都可以使用。Bourne Shell 在 Shell 编程方面相当优秀，但在处理与用户的交互方面做的不如其他几种 Shell。

2) C Shell

C Shell 由 Bill Joy 所写，它更多地考虑了用户界面的友好性。它支持像命令补齐(command-line completion)等一些 Bourne Shell 所不支持的特性。人们普遍认为 C Shell 的编程接口做的不如 Bourne Shell，但 C Shell 被很多 C 程序员使用，因为 C Shell 的语法和 C 语言的很相似，这也是 C Shell 名称的由来。

3) Korn Shell

Korn Shell(ksh)由 Dave Korn 所写。它集合了 C Shell 和 Bourne Shell 的优点并且和 Bourne Shell 完全兼容。

3. Linux 图形界面

由 GNU 计划支持的 GNOME (GNU Network Object Model Environment)软件为 Linux 提供了功能强大的图形操作界面，与 Windows 操作系统具有相似的风格。GNOME 使用 Common Object Request Broker Architecture (CORBA) 让各个程序元件彼此正常地运作，而不需考虑它们是用何种语言所写成的，甚至是在何种系统上执行的。

4. 系统调用

操作系统为用户态进程提供了统一的接口，也就是系统调用。通过该接口，用户态进程可以切换到核心态，从而可以访问相应的资源。这样做的好处有以下几点。

(1) 使编程更加容易。

(2) 有利于系统安全，因为接口统一可以对用户的参数进行检查。

(3) 接口统一有利于移植。

Linux 2.4 内核提供了 200 多个系统调用，例如 fork()函数就是通过系统调用 sys_fork()实现的。当用户调用 fork()库函数时，这个函数的实现在 Linux/GNU 提供的标准 C 库即 libc 里。在 libc 库中相应的实现是如下的两行汇编语言指令。

```
movl    $2,  %eax
int    $0x80
```

Linux 规定，int$0x80 指令是所有系统调用的统一入口，而 eax 寄存器中存放的是系统调用表中的编号，fork()系统调用的编号为 2，不是所有的库函数都有相应的系统调用编号。

8.2　Linux 的进程管理

Linux 是一个多用户操作系统，支持多道程序设计、分时处理和实时处理，因此有进程的概念。

8.2.1　Linux 进程的组成

Linux 中进程和任务是一个概念，在核心态中称任务而在用户态中就叫进程。一般来说，Linux 系统中的进程都具有以下 4 个要素。

(1) 有一个程序正文段供其执行。

(2) 有进程专用的系统堆栈空间。

(3) 有一个进程描述符，即在内核中的一个 task_struct 数据结构。有了这个数据结构，进程才能成为内核调度的一个基本单位，接受内核的调度。同时，该结构还记录着进程所占用的各项资源。

(4) 有一个独立的地址空间，即拥有专有的用户空间和专用的用户空间堆栈。

缺了 4 个要素中的任何一个就不能成为进程了。如果只具备前 3 条，那么就称其为线程。如果完全没有用户空间，就称其为内核线程。如果共享用户空间，则称其为用户线程。Linux 内核提供了对线程的支持，因此也就没有必要再在进程内部，即用户空间中自行实现线程。在 Linux 系统中，许多进程在创建之初都与其父进程共用同一个存储空间，所以严格说来还是线程。但是子进程可以建立自己的存储空间，并与父进程分道扬镳，成为真正意义上的进程。在 Linux 中，没有为线程单独定义数据结构，因此，Linux 中进程和线程没有区别。

8.2.2 Linux 进程的状态

Linux 的进程概念与操作系统原理中的进程概念一致。Linux 的进程状态共有 6 种，其状态及转换如图 8.2 所示。

(1) TASK_RUNNING：正在运行(已获得 CPU)或准备运行(就绪态——等待获得 CPU)的进程。由 current 指针指向当前运行的进程，由 run-list 把所有运行态进程链接起来。

(2) TASK_INTERRUPTIBLE：可中断等待状态。进程处于等待队列中，一旦资源可用时被唤醒，也可以由其他进程通过信号(SIGNAL)或中断唤醒。

(3) TASK_UNINTERRUPTIBLE：不可中断等待状态。进程处于等待队列中，一旦资源可用时被唤醒，但不可以由其他进程通过信号(SIGNAL)或中断唤醒。

(4) TASK_ZOMBIE：进程僵死状态。进程停止运行但是尚未释放申请的资源。

(5) TASK_STOPPED：进程停止状态。可能被特定信号终止，也可能是受其他进程的跟踪调用而暂时将 CPU 出让给跟踪它的进程。

(6) TASK_SWAPPING：页面被交换出内存的进程。

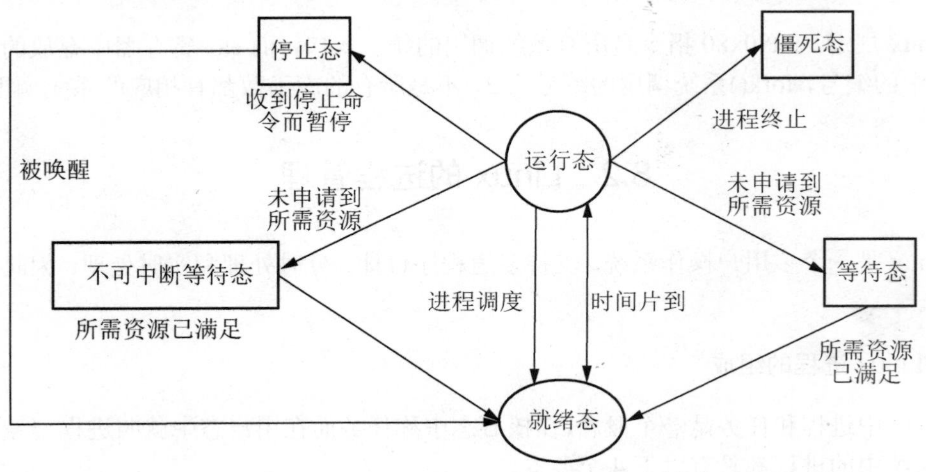

图 8.2　Linux 的进程状态及其转换

为了便于管理，Linux 内核使用一个“运行队列”，以链表的形式把所有处于 TASK_RUNNING 状态的进程联结在一起。对于其他状态的处理，Linux 采用了下面的方法来分别处理：对于 TASK_STOPPED 或者 TASK_ZOMBIE 状态的进程，没有一个专门的链表来维护它们的信息，也没有对它们进行分组。因为父进程要得到子进程的 ID 是很容易的，不需要遍历链表。而 TASK_INTERRUPTIBLE 和 TASK_UNINTERRUPTIBLE 这两种状态的进程被细分为几类，每一类对应的是一种特定事件，并且采用链表的方法，形成多个等待队列。这样，操作系统可以在事件发生的时候遍历等待队列，以便唤醒恰当的进程，把该进程转化为 TASK_RUNNING 状态。等待队列在内核中的用途非常广泛，特别是在中断处理、进程同步或者定时的时候，发挥着重要的作用。

8.2.3　进程状态的切换时机

当前进程放弃 CPU 从而其他进程得到运行机会的情况可以分为两种：进程主动地放弃 CPU 和被动地放弃 CPU。

进程主动放弃 CPU 大体可以分为两类：第一类是隐式地主动放弃 CPU。这往往是因为需要的资源目前不能获取，如执行 read()、select()等系统调用的过程中。这种情况下的处理过程如下。

(1) 将进程加入合适的等待队列。

(2) 把当前进程的状态改为 TASK_INTERRUTIBLE 或 TASK_UNINTERRUTIBLE。

(3) 调用 schedule()函数，该函数的执行结果往往是令当前进程放弃 CPU。

(4) 检查资源是否可用，如果不可用，则跳转到第(2)步。

(5) 资源已可用，将该进程从等待队列中移去。

第二类是进程显式地主动放弃 CPU，如系统调用 sched_yield()、sched_setscheduler()及 pause()均会导致当前进程让出 CPU。

进程被动放弃 CPU 又分成两种情形，其一是当前进程的时间片已经用完，其二是刚被唤醒的进程的优先级别高于当前进程。两种情形均会导致当前进程描述符的 need_resched 被置 1。

从进程调度时机的角度来讲，也可以分成两种情形。一种是直接调用 schedule()调度函数，例如上面提到的进程主动放弃 CPU 的第一类情形。另一种是间接调用 schedule()调度函数，例如进程被动放弃 CPU 的情形。当进程描述符的 need_resched 被置 1 时，并不立即直接调用 schedule()调度函数，而是在随后的某个时刻，当进程从内核态返回用户态之前检查 need_resched 是否为 1，如果为 1，则调用 schedule()函数，开始重新调度。

8.2.4　Linux 的进程控制

1. 进程的创建

与 UNIX 操作系统对进程的管理相似。Linux 系统中各个进程构成树形的进程族系。当系统启动时，系统运行在内核方式。系统初始化结束时，初始进程启动一个内核线程(即 init)，而自己则处于空循环状态。当系统中没有可运行的进程时，调度程序将运行这一空闲进程。空闲进程的 task_struct 是唯一一个非动态分配的任务结构，该结构在内核编译时分配，称为 init_task。init 内核线程/进程的标识号为 1，它是系统的第一个真正进程。它负责初始的系统设置工作，例如打开控制台，挂装文件系统等。然后，init 进程执行系统的初始化程序，这一程序可以是/etc/init、/bin/init 或/sbin/init。init 程序将/etc/inittab 当作脚本文件建立系统中新的进程，这些新的进程又可以建立新进程。例如，getty 进程可建立 login 进程来接受用户的登录请求。

除此之外，所有其他的进程和内核线程都由原始进程或其子孙进程所创建。用户和系统交互作用过程中，由 Shell 进程为输入的命令创建若干进程，每个子进程执行一条命令。

执行命令的子进程也可以再创建子进程。这棵进程树除了同时存在的进程数受到限制外，树形结构的层次可以不断延伸。

在 Linux 操作系统中，除初始化进程外，其他进程都是用系统调用 fork()和 clone()创建的，调用 fork()和 clone()的进程是父进程，被生成的进程是子进程。

在 fork()函数中，首先分配进程控制块 task_struet 的内存和进程所需的堆栈，并检测系统是否可以增加新的进程；然后，复制当前进程的内容，并对一些数据成员进行初始化，再为进程的运行做准备；最后，返回生成的新进程的进程标识号(pid)。如果进程是根据 clone()产生的，那么，它的进程标识号就是当前进程的进程标识号，并且对于进程控制块中的一些成员指针并不进行复制，而仅仅把这些成员指针的计数 count 增加 1。这样，父子进程可以有效地共享资源。

新进程是通过复制老进程或当前进程而创建的。fork()和 clone()二者之间存在差别。fork()是全部复制，即父进程所有的资源全部通过数据结构的复制"传"给子进程，而 clone()则可以将资源有选择地复制给子进程，没有被复制的数据结构则通过指针的复制让子进程共享。所以，系统调用 fork()是无参数的，而系统调用 clone()要带参数。

创建新进程时，系统从物理内存中为它分配一个 task_struct 数据结构和进程系统栈，新的 task_struct 数据结构加入进程向量中，并且为该进程指定唯一的 PID 号，然后复制基本资源，如 task_struct 数据结构、系统空间堆栈、页表等，对父进程的代码及全局变量则不需要复制，仅通过只读方式实现资源共享。

在创建进程时，Linux 允许父子进程共享某些资源。可共享的资源包括文件、文件系统、信号处理程序以及虚拟内存等。当某个资源被共享时，将该资源的引用计数值加 1。在进程退出时，将所引用的资源的引用计数减 1。只有在引用计数为 0 时，才表明这个资源不再被使用，此时内核才会释放这些资源。在进程创建时，Linux 内核并不为子进程分配所需的物理内存，而是让父进程与子进程以只读方式来共享父进程原分配的内存。新的 vm_area_struct 结构、新进程自己的 mm_struct 结构以及新进程的页表在创建进程结构时便已准备好，但并不复制。如果旧进程的某些虚拟内存在物理内存中，而有些在交换文件中，那么虚拟内存的复制将会非常困难和费时。而且，为每个创建的进程都一一复制虚拟内存，将导致极大的内存开销，而这些内存其实并不一定是必要的。于是，如同许多现代的 UNIX 系统，Linux 采用了"写时复制"技术，只有当两个进程中的任意一个向虚拟内存中写入数据时才复制相应的虚拟内存；而未执行过写操作的任何内存页均在两个进程之间以只读方式共享。

代码页实际上总是可以共享的。若一个进程需要对某一页执行写操作，由于这一页已被写保护，此时将产生一个 page fault 异常。在这个异常的处理句柄中，为该页复制一个副本，并将其分配给执行写操作的进程，然后修改这两个进程的页表以及虚拟内存数据结构，以分别使用不同的页。对于进程而言，这一处理过程是透明的，它的操作可以成功地执行。如此处理，只在真正需要时为进程分配内存，可以减少不必要的内存复制开销，并减少一些不必要的内存需求。这便是所谓的"写时复制"技术。

2. 进程的等待

父进程创建子进程的目的是让子进程替自己完成某项工作。因此，父进程创建子进程之后，通常等待子进程运行终止。父进程可用系统调用 wait3()等待它的任何一个子进程终止，也可以用系统调用 wait4()等待某个特定的子进程终止。

3. 进程的终止

在 Linux 系统中，进程主要是作为执行命令的单位运行的，这些命令的代码都以系统文件形式存放。当命令执行完，希望终止自己时，可在其程序末尾使用系统调用 exit()。用户进程也可使用 exit()终止自己。exit()首先释放进程占用的大部分资源，然后进入 TASK_ZOMBIE 状态，调用 schedule()重新调度。

4. 进程上下文切换

子进程被创建后，通常处于"就绪态"，以后被调度程序选中才可运行。由于在创建子进程的过程中，要把父进程的上下文复制给子进程，所以子进程开始执行的入口地址就是父进程调用 fork()建立子进程上下文时的返回地址，此时二者的上下文基本相同。如果子进程不改变其上下文，必然重复父进程的过程。为此，需要改变子进程的上下文，使其执行另外的特定程序(如命令所对应的程序)。

改变进程上下文的工作很复杂，是由系统调用 execve()实现的。它用一个可执行文件的副本覆盖该进程的内存空间。

8.2.5　Linux 线程

Linux 并不确切区分进程与线程，或者说没有真正意义上的线程概念，但通过 clone()系统调用，可以支持轻量级进程(Lightweight Process)。如果一个子进程是轻量级进程，那么它可以和父进程共享页表、打开文件表等信息，以减少创建进程时的开销。借助 clone()系统调用，Linux 有一套在用户模式下运行的线程库——pthread。Linux 还支持内核线程的概念，内核线程永远在核心态运行，没有用户空间。页面换出、刷新磁盘缓存等工作都由内核线程完成。

8.2.6　PCB(进程控制块)

Linux 是一个多任务即多进程操作系统，它要保证 CPU 时刻保持在使用状态，就要由调度程序完成进程之间的切换。进程即程序的一次执行。从组成上看，进程可划分为 3 个部分：PCB、指令与数据。从动态执行的角度来看，进程可视为在操作系统根据 PCB 进行调度而分配的若干时间片内对程序的执行以及对数据的操作过程。PCB 是操作系统对进程管理的依据和对象。为了实现进程调度，PCB 中必须存有进程标识、状态、调度方法以及进程的上下文等信息。而每个进程运行在各自不同的虚拟地址空间，需要有虚实地址映射机制。为了达到控制目的，PCB 中存有进程链信息以及时钟定时器等。PCB 中还有用于通信的内容(如信号、信号量)等。操作系统便是根据这些信息来控制和管理每个进程的创建、调度切换以及消亡。

Linux 内核利用一个数据结构(task_struct)标志一个进程的存在。task_struct 也就是 Linux 进程控制块 PCB，表示每个进程的数据结构指针形成了一个 task 数组(Linux 中，任务和进程是两个相同的术语)，这种指针数组有时也被称为指针向量。这个数组的大小默认为 512，表明在 Linux 系统中能够同时运行的进程最多可有 512 个。当建立新的进程时，Linux 为新的进程分配一个 task_struct 结构，然后将其指针保存在 task 数组中。

task_struct 结构的组成主要可分为如下几个部分。

1. 进程调度信息

state：进程状态(见上述 6 种状态)。
flags：进程标记(共有 10 多种标志)。
priority：进程静态优先数。
rt_priority：进程实时优先数。
counter：进程动态优先数(时间片)。
policy：调度策略(0 基于优先权的时间片轮转，1 基于先进先出的实时调度，2 基于优先权轮转的实时调度)。

2. 信号处理信息

signal：记录进程接收到的信号，共 32 位，每位对应一种信号。
blocked：进程屏蔽信号的屏蔽位，置位为屏蔽，复位为不屏蔽。
*sig：信号对应的自定义或缺省处理函数。

3. 进程队列指针

*next_task。
*prev—task：进程 PCB 双向链接指针，即前向和后向链接指针。
*p_opptr，*p_pptr：分别指向原始父进程和父进程的队列指针。
*p_cptr：指向子进程的队列指针。
*p_ysptr，*p_osptr：兄弟进程的队列指针。

4. 进程标识

uid，gid：分别指运行进程的用户标识和用户组标识。
groups[NGROUPS]：进程同时拥有的一组用户组号。
euid，egid：有效的 uid 和 gid，用于系统安全考虑。
fsuid，fsgid：文件系统的 uid 和 gid，Linux 特有，用于合法性检查。
suid，sgid：系统调用改变 uid/gid 时，用于存放真正的 uid/gid。
pid、pgrp、session：分别指进程标识号、组标识号、session 标识号。
leader：是否是 session 的主管，布尔量。

5. 时间与定时信息

timeout：进程间隔多久被重新唤醒，用于软件定时，tick 为单位。
it_real_value。
it_real_inc：间隔计时器软件定时，时间到发 SIGALRM。
real_timer：一种定时器结构(新定时器)。
it_virt_value。
it_virt_incr：进程用户态执行间隔计时器软件定时，时间到发 SIGVTALRM。
it_prof_value。

it_prof_incr：进程执行间隔计时器软件定时(包括用户和核心态)，时间到发 SIGPROF。

utime，stime，cutime。

csfime，start　time：进程在用户态、内核态的运行时间，所有层次子进程在用户态、内核态运行时间总和，创建进程的时间。

6. 信号量

*semsleeping：信号量集合对应的等待队列的指针。

*ldt：进程关于段式存储管理的局部描述符指针。

tss：保存任务状态信息，如通用寄存器等。

saved_kernel_stack：为 MSDOS 仿真程序保存的堆栈指针。

saved_kemel_page：内核态运行时，进程的内核堆栈基地址。

7. 文件系统相关

*fs：保存进程与 VFS 的关系信息。

*files：系统打开文件表，包含进程打开的所有文件。

link_count：文件链的数目。

8. 内存相关信息

*mm：指向存储管理的 mm_struct 结构。

swappable：指示进程占用页面是否可以换出，1 为可换出。

swap_address：进程下次可换出的页面地址从此开始。

min_nt，maj_flt：该进程累计的 minor 和 major 缺页次数。

nswap：该进程累计换出的页面数。

cmin_flt，cmaj_nt：该进程及其所有子进程累计的缺页次数。

cnswap：该进程及其所有子进程累计换入和换出的页面计数。

swap_cnt：下一次循环最多可以换出的页数。

9. SMP 支持

processor：SMP 系统中，进程正在使用的 CPU。

last_processor：进程最后一次使用的 CPU。

lock_depth：上下文切换时系统内核锁的深度。

10. 其他

used_math：是否使用浮点运算器 FPU。

comm[16]：进程正在运行的可执行文件的文件名。

rlim：系统使用资源的限制，资源当前最大数和资源可有的最大数。

errno：最后一次系统调用的错误号，0 表示无错误。

debugreg[8]：保存调试寄存器值。

*exec_domain。

personality：与运行 iBCS2 标准程序有关。

*binfmt：指向全局执行文件格式结构，包括 a.out、script、elf 和 java 等 4 种。

Exit_code，exit_signal：分别指引起进程退出的返回代码，引起出错的信号名。

dumpable：出错时是否能够进行 memory dump，布尔量。

did_exec：用于区分新老程序代码，POSIX 要求的布尔量。

tty_old_pgrp：进程显示终端所在的组标识。

*tty：指向进程所在的显示终端的信息。

*wait_chldexit：在进程结束需要等待子进程时处于的等待队列。

8.2.7 进程的调度

1. 进程的调度策略

为了符合 POSIX 标准，Linux 中实现了 3 种进程调度策略。

SCHED_FIFO：先进先出(First In First Out)策略。

SCHED_RR：轮转调度(RoundRobin)策略。

SCHED_OTHER：其他策略。

操作系统的进程调度机制需要兼顾如下 3 种不同类型的进程需要。

(1) 交互进程。这种进程需要经常响应用户操作，着重于系统的响应速度，使共用一个系统的各个用户都感到自己在独占系统。一般来说，平均延时要小于 150ms。典型的交互程序有 Shell，文本编辑器和 GUI 等。

(2) 批处理进程。这种进程称做“后台作业”，在后台运行，对响应速度并无要求，只考虑其“平均速度”。如编译程序、科学计算程序等就是典型的批处理进程。

(3) 实时进程。这种进程对时间性有很高的要求，不仅考虑进程执行的平均速度，还要考虑任务完成的时限性。

在 Linux 调度策略中，SCHED_FIFO 适合于实时进程，它们对时间性要求比较强，而每次运行所需的时间比较短。SCHED_RR 对应“时间片轮转法”，适合于每次运行需要较长时间的实时进程。SCHED_OTHER 适合于交互式分时进程。

Linux 的进程调度方式是有条件的可抢先方式。Linux 的进程调度由 schedule()函数实现。当进程在用户态运行时，不管自愿与否，一旦有必要(例如已经运行了很长的时间)，内核就可以暂时剥夺其运行，调度其他进程运行。

2. 进程的调度算法及其执行过程

Linux 是在一个运行队列中实现这 3 种不同的调度。发生进程调度时，调度程序要在运行队列中选择一个最值得运行的进程来执行，这个进程便是通过在运行队列中一一比较各个可运行进程的权重来选择的。权重越大的进程越优先，而对于相同权重的进程，在运行队列中的位置越靠前越优先。

如果当前进程的优先级和某个其他可运行进程一样，而当前进程至少已花费了一个时间片(计时单位约 10ms)，计算出来的权重必定小于这个进程，因此当前进程总处于劣势(照顾了公平性)。

如果当前进程的权重与某个其他可运行进程一样，则将当前进程的权重增大，以便在没有更高权重进程的情况下可选择当前进程继续执行，从而减少了进程切换的开销。

相对于一般进程，实时进程总是会被认为是最值得运行的进程，只要队列中有一个实时进程就会选择该进程执行。与一般进程不同，实时进程权重的计算与进程的已执行时间无关，通过相对优先级反映，相对优先级越大则权重越大。

调度策略为 SCHED_RR 的实时进程，在分配的时间片到期后，插入到运行队列的队尾。对于相对优先级相同的其他 SCHED_RR 进程，此时它们的权重相同，但由于调度程序从运行队列的头部开始搜索，当前进程在队尾不会先被选择，其他进程便有了更大的机会执行。这个进程执行直至时间片到期，也插入队尾。同样，此时就会先选择上一次运行的那个进程。这便是“循环赛”策略名字的来由。

与 SCHED_RR 不同的是，调度策略为 SCHED_FIFO 的进程，在时间片到期后，调度程序并不改变该进程在运行队列中的位置。于是，除非有一个相对优先级更高的实时进程，否则将一直执行该进程，直至该进程放弃执行或结束。这也是“先进先出”策略名字的来由。

进程的调度策略可以通过 setscheduler 函数(kernel/sched.c)改变，同时需要设置进程的相对优先级。超级用户可以改变所有进程的调度策略，而其他用户只能改变他自己执行的进程的调度策略。若设置调度策略为 SCHED_OTHER，相对优先级只能为 0；若调度策略为 SCHED_FIFO 与 SCHED_RR，其相对优先级可设置为 1～99。在改变了调度策略后，若进程在运行队列中则将进程移到队尾，同时置调度标志 need_sched。

用于 Linux 进程调度 schedule()函数的代码在文件 sched.c 中，其执行过程大致如下。

(1) 检查是否有软中断服务请求，如果有，则先执行这些请求。

(2) 若当前进程调度策略是 SCHED_RR 且 counter 为 0，则将该进程移到可执行进程队列的尾部并对 counter 重新赋值。

(3) 检查当前进程的状态，如果为 TASK_INTERRUPTIBLE 且该进程有信号接收，则将进程状态置为 TASK_RUNNING；若当前进程的状态不是 TASK_RUNNING，则将其从可执行进程队列中移出。然后将当前进程描述符的 need_resched 恢复成 0。

(4) 现在进入了函数的核心部分。可运行进程队列的每个进程都将被计算出一个权值，权值主要是利用 goodness()函数计算的。最终最大的权值保存在变量 c 中，与之对应的进程描述符保存在变量 next 中。

(5) 检查 c 是否为 0。若为 0，则表明所有可执行进程的时间配额都已用完，此时对所有进程的 counter 重新设置时间配额，然后重新执行第(5)步。

(6) 如果 next 进程就是当前进程，则结束 shedule()函数的运行。否则进行进程切换，CPU 改由 next 进程占据。goodness()函数的代码也在 sched．c 中，它计算进程的当前权值。该函数的第一个参数是待估进程的描述符，返回值 c 则比较真实地反映了待估进程“值得运行的程度”。c 的取值范围如下所示。

① c=−1000：永远不必选择待估进程。当运行队列里只有一个进程时，选择该值。

② c=0：待估进程的时间片用完，在其他进程的时间片用完之前不会选择它。

③ 0<c<1000：待估进程的时间片还没有用完，剩余的时间片可以看做优先级。

④ c≥1000：待估进程是实时进程，应该优先执行。

如果该进程是实时进程，它的权值为 1000+rt_priority，1000 是普通进程权值无法到达的数字，因而实时进程总可以优先得到执行。对于普通进程，它的权值为 counter+20−nice，如果它又是内核线程，由于无须切换用户空间，则将权值加一作为奖励。

如果需要切换进程，则调用 switch_to()这个宏，开始执行新的进程。switch_to()的代码应该是和处理器相关的，因此，这个宏是用汇编语言实现的，主要负责保存当前现场、恢复新进程的现场等工作。switch_to()宏的定义在 System. h 中。

一个优秀的调度算法必须在算法的计算量和算法的有效性之间作出平衡，因此，很难构造一种理论模型，证明某种算法是较优的，而且也没有哪种算法在任何情况下都是最优的。Linux 内核的调度算法能够适应一般的应用，但是在实时系统中，或者是进程数量很大的情况，并不能发挥出最高的效率。这时可以重新改写该算法并重新编译内核，以适应那些特殊的场合。

8.2.8 Linux 进程通信

1. 信号

信号是 UNIX 系统中最古老的进程间通信机制之一，它主要用来向进程发送异步的事件信号。键盘中断可能产生信号，而浮点运算溢出或者内存访问错误等也可产生。Shell 通常利用信号向子进程发送作业控制命令。

在 Linux 中，信号种类的数目和具体的平台有关，因为内核用一个字代表所有的信号，因此字的位数就是信号种类的最多数目。对 32 位的 i386 平台而言，一个字为 32 位，因此信号有 32 种。Linux 常用信号如下。

(1) SIGHUP：从终端上发出的结束信号。

(2) SIGINT：来自键盘的中断信号(Ctrl+C)。

(3) SIGQUIT：来自键盘的退出信号(Ctrl+\)。

(4) SIGFPE：浮点异常信号(例如浮点运算溢出)。

(5) SIGKILL：该信号结束接收信号的进程。

(6) SIGUSRI：用户自定义。

(7) SIGUSR2：用户自定义。

(8) SIGALRM：进程的定时器到期时，发送该信号。

(9) SIGTERM：kill 命令发出的信号。

(10) SIGCHLD：标识子进程停止或结束的信号。

(11) SIGSTOP：来自键盘(Ctrl+Z)或调试程序的停止执行信号。

2. 进程对信号的操作

进程可以选择对某种信号所采取的特定操作，这些操作如下。

(1) 忽略信号：进程可忽略产生的信号，但 SIGKILL 和 SIGSTOP 信号不能被忽略。

(2) 阻塞信号：进程可选择阻塞某些信号。

(3) 由进程处理的信号：进程本身可在系统中注册处理信号的处理程序地址，当发出该信号时，由注册的处理程序处理此信号。

(4) 由内核进行默认处理：信号由内核的默认处理程序处理。大多数情况下，信号由内核处理。

需要注意的是，Linux 内核中不存在任何机制用来区分不同信号的优先级。也就是说，当同时有多个信号发出时，进程可能会以任意顺序接收到信号并进行处理。另外，如果进程在处理某个信号之前，又有相同的信号发出，则进程只能接收到一个信号。产生上述现象的原因与内核对信号的实现有关，将在下面解释。

系统在 task_struct 结构中利用两个字分别记录当前挂起的信号(signal)以及当前阻塞的信号(blocked)。挂起的信号指尚未进行处理的信号。阻塞的信号指进程当前不处理的信号。如果产生了某个当前被阻塞的信号，则该信号会一直保持挂起，直到该信号不再被阻塞为止。除了 SIGKILL 和 SIGSTOP 信号外，所有的信号均可以被阻塞，信号的阻塞是通过系统调用实现。每个进程的 task_struct 结构中还包含了一个指向 sigaction 结构数组的指针，该结构数组中的信息实际指定了进程处理所有信号的方式。如果某个 sigaction 结构中包含有处理信号的例程地址，则由该处理例程处理此信号。反之，则根据结构中的一个标志或者由内核进行默认处理，或者只是忽略该信号。通过系统调用，进程可以修改 sigaction 结构数组的信息，从而指定进程处理信号的方式。

进程不能向系统中所有的进程发送信号。一般而言，除系统和超级用户外，普通进程只能向具有相同 uid 和 gid 的进程，或者处于同一进程组的进程发送信号。产生信号时，内核将进程 task_struct 的 signal 字中的相应位设置为 1，从而表明产生了该信号。系统对置位之前该位已经为 1 的情况不进行处理，因而进程无法接收到前一次信号。如果进程当前没有阻塞该信号，并且进程正处于可中断的等待状态，则内核将该进程的状态改变为运行，并放置在运行队列中。这样，调度程序在进行调度时，就有可能选择该进程运行，从而可以让进程处理该信号。

3. 内核处理信号的过程

发送给某个进程的信号并不会立即得到处理，相反，只有该进程再次运行时，才有机会处理该信号。每次进程从系统调用中退出时，内核会检查它的 signal 和 block 字段，如果发出了任何一个未被阻塞的信号，内核就根据 sigaction 结构数组中的信息进行处理，处理过程如下。

(1) 检查对应的 sigaction 结构，如果该信号不是 SIGKILL 或 SIGSTOP 信号，且标有忽略，则不处理该信号。

(2) 如果该信号利用默认的处理程序处理，则由内核处理此信号，否则转向第 3 步。

(3) 如果该信号由进程自己的处理程序处理，内核将修改当前进程的调用堆栈帧，并将进程的程序计数寄存器修改为信号处理程序的入口地址，此后，指令将跳转到信号处理程序，当从信号处理程序中返回时，实际就返回进程的用户模式部分。

Linux 是 POSIX 兼容的，因此，进程在处理某个信号时，还可以修改进程的 blocked 掩码。但是，当信号处理程序返回时，blocked 值必须恢复为原有的掩码值，这一任务由内核完成。Linux 在进程的调用堆栈帧中添加了对清理程序的调用，该清理程序可以恢复原有的 blocked 掩码值。当内核在处理信号时，可能同时有多个信号需要由用户处理程序处理，这时，Linux 内核可以将所有的信号处理程序地址推入堆栈帧，而当所有的信号处理完毕后，调用清理程序恢复原先的 blocked 值。

8.2.9　信号量与 PV 操作

信号量也用来保护关键代码或数据结构(即临界资源)。我们都知道，关键代码段的访问，是由内核代表进程完成的，如果让某个进程修改当前由其他进程使用的关键数据结构，其后果是不堪设想的。Linux 利用信号量实现对关键代码和数据的互斥访问，同一时刻只能有一个进程访问某个临界资源，所有其他要访问该资源的进程必须等待，直到该资源空闲为止。等待进程处于暂停状态，而系统中的其他进程则可运行如常。

Linux 信号量数据结构中包含的信息主要有以下几部分。

1) count(计数)

该域用来跟踪希望访问该资源的进程个数，正值表示资源是可用的，而负值或 0 表示有进程正在等待该资源。该计数的初始值为 1，表明同一时刻有且只能有一个进程可访问该资源。进程要访问该资源时，对该计数减 1，结束对该资源的访问时，对该计数加 1。假定该信号量的初始计数为 1，第一个要求访问资源的进程可对计数减 1，并可成功访问资源，现在，该进程是“拥有”由信号量所代表的资源或关键代码段的进程。当该进程结束对资源的访问时，对计数加 1。最优的情况是没有其他进程和该进程一起竞争资源所有权。Linux 针对这种最常见的情况对信号量进行了优化，从而可以让信号量高效工作。当某个进程正使用某资源时，如果其他进程也要访问该资源，需首先将信号量计数减 1。

2) waking(等待唤醒计数)

等待该资源的进程个数，也是当该资源空闲时等待唤醒的进程个数。由于计数值成为负值(-1)。因此该进程不能进入临界区，所以必须等待资源的拥有者释放所有权。Linux 将等待资源的进程置入休眠状态，并插入到信号量的等待队列中，直到资源所有者退出临界区。此时，临界区的所有者增加信号量的计数，如果计数小于或等于 0，表明其他进程正在处于休眠状态而等待该资源。资源的拥有者增加 waking 计数，并唤醒处于信号量等待队列中的休眠进程，当休眠进程被唤醒之后，waking 计数的当前值为 1，因此可以进入临界区，这时，它减小 waking 计数，将 waking 计数的值还原为 0。对信号量 waking 域的互斥访问利用信号量的 lock 域作为 Buzz 锁来实现。

3) wait queue 等待队列

当某个进程等待该资源时就会被添加到该资源的等待队列中。在进程的执行过程中，有时难免要等待某些系统资源。例如，如果某个进程要读取一个描述目录的 VFS 索引节点，而该节点当前不在缓冲区高速缓存中，这时，该进程就必须等待系统从包含文件系统的物理介质中获取索引节点，然后才能继续运行。

Linux 利用一个简单的数据结构来处理这种情况。Linux 中的等待队列中的元素包含一个指向进程 task_struct 结构的指针，以及一个指向等待队列中下一个元素的指针。

对于添加到某个等待队列的进程来说，它可能是可中断的，也可能是不可中断的，当可中断的进程在等待队列中等待时，它可以被诸如定时器到期或信号的发送等事件中断。

如果等待进程是可中断的，则进程状态为 INTERRUPTIBLE；如果等待进程是不可中断的，则进程状态为 UNINTERRUPTIBLE。

4) lock(锁)

用来实现对 waking 域的互斥访问的 Buzz 锁。

8.2.10 管道

管道是 Linux 中最常用的进程间通信 IPC 机制。利用管道时，一个进程的输出可成为另外一个进程的输入。当输入输出的数据量特别大时，这种 IPC 机制非常有用。可以想象，如果没有管道机制，而必须利用文件传递大量数据时，会造成许多空间和时间上的浪费。

在 Linux 中，通过将两个 file 结构指向同一个临时的 VFS 索引节点，而两个 VFS 索引节点又指向同一个物理页而实现管道，如图 8.3 所示。

每个 file 数据结构定义不同的文件操作例程地址，其中一个用来向管道中写入数据，而另外一个用来从管道中读出数据。这样，用户程序的系统调用仍然是通常的文件操作，而内核却利用这种抽象机制实现了管道这一特殊操作。管道写函数通过将字节复制到 VFS 索引节点指向的物理内存而写入数据，而管道读函数则通过复制物理内存中的字节而读出数据。当然，内核必须利用一定的机制同步进程对管道的访问，为此，内核使用了锁、等待队列和信号。

当写进程向管道中写入时，它利用标准的库函数，系统根据库函数传递的文件描述符，可找到该文件的 file 结构。file 结构中指定了用来进行写操作的函数(即写入函数)地址，于是，内核调用该函数完成写操作。写入函数在向内存中写入数据之前，必须首先检查 VFS 索引节点中的信息，同时满足如下条件时，才能进行实际的内存复制工作。

(1) 内存中有足够的空间可容纳所有要写入的数据。

(2) 内存没有被读程序锁定。

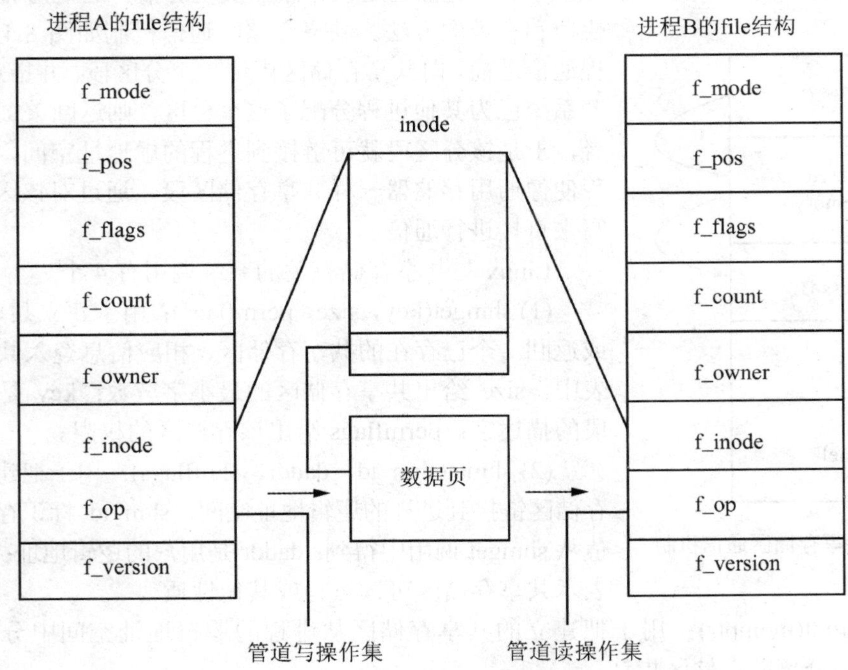

图 8.3　管道通信示意图

如果同时满足上述条件，写入函数首先锁定内存，然后从写进程的地址空间中复制数据到内存。否则，写入进程就休眠在 VFS 索引节点的等待队列中。接下来，内核将调用调度程序，而调度程序会选择其他进程运行。写入进程实际处于可中断的等待状态，当内存中有足够的空间可以容纳写入数据，或内存被解锁时，读取进程会唤醒写入进程，这时，写入进程将接收到信号。当数据写入内存之后，内存被解锁，而所有休眠在索引节点的读取进程会被唤醒。

管道的读取过程和写入过程类似。但是，进程可以在没有数据或内存被锁定时立即返回错误信息，而不是阻塞该进程，这依赖于文件或管道的打开模式。反之，进程可以休眠在索引节点的等待队列中等待写入进程写入数据。当所有的进程完成了管道操作之后，管道的索引节点被丢弃，而共享数据页也被释放。

Linux 还支持另外一种管道形式，称为命名管道，或 FIFO，这是因为这种管道的操作方式基于"先进先出"原理。和命名管道相对应，上面讲述的管道类型也被称为"匿名管道"。命名管道中，首先写入管道的数据是首先被读出的数据。匿名管道是临时对象，而 FIFO 则是文件系统的真正实体，用 mkfifo 命令可建立管道。如果进程有足够的权限就可以使用 FIFO。FIFO 和匿名管道的数据结构以及操作极其类似，二者的主要区别在于，FIFO 在使用之前就已经存在，用户可打开或关闭 FIFO，而匿名管道只在操作时存在，因而是临时对象。

8.2.11　共享存储区与消息队列通信机制

1. Linux 进程间的共享存储区通信

在内存中开辟一个共享存储区，多个进程通过该存储区实现通信，这是进程通信中最快捷和有效的方法。共享存储区通信机制如图 8.4 所示。进程通信之前，向共享存储区申请一个分区段，并指定关键字。若系统已为其他进程分配了这个分区，则返回关键字给申请者，于是该分区段就可链接到进程的虚地址空间，以后，进程便像通用存储器一样共享存储区段，通过对该区段的读、写来直接进行通信。

Process A
Shared memory
Process B
⋮
kernel

图 8.4　共享存储区通信机制

Linux 与共享存储有关的系统调用有 4 个。

(1) shmget(key，size，permflags)：用于建立共享存储区，或返回一个已存在的共享存储区，相应信息登入共享存储区表中。size 给出共享存储区的最小字节数；key 是标识这个段的描述字；permflags 给出该存储区的权限。

(2) shmat(shm_id，daddr，shnfflags)：用于把建立的共享存储区链接到进程的逻辑地址空间。shm_id 标识存储区，其值从 shmget 调用中得到；daddr 是用户的逻辑地址；permflags 表示共享存储区可读可写或其他性质。

(3) Shmdt(memptr)：用于把建立的共享存储区从进程的逻辑地址空间中分离出来。memptr 为被分离的存储区指针。

(4) Shmctl(shm_id，command，&shm stat)：实现共享存储区的控制操作。shm_id 为共享存储区描述字；command 为规定操作；&shm stat 为用户数据结构的地址。

当执行 shmget 时，内核查找共享存储区中具有给定 key 的段，若已发现这样的段且许可权可接受，便返回共享存储区的 key；否则，在合法性检查后，分配一个存储区，在共享存储区表中填入各项参数，并设标志指示尚未存储空间与该区相连。执行 shmat 时，首先查证进程对该共享段的存取权，然后把进程合适的虚空间与共享存储区相连。执行 shmdt 时，其过程与 shmat 类似，但把共享存储区从进程的虚空间断开。

2. Linux 进程间的消息队列进行通信

Linux 进程间的通信也可以通过消息队列进行。消息队列可以是单消息队列，也可以是多消息队列(按消息类型)；既可以单向，也可以双向通信；既可以仅和两个进程有关，也可以被多个进程使用。消息队列所用数据结构如下。

(1) 消息缓冲池和消息缓冲区。前者包含消息缓冲池大小和首地址；后者除存放消息正文外，还有消息类型字段。

(2) 消息头结构和消息头表。消息头表是由消息头结构组成的数组，个数为 100。消息头结构包含消息类型、消息正文长度、消息缓冲区指针和消息队列中下一个消息头结构的链指针。

(3) 消息队列头结构和消息队列头表。由于可有多个消息队列，于是对应每个消息队列都有一个消息队列头结构，消息队列头表是由消息队列头结构组成的数组。消息队列头结构包括指向队列中第一个消息的头指针，指向队列中最后一个消息的尾指针，队列中消息的个数，队列中消息数据的总字节数，队列允许的消息数据最大字节数，最近一次发送/接收消息进程标识和时间。

Linux 消息传递机制的系统调用有 4 个。

① 建立一个消息队列 msgget。

② 向消息队列发送消息 msgsnd。

③ 从消息队列接收消息 msgrcv。

④ 取或送消息队列控制信息 msgctl。

当用户使用 msgget 系统调用来建立一个消息队列时，内核查遍消息队列头表以确定是否已有一个用户指定的关键字的消息队列存在。如果没有，内核创建一个新的消息队列，并返回给用户一个队列消息描述符。否则，内核检查许可权后返回。进程使用 msgsnd 发送一个消息，内核检查发送进程是否对该消息描述符有写许可权，消息长度不超过规定的限制等。接着分配给一个消息头结构，链入该消息头结构链的尾部，在消息头结构中填入相应信息，把用户空间的消息复制到消息缓冲池的一个缓冲区，让消息头结构的指针指向消息缓冲区，修改数据结构。然后，内核便唤醒等待该消息队列消息的所有进程。

进程使用 msgrcv 接收一个消息，内核检查接收进程是否对该消息描述符有读许可权，根据消息类型(大于、小于、等于 0)找出所需消息(等于 0 时取队列中的第一个消息；大于 0 时取队列中给定类型的第一个消息；小于 0 时取队列中小于或等于所请求类型的绝对值的所有消息中最低类型的第一个消息)，从内核消息缓冲区复制内容到用户空间，消息队列中删去该消息，修改数据结构，如果有发送进程因消息满而等待，内核便唤醒等待该消息队列的所有进程。用户在建立了消息队列后，可使用 msgctl 系统调用来读取状态信息并进行修改，如查询消息队列描述符、修改消息队列的许可权等。

3. 与 Linux 进程调度、控制和通信相关的系统调用

alarm：在指定时间之后发送 SIGALRM 信号。

clone：创建子进程。

exit：终止进程。

fork：创建子进程。

fsync：将文件高速缓存写入磁盘。
getegid：获取有效组标识符。
geteuid：获取有效用户标识符。
getgid：获取实际组标识符。
getitimter：获取间隔定时器的值。
getpgid：获取某进程的父进程的组标识符。
getpgrp：获取当前进程的父进程的组标识符。
getpid：获取当前进程的进程标识符。
getppid：获取父进程的进程标识符。
getpriority：获取进程/组/用户的优先级。
getuid：获取实际用户标识符。
ipc：进程间通信。
kill：向进程发送信号。
killpg：向进程组发送信号。
modify_ldt：读取或写入局部描述符表。
msgctl：消息队列控制。
msgget：获取消息队列标识符。
msgrcv：接收消息。
msgsnd：发送消息。
nice：修改进程优先级。
pause：进程进入休眠、等待信号。
pipe：创建管道。
semctl：信号量控制。
semget：获取某信号量数组的标识符。
semop：在信号量数组成员上的操作。
setgid：设置实际组标识符。
setitimer：设置间隔定时器。
setpgid：设置进程组标识符。
setpgrp：以调用进程作为领头进程创建新的进程组。
setpnority：设置进程/组/用户优先级。
setsid：建立一个新会话。
setregid：设置实际和有效组标识符。
setreuid：设置实际和有效用户标识符。
setuid：设置实际用户标识符。
shmat：附加共享内存。
shmctl：共享内存控制。
stnndt：移去共享内存。
shmget：获取/建立共享内存。
sigaction：设置/获取信号处理器。

sigblock：阻塞信号。

siggetmask：获取当前进程的信号阻塞掩码。

signal：设置信号处理器。

sigpause：在处理下次信号之前，使用新的信号阻塞掩码。

sigpending：获取挂起且阻塞的信号。

sigpmemask：设置/获取当前进程的信号阻塞掩码。

sigsetmask：设置当前进程的信号阻塞掩码。

sigsuspend：替换 sigpause。

sigvec：见 sigaction。

ssetmask：见 sigsetmask。

system：执行 Shell 命令。

times：获取进程的 CPU 时间。

vfork：见 fork。

wait：等待进程终止。

wait3，wait4：等待指定进程终止(BSD)。

waitpid：等待指定进程终止。

vm86：进入虚拟 8086 模式。

8.2.12 Shell 进程操作实例

Shell 仅仅是一个命令的解释器。它通常在交互环境中运行。在这个环境里，用户从键盘输入命令，然后命令解释程序以文本形式返回运行结果。几乎所有的操作系统都有命令解释程序。即使是 MS-DOS 也提供了一个叫"Command.com"的命令解释程序。Shell 有时也被称为 CLI(commnand-line interpreter)，即命令行解释器。

事实上，Shell 不仅仅是一个命令解释器，也不仅仅是获得命令然后去执行该命令。shell 可以理解特殊的编程语言。某些这样的语言非常简单，使用 goto 结构(例如，command.com)，而其他的命令解释程序则拥有高级语言提供的结构，足可以和 C 及 REXX 这样复杂的语言相匹敌。

1. 简单的基本操作命令

1) cd 命令

格式：cd [目录路径]

功能：进入指定的目录。格式中的“目录路径”可以用绝对路径表示，也可以用相对路径表示。

```
$cd                           //切换当前登录用户到用户主目录下
$cd  /                        //回到根目录
$cd  ..                       //回到上一层目录
```

2) ls 命令

格式：ls [文件名]

功能：列出一个目录中的文件。如果没有给出文件名，它将列出当前目录的文件。

ls 的一个有用的选项是-1，它除了显示文件名，还显示文件的很多属性。

```
$ls   -1   /tmp
total   211
-rw-------      1  root  root   68694   Mar  22  18:43  fvwmrca02941
-rw-r--r--      1  root  root    9701   Mar  21  12:27  install.log
-rw-r--r--      1  root  root     330   Mar  22  18:47  logfile.txt
drwxr-xr-x      2  root  root   12288   Mar  21  03:08  lost+found
drwx------      2  alina  alina   1024   Mar  23  11:35  myhome
-rw-------      1  alina  alina  118784  Mar  21  23:21  mypass
```

ls 命令的一些常用选项见表 8-1。

表 8-1　ls 命令的一些常用选项

-l	长格式(完全)列表
-a	列出所有文件(包括隐藏文件)
-C/-x	按列输出，纵向/横向排序
-F	标记文件类型
-r	递归列出所有子目录
-t	按时间排序，不按名字排序
-d	列出目录自身，不列出它的内容

ls 命令的-a 选项可以把隐藏文件像普通文件一样列出来。

ls 命令的另一个有用选项是-d。在一个目录中用它时，显示指定目录自己的属性，而不是它的内容。下面的例子显示了选项-d 的不同之处。

```
$ls   -1   /tmp
total   211
-rw-r--r-     1  root   root    9701   Mar  21  12:27  illstall.log
drwxr-xr-x    2  root   root   12288   Mar  21  03:08  lost+found
drwx------    2  alina   alina   1024   Mar  23  11:35  myhome
-rw-------    1  alina   alina  118784   Mar  21  23:21  mypass
$ls  -ld  /tmp
Drwxrwxrwt    5  root   root    1024   Mar  23  13:01  /tmp
```

-d 的另一个用法是和通配符一起用，例子如下。

```
    ls   -d    my*
```

这将给出在当前目录下任何以“my”打头的条目。不加-d 选项，这将列出任何以“my”打头的目录的所有内容。

-r 选项给出一个目录的递归列表。递归意味着要列出所给的目录，以及它里边的所有子目录，沿着树状结构下去的所有的路径。

得到一个长格式目录列表常常是很重要的，它能提供很有用的信息。用 ls -l 命令可以得到长格式目录列表。如图 8.5 所示。

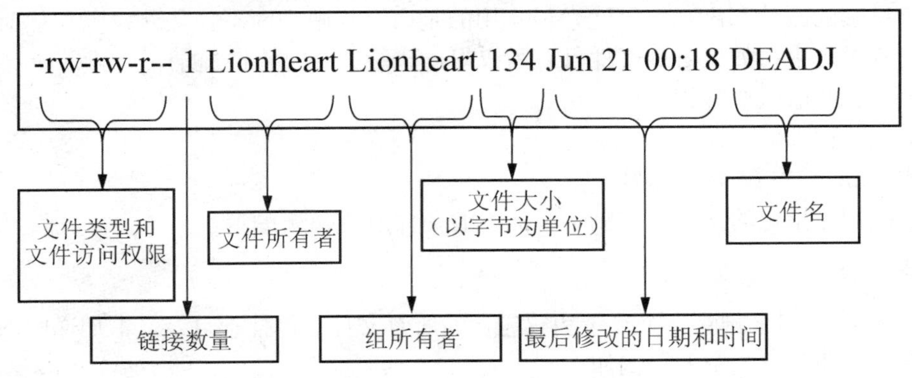

图 8.5 ls-l 命令的长格式目录列表

这个图显示了一个加注释的长格式目录列表。

注意：附加的文件类型包括 b(块)、c(字符)和 t、s 或 S(“sticky bit”)。加在目录上的粘滞位意味着不管目录的其他权限，目录中的文件只能被它们的拥有者删除。

3) cp 命令

格式：cp 参数 [源文件] [目标文件]

功能：复制文件到一个目标文件或目录。

一些有用的选项如下。

```
-i:   交互式检查(当前的文件存在时提示)
-r:   递归地复制目录
```

如果指定了多个源文件，那么目标必须是一个目录。用 cp 命令进行文件复制。如果目标文件是一个目录，所有源文件复制到目录中；否则，单个源文件复制到目标文件。

如果目标文件已经存在，又没有文件写权限，它将不覆盖(在覆盖前需要删除那个文件或改变它的文件权限)。

例如

```
$cp   /home/li/totle       /home        //复制 totle 文件到/home
$cp   -r   /home/mydir  /               //复制/home/mydir 文件夹到/
```

所有的 Linux 系统都支持-r 选项。如果不用它，可以用文件存档命令(tar 和 cpio)。

4) mv 命令

格式：mv 参数 [源文件] [目标文件]

功能：把文件从文件系统层次的一个位置移动到另一个位置。如果目标是一个目录，文件移动到新的目录；否则，文件重命名。当然，新名字可以包括一个目录路径名并且有移动和重命名文件的作用。

```
$mv   file1       /tmp             //移动当前目录下的文件 file1 到/tmp 下
$mv   -rf      /test    /tmp       //移动文件夹/test 到/tmp 目录下
$mv   /usr/xu/*      .             //移动/usr/xu 目录下的所有内容到当前目录
```

即使目标文件的文件权限不是可写的，它也会被覆盖。这是因为这种方式的覆盖被看作是一个目录的删除和添加。因此，最实用的是命令权限，而不是文件权限。然而，文件权限也要考虑进去，如果目标文件没有写权限，执行命令时将被提示。

mv 和 cp 的语法非常相似。

5) rm 命令

格式：rm　参数 [文件名]

功能：删除指定的文件。在删除写保护的文件前有确认提示。

```
rm [-ir ] 文件1 [文件2…]
```

递归选项(-r)用来删除一个目录和它包含的所有文件，包括子目录。不加递归选项，将不删除目录，即使它是空的，例如

```
$rm  example                    //删除当前目录下的文件 example
$rm  -i  ex*                    //交互式的删除当前目录下以 ex 开头的文件
$rm  -r  /tmp/exdir             //删除/tmp 下的文件夹 exdir
```

6) find 命令

格式：find　directories　参数 选项

功能：find 命令是一个目录树查找和执行的命令。它能根据要求在目录和所有子目录中查找文件，并且可以对匹配的文件运行任何命令或者 Shell 脚本。

参数选项以单词形式使用，例如

```
-name  name                     //查找名为 name 的文件
-user  name                     //查找属于用户 name 的文件
-type  [fdlcb]                  //查找指定类型的文件(例如：d 代表目录，l 代表连接)
-size  [+/-]n[ck]               //查找指定大小的文件(例如，+10K 表示大于 1KB)
```

只要知道需要查找的文件的任何属性，就可以方便地使用适当的 find 参数来查找。一旦文件被查到以后，它就可以作为一个参数提交给任何 Linux 命令或 Shell 脚本运行。选项 -name 支持 shell 的通配符(*，?和[])，如果文件名中包含这些字符，一定要记得使用双引号把它括起来，以免 shell 自动把它展开成文件名或者作为参数替换掉。

在实际使用中，find 并不用来查找文件(一般使用 whems)，而是用来在文件系统中搜寻满足选择规则的文件，然后根据结果运行一个命令。find 另一个用处是查找所有最后使用日期在某个指定时间之前的文件，然后把它们移动到一个存档目录中。

这些操作如下。

```
-print                          //在标准输出中打印文件名
-exec  command  {}  \;          //对找到的文件执行指定的命令
-ok    command  {}  \;          //在执行命令之前请求确认
```

例如

```
$find  /tmp  -type  f  -exec  rm  {} \;
//在/tmp 下查找所有的普通件将其删除
```

7) grep 实用程序

格式：grep　“匹配模式”　文件名

功能：grep 命令用来在文本文件中查找符合条件的行。指定给 grep 的文本模式叫做“正则表达式”。它可以是普通的字母或者数字，也可以使用特殊字符来匹配不同的文本模式。

常用的参数如下。

```
-v                //输出不匹配的行
-c                //输出满足匹配模式的行数
-I                //匹配时忽略大小写
-n                //在输出符合要求的行之前输出该行在文件中的行号
```

例如

```
    $grep  "ttyp"  /home/JOHN/book   //在/home/JOHN/book 中查找含有"ttyp"的行
```

2. 重定向命令

每一个 Linux 命令都有 3 个与之相关的输入输出流，如下所示。

```
Stdin             //标准输入：命令默认的输入位置
Stdout            //标准输出：命令默认的输出位置
Stderr            //标准错误输出：用于输出错误及诊断信息
```

为了有助于理解，可以将这些流想象成为一个有 3 个元素的数组:标准输入、标准输出和标准错误输出，编号分别为 0、1 和 2。

在通常情况下，所有的 3 个默认的输入输出流都指向终端，如图 8.6 所示。图中，stdout 就是从键盘上输入的字符；送到标准输出的信息会显示在终端屏幕上；送到标准错误输出的信息会显示在终端屏幕上。

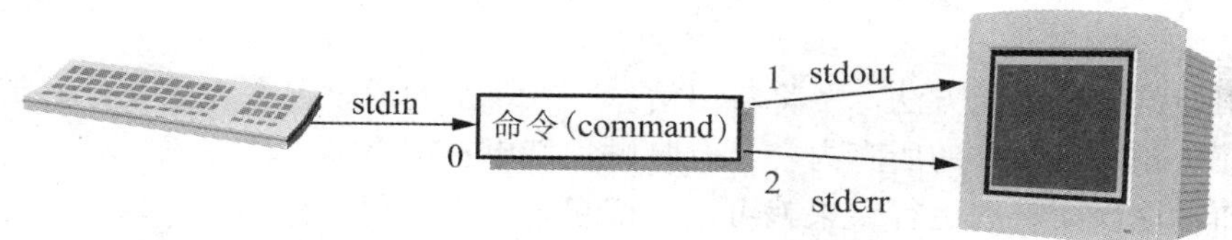

图 8.6　输入输出流指向终端

虽然在通常情况下许多 Linux 命令并不需要任何的用户输入，但是大部分命令会将输出结果写入标准输出中。

我们可以改变一个命令的标准输出 stdout，这样输出结果将会存入一个文件而不是显示在屏幕上。为了改变 stdout，可以在命令的末尾添加字符>filename，命令解释程序将这些字符解释为一条指令而将标准输出流 stdout 中的所有字符送到该文件名所对应的文件中。

在实际执行命令之前，命令解释程序会自动打开(如果文件不存在则自动创建)且清空该文件(文中已存在的数据将被删除)。当命令完成时，命令解释程序会正确地关闭该文件。而命令在执行时并不知道它的输出流已被重定向。

大部分 Linux 命令将错误及诊断信息写入到 stderr 流中。虽然 stdout 和 stderr 的默认链接都是终端的显示屏，但是它们还是不同的流。当重定向 stdout 后，stderr 仍链接到终端，因而错误信息仍将显示在屏幕上，如图 8.7 所示。

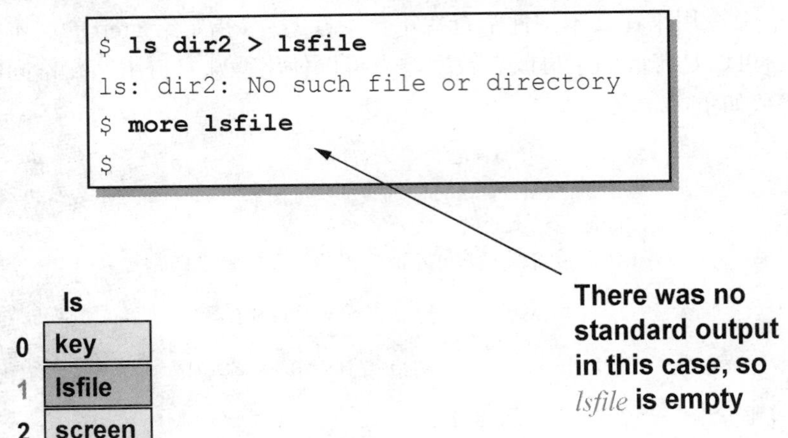
$ ls dir2 > lsfile
ls: dir2: No such file or directory
$ more lsfile
$
ls
0 key
1 lsfile
2 screen
There was no
standard output
in this case, so
lsfile is empty

图 8.7　屏幕上的显示信息

如图 8.7 所示，列出一个并不存在的目录的内容时，系统会给出错误提示信息。请注意在命令运行之前，文件 lsfile 已被打开且已清空，所以该文件以前的内容全部丢失。

在权限范围内，错误流可以看作是一个与众不同的流，它可以与其他的流分开进行操作(重定向)。为了重定向 stderr，应该把字符“>”放到数字 2 的后面，如命令 2>errs。

系统会将错误和诊断信息，以及该命令可能写入其对应的错误流的任何其他信息写入文件 err 中。Stdout 仍链接到屏幕上，所以正常的输出结果仍将显示在屏幕上。

通过在命令行中使用几个重定向符，我们可以完全独立的重定向每一个输出流。在命令行扫描中，命令解释程序会依次对每一个重定位符号做出反应，然后分别通过命令流为写入打开文件。

如果用通常的重定向方法，要将输出信息存入一个的原来已存在的文件，那么在执行该命令之前会删除该文件的所有内容。有时候我们更希望将输出结果添加到一个已存在的文件的后面，这样命令的运行结果就可以保留起来。为实现这样的操作，对于 stdout，需要使用命令>>filename，对于 stderr 则是 2>>filename。如果使用了这些符号，将会保留文件中原来的内容。

3. 管道命令

如果用户希望通过一个命令来处理另一个命令的输出，可以通过重定向将输出结果保存在一个临时文件中，即

```
$who  >tmpfile
```

运行命令 who 来找出谁已经登录进入系统。该命令的输出结果是每个用户对应一行数据，其中包含了一些有用的信息，并将这些信息保存在临时文件中。

运行命令：$ wc -l　<tmpfile

该命令会统计临时文件的行数，最后的结果是登录系统中的用户的人数。

Linux 提供了缩短该处理过程的一个非常有用的方法。通过使用管道符号(|)，可以将以上两个命令组合起来。

```
$who|wc  -l
```

管道符号告诉命令解释程序将左边的命令(在本例中为 who)的标准输出流链接到右边的命令(在本例中为 wc -l)的标准输入流。现在命令 who 的输出不经过临时文件就可以直接送到命令 wc 中了。

这个单一命令管道的结果就是登录系统的用户的人数，但失去了中间数据，例如这些用户的详细信息。如果只关心最后的结果，例如总的用户数，那么这并不会有什么影响。

作为一个使用普通输入输出重定向的例子，管道中的两个命令运行时并不知道它们的输入输出流是链接在一起的。命令解释程序在开始执行命令之前建立管道。在管道中的两个命令要同步运行。如果读者(mader)在管道为空时读入数据，那么它必须阻塞等待，直到管道中有数据为止。如果管道已满(管道的容量是有限的)，那么写者也必须等待，直到有数据被从另一端移出为止。

管道仅能操纵命令的标准输出流。如果标准错误输出未重定向，那么任何写入其中的信息都会在终端显示屏幕上显示。管道可用来链接两个以上的命令。由于使用了一种被称为过滤器的服务程序，多级管道在 Linux 中是很普遍的。我们将在以后详细学习过滤器，但是现在，我们只需知道过滤器只是一段程序，它从自己的标准输入流读入数据，然后写到自己的标准输出流中，这样就能沿着管道过滤数据，例子如下所示。

```
who|grep  "ttyp"| wc  -l
```

who 命令的输出结果由 grep 命令来处理，而 grep 命令则过滤掉(丢弃掉)所有不包含字符串"ttyp"的行。这个输出结果经过管道送到命令 wc，而该命令的功能是统计剩余的行数，这些行数与网络用户的人数相对应。

Linux 系统的一个最大的优势就是按照这种方式将一些简单的命令链接起来，形成更复杂的、功能更强的命令。那些标准的服务程序仅仅是一些管道应用的单元模块，在管道中它们的作用更加明显。

4. CRON 进程

1) cron 监控进程

cron 是一个调度进程的程序，这些被调度的进程按一个规则方式运行。cron 的一些常见用途是记录系统状态日志、启动备份、轮换日志文件和开始运行系统清理脚本。cron 系统由一个监控进程(daemon)和用户的配置文件构成。每个配置文件叫做一个 cron 表，简称 crontab。crontab 文件里的一个条目叫做一个事件或一个工作。(注意，这些工作是独立的，并且与那些由 bg 命令产生的后台工作不同。)

和多数系统服务一样，cron 的功能由系统监控进程提供。这个监控进程叫做 cron 或 crond，它取决于用户所用的发行版本。cron 读取配置文件以判定哪个命令在什么时间运行。如果它发现一个条目与当前时间相匹配，就运行对应的命令。cron 运行命令，就像文件的所有者直接运行一样。所以，在 cron 工作中，用户只能做用户可以在 Shell 提示符下所能做的工作。

cron 维护着一个缓冲池(spool)目录来保持 crontab 文件。通常这个目录是/etc/spool/cron，每个有调度工作的用户在里面都有一个 crontab 文件。在/etc/crontab 还有一个系统 crontab，系统 crontab 与用户 crontab 有点语法差别，有一个域来指定工作以哪个用户的身份运行。

一般地，cron 工作的输出以邮件形式发送给用户，这可以通过重定向命令输出到一个文件，或指定不同的邮寄用户而改变。

2) crontab 文件

crontab 文件告诉 cron 监控进程，用户要运行什么程序和用户要什么时候启动它们。每个用户有一个 crontab 文件，在/etc 目录下还有一个全局的 crontab 文件。用于管理 crontab 文件的程序也叫做 crontab。

在 crontab 文件里有两种类型的条目：环境变量定义和事件。环境变量告诉 cron 去给任何由 cron 事件启动的程序设置一些环境变量。设置一个变量，应写上变量名、一个等号(=)和变量应该有的值。有一个特殊的环境变量名叫 MAILTO，它指定输出到哪里。如果用户把它设置为一个空字符串(MAILTO="")，所有输出将被丢弃。默认时，输出是 e-mail 给 crontab 文件的所有者。

注意：一些 cron 版本不支持在 crontab 文件里设置环境变量。

在 crontab 文件里的多数条目是事件。一个事件有两部分:事件运行的时间和到那个时间做什么事件。描述时间有 5 个域，按顺序分别是分钟(0～59)、小时(0～23)、每月的日期(1～31)、月(1～12)和星期几(0～7)。域由空格或制表符隔开。请记住，小时是以 24 小时格式(军用)给出的。在星期几的域，对星期日用户可以用 0 或者 7，其他用星期几的对应数字。

当时间域与当前时间相匹配时，事件将运行。cron 监控进程每分钟检查一次，看哪一个条目应当启动。对于一个被启动的事件，每一个时间域都必须与当前时间相匹配——但日期和星期几例外，这两个域只要有一个匹配就可以了。

除了可以在每个域键入一个简单值，用户还可以使用通配符，一个值范围，一个值列表，或一个增量。星号(*)是通配符，它将匹配任意值。范围用-(横杠)符号来描述，指示在给定的两个值之间的任何值都将匹配。列表用逗号分隔，列出应当匹配的每一个可能值。使用一个通配符(*)跟着一个反斜杠(/)，再跟一个数字，就表示是增量。当那个值是斜杠后面数字的倍数时，增量域就匹配了。一些 cron 版本将允许用户使用月和星期几的名字，并允许用户结合范围、列表和增量；然而，最好避免这些构造，因为它们不方便移植。

在 5 个时间域的后面是要执行的命令。命令占用了时间域后面的剩余部分，可以包含空格。对于/etc/crontab 这个系统 crontab，多数 cron 版本在命令域之前需要一个附加的用户名域。命令将以那个用户的身份运行，通常会是 root、daemon 或 nobody。

下面是一个 crontab 文件的例子。

```
#This is an example crontab file.
MAILTO=cbuchek
*  *  *  *     echo "Runs at the top of every hour."
1  2  *  *  *  echo"Runs at 1 AM and 2 AM."
2  1  *  *     echo "Runs at 2:13 AM on the of the month."
17  *  *  1-5   echo "Runs at 5:09 PM every weekday."
0  1  1  *     echo "Happy New year!"
0  6  */2  *  *  echo "Runs at 6 AM on even-numbered days."
```

细心地把所有的时间域设正确。如果用户使用的时间格式错误，用户可能不会得到任何出错信息，但用户所期待的工作将不会运行。

用户不能通过直接在缓冲池目录里编辑用户的 crontab 文件来编辑它。作为替代，应使用下面的命令。

```
$crontab -e
```

可以使用 VI 编辑器进行编辑。

用户可以用下面的命令显示用户当前的 crontab。

```
$crontab -l
```

为了从用户的 crontab 里删除每样东西，使用的命令如下。

```
$crontab -r
```

多数发行版一开始就带有预先配置的几个默认的有效 cron 工作。这是被提供来运行系统清理脚本的。一般地，它们运行被叫做/etc/cron.hourly、/etc/cron.weekly 和/etc/cron.monthly 的脚本。系统管理员可以修改这些脚本，使其按一个规则的方式运行他或她想要做的任何工作。除了 hourly 脚本，这些设置在夜晚非高峰时间运行。越来越多的发行版本在向用一个 Shell 脚本的目录替代这些 Shell 脚本的系统转移。这个目录和旧的 Shell 脚本有一样的名字，但作为运行 Shell 脚本的替代品，在目录内的所有 Shell 脚本都运行，这与当改变运行级别时用于启动和停止服务的系统相似。

8.3 Linux 存储器管理

Linux 操作系统采用虚拟内存管理机制管理存储资源为多进程提供了有效共享。

Linux 操作系统使用交换和请求分页存储管理技术实现虚拟内存管理。所谓虚拟存储器是指当进程运行时，不必把整个进程的映像都放在内存中，而只需在内存保留当前用到的那部分页面。当进程访问到某些尚未在内存的页面时，就由核心把这些页面装入内存。这种策略使进程的虚拟地址空间映射到机器的物理空间时具有更大的灵活性，通常允许进程的大小可大于可用内存的总量，允许更多进程同时在内存中执行。

8.3.1 Linux 的虚拟内存管理

Linux 的虚拟内存管理功能可以概括为以下几点。

(1) 地址空间扩充。对运行在系统中的进程而言，运行程序的长度可以远远超过系统的物理内存容量，运行在 I386 平台上的 Linux 进程，其地址空间可达 4GB(32 位地址)。

(2) 进程保护。每个进程拥有自己的虚拟地址空间，这些虚拟地址对应的物理地址完全和其他进程的物理地址隔离，从而避免了进程之间的互相影响。

(3) 内存映射。利用内存映射，可以将程序或数据文件映射到进程的虚拟地址空间中，程序代码和数据的逻辑地址的访问与访问物理内存单元一样。

(4) 物理内存分配。虚拟内存可以方便地隔离各进程的地址空间，这时，如果将不同进程的虚拟地址映射到同一物理地址，则可实现内存共享。这就是共享虚拟内存的本质，利用共享虚拟内存可以节省物理内存的使用(如，两个可以实现所谓“共享内存”的进程间通信机制，即两个进程通过同一物理内存区域进行数据交换)。

Linux 中的虚拟内存采用“分页”机制。分页机制将虚拟地址空间和物理地址空间划分为大小相同的块，这样的块在逻辑地址空间称为“页”，在物理地址空间称为“块”。通过虚拟内存地址空间的页与物理地址空间的块之间的映射，分页机制实现了虚拟内存地址到物理内存地址之间的映射。

在 x86 平台的 Linux 系统中，地址码采用 32 位，因而每个进程的虚拟存储空间可达 4 GB。Linux 内核将这 4GB 的空间分为两部分：最高地址的 1GB 是“系统空间”，供内核本身使用，系统空间由所有进程共享；而较低地址的 3GB 是各个进程的“用户空间”。

8.3.2 Linux 系统采用三级页表

所有进程从 3～4 GB 的虚拟内存地址都是一样的，有相同的页目录项和页表，对应到同样的物理内存段，Linux 以此方式让内核态进程共享代码段和数据段。Linux 采用请求页式技术管理虚拟内存。由于 Linux 系统中页面的大小为 4KB，因此进程虚拟存储空间要划分为 2^{20}(1MB)个页面，如果直接用页表描述这种映射关系，那么每个进程的页表就要有 2^{20}(1MB)个表项。很显然，用大量的内存资源来存放页表是不可取的。为此，Linux 页表分为 3 级结构：页目录(Page Directory，PGD)、中间页目录(Page Middle Directory，PMD)和页表(Page Table，PTE)。在 Pentium 计算机上它被简化成两层，PGD 和 PMD 合二为一。页目录 PGD 和页表 PTE 都含有 1 024 个项。Linux 三级页表地址转换如图 8.8 所示。

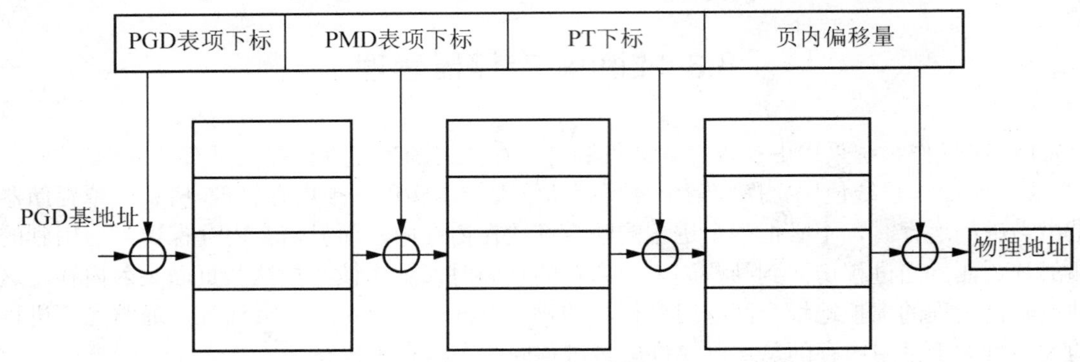

图 8.8　Linux 三级页表地址转换示意图

一个线性虚拟地址在逻辑上划分成 4 个位段，从高位到低位分别用作检索页面目录(PGD)的下标、中间目录(PMD)的下标、页表(PTE)的下标和物理页面(即内存块)内的位移。把一个线性地址映射成物理地址分为以下 4 步。

(1) 以线性地址中最高位段作为下标，在 PGD 中找到相应的表项，该表项指向相应的 PMD。

(2) 以线性地址中第 2 个位段作为下标，在 PMD 中找到相应的表项，该表项指向相应的 PTE。

(3) 以线性地址中第 3 个位段作为下标，在 PTE 中找到相应的表项，该表项指向相应的物理页面(即该物理页面的起始地址)。

(4) 线性地址中的最低位段是物理页面内的相对位移量，此位移量与该物理页面的起始地址相加就得到相应的物理地址。

地址映射是与具体的 CPU 和 MMU(内存管理单元)相关的。对于 i386 来说，CPU 支持两级模型，实际上跳过了中间的 PMD 这一级。从 Pentium Pro 开始，允许将地址从 32 位提高到 36 位，并且在硬件上支持三级映射模型。

每一个进程都有一个页目录，其大小为一个页面，页目录中的每一项指向中间页目录的一页，每个活动进程页目录必须在内存中。中间页目录可能跨多个页，它的每一项指向页表中的一页。页表也可能跨多个页，每个页表项指向该进程的一个虚页。

当使用 fork()创建一个进程时，分配内存页面的情况如下：进程控制块 1 页，内核态堆栈 1 页，页目录 1 页，页表若干页。而使用 exec()系统调用时，分配内存页面的情况如下：可执行文件的文件头 1 页，用户堆栈的 1 页或几页。

这样，当进程开始运行时，如果执行代码不在内存中，将产生第 1 次缺页中断，让操作系统参与分配内存，并将执行代码装入内存。此后按照需要，不断地通过缺页中断调进代码和数据。当系统内存资源不足时，由操作系统决定是否调出一些页面。

8.3.3　内存页的分配与释放

当一个进程开始运行时，系统要为其分配一些内存页；当进程结束运行时，要释放其所占用的内存页。一般地，Linux 系统采用位图和链表两种方法来管理内存页。

位图可以记录内存单元的使用情况。它用一个二进制位(bit)记录一个内存页的使用情况：如果该内存页是空闲的，则对应位是 1；如果该内存页已经分配出去，则对应位是 0。例如，有 1 024KB 的内存，内存页的大小是 4KB，则可以用 32B 构成的位图来记录这些内存的使用情况。分配内存时检测该位图中的各个位，找到所需个数的、连续位值为 1 的位段，获得所需的内存空间。

链表可以记录已分配的内存单元和空闲的内存单元。采用双向链表结构将内存单元链接起来，可以加速空闲内存的查找或链表的处理。

Linux 系统的物理内存页分配采用链表和位图相结合的方法。

8.3.4　内存交换

当系统出现内存不足时，Linux 内存管理子系统就要释放一些内存页，从而增加系统中空闲内存页的数量。此任务是由内核的交换守护进程 kswapd 完成的。该内核守护进程实际是一个内核线程，它的任务是保证系统中具有足够的空闲页，从而使内存管理子系统能够有效运行。

在系统启动时，这一守护进程由内核的 INIT 进程启动，按核心交换时钟开始或终止工作。每到一个时钟周期结束，kswapd 便查看系统中的空页内存块数，通过变量 free_pages_high 和 free_pages_low 来决定是否需要释放一些页面。当空闲内存块数大于 free_pages_high 时，kswapd 便进入睡眠状态，直到时钟终止。free_pages_high 和 free_pages_low 在系统初始化时设置。若系统中的空闲内存页面数低于 free_pages_high 甚至 free_pages_low 时，KSWAPED 使用下列 3 种方法减少系统中正在使用的物理页面。

(1) 减少缓冲区和页面 cache 的大小。

(2) 换出 SYSTEM V 的共享内存页。

(3) 换出或丢弃内存页面。

kswapd 轮流查看系统中哪一个进程的页面适合换出或淘汰，因为代码段不能被修改，这些页面不必写回缓冲区，淘汰即可，需要时再将原副本重新装入内存。当确定某进程的某页被换出或淘汰时，还要检查它是否是共享页面或被锁定，如果是这样，就不能淘汰或换出。

Linux 淘汰页面的依据是页面的年龄，它保存在描述页面的数据结构 mem_map_t 中。如页面年龄的初值为 3，每访问一次年龄增加 3。页面年龄最大值为 20。而当内核的交换进程运行时。页的寿命减 1。如果某个页面的年龄为 0，则该页可作为交换候选页。

当某页被修改过后重新放在交换区中，某进程再次需要该页时，由于它已不在内存中(通过页表)，该进程便发出缺页请求，这时，Linux 的缺页中断处理程序开始执行，它首先通过该进程的 vm_area_struct 定位，先找到发生缺页中断的虚地址，再把相应的物理页面换入内存，并重新填写页表项。

8.3.5　内存的共享和保护

Linux 中内存共享是以页共享的方式实现的，共享该页的各个进程的页表项直接指向共享页，这种共享不需建立共享页表，节省内存空间，但效率较低。当共享页状态发生变化时，共享该页的各进程页表均需修改，要多次访问页表。

Linux 可以对虚存段中的任一部分加锁或保护。对进程的虚拟地址加锁，实质就是对 vma 段的 vm_flags 属性与 VM_LOCKED 进行或操作。虚存加锁后，它对应的物理页框驻留内存，不再被页面置换程序换出。加锁操作共有 4 种：对指定的一段虚拟空间加锁或解锁 (mlock 和 munlock)，对进程所有的虚拟空间加锁或解锁(ndockall 和 munlockall)。

对进程的虚拟地址空间实施保护操作，重新设置 vma 段的访问权限，实质就是对 vma 段的 vm_flags 重置 PROT_READ、PROT_WRITE 和 PROT_EXEC 参数，并重新设定 vm_page_prot 属性。与此同时，对虚拟地址范围内所有页表项的访问权限也做调整，保护操作由系统调用 mprotect 实施。

8.3.6　缺页中断

磁盘中的可执行文件映像一旦被映射到一个进程的虚拟空间，它就开始执行。由于一开始只有该映像区的开始部分被调入内存，因此，进程迟早会执行那些未被装入内存的部分。当一个进程访问了一个还没有有效页表项的虚拟地址时，处理器将产生缺页中断，通知操作系统，并把缺页的虚拟地址(保存在 CR2 寄存器中)和缺页时访问虚存的模式一并传给 Linux 的缺页中断处理程序。系统初始化时首先设定缺页中断处理程序为 do_page_fault()，它根据控制寄存器 CR2 传递的缺页地址，进入 error_code 处理程序进行分类，通过 find_vma 找到发生页面失误的虚拟存储区地址所在的 vm_area_struct 结构指针。如果没有找到，说明进程访问了一个非法存储区，系统将发出一个信号告知进程出错。然后系统检测缺页时访问模式是否合法，如果进程对该页的访问超越权限，系统也将发出一个信号，通知进程的存储访问出错。通过以上两步检查，可以确定缺页中断是否合法，然后进程通过页表项中的位 P 来区分缺页对应的页面是在交换空间(P=0 且页表项非空)还是在磁盘中某一执行文件映像的一部分。最后，进行页面调入操作。

Linux 使用最少使用频率替换策略，页替换算法在 clock 算法基础上作了改进，使用位被一个 8 位的 age 变量所取代。每当一页被访问时，age 增加 l。在后台由存储管理程序周期性地扫描全局页面池，并且当它在主存中所有页间循环时，对每个页的 age 变量减 1。age 为 0 的页是一个“老”页，已有些时候没有被使用，因而可用作页替换的候选者。age 值越大，该页最近被使用的频率越高，也就越不适宜于替换。

8.4 Linux 文件管理

8.4.1 Linux 文件系统的目录结构

Linux 采用的是树形目录结构管理文件。最上层是根目录，其他的所有目录都是从根目录出发而生成的。微软的 DOS 和 Windows 也是采用树型结构，但是在 DOS 和 Windows 中，这样的树形结构的根是磁盘分区的盘符，有几个分区就有几个树型结构，它们之间的关系是并列的。但是在 Linux 中，无论操作系统管理几个磁盘分区，这样的目录树只有一个。从结构上讲，各个磁盘分区上的树形目录不一定是并列的。

下面列出了 Linux 下的一些主要文件目录。

(1) /bin：二进制可执行命令。

(2) /dev：设备特殊文件。

(3) /etc：管理和配置文件。

(4) /etc/rc.d：启动的配置文件和脚本。

(5) /home：用户主目录的基点，比如用户 user 的主目录就是/home/user，可以用~user表示。

(6) /lib：标准程序设计库，又叫动态链接共享库，作用类似 windows 里的.dll 文件。

(7) /sbin：系统管理命令，这里存放的是系统管理员使用的管理程序。

(8) /tmp：公用的临时文件存储点。

(9) /root：系统管理员的主目录。

(10) /mnt：系统提供这个目录是让用户临时挂载其他的文件系统。

(11) /lost+found：这个目录平时是空的，系统非正常关机而留下“无家可归”的文件(在 Windows 中后缀是.chk)就在这里。

(12) /proc：虚拟的目录，是系统内存的映射。可直接访问这个目录来获取系统信息。

(13) /var：某些大文件的溢出区，比方说各种服务的日志文件。

(14) /usr：最庞大的目录，要用到的应用程序和文件几乎都在这个目录。其中包含内容如下。

① /usr/X11R6：存放 X Window 的目录。

② /usr/bin：众多的应用程序。

③ /usr/sbin：超级用户的一些管理程序。

④ /usr/doc：Linux 文档。

⑤ /usr/include：Linux 下开发和编译应用程序所需要的头文件。

⑥ /usr/lib：常用的动态链接库和软件包的配置文件。

⑦ /usr/man：帮助文档。

⑧ /usr/src：源代码，Linux 内核的源代码就放在/usr/src/Linux 里。

⑨ /usr/local/bin：本地增加的命令。

⑩ /usr/local/lib：本地增加的库。

8.4.2　Linux 文件系统的实现

Linux 支持多种不同类型的文件系统，包括 Ext、Ext2、MINIX、UMSDOS、NCP、ISO9660、HPFS、MSDOS、NTFS、XIA、VFAT、PROC、NFS、SMB、SYSV、AFFS 以及 UFS 等。由于每一种文件系统都有自己的组织结构和文件操作函数，并且相互之间的差别很大，Linux 文件系统的实现有一定的难度。为支持上述的各种文件系统，Linux 在实现文件系统时采用了两层结构。第一层是虚拟文件系统(Virtual File System，VFS)，它把各种实际文件系统的公共结构抽象出来，建立统一的以 i_node 为中心的组织结构，为实际文件系统提供兼容性。它的作用是屏蔽各类文件系统的差异，给用户、应用程序和 Linux 的其他管理模块提供统一的接口。第二层是 Linux 支持的各种实际文件系统。

Linux 的文件操作面向外存空间，它采用缓冲技术和 hash 表来解决外存与内存在 I/O 速度上的差异。在众多的文件系统类型中，Ext2 是 Linux 自行设计的具有较高效率的一种文件系统类型。它建立在超级块、块组、i_node 和目录项等结构的基础上，本节做简单介绍。Linux 文件系统安装同其他操作系统一样，Linux 支持多个物理硬盘，每个物理磁盘可以划分为一个或多个磁盘分区，在每个磁盘分区上就可以建立一个文件系统。一个文件系统在物理数据组织上一般划分成引导块、超级块、i_node 区以及数据区。引导块位于文件系统开头，通常为一个扇区，存放引导程序，用于读入并启动操作系统。超级块由于记录文件系统的管理信息，根据特定文件系统的需要其存储的信息不同。i_node 区用于登记每个文件的目录项，第一个 i_node 是该文件系统的根节点。数据区则存放文件数据或一些管理数据。

一个安装好的 Linux 操作系统究竟支持几种不同类型的文件系统，是通过文件系统类型注册链表来描述的。VFS 以链表形式管理已注册的文件系统。向系统注册文件系统类型有两种途径，一是在编译操作系统内核时确定，并在系统初始化时通过函数调用向注册表登记它的类型；另一种是把文件系统当作一个模块，通过 kerneld 或 insmod 命令在装入该文件系统模块时向注册表登记它的类型。

文件系统数据结构中，file_systems 指向文件系统注册表，每一个文件系统类型在注册表中都有一个登记项，记录了该文件系统类型的名 name、支持该文件系统的设备 requiresdev、读出该文件系统在外存超级块的函数 read_super、注册表的链表指针 next。函数 register_filesystem 用于注册一个文件系统类型，函数 unregister_filesystem 用于从注册表中卸装一个文件系统类型。

每一个具体的文件系统不仅包括文件和数据，还包括文件系统本身的树形目录结构，以及子目录、链接、访问权限等信息，它还必须保证数据的安全性和可靠性。

Linux 操作系统不通过设备标识访问某个具体文件系统，而是通过 mount 命令把它安装到文件系统树形目录结构的某一个目录节点，该文件系统的所有文件和子目录就是该目录的文件和子目录，直到用 umount 命令显式的卸载该文件系统。

当 Linux 自举时，首先装入根文件系统，然后根据/ete/fstab 中的登记项使用 mount 命令逐个安装文件系统。此外，用户也可以显式地通过 mount 和 umount 命令安装和卸装文件系统。当安装/卸装一个文件系统时，应使用函数 add_vfsmnt/remove_vfsmnt 向操作系统注册/注销该文件系统。另外，函数 lookup_vfsmnt 用于检查注册的文件系统。

执行文件系统的注册/注销操作时，将在以 vfsmntlist 为链表头和 vfsmnttail 为链表尾的单向链表中增加/删除一个 vfsmount 节点。

超级用户安装一个文件系统的命令格式如下。

```
mount  参数文件系统类型  文件系统设备名  文件系统安装目录
```

文件管理接收 mount 命令的处理过程如下。

(1) 如果文件系统类型注册表中存在对应的文件系统类型，转到步骤(3)。

(2) 如果文件系统类型不合法，则出错返回，否则在文件系统类型注册表注册对应的文件系统类型。

(3) 如果该文件系统对应的物理设备不存在或已被安装，则出错返回。

(4) 如果文件系统安装目录不存在或已经安装有其他文件系统，则出错返回。

(5) 向内存超级块数组 super_blocks 申请一个空闲的内存超级块。

(6) 调用文件系统类型节点提供的 read_super 函数读入安装文件系统的外存超级块，写入内存超级块。

(7) 申请一个 vfsmount 节点，填充正确内容后，链入文件系统注册表链。

在使用 umount 卸装文件系统时，必须首先检查文件系统是否正在被其他进程使用。若正在被使用，umount 操作必须等待，否则可以把内存超级块写回外存，并在文件系统注册表中删除相应节点。

8.4.3　虚拟文件系统

虚拟文件系统(VFS)是物理文件系统与服务之间的一个接口层，它对每一个具体的文件系统的所有细节进行抽象，使得 Linux 用户能够用同一个接口使用不同的文件系统。VFS 只是一种存在于内存的文件系统，在系统启动时产生，并随着系统的关闭而注销。拥有关于各种特殊文件系统的公共接口，如超级块、inode、文件操作函数入口等，特殊的文件系统的细节统一由 VFS 的公共接口来翻译，当然对系统内核和用户进程是透明的。它的主要功能包括以下几方面。

(1) 记录可用的文件系统的类型。

(2) 把设备与对应的文件系统联系起来。

(3) 处理一些面向文件的通用操作。

(4) 涉及针对具体文件系统的操作时，把它们映射到与控制文件、目录以及 inode 相关的物理文件系统。

引入 VFS 后，Linux 文件管理的实现层次如图 8.9 所示。

当某个进程发出了一个文件系统调用时，内核将调用 VFS 中相应函数，这个函数处理一些与物理结构无关的操作，并且把它重新定向为真实文件系统中相应函数调用，后者再来处理那些与物理结构有关的操作。

实现 VFS 的数据结构主要有以下 4 个。

(1) 超级块(superblock)：存储被安装的文件系统的信息，对基于磁盘的文件系统来说，超级块中包含文件系统控制块。

(2) 索引节点(inode)：存储通用的文件信息，对基于磁盘的文件系统来说，一般是指磁盘上的文件控制块，每个 inode 有唯一的 inode 号，并通过 inode 号标识每个文件。

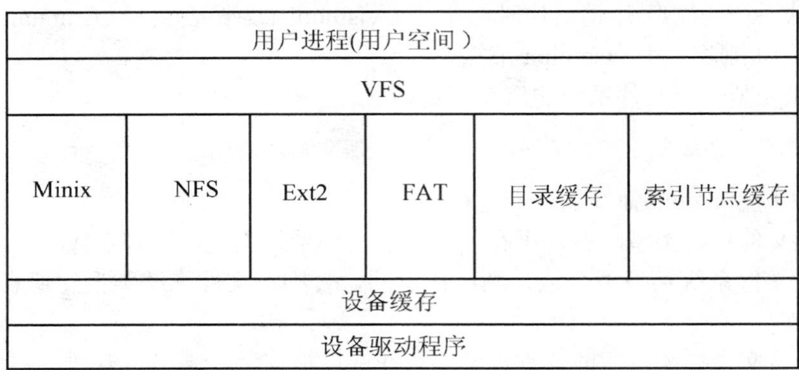

图 8.9　通过 VFS 实现 Linux 文件管理

(3) 系统打开文件表：存储进程与已打开文件的交互信息，这些信息仅当进程打开文件时才存于内核空间中。

(4) 目录项 dentry(Directory Entry)：存储对目录的链接信息，包含对应的文件信息。基于磁盘的不同文件系统按各自特定方法将信息存于磁盘上。

VFS 描述文件系统使用超级块和 inode 的方式。当系统初始启动时，所有被初始化的文件系统类型都要向 VFS 登记。每种文件系统类型的读超级块 read_super 函数必须从磁盘文件系统中读取给定文件系统的数据，识别该文件系统的结构，并且翻译成独立于设备的有用信息，把这些信息存储到 VFS 的 super_block 数据结构中。

超级块(struct super_block)数据结构的主要信息有以下内容。

(1) 链接其他文件系统的超级块的链表。

(2) 该文件系统的主次设备号。

(3) 块的大小。

(4) 锁定标志，置位表示拒绝其他进程访问。

(5) 只读标志。

(6) 已修改标志。

(7) 指向文件系统类型注册表相应项。

(8) 超级块提供的文件操作函数。

(9) 超级块提供的磁盘配置操作。

(10) 标志、更新时间长度等。

(11) 超级块根节点的 dentry 节点。

(12) 超级块上的等待队列。

为了保证文件系统的性能，物理文件系统中超级块必须驻留在内存中，具体地说，就是利用 super_block.u 来存储具体的超级块。VFS 超级块包含了一个指向文件系统中的第一个 inode 的指针 s_mounted，对于根文件系统，它就是代表根目录的 inode 节点。

文件系统中的每一个子目录和文件对应于一个唯一的 inode，它是 Linux 管理文件系统的最基本单位，也是文件系统链接任何子目录、任何文件的桥梁。VFS inode 可通过 inode_cache 访问，其内容来自于物理设备上的文件系统，并有文件系统指定的操作函数填写。

inode 的数据结构如下。

```
struct_inode
用于 hash、无用链表的 LRU 排列
与 inode 相连的 dentry 节点的链表
inode 号
inode 节点正在访问数
该文件系统的主次设备号
文件类型以及存取权限
连接到该 inode 的 link 数
inode 的用户 ID
inode 的组 ID
该 inode 描述的主次设备号
inode 大小
访问、修改和创建时间
inode 节点的块大小
inode 节点的块数目
inode 节点的版本
inode 节点所占的页数
inode 操作信号量和原语写操作
inode 的操作函数
inode 所在的 VFS 超级块
inode 的等待队列
inode 的记录锁链表首地址
inode 内存映象
inode 内存页面单向链表
inode 链指针
inode cache 链指针
指向下挂文件系统的 inode 的根目录
引用计数，0 表示空闲
inode 的锁定标志
inode 已修改标志
各个物理文件系统 inode 的特有结构类型
```

同超级块一样，inode.u 用于存储每一个特定文件系统的特定 inode。系统所有的 inode 通过 i_prev，i_next 连接成双向链表，头指针是 first_inode。每个 inode 通过 i_dev 和 i_ino 唯一地对应到某一个设备上的某一个文件或子目录。i_count 为 0 时表明该 inode 空闲，空闲的 inode 总是放在 first_inode 链表的前面，当没有空闲的 inode 时，VFS 会调用函数 grow_inodes 从系统内核空间申请一个页面，并将该页面分割成若干个空闲 inode，加入 first_inode 链表。围绕 first_inode 链，VFS 还提供一组操作函数，主要有 insert_inode_free()、remove_inode_free()、put_last_free()、insert_inode_hash()、remove_inode_hash()、clear_inode()、get_empty_inode()、lock_inode()、unlock_inode()、write_inode()等。

VFS 的目录中存储了当前目录下的文件和子目录信息，在 VFS 中目录也被抽象成文件的形式，每个目录有自己的 inode，这样 VFS 可采用相同的方法处理文件和目录。VFS 中引入目录 dentry 的主要目的是协助实现对文件的快速定位，改进文件系统效率，此外，目

录还起到一定的缓冲作用。Dentry 一般被维护在 cache 中，这样可以快速找到所需目录，以便快速地定位文件。

8.4.4 Ext2 文件系统

扩展文件系统 Ext 和第二代扩展文件系统 Ext2 是专门为 Linux 设计的可扩展的文件系统。在 Ext2 中，文件系统组织成数据块的序列，这些数据块的长度相同，块大小在创建时被固定下来。Ext2 所占用的磁盘除引导块(Boot Block)外，逻辑分区划分为块组(Block Group)，每一个块组依次包括超级块(Super Group)、组描述符表(Group Descriptors)、块位图(Block Bitmap)、inode 位图(inode Bitmap)、inode 表(inode Table)以及数据块(Data Blocks)区。块位图集中了本组各个数据块的使用情况，inode 位图则记录了 inode 表中 inode 的使用情况。inode 表保存了本组所有的 inode。inode 用于描述文件，一个 inode 对应一个文件或子目录，有一个唯一的 inode 号，并记录了文件在外存的位置、存取权限、修改时间、类型等信息。采用块组划分的目的是使数据块靠近其 inode 节点，文件 inode 节点靠近其目录 inode 节点。从而，将磁头定位时间减到最少，加快磁盘访问速度。

1. Ext2 超级块

Ext2 的超级块用来描述目录和文件在磁盘上的静态分布，包括尺寸和结构。每个块组 Ext2 文件系统结构都有一个超级块，一般来说只有块组 0 的超级块才被读入内存超级块，其他块组的超级块仅仅作为恢复备份。Ext2 文件系统的超级块主要包括 inode 数量、块数量、保留块数量、空闲块数量、空闲 inode 数量、第一个数据块位置、块长度、片长度、每个块组块数、每个块组片数、每个块组 inode 数，以及安装时间、最后一次写时间、安装信息、文件系统状态信息等等内容。

Linux 中引入了片(Fragment)的概念，若干个片可组成块，当 Ext2 文件最后一块不满时，可用片计数。具体的 Ext2 外存超级块和内存超级块数据结构参见 include/Linux/ext2 fs.h 中的结构 ext2_super_block 和结构 ext2_sb_info。

2. 块组的构造

每个块组重复保存着一些有关整个文件系统的关键信息，以及真正的文件和目录的数据块。每个块组中包含超级块、块组描述结构、块位示图、索引节点位示图、索引节点表和数据块。

3. 块组描述结构

每个数据块组都有一个描述它的数据结构，即块组描述结构。它包含以下信息。

(1) 数据块位示图。这一项表示数据块位示图所占的数据块数。块位示图反映数据块组中数据块的分配情况，在分配或释放数据块时需要使用块位示图。

(2) 索引节点位示图。这一项表示索引节点位示图所占的数据块数，索引节点位示图反映数据块组中索引节点分配的情况，在创建或删除文件时需要使用索引节点位示图。

(3) 索引节点表。数据块组中索引节点表所占的数据块数，系统中的每个文件都对应一个索引节点，每个索引节点都由一个数据结构来描述。

(4) 空闲块数、空闲索引节点数和已用目录数。

一个文件系统中的所有数据块组描述结构组成一个数据块组描述结构表。每个数据块组在其超级块之后都包含一个数据块组描述结构表的副本。实际上，Ext2 文件系统只使用块组 1 中的数据块组描述结构表。

4. Ext2 索引节点

索引节点又称为 I 节点，每个文件都有唯一的索引节点。Ext2 文件系统的索引节点起着文件控制块的作用，利用这种数据结构可对文件进行控制和管理。每个数据块组中的索引节点都保存在索引节点表中。数据块组中还有一个索引节点位示图，用来记录系统中索引节点的分配情况——哪些节点已经分配出去了，哪些节点尚未分配。索引节点有盘索引节点(如 ext2_inode)和内存索引节点(如 inode)两种形式。盘索引节点存放在磁盘的索引节点表中，而内存索引节点存放在系统专门开设的索引节点区中。所有文件在创建时就分配一个盘索引节点。当一个文件被打开或一个目录成为当前工作目录时，系统内核就把相应的盘索引节点复制到内存索引节点中；当文件被关闭时，释放其内存索引节点。

在 Ext2 中，每个文件或目录都由一个 inode 来唯一描述，每个块组的 inode 集中存放在一个 inode 表中。每个 inode 有一个唯一的 inode 号，并记录了文件的类型、存取权限、用户、组标识、修改/访问/创建/删除时间、link 数、文件长度、占用块数、指针、在外存的位置以及其他控制信息。具体的数据结构可参考 include/Linux/ext2_fs.h 中的结构 ext2_inode。

5. Ext2 目录文件

目录是用来创建和保存对文件系统中文件的存取路径的特殊文件。它是一个目录项的列表(目录文件)，其中头两项是标准目录项“.”(本目录)和“..”(父目录)。

6. Ext2 数据块分配策略

文件空间的碎片是每个文件系统都要解决的问题，它是指系统经过一段时间的读写后，导致文件的数据块散布在盘的各处，访问这类文件时，使磁头移动急剧增多，访问盘的速度大幅下降。操作系统提供“碎片合并”实用程序，定时运行可把碎片集中起来，Linux 的碎片合并程序叫 defrag(Defragmentation Program)。而操作系统能够通过分配策略避免碎片的发生则更加重要，Ext2 采用了两个策略来减少文件碎片。

(1) 原地先查找策略。为文件新数据分配数据块时，尽量先在文件原有数据块附近查找。首先试探紧跟文件末尾的那个数据块，然后试探位于同一个块组的相邻的 64 个数据块，接着就在同一个块组中寻找其他空闲数据块。实在不得以才搜索其他块组，而且首先考虑 8 个一簇的连续的块。

(2) 预分配策略。如果 Ext2 引入了预分配机制(设 EXT2_PREALLOCATE 参数)，就从预分配的数据块取一块来用，这时紧跟该块后的若干个数据块空闲的话，也被保留下来。将当文件关闭时仍保留的数据块给予释放，这样保证了尽可能多的数据块被集中成一簇。Ext2 文件系统的 inode 的 ext2_inode_info 数据结构中包含两个属性 prealloc_block 和 prealloc_count，前者指向可预分配数据块链表中第一块的位置，后者表示可预分配数据块的总数。

8.4.5　Linux 的文件路径表示

在学习文件系统时，首先也是最重要的任务就是找到自己所在的路径。而文件定位是通过组合一个命名方案实现的，沿着一个路径的目录名就能找到各个文件。

1. 绝对路径

一个绝对路径名描述从文件系统的根开始到文件或目录的路径。因为文件系统作为一个仅有一个根的树来组织的，每个文件或目录将只有一个绝对路径名，因此，它可以称作文件系统中唯一标志一个文件或路径的方法。

一个绝对路径名以一个斜杠(/)开始，因此，它由路径通过的、用斜杠分隔的目录名组成。例如，/usr/bin/tty 是一个在/usr/bin 文件系统层次中的文件 tty 的绝对路径名，如图 8.10 所示。

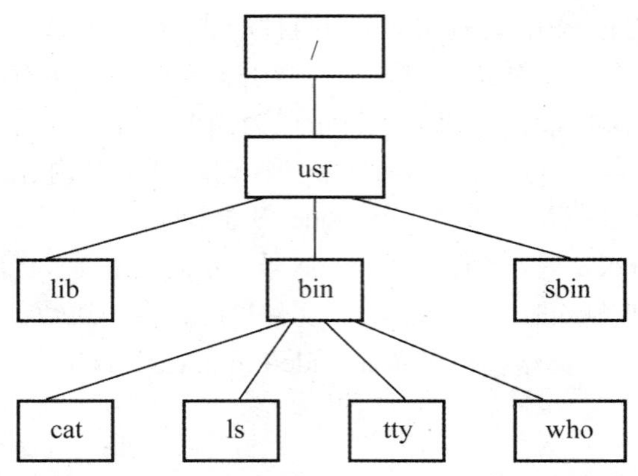

图 8.10　Linux 文件系统树状结构图

2. 相对路径

一个相对路径名描述从当前目录到文件或目录的路径。相对路径的格式和绝对路径的格式很相似，只是相对路径名不以斜杠开始。

bin/tty，这个例子显示了若当前目录是/usr，文件 tty 的相对文件名是 bin/tty。

如果当前目录是/usr/bin，相对路径名将简单的是 tty。

目录捷径

.　　　当前工作目录

..　　　双亲目录(也叫父目录，是目录树中当前工作目录的上一级)

在相对路径或绝对路径中这些名字可以用在任何地方。它们通常用在相对路径名中，因为允许指定通过层次向上或向下追溯的路径。

若当前目录是/home/mary，从这里到/home 目录的相对路径是. . 。

类似的，当前目录指定一个文件的相对路径名。例如：myfile 也可以用./myfile 来引用。

8.4.6　Linux 的文件操作系统调用

在 VFS 中，采用 dentry 结构和 inode 节点配合实现文件查找。每个打开的文件都对应一个 dentry 节点，并存放在内核的 dentry_cache 中。当查找一个文件时，利用 dentry * namei 函数，沿文件的路径名，依次查看每一层目录的 dentry 节点是否出现在 dentry_cache 中，如果没有，就通过父目录直接到磁盘上去查找，得到它对应的 inode 节点，再读入内存中，并在 dentry_cache 中新建一个 dentry 节点与得到的已存于内存中的 inode 节点建立联系。之后，系统在文件查找时不用每次再去访问磁盘，直接从核心的内存区中找到文件的 inode 节点，因而提高了文件查找效率。

主要文件操作内容如下。

1. 文件的打开

打开文件的主要函数有 sys_open()和 sys_creat()。对每个打开的文件，系统会分给它一个唯一的文件 ID 号，进程对文件操作时，只需 ID 号便可找到文件指针。要打开某个文件时，系统先得到一个空的文件 ID 号和一个文件信息节点。然后，由相应文件名通过文件查找找到它的 dentry 和 inode 节点，建立四者的联系。最后，再通过具体的文件系统自身提供的文件打开函数真正地打开指定文件。如果该文件不存在，系统会根据给定参数，先建立文件，再把文件打开。

以下是打开文件的系统调用的实现。

```
#include<sys/types.h>
#include<sys/stat.h>
#include<fcntl.h>
int open(const char*path,int flags);
int open(const char*path,int flags,mode_t mode);
```

其中，path 为要打开的文件路径名指针。flags 为文件打开标志参数。文件打开标志参数必须包括下列 3 个参数之一。

(1) O_RDONLY

(2) O_WRONLY

(3) O_RDWR

此外，上述文件打开标志参数还可利用逻辑或运算与下列标志值进行任意组合。

(1) O_CREAT

(2) O_EXCL

(3) O_TRUNC

(4) O_APPEND

所有这些文件打开标志参数值可以通过#include<fcntl.h>访问。mode 为文件访问模式，用来设置文件主、文件主所在组用户和所有其他用户所具有的访问权限。这些数值可以通过#include<sys / stat.h>访问。

(1) S_IRUSR：文件主可读。

(2) S_IWUSR：文件主可写。

(3) S_IXUSR：文件主可执行。

(4) S_IRGRP：文件主所在组用户可读。

(5) S_IWGRP：文件主所在组用户可写。

(6) S_IXGRP：文件主所在组用户可执行。

(7) S_IROTH：所有其他用户可读。

(8) S_IWOTH：所有其他用户可写。

(9) S_IXOTH：所有其他用户可执行。

(10) 创建文件的系统调用为 creat()。

```
#include<sys/types.h>
#include<sys/stat.h>
int creat(const char*path,mode_t mode);
```

2. 文件的关闭

关闭文件使用函数 sys_close()，系统先释放文件的 ID 号，再释放文件信息节点、dentry 节点、inode 节点，最后，调用具体文件系统的关闭函数关闭该文件。文件被修改时还要进行更新。关闭的同时，要移去其他进程在该文件上留下的记录锁。

3. 文件指针移动

文件指针移动的主要函数有 sys_lseek()和 sys_lseek()。系统根据给定的操作参数对文件的指针进行移动，有两种指针移动方式：一种是从当前文件指针开始；另一种是从文件的末尾开始。针对不同的文件类型，系统提供两种移动函数：一种是当指定文件为符号链接文件时，查到其链接的源文件，并移动文件指针；另一种是当指定文件为符号链接文件时，不进行链接查找，仅移动指定文件的指针。

4. 读写文件操作

读文件操作的主要函数有 sys_read()和 sys_pread()。这是由具体文件系统实现的功能，先要判断欲读的文件区域是否被其他进程锁住，再决定能否把文件内容读到指定区域。两种读函数分别为：从文件的当前指针读起；从指定的文件指针读起。

写文件操作的主要函数有 sys_write()和 sys_pwrite()。系统先要判断欲写的文件区域是否被其他进程锁住，再决定能否把文件内容写到指定区域。两种写函数分别为：从文件的当前指针写起；从指定的文件指针写起。

一旦文件被打开，就有了一个可使用的文件描述符，可以用 read()系统调用从文件中读取数据，程序如下所示。

```
#include  <sys/types. h>
#include  <unistd. h>
int read(iht fd,void*buf,size_t nbytes);
```

其中，fd 为文件描述符，buf 为读入数据缓冲区指针，nbytes 为要读入的数据字节数。其功能是从文件 fd 中读入 nbytes 个字节数据，放入 buf 数据缓冲区中。同样，可以用 write()系统调用将数据写入到一个文件中，程序如下所示。

```
#include<sys/types. h>
#include<unistd. h>
int write(int fd,void*buf,size_t nbytes);
```

其中，fd 为文件描述符，buf 为数据缓冲区指针，nbytes 为要写入的数据字节数。其功能是从 buf 数据缓冲区中读入 nbytes 个字节数据，存入文件中。另外 stat()和 fsmt()是专门用来读取文件索引节点结构信息的系统调用，由下面语句实现。

```
#include  <sys/stat.h>
#include  <unistd.h>
int fstat(int fd,struct stat*sbuf);
int stat(char *pathname,struct stat*sbuf);
```

其中，fd 为文件描述符，sbuf 为指向 stat 结构的指针。

5. 文件属性控制

函数 sys_fcntl()可对文件的相关属性进行修改和查询。

6. 文件上锁

Linux 同时支持函数 sys fcntl()和 sys flock()对文件或文件记录上锁。

7. 文件的 I/O 控制

函数 sys_ioctl()能对文件的 I/O 属性进行修改和查询。

8. 各种其他文件操作

Linux 还提供许多函数，用于对文件进行各种操作，主要有文件信息的获取函数、文件访问权限测试和修改函数、文件 UID 和 GID 修改函数、文件裁减函数、文件的链接和解除链接函数、文件重命名函数、文件目录的创建和删除函数、读文件目录函数、改变当前工作目录函数。

8.5　Linux 设备管理

在 Linux 中，所有的硬件设备均当作特殊的设备文件处理，应用程序可以通过系统调用 open()，打开设备文件，建立起与目标设备的链接。然后，通过 read()、write()等常规的文件操作对目标设备进行操作。通常，代表设备文件的索引节点需要通过一些目录节点才能寻访，设备文件用 mknod 命令创建，用主设备号和次设备号标识。同一个设备驱动程序控制的所有设备具有相同的主设备号，并用不同的次设备号加以区别。网络设备也是当作设备文件来处理，不同的是这类设备由 Linux 创建，并由网络控制器初始化。当于普通文件，所以在打开设备文件的过程中即隐含着对普通文件的操作。

8.5.1　Linux 设备驱动程序

Linux 核心具体负责 I/O 设备的操作，这些管理和控制硬件设备控制器的程序代码称为设备驱动程序，它们是常驻内存的底层硬件处理子程序，具有控制和管理 I/O 设备的作用。虽然设备驱动程序的类型很多，但它们都有以下的共同特性。

(1) 核心代码。设备驱动程序是 Linux 核心的重要组成部分，在内核运行。如果出现错误，则可能造成系统的严重破坏。

(2) 核心接口。设备驱动程序提供标准的核心接口，供上层软件使用。

(3) 核心机制和服务。设备驱动程序使用标准的核心系统服务，如内存分配、中断处理、进程等待队列等。

(4) 可装载性。绝大多数设备驱动程序可以根据需要以核心模块的方式装入，在不需要时可以卸装。

(5) 可配置性。设备驱动程序可以编译并链接进入 Linux 核心。当编译 Linux 核心时，可以指定并配置所需要的设备驱动程序。

(6) 动态性。系统启动时将监测所有的设备，当一个设备驱动程序对应的设备不存在时，该驱动程序将被闲置，仅占用了一点内存而已。

Linux 的设备驱动程序可以通过查询(polling)、中断和直接内存存取等多种形式来控制设备进行输入输出。

为解决查询方式的低效率，Linux 专门引入了系统定时器，以便每隔一段时间才查询一次设备的状态，解决忙于查询带来的效率下降问题。Linux 的软盘驱动程序就是以这样一种方式工作的。即便如此，查询方式依然存在着效率问题。

一种高效率的 I/O 控制方式是中断。在中断方式下，Linux 核心能够把中断传递到发出 I/O 命令的设备驱动程序。为了做到这一点，设备驱动程序必须在初始化时向 Linux 核心注册所使用的中断编号和中断处理子程序入口地址，/proc/interrupts 文件列出了设备驱动程序所使用的中断编号。

对于诸如硬盘设备、SCSI 设备等高速 I/O 设备，Linux 采用 DMA 方式进行 I/O 控制，这类稀有资源一共只有 7 个。DMA 控制器不能使用虚拟内存，且由于其地址寄存器只有 16 位(加上页面寄存器 8 位)，所以只能访问系统最低端的 16M 内存。DMA 也不能被不同的设备驱动程序共享，因此，一些设备独占专用的 DMA，另一些设备互斥使用 DMA。Linux 使用 dma_chan 数据结构跟踪 DMA 的使用情况，它包括拥有者的名字和分配标志两个字段，可以使用 cat/proc/dma 命令列出 dma_chan 的内容。

Linux 核心与设备驱动程序以统一的标准方式交互，因此，设备驱动程序必须提供与核心通信的标准接口，使得 Linux 核心在不知道设备具体细节的情况下，仍能够用标准方式来控制和管理设备。

Linux 设备驱动程序是内核的一部分，由于设备种类繁多、设备驱动程序也有许多种，为了能协调设备驱动程序和内核的开发，必须有一个严格定义和管理的接口。Linux 的设备驱动程序与外界的接口与 DDI/DKI(Device-Driver Interface/Driver-Kernell Interface，设备-驱动程序接口/设备驱动程序-内核接口)规范类似，可分为 3 个部分。

(1) 驱动程序与系统内核的接口。

(2) 驱动程序与系统引导的接口。

(3) 驱动程序与设备的接口。

按照功能，设备驱动程序代码包括以下部分。

1. 驱动程序的注册与注销

系统引导时，通过 sys_setup()进行系统初始化，而 sys_setup()又通过 device_setup()进行设备初始化。设备分为字符设备和块设备两种。字符设备初始化由 chr_dev_init()完成，包括对内存(register_chrdev())、终端(tty_init())、打印机(lp_init())、鼠标(misc_init())及声卡(soundcarlinit())等字符设备的初始化。块设备初始化由 blk_dev_init()完成，包括对 IDE 硬盘(ide_init())、软盘(floppy_init())、光驱等块设备的初始化。对字符设备的初始化要通过 register_chrdev()向内核注册；对块设备的初始化要通过 register_blkdev()向内核注册。

```
extern int register_chrdev(unsigned int, const char*,struct file—operanons*);
extern int register_blkdev(unsigned int, const char*;struct file_operations*);
```

在关闭字符设备或块设备时，系统通过 unregister_chrdev()或 unregister_blkdev()从内核中注销设备。

```
externint unregister_chrdev(unsigned inl major,const char * namc);
extern int unregister_blkdev(unsigned int major,const char *name);
```

2. 设备的打开与释放

打开设备是由 open()完成的，如用 lp_open()打开打印机，用 hd_open()打开硬盘等。在打开设备时，首先检查设备是否准备好。若首次打开设备还需初始化设备，增加设备的引用计数。释放设备是由 release()完成的，如用 lp_release()释放打印机，用 tty_release()释放终端设备等。在释放设备时，需要检查并且减少设备的引用计数，若属于最后一个释放设备者，则关闭设备。

3. 设备的读/写操作

字符设备通过各自的 read()和 write()读/写设备数据。块设备通过 block_read()和 bloc Lwrite()来读/写数据。所带参数与 UNIX 的完全相同。

4. 设备的控制操作

系统是通过设备驱动程序中的 ioctl()来控制设备的，如对软驱的控制使用(floppy_ioctl())，对光驱的控制使用(cdrom_ioctl())。与读/写设备数据不同，ioctl()与具体设备密切相关。软驱的控制函数原型如下。

```
    static int fd_ioctl(struct inode  * inode, struct file  * filp,unsigned int
cmd,unsigned long param);
```

其中，cmd 的取值与软驱有关，若取 FDEJECT 则表示弹出软盘。

5. 设备的控制方式

在 Linux 系统中，设备与内存之间数据传输控制方式有程序查询方式、中断方式及直接主存访问(DMA)方式等。很多 I/O 驱动程序都使用 DMA 方式来加快操作的速度。DMA 与设备的 I/O 控制器相互作用，共同实现数据传送。内核中包含一组易用的例程用来对 DMA 进行编程。当数据传送完成时，I/O 控制器通过中断请求 IRQ 向 CPU 发出信号。当设备驱动程序为某个 I/O 设备建立 DMA 操作时，必须使用总线地址来指定所用的主存缓冲区。与 IRQ 一样，DMA 也是一种资源，必须把这种资源动态地分配给需要它的设备驱动程序。

8.5.2　设备的管理

在 Linux 操作系统中，输入输出设备可以分为字符设备、块设备和网络设备。块设备把信息存储在可寻址的固定大小的数据块中，数据块均可以被独立地读写，建立块缓冲，能随机访问数据块。字符设备可以发送或接收字符流，通常无法编址，也不存在任何寻址操作。网络设备在 Linux 中是一种独立的设备类型，有一些特殊的处理方法。

1. 字符设备处理

字符设备是最简单的设备，Linux 把这种设备当作文件来管理。打印机、终端等字符设备都作为特别文件出现。在初始化时，设置驱动程序入口到 device_struct(在 fs/devices.h 文件中定义)数据结构的 chrdev 向量内，并在 Linux 核心注册。设备的主标识符是访问 chrdev 的索引。device_struct 包括两个元素，分别指向设备驱动程序和文件操作块。而文件操作块则指向诸如打开、读写、关闭等一些文件操作例行程序的地址。当字符设备初始化时，其设备驱动程序被添加到由 device_struct 结构组成的 chrdevs 结构数组中。device_stmct 结构由两项构成，一项是指向已登记的设备驱动程序名的指针，另一项是指向 file_operations 结构的指针。而 file operations 结构成分几乎全是函数指针，分别指向实现文件操作的入口函数。设备的主设备号用来对 chrdevs 数组进行索引。

每个 VFS 索引节点都和一系列文件操作相联系，并且这些文件操作随索引节点所代表的文件类型的不同而不同。每当一个 VFS 索引节点所代表的字符设备文件创建时，它的有关文件的操作就设置为默认的字符设备操作。默认的文件操作只包含一个打开文件的操作。当打开一个代表字符设备的特别文件后，就得到相应的 VFS 索引节点，其中包括该设备的主设备号和次设备号。利用主设备号就可检索 chrdevs 数组。进而可以找到有关此设备的各种文件操作。这样，应用程序中的文件操作就会映射到字符设备的文件操作调用中。

对字符设备的数据处理比较容易，因为这既不需要对数据进行缓冲，也不涉及对磁盘的高速缓存。当然，字符设备因各自的需求不同而有所不同。有些字符设备必须实现一种复杂的通信协议来驱动硬件设备，而有些字符设备只需从硬件设备的一对 I/O 端口中读取几个值即可。例如，多端口的串口卡设备(提供多个串口的一种硬件设备)的驱动程序要比总线鼠标的驱动程序复杂得多。

2. 块设备的数据传送

块设备的标准接口及其操作方式非常类似于字符设备。Linux 系统中有一个名为 blk_devs 的结构数组，Linux 采用 blk_devs 向量管理块设备。它描述一系列在系统中登记的块设备。与 chrdev 一样，blk_devs 用主设备号作为索引，并指向 blk_dev_struct 数据结构。除了文件操作接口以外，块设备还必须提供缓冲区缓存接口，blk_dev_struct 结构包括一个请求子程序和一个指向 request 队列的指针，该队列中的每一个 request 表示一个来自于缓冲区的数据块读写请求。块设备的存取和文件的存取方式一样，其实现机制也与字符设备使用的机制相同。同样，数组 blkdevs 也用设备的主设备号作为索引。

与字符设备不同，块设备有几种类型，例如 SCSI 设备和 IDE 设备。每类块设备都在 Linux 系统内核中登记，且向内核提供自己的文件操作。

为了把各种块设备的操作请求队列有效地组织起来，内核中设置了一个结构数组 blk_dev。该数组中的元素类型是 blk_dev_struct 结构。这个结构由 3 个成分组成，其主体是执行操作的请求队列 request_queue，还有一个函数指针 queue。当这个指针不为 0 时，就调用这个函数指针来找到具体设备的请求队列。这是考虑到多个设备可能具有同一个主设备号。该指针在设备初始化时被设置。当它不为 0 时还要使用该结构中的另一个指针 data，用来提供辅助性信息，帮助该函数找到特定设备的请求队列。每个请求数据结构都代表一个来自缓冲区的请求。

每当缓冲区要和一个登记过的块设备交换数据时，它都会在 blk_dev_struct 中添加一个请求数据结构。每个请求都有一个指针指向一个或多个 buffer_head 数据结构，而该结构都是一个读写数据块的请求。每个请求结构都在一个静态链表 all_requests 中。将若干请求添加到一个空的请求链表中，调用设备驱动程序的请求函数，开始处理该请求队列。否则，设备驱动程序就简单地处理请求队列中的每个请求。

当设备驱动程序完成一个请求后，就把 buffer_head 结构从 request 结构中移走，标记 buffer_head 结构已更新，同时解锁。这样，就可以唤醒相应的等待进程。

诸如硬盘之类的典型块设备都有很高的平均访问时间，每个操作都需要几毫秒才能完成，这主要是因为硬盘控制器必须在磁盘表面将磁头移动到记录数据的正确的磁道和扇区上。当磁头到达正确位置时，数据传送就可以稳定在每秒几十 MB 的速率。为了达到可以接收的性能，硬盘及类似的设备都要同时传送很多相邻的字节。Linux 内核对于块设备的支持具有以下特点。

(1) 通过 VFS 提供统一接口。

(2) 对磁盘数据进行有效的预读。

(3) 为数据提供磁盘高速缓存。

Linux 内核基本上把 I/O 数据传送分为两类。

(1) 缓冲区 I/O 操作：所传送的数据保存在缓冲区中，缓冲区是磁盘数据在内核中的普通主存容器。每个缓冲区都和一个特定的块相关联，而这个块由一个设备号和一个块号来标识。经常用在进程直接读取块设备文件时，或者当内核读取文件系统中的特定类型的数据块时。

(2) 页 I/O 操作：所传送的数据保存在主存页中，每个页包含的数据都属于普通文件。因为没有必要把这种数据存放在相邻的磁盘块中，所以使用文件的索引节点和在文件内的偏移量来标识这种数据。页 I/O 操作主要用于读取普通文件、文件主存映射和交换。块设备的每次数据传送操作都作用于一组相邻字节，称为扇区。在大部分磁盘设备中，扇区的大小是 512B，但是现在新出现的一些设备使用更大的扇区(1024B 和 2048B)。应该把扇区作为数据传送的基本单元，不允许传送少于一个扇区的数据，而大部分磁盘设备都可同时传送几个相邻的扇区。

所谓的块就是块设备驱动程序在一次单独操作中所传送的一大块相邻字节。在 Linux 中，块大小必须是 2 的整次幂，而且不能超过一个页的大小。此外，块必须是扇区大小的整数倍，因为每个块必须包含整数个扇区。同一个块设备驱动程序可以作用于多个块大小不同的分区。例如，一个块设备驱动程序可能处理两个分区的硬盘，一个分区包含 Ext2 文件系统，另一个分区包含交换分区，两个分区的块大小可以不同。

Linux 的块设备驱动程序通常被分为高级驱动程序和低级驱动程序两部分。前者处理 VFS 层，后者处理硬件设备。假设进程对一个设备文件发出 read 或 write 系统调用，VFS 执行相应文件对象的 read 或 write 方法，由此调用高级块设备处理程序中的一个过程。这个过程执行的所有操作都与对这个硬件设备的具体读/写请求有关。然后，激活操纵设备控制器的低级驱动程序，以执行对块设备所请求的操作。

由于块设备速度很慢，因此缓冲区 I/O 数据传送通常都是异步处理的，低级设备驱动程序对 DMA 和磁盘控制器进行编程来控制其操作，然后结束。当数据传送完成时，就会产生一个中断，从而第二次激活这个低级设备驱动程序，清除这次 I/O 操作所涉及的数据结构。

8.6 Linux 安全机制

计算机系统的核心是操作系统，因此操作系统的安全直接决定着信息系统的安全，是开放源代码的操作系统安全还是不开放源代码的操作系统安全?这一点在业界有不同的看法。但有一点可以肯定，开放源代码有利于迅速地对缺乏安全性的代码进行及时修改，以达到安全要求。由于 Linux 的开放性，可以通过修改系统源代码，结合现有的系统安全技术以及加密算法，构建一个安全的 Linux 操作系统。

8.6.1 Linux 自身的安全机制

Linux 自身的安全机制主要包括以下几方面。

(1) 身份识别和认证。身份识别和认证是信息系统的最基本要求。一般的 Linux 系统采用用户名和口令正确的形式来进行身份识别和认证。

(2) 安全的审计。Linux 有审计功能，对用户、进程及其他客体行为可以进行跟踪审计。审计信息不会被篡改或者删除。系统能够对敏感操作进行记录。

(3) 访问控制。在 Linux 系统中有自主访问控制及强制访问控制机制。自主访问控制允许系统的用户对于属于自己的客体，按照自己的意愿，允许或者禁止其他用户访问。目前 Linux 提供类似传统 Linux 系统的“属主用户／同组用户／其他组”权限保护机制。为了对用户信息提供更好的保护，应能够为用户提供用户级的控制力度，使自主存取控制更接近真实的情况。强制存取控制是由系统管理员进行的安全访问权限设置，提供了比自主存取控制更严格的访问约束。

(4) 入侵防御。Linux 本身就包含防火墙功能，并允许用户进行规则配置，这样能够有效防范源地址为非法 IP 的外部数据包的入侵。

(5) 提供安全的服务和应用。例如，支持 SSL 的 Web 服务、SSH、IPSEC 及支持 PGP 的邮件程序等。

8.6.2 Linux 用户账号与口令安全

Linux 操作系统是一个可供多个用户同时使用的多用户、多任务、分时操作系统，任何一个想使用 Linux 的用户，必须先向该系统的管理员申请一个账号，然后才能使用该系统。

同时为了防止非法用户盗用别人的账号使用系统，对每一个账号还必须有一个合法用户才知道的口令。因此，用户账号和口令是系统安全的第一道防线，借助于账号和口令就可以把非法用户拒之门外。下面介绍 Linux 操作系统登录认证机制、口令文件和口令安全。

1. Linux 登录认证机制

Linux 的用户身份认证采用账号/口令的方案。用户提供正确的账号和口令后，系统才能确认他的合法身份。通过终端登录 Linux 操作系统的过程可描述如下。

(1) init 进程确保为每个终端链接(或虚拟终端)运行一个 getty 程序。

(2) getty 监听对应的终端并等待用户准备登录。

(3) getty 输出一条欢迎信息(保存在/etc/issue 中)，并提示用户输入用户名，最后运行 login 程序。

(4) login 以用户作为参数，提示用户输入口令。

(5) 如果用户名和口令相匹配，则 login 程序为该用户启动 Shell；否则，login 程序退出，进程终止。

(6) init 进程注意到 login 进程已终止，则会再次为该终端启动 getty 程序。

当用户输入口令时，Linux 使用改进的 DES 算法(通过调用 crypt()函数实现)对其加密，并将结果与口令文件(存储在/etc/passwd)中的加密用户口令进行比较，若二者匹配，则说明用户的登录合法，否则拒绝用户登录。另外，系统也可以如此设置：如果用户 3 次登录都失败，则系统自动锁定，不让用户再继续登录。这也是 Linux 防止入侵者野蛮闯入的一种方法。

2. Linux 的口令文件

Linux 口令文件/etc/passwd 是登录验证的关键，在这个文件中保存系统中所有用户及其相关信息，所以口令文件是 Linux 安全的关键文件之一。这个文件的拥有者是超级用户(root)，只有他才有写的权利，而一般用户只有读的权利。下面是一个/etc/passwd 文件的例子。

```
#cat / etc / passwd
root: %hy#hgbWE4: 0: 0:: /: /bin / ksh
……
user1: Eh6bSre7h: 150: 101: yinshaoping: /home / adm: /bin/sh
```

这个文件是一个典型的数据库文件，每一行都对应一个用户的身份验证信息，每一行分为 7 个字段，各字段间用冒号“：”分隔，从左到右，各字段的含义分别如下。

(1) 登录名。也就是用户账号，其长度一般不超过 9 个字符。

(2) 加密口令。因为普通用户对/etc/passwd 文件有只读的权利，所以口令这一项是以加密的形式存放的。

(3) 用户标识号(User ID，UID)。在系统外部，系统用一个用户账号标识一个用户。但在系统内部处理用户的访问权限时，系统使用的是用户标识号 UID。这个用户标识号是一个整数，范围是 0～32 767。超级用户 root 的用户标识号为 0，普通用户标识号一般从 10 开始向上分配。另外在用户的进程表中有一项是用户标识号，它表明哪个用户拥有这个进程，并根据用户的权限来限制这个进程的使用。

(4) 组标识(Group ID，GID)。组标识是用户所在组的标识号。将用户分组是 Linux 操作系统对权限进行管理的一种方式。Linux 操作系统要给用户某种访问权限，则可以对几个组进行权限分配，然后让一个用户属于某一个组或某几个组。这样可以避免每次单独给用户分配权限，给管理带来很大的方便。与用户标识号一样，组标识号也是一个 0～32 767 之间的整数。

(5) 登录名。这个字段用于记录用户的一些情况，如用户的全名、电话和地址等。在许多 Linux 操作系统中，此字段一般没有任何描述性的文字。

(6) 用户的主目录位置。这个字段用来指定用户的HOME目录，当用户登录到系统中，它就会处在这个目录下。

(7) 用户的命令行解释器(Shell)。Linux 操作系统中有很多的 Shell 程序，如/bin/sh、/bin/chs、/bin/ksh等程序，每种Shell有各自不同的特点，此字段指定用户登录后所采用的Shell。口令文件中，尽管口令字段(第二个字段)是被加密保存的，但由于/etc/passwd文件对任何用户都可读，故它常常成为口令攻击的目标，所以许多Linux操作系统常用shadow文件(/etc/shadow)来存储加密口令，该文件只有root用户才能读取，普通用户不可读。

在大型的分布式系统中，为了统一对用户管理，通常将每一台工作站上的口令文件都存放在网络服务器(Network Information Services，NIS)上，通过NIS进行集中管理。

8.6.3 Linux 的文件访问控制

Linux操作系统的资源访问控制是基于文件的。在Linux操作系统中，各种主要硬件设备、端口设备，甚至内存都是以文件形式存在的，所有连接到系统上的设备都在/dev 目录中有一个文件与之对应，如文件/dev/mem是系统的内存。虽然这些设备文件和普通磁盘文件在实现上不同，但对于系统来说，它们都是一个文件，因此，在 Linux 操作系统中对资源的访问控制就是对文件进行的访问控制。

1. 文件(或目录)访问控制

所有文件向3类用户提供保护：用户、组和其他，如图8.11所示：

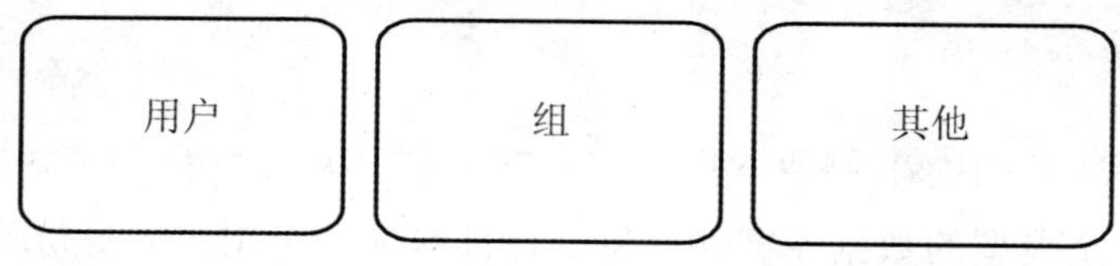

图8.11　3类用户

文件权限由 3 种类型(对每个用户)：读、写和可执行。这导致一共有 9 个保护标志。要存取一个文件或目录，对每一个用户，必须提供相应的权限。

超级用户可以忽略或改变文件和目录的保护。一个文件保护的例子如图8.12所示。这里，用户dale可以读和写文件report，admin组的成员也可以读它，其他所有用户对它没有存取权限。

在对文件进行操作时应先确定用户对文件的权限权限。通过检查文件拥有权和组属性以及用户登录名和组，可以确定一组 3 个保护标志。只有一组保护标志按照说明的标准进行检查。

超级用户不受限制。另外，如果用户拥有文件将使用拥有者标志，如果用户不拥有文件但和文件在同一组将使用组标志，如果用户不是拥有者也不在同一组将使用其他标志。

(1) 对普通文件的权限保护：

使用适当的权限位，能够执行不同的文件操作(如果相关位设置了的话)。

如果设置了相应的位，可以执行各种不同的操作，见表8-2。

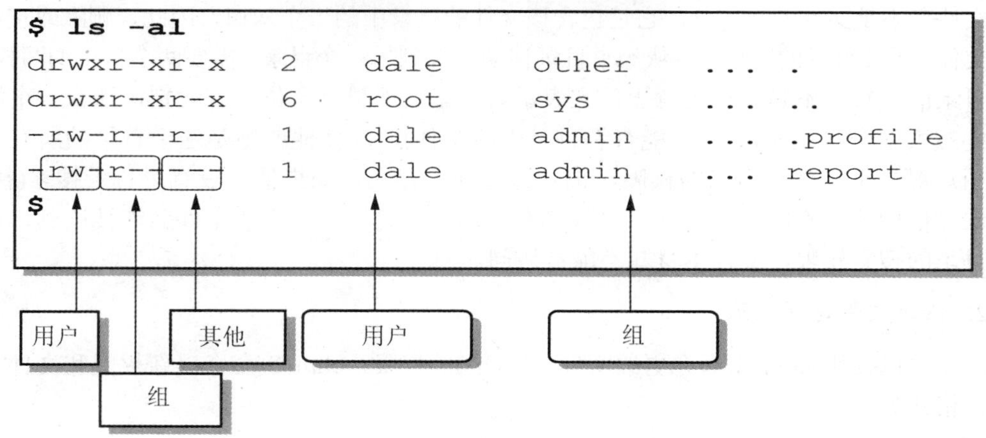

图 8.12 文件保护示例

表 8-2 位的设置及对应的可执行操作

READ	r	Access contents (and copy)
WRITE	w	Update contents (not delete)
EXECUTE	x	Executable programs

其中：r 意味着用户能阅读目录列表(并不隐含可以访问文件)；w 意味着用户能向目录进行写操作(创建、重命名和删除文件)；x 意味着用户能搜索目录(搜寻和访问文件)。

为了执行命令，执行位要被设定。查看/usr/sbin 中的文件，可以看到全部的公用程序都设置了执行位，查看系统的 bin 目录，可以看到很多命令，所有者有执行权限，组可能也有可执行权限，但目录的用户没有。请注意，Shell 脚本在它们能被调用前除了可执行权限外还要求有可读权限。

(2) 对目录的权限保护。

目录的访问类型如下。

```
r   意味着用户能阅读目录列表(并不隐含可以访问文件)
w   意味着用户能向目录进行写操作(创建、重命名和删除文件)
x   意味着用户能搜索目录(搜寻和访问文件)
```

建立一个文件，用户需要进行的操作如下。

```
-x     给用户在路径上的所有目录赋予 x 权限
-wx    给用户在路径上最后一个目录赋予 wx 权限
```

阅读一个文件，用户需要进行的操作如下。

```
-x     给用户在路径上的所有目录赋予 x 权限
r--    给用户在文件上 r 的权限
```

为了写入一个文件，用户需要进行的操作如下。

```
-x    给用户在路径上的所有目录赋予 x 权限
-w-   给用户在文件上 w 的权限
```

文件名不是文件的一部分，它是包含该文件的目录中的一个入口，因此，删除或重命名一个文件，需要目录的写权限。从一个目录移动文件到另一个目录，需要两个目录的写权限。

目录的执行位不是执行的意思，它表示着搜索。如果这个位没有设定，那么一个用户就不能搜索这个目录(例如，不能查看目录中的文件)，即使他或她是这个目录的所有者。即使用户对一个文件有适当的权限，也知道文件的存在，如果他们没有对目录搜索(执行)的权限，他们还是不能访问文件。目录具有读的权限允许目录中的文件名能被读到，但没有对目录的搜索权限，文件本身却不能被访问。

2. 修改文件访问权限

用户可以使用 chmod 命令更改文件(或目录)的权限，chmod 命令以新权限和文件名为参数，格式如下。

```
chmod  [-Rfh]  存取权限    文件名
```

只有文件的属主或 root 才能改变其访问权限。

(1) 改变保护标志的一种方法是记忆操作。“=”操作设置保护，“+”操作添加保护，“-”删除保护。

u、g 和 o 指定用户类别如下。

```
u              用户
g              组
o              其他
a              所有的用户类型(ugo)
```

r、w、x 指定访问标志如下。

```
       r              读
       w              写
       x              执行
```

多个改变可以放在一个命令中，用逗号分开。例子如下。

```
chmod g+rw       filename    //对组增加读和写权限
chmod ug-w       filename    //删除拥有者和组的写权限
chmod og=rx      filename    //设置其他和组可以读和执行(如果设置了写权限,将删除它)
chmod ug+x,o-rwx  filename   //对用户和组添加执行权限，删除其他用户所有权限
```

(2) 修改文件权限–旧的格式。修改文件权限的老方式用八进制数组成位模式或使用位映像来描述权限。每一组 9 个单独的权限标志用一个数值描述，数值 4 表示读权限，数值 2 表示写权限，数值 1 表示查找权限，对应类型的用户权限由其权限位值相加而来，见表 8-3。

表 8-3　修改文件权限的旧格式

用户	组	其他	用户类别
rwx	rwx	rwx	需要的保护
421	421	421	8 进制值
7	7	7	4+2+1 的和

例如，修改权限时，我们可以用以下命令。

```
chmod  755  myfile   设置文件权限为 rwxr-xr-x
chmod  644  myfile   设置文件权限为 rw-r--r--
chmod  600  myfile1  设置文件权限为 rw-------
```

这是可供选择的一种改变文件或目录的保护位的方法。

3. 特殊权限位

有时没有被授权的用户需要完成某些要求授权的任务，例如 passwd 程序，对于普通用户，它允许改变自身的口令，但不能拥有直接访问/etc/passwd 文件的权力，以防止改变其他用户的口令。为了解决这个问题，Linux 允许对可执行的目标文件(只有可执行文件才有意义)设置 SUID 或 SGID。

一个进程执行时就被赋予 4 个编号，以标识该进程隶属于谁，分别为实际和有效的 UID，实际和有效的 GID。有效的 UID 和 GID 用于系统确定进程对于文件的存取许可。当用户运行一个可执行文件时，进程继承了用户的权限，有效的 UID 和 GID 一般和实际的 UID 和 GID 相同。而设置可执行文件所有者的 SUID 许可将改变上述情况。当设置了 SUID 时，进程的有效 UID 为该可执行文件所有者的有效 UID，而不是执行该程序的用户的有效 UID。因此，由该程序创建的进程都有与该程序所有者相同的存取许可。这样，程序的所有者可通过程序的控制在有限的范围内向用户发布不允许被公众访问的信息。同样，SGID 也是设置为有效 GID。命令“chmod u +S 文件名”和“chmod u -s 文件名”用来设置和取消 SUID 设置。命令“chmod g +s 文件名”和“chmod g - s 文件名”用来设置和取消 SGID 设置。当文件设置了 SUID 和 SGID 后，chown 和 chgrp 命令将全部取消这些许可。

4. umask 命令

通过从八进制 666(rw-rw-rw-)反相设置(减去)由掩码描述的权限，umask 建立了默认的文件权限。例如，一个常见的 umask 是 022，它设置默认权限为 644。在八进制里，6(二进制 110)减去 2(二进制 010)得 4(二进制 100)。常用掩码对应的默认权限见表 8-4。系统管理员在/etc/profile 里设一个默认掩码(通常是 022)，但许多用户在他们的.bash_profile 里设置他们自己的 umask。

表 8-4　常用掩码对应的默认权限

umask 值	文件权限	目录权限
	rw-rw-rw-	rwxrwxrwx
000	rw-rw-rw-	rwxrwxrwx
022	rw-r--r--	rwxr-xr-x
033	rw-r--r--	rwxr--r--
027	rw-r-----	rwxr-x---
077	rw-------	rwx------

8.7　Linux 的核心模块和核心定制

Linux 系统的核心是操作系统的内核。核心控制对硬件资源的存取，并决定如何以一种公平的方法来共享硬件资源。通过重新编译核心，可以对核心进行配置和优化，以适应特殊的需求。Linus Torvalds 和许多程序员正在开发出越来越好的核心程序代码，而且，借助于开放源码组织的支持和帮助，Linux 核心的性能已经迅速地超过了其他的操作系统。

8.7.1　核心基础

运行操作系统时，核心是最根本的软件。核心启动操作系统之后，它就叫 init 进程(有时称该进程是系统中所有其他进程的父进程)。使用核心提供的基本功能可以管理所有的系统资源：硬件、进程、内存、输入/输出、文件系统等。通过增加或删除核心的某些部分(称为模块或设备驱动)，核心的性能能得到很好的改善。

Linux 核心不停地发展，由此出现两条并行的发展轨迹。第一条是稳定的核心版本，可用于实际产品之中，它的更新主要是 bug 的修复、驱动的更改、安全补丁的增加，和增加新的操作。第二条是核心的发展版本，这种核心是针对新的硬件设计的，它有时是不稳定的，有 bug，功能也不完整。用户可以通过核心的版本号来区分一个核心是稳定的还是正发展的，其格式如下所示。

X.Y.Z

其中 X 是主要版本号，Y 是次要版本号，Z 是补丁的版本。如果次要版本号是奇数，这个核心就是正在发展的；如果是偶数，就是一个稳定的核心。例如，核心 2.2.13 是稳定核心，而 2.3.29 则不是。想要知道某台计算机上当前的核心版本号，可以使用 uname -r 命令。

使用发展的核心还有其他很多种原因(比如，这样做会对开放源码组织有利，可以帮助他们来测试核心)，但是必须记住，系统管理员首先要对用户负责，然后才是开放源码组织，如果把一个不稳定的核心安装在服务器上运行，这将给系统带来隐患，影响其稳定性和可用性。只有需要使用新功能或新特征时，管理员才可以把正发展的核心安装在机器上。

Linux 核心最基本的站点是 www.kernel.ort，另外，也可以从各家 Linux 发布商那里得到修改过的核心，这些厂商可能已经针对自己的程序对核心做了改动。用户也可以得到没有编译过的核心，配置后用于特殊的计算机或特殊的业务。

8.7.2　核心的结构

任何 Linux 操作系统的核心都是最基本的部分，通过核心，系统的各个部分才可以共同工作。Linux 的很多功能通过核心来实现，例如通过设备驱动来实现对各种硬件设备的支持。核心里也包括对 TCP/IP 堆栈等网络协议和对多文件系统格式的支持，这种支持一旦编译进核心，就叫做 native 支持。为了支持硬件和通讯协议，核心要管理内存和资源，提供程序访问的系统调用接口。

1. 调度

核心的一个基本功能是进程调度，核心使用不同的调度算法来增强系统的性能，从而引入了优先级处理的概念。优先级处理是一种调度算法，它赋给每个执行的任务一个优先级。所有用户都能减小一个进程的优先级，但只有 mt 用户才可以增大进程的优先级。因此，每个用户都可以影响系统进程的运行，这样可以在实际应用中使系统更好的为用户服务。

2. 结构提取

核心最早是针对 x86 而设计的，近几年成功地将核心移植到了各种平台。核心的大多数的源码是用 C 编写的，易于移植。但是，核心既然要提供硬件和用户程序之间的接口，不同平台之间移植时有些部分变化很大，这叫做结构独立，即核心必须在不同的硬件结构上实现相似的功能。Linux 核心目前可以运行的硬件平台如下。

- Intel x86 兼容的 PC 系统(ix86)
- Compaq(digital)Alpha(AIX)
- sunspace 兼容平台(sparc 和 sparc64)
- powerPC，包括 power Macintosh(ppc)
- Motorola，包括旧的 Macintosh(m68k)
- MIPS R4000 系列，包括 CObalt Qube 和一些 SGI(mips)系统
- StrongARM，包括 Acorn(ARM)系统

3. 设备驱动

核心通过设备驱动对系统中所有的硬件资源进行控制。为了优化操作系统，通常这些驱动都直接编译到核心里，但是核心里放置的驱动越多，核心就会越大。所以，有时把设备驱动放在核心外部。如果安装的核心比较简单(例如，从 boot 软盘来启动系统)，用户可以把某些驱动编译成模块。模块是由可插拔的硬件的代码组成，可以方便地装入核心，或从核心中删除，这样，用户不用改动核心就可以改变对某些硬件的支持。

随着 Linux 的发展，可支持的硬件驱动迅速地增长起来。过去，用户可能要花上几个月甚至几年的时间去找某种硬件的驱动程序，但现在，硬件产品一出现，它的设备驱动很快就有了。

4. 文件系统

在 Linux 中，文件系统是磁盘存储的组织方式，又是文件的组织方式，它提供对文件查找、读、写和管理的方法。以下是常使用的 3 种文件系统类型。

(1) 本地文件系统(磁带、硬盘、软盘等)。

(2) 网络文件系统(NFS，SAMBA)。

(3) 虚拟文件系统(核心驱动的，例如，/proc)。

通常情况下，我们都用本地文件系统来存取普通文件，Linux 大多数都使用 Ext3 文件系统类型，很多 Linux 系统安装时都使用 Ext3 作为普通分区的文件类型。Linux 还可以使用很多其他的本地文件系统，只要核心提供这些文件系统的支持。如，大多数的 CD-ROM 使用的 iso9660，MS-DOS 和 Windows 分区常用的 vfat 类型，Macintosh 使用的 hfs。

顾名思义，网络文件系统是只能通过网络去访问的文件系统，它有 Client 端和 Server 端。Server 端在硬盘上存储数据，把读写文件共享出去，Client 端通过网络存取 Server 上的资源。Server 提供的通常是核心外的系统服务，而 Client 的程序常常编入核心。用户经常会用到的网络文件系统有 nfs、smbfs(Windows 和 smba 服务间的共享工具)和 ncpfs (netware)。

虚拟文件系统并不是通常意义上的文件系统，这里的文件代表了核心的存储空间，它

们提供了很多核心中程序的运行信息，最典型的虚拟文件系统是/proc 文件系统。/proc 文件系统中的文件不但可以读取，还允许通过写来调整核心参数。除/proc 之外，还有两个虚拟文件系统：devpts 和 devfs。

5. 网络

同网络协议相类似，网络驱动提供了对网络硬件设备的支持。Linux 能充当一个高效的安全的网络系统服务器，一旦发现它有网络安全的漏洞，马上就会有解决方案。而且，由于 Linux 的性能以及与其他系统的兼容性，它已经成为了一个通用的系统。

Linux 不但带有很多高性能的协议，例如其中有名的 IP 协议，而且还可以运行 IPX/SPX、Appletalk 和其他的协议。优良的核心和高级的网络性能使 Linux 可配置成为包过滤防火墙和高级代理服务器，同时，对核心的寻址操作的优化可显著提高 internet 网络性能。

6. 内存管理

计算机把一定数量的内存分配给所有程序使用，由核心负责分配内存资源。它使用虚拟内存系统，允许多个程序运行在比物理内存容量大得多的内存范围上。Linux 使用共享内存从一个进程向另一个进程传递信息，如 ps，就从文件系统中读取信息。RAM 用于在系统中对磁盘存取的缓冲，系统依据任一时刻对内存的需求，动态地分配缓冲。

系统调用是程序存取核心的工具，它与标准系统库一起，提供对硬件的访问接口，这种接口叫应用程序接口(APO，它在程序和硬件之间提供方便的链接方式。该标准定义了类 Unix 操作系统的接口。

几乎所有的对硬件或软件系统资源存取的操作都需要对操作系统核心进行调用。系统调用使用一种特殊的操作模式叫做"特权模式"从程序到核心传递控制信息，核心也使用这种特权模式工作，把结果返回给相应程序。

8.7.3 资源树的结构

核心的源代码放在/usr0/src/Linux 目录下，有时这一目录会链接到另一个目录下，比如 AEWSmmnux-2.2.13 目录(包含特定核心版本的实际源码)。注意：有些 UNIX 版本默认地并不安装核心源码，用户要从软件包中来手工安装。以下是源码树的分支结构，这些分支是可以定制和优化的。

1. 核心文件

有系统必需的文件，无论如何配置操作系统，都包括与硬件无关的进程调度、内存管理、文件系统部分，它们分别位于目录 kernel/、mm/、fs/。

2. Doc 文件

这里是便于操作所需的文档。

3. include 文件

有许多链接指向 include 文件或一个系统，通常在/usr/include 目录下，包含计算机的某些参数及核心编译时所需的某些结构定义，例如很重要的进程结构 task_struct 位于此目录下的 Linux/子目录的 sched.h 中。

4. 结构依赖

针对特定的硬件结构(如 x86、AIX 等)及与硬件有关的特殊代码，此代码位于 arch 子目录下。一般所看到的只有 Linux/arch/i386，实际上完整的内核应该在 arch 目录下有多个子目录，i386 为其中的一个，每一个子目录包含一种 CPU 架构的代码，跟硬件有关的汇编等代码都位于这个目录里。

5. 驱动

包含核心可以控制的、可以与安装的硬件进行通讯的设备驱动，他们位于目录 drivers/，而不同的硬件体系的驱动源码位于不同的目录中，例如 scsi 硬件驱动位于 scsi/目录下。

6. 网络

这些文件修改服务器的网络属性和功能，它包括的范围很广，比如系统优化、使用何种协议等，此部分代码位于 Linux/net/部分。

8.7.4 编译核心

在下列条件下，我们需要对核心进行重新编译。

(1) 针对特定的 CPU 类型优化核心。
(2) 提供对没有编译到标准核心文件中的硬件驱动的支持。
(3) 支持特殊的硬件。
(4) bug 修复或增加新特征所需的驱动更新。
(5) 使用新核心中的新特征。
(6) 为了优化内存使用而删除不再使用的驱动和特征。

1. 准备源代码

用户编译核心之前，必须首先把源码解包展开到合适的目录下，准备好源码目录。假设使用从网站上得到的厂商提供的核心源代码软件包，但是可能更新时会不太方便。

解包，即解开一个核心包，使用类似下面的命令。

```
$cd  /usr/src
$tar  xzf  ~/download/Linux-2.2.13.tar.gz
```

这会把 2.2.13 的核心解包到/usr/src/Linux 目录下。

核心软件包相当大，随着版本的升级它们会更大，为了方便升级，补丁文件只包含了某个版本和它下一个版本不同的部分。如果用户只从不同版本之间修改核心，就不用下载整个核心，而只下载补丁就行了。对于补丁程序，我们可以用的命令如下。

```
$cd  /usr/src
$zcat  ~/download/patch-2.2.14.gz|patch  -p0  -N  -E  -s
```

它可以把/usr/src/Linux 下的源码从 2.2.13 版本更新到 2.2.14 版本，如果找不到命令中的核心版本，patch 命令就会报告出错信息。

```
make  mrproper
```

解包的最后一步是要告诉核心，源码已经整理过了，命令如下。

```
$ make  mrproper
```

现在就可以配置和编译核心源码了，注意，如果用户只想给核心打补丁，这一步也是必需的。

2. 配置核心

核心源码准备好后，需要对核心创建进程进行配置，这一步告诉系统哪些将要编译入核心、哪些要编译成独立的模块，哪些要完全放在核心之外。3 种配置核心的方法如下所示。

1) make　config

最原始的配置方法就是 make config，它也是正发展的核心所使用的方法，其他几种使用起来更加方便。另有一个命令是 make　oldconfig，会询问用户是否在核心中加入某种新内容。

使用 make config 的一个缺陷是一旦选择了某种操作，不可能再回去更改，所以可能要重新使用该命令来做修改。使用 make config 的一个例子如下。

```
*Loadable module support*
Enable loadable module support(CONFIG_moduleS)[Y/n/?]
Set version information on a11symbols for modules
(CONHG_MODVERSIONS)[Y/n/?]
kernel daemon support(e.g.autoload of modules)(CONFIG-KERNELD)[Y/n/?]*
[Y/n/?]
*
*General setup
*
kernel math emulation(CONFIG_MATH_EMULATION)[Y/n/?]
Networking support(CONFIG_NET)(Y/n/?)
Limit memory to low 16MG(CONFIG_MAX_16M)[Y/n/?]
PCI bios support(CONFIG_PCI)[Y/n/?]
PCI bridge optimization(experimental)(CONFIG_PCI_OPTIMIZE)[N/y/?]
System V IFC(CONFIG-SYSVIPC)[Y/n/?]
kernel support for a.cut binaries(CONFIG_BINFMT_AOUT)[Y/n/?]
kernel support for EIF binaries(CONFIG_BINFMT_ELF)[Y/n/?]
kernel support for JAVA binaries(CONFIG_BINFMT_JAVA)[N/y/?]
Compi1e kernel as EIF-if your GCC is ELF-GCC(CONFIG_KERNEL_ELF)[Y/n/?]
Processor type(386, 486, pentium, PPro)[386]486,
defined CONFIG_M486
*
*Floppy, IDE, and other block devices
*
Normal floppy disk support(CONFIG_DLK_DEV_FD)[Y/n/?]
```

2) make menuconfig

make menuconfig 有较好的用户界面来配置核心，用户可以简单地从控制台菜单中选择某种操作，方便使用，也可以对已配置的参数进行修改，还可方便地存储不同的配置来检验不同的参数。

3) make xconfig

它实际上与上一个菜单式的界面一样，但更加好看，要使用这一命令，用户必须配置好 X 界面，安装上 Tcl/Tk。

3. 编译

必须以 root 用户登录系统来安装核心和模块。核心解包、配置之后，编译是相当简单的，需要运行的命令如下。

```
$make  dep
$make  clean
$make  zImage(或$make  bzImage)
```

make dep 创建依赖性列表，并确定以何种顺序来执行核心修改的工作。make clean 命令卸载用户所有不再使用的文件。make zImage(或 make bzImage)编译核心。由于计算机系统的速度不同，编译和链接新核心要花几分钟或几个小时。新核心放在/usr/src/Linux/arch/<计算机的结构类型>/boot 目录，同时会产生一个 system.map 文件，需要备份到/boot 目录 (这一步在核心版本升级时尤为重要)。zImage 未压缩之前不能大于 1MB，而 bzImage 则没有这种限制。另外，在非 i-386 结构的系统中必须要用 zImage。

4. 安装

如何安装核心主要取决于如何从系统中启动核心，很多人用 LILO 来启动，但有人用 Loadin 来启动，有时用户还会创建一张 Linux 启动软盘。使用 make install(不是 make bzmage/zImage)，系统会自动地执行以下工作。

1) LILO

在已经获得一个看起来能够照你的希望运行的新核心之后，现在是安装它的时候了。大部份的人使用 LILO(Linux loader)来做这件事，这是一个相当容易安装的软件。

```
cp  ./arch./i386/boot/zImage/boot/vmlinuz-$VERSION
cd  /boot
rm  vmlinuz
ln  -s  vmlinuz-$VERSION  vmlinuz
lilo  -v
```

其中，$VERSION 代表该内核的版本号，例如”2.2.12”。这样做的目的是使原先的内核文件被保留下来了，而没有被新的内核所覆盖掉。当你想恢复到原来的系统内核时，可以简单地修改 lilo.conf 文件就可以实现。

2) Loadin

把 zImage 文件备份到相应的 DOS 分区内重启系统。

3) Boot 软盘

运行 make zdisk 来创建启动软盘。

8.7.5 模块

早期的 Linux 是单一核心结构，核心需要的任何软件都打包放在一个大的 image 文件中，某个软件要么放在该 image 里，要么放在 image 外。最终导致了核心很难于加载，并且工作灵活性也不高。为了保证其灵活性，就引入了模块的概念。模块运行时看似是核心的一部分，但它们只是在运行时动态地加到核心里。

与单一核心相对应的是微核心。微核心里没有任何驱动，其基本核心很小，操作也很少，很多设备驱动、文件系统驱动、网络驱动，有时甚至内存管理的工作也由微核心外的系统程序来执行。

Linux 的模块系统介于单一核心和微核心之间。

即使从来没有编译过核心，用户仍然要用模块来安装和配置各种设备驱动。对管理员有利的是，现在很多的模块系统都是自动装载的，包括以下内容。

1. 编译和安装

只要核心配置完成之后，模块跟它一样也很容易编译、安装。通常都是在编译了核心之后就马上编译模块，在/usr/src/Linux 下使用命令如下。

```
$make  modules
```

用 root 用户来安装模块时，命令如下。

```
#make modules_install
```

这时模块就安装到了/lib/modules 下的某个子目录下，目录名以核心的版本号来命名(例如，核心 2.2.13 的模块安装到/lib/modules/2.2.13 目录下)。模块安装之后，就该配置模块、把模块加载入核心了。

2. 模块操作命令

有几个命令用来管理核心模块，如把模块加载到核心中、从核心中卸载出去、检查系统正在使用哪些模块。系统也能够在需要某个模块时自动地把它加载到核心中，使用完后再把它们从核心中卸掉。

1) depmod

有些模块在使用时需要其他模块先安装到核心里，这种特性称为模块依赖性。depmod 命令就是用来创建/lib/modu1es 目录下的所有依赖关系的，依赖信息存放在 modules.dep 文件中，这是一个文本文件，指出一个模块和它所需要的其他模块。modules.dep 文件的部分内容如下。

/lib/modules/2.2.15/fs/umsdos.o：/lib/modules/2.2.1/15/fs/fat.o 用户可以使用 modprobe 程序来检查某个设备驱动程序的依赖性。系统在安装模块之前都要先做这种依赖性检查。

管理员要学会使用 depmod 命令，但在实际使用中，管理员很少在命令行状态下使用该命令，许多 Linux 已经把"depmod -a"加到启动脚本文件里，当系统启动时会自动地做依赖性检查。

2) insmod

insmod 命令把模块安装到核心里，它的一些使用参数如下。

-f 强制安装，把另一不同核心里的模块强制安装到本系统中。

-s 结果不显示而是放进 syslog 文件里。

这些参数后是一些模块的参数，如内存地址。

3) modprobe

modprobe 命令的功能与 insmod 基本上相同，只是它要检查依赖性，并把所有需要的模块都加载进来。参数-l(或 list)与-t(或 type)结合使用时将列出所有模块。例如，要查看 mount 命令的文件管理的情况，可使用的命令如下。

```
modprobe  -l  -t  fs
```

4) lsmod

lsmod 命令给出核心已经加载的模块，如下所示。

```
#/sbin/lsmod
    Module              Size          Used by
    Nls_iso8859_1       2020          1(autoclean)
    Loop                11648         10(autoclean)
    eepro100            12112         1(autoclean)
    3c59x               19112         1
```

autoclean 的意思是自动地加载到核心中(本节稍后将有更详细的介绍)，也会在系统不再使用时自动地从核心中卸载出去。

5) kerneld

kenel 进程是 linux 核心模块系统的最高体现，由它来决定何时自动加载模块、何时自动删除模块，使用时读取 modules.conf 文件(通常在/etc 目录)。在核心的新版本中，kerneld 被叫做 kmod。

3. 配置

modules.conf 文件用于给一个模块取一个设备别名。例如，以下命令可把 eth0 网卡与模块 rt18139 结合起来。

```
alias  eth0  rt18139
```

设备的参数可通过在配置文件中加入 post-install 或 pre-install 行来指定，另外也可用以下的方法来实现。

```
options  eth0  full_duplex
```

8.8 本章小结

本章讨论了 linux 的体系结构、进程管理、存储管理、文件管理、设备管理和安全机制六个方面的内容。

Linux 操作系统分成用户层、核心层和硬件层 3 个层次。内核程序在系统启动时被加载，然后初始化计算机硬件资源，开始 Linux 的启动过程。

进程控制系统用于进程管理、进程同步、进程通信、进程调度和内存管理等。

内存管理控制内存分配与回收。

文件系统管理文件、分配文件空间、管理空闲空间、控制对文件的访问，且为用户检索数据。

Linux 系统使用了虚拟文件系统(VFS)，它支持多种不同的文件系统，每个文件系统都要提供给 VFS 一个相同的接口。

Linux 系统支持字符设备、块设备和网络设备 3 种类型的硬件设备。

文件系统利用缓冲机制访问文件数据。用户与操作系统的接口主要分成命令接口和程序接口。

8.9 习　　题

1. 选择题

(1) (　　)是 Linux 操作系统的图形化用户界面。

A. Nautilus　　B. GNOME　　C. LILO　　D. GRUB

(2) Shell 是 Linux 操作系统的(　　)。

A. 内核　　B. 文件系统　　C. 引导程序　　D. 命令解释器

(3) VFS 是(　　)。

A. 虚拟文件系统　　B. 扩展文件系统

C. 网络文件系统　　D. 分布式文件系统

(4) fork()函数的作用是(　　)。

A. 创建子进程　　B. 打开文件　　C. 进程切换　　D. 进程初始化

2. 填空题

(1) Linux 的版本分为______和______。

(2) Linux 操作系统的 3 种进程调度策略是______、______和______。

(3) 实现 VFS 的数据结构主要有______、______、______和______。

3. 简答题

(1) 什么是“写时复制”技术？

(2) Linux 操作系统进程通信有哪些主要方式？实现的原理是什么？

(3) Linux 操作系统是如何实现三级页式管理的？

(4) Linux 与 Windows 在文件目录结构上的不同之处是什么？

(5) Linux 是否可以通过设备标识访问文件系统？mount 命令的作用是什么？

第 9 章　操作系统实例二：Windows XP

教学目标

通过本章的学习，使学生了解了解 Windows XP 操作系统的体系结构、进程通信和调度、虚拟存储器管理、NTFS 文件系统以及 Windows XP 的安全机制等内容。

教学要求

知识要点	能力要求	关联知识
Windows XP 概述	(1) 了解 Windows XP	Windows XP 操作系统发展
Windows XP 体系结构	(1) 了解 Windows XP 分层系统模块 (2) 了解 Windows XP 关键系统组件	系统结构、HAL、设备驱动程序、内核
Windows XP 进程管理	(1) 掌握 Windows XP 进程管理机制 (2) 了解 Windows XP 线程管理机制	Windows XP 下进程、线程的管理、调度等
Windows XP 的内存管理	(1) 了解 Windows XP 虚拟内存空间 (2) 掌握 Windows XP 内存的管理 (3) 掌握 Windows XP 页面调度	虚拟内存、页面调度、地址转换
Windows XP 的文件系统	(1) 了解 Windows XP 的文件系统 (2) 了解 Windows XP 的 NTFS 文件系统	文件系统、文件系统模型、NTFS 文件系统
Windows XP 的 I/O 系统	(1) 了解 Windows XP 的 I/O 系统结构和组件 (2) 了解 Windows XP 的设备处理及 I/O 处理	I/O 系统结构、设备处理程序
Windows XP 安全性	(1) 了解 Windows XP 的安全性服务 (2) 了解 Windows XP 访问控制策略	安全性服务、保护对象、访问控制策略、NTFS 安全性支持
Windows XP 的基本操作	(1) 掌握 Windows XP 的环境设置及基本操作 (2) 掌握 Windows XP 的文件管理 (3) 掌握 Windows XP 的控制面板	环境设置、文件或文件夹基本操作、资源管理器、控制面板

重点难点

- Windows XP 系统的特点、体系结构
- Windows XP 的进程管理、内存管理
- Windows XP 的安全性
- Windows XP 的基本操作

9.1　Windows XP 概述

Windows 系列操作系统是微软(Microsoft)公司推出的具有图形用户界面(Graphical User Interface，GUI)的多任务操作系统。用户只要用鼠标点击屏幕上的形象化的图形，就可以轻松完成大部分的操作。微软公司自从 1985 年发布第一个 Windows 版本 Windows 1.0 以来，

先后发布了若干版本的 Windows 操作系统，目前最流行的是 2001 年 8 月发布的 Windows XP。最新版本的 Windows 操作系统 Windows 8 也已发布。

9.1.1 Windows XP 的版本

根据不同用户的需要，微软最初发行了两个版本的 Windows XP，家庭版(Home)和专业版(Professional)。后来又发行了媒体中心版(Media Center Edition)、平板计算机版(Tablet PC Editon)以及 64 位版(Windows XP 64-Bit Edition)。

1) Windows XP Home Edition(家庭版)

Windows XP Home Edition(家庭版)是 Windows XP 的基本版本，所有功能设计面向家庭，可供用户制作、共享和欣赏电影、使用即时消息、语音和视频功能、导入和处理数字照片、搜索、下载、存储和播放您喜爱的音乐，以及共享家中所有的计算资源甚至 Internet 链接。主要目标为桌面计算机和笔记本计算机的使用者。

2) Windows XP Professional(专业版)

Windows XP Professional(专业版)是家庭版的增强版本。在家庭版基础上，提供了更多功能，更高的可靠性、高性能、安全性和易用性，是适用于所有用户的 XP 版本，由于在最初发布的两个版本中是最高版本，普及率也最高。主要目标为商务和专业使用者。

3) Windows XP Tablet PC Edition(平板计算机版)

Windows XP Tablet PC Edition(平板计算机版)是在 Windows XP Professional(专业版)的基础上为一种新概念的便携式计算机——平板计算机专门设计的。

4) Windows XP Media Center Edition(媒体中心版)

Windows XP Media Center Edition(媒体中心版)是在 Windows XP Professional(专业版的基础上增加了 Media Center 平台，将用户在家中的所有数字媒体娱乐要求集中在一起，可以使用遥控设备在计算机上享受多媒体娱乐的乐趣，像使用电视机那样方便。

5) Windows XP Professional 64-Bit Edition(64 位版)

Windows XP Professional 64-Bit Edition(64 位版)是唯一一个支持 64 位计算技术的 XP 版本，并且基于 Windows Server 2003 的 64 位技术。功能上与 32 位专业版相同，而其 64 位计算技术可以支持更大的内存，是用于计算机辅助机械设计和分析、财务和数据分析等高计算要求领域的最佳平台。

9.1.2 Windows XP 的安装

1) Windows XP 的运行环境

要安装 Windows XP，计算机硬件应该达到如下要求。

(1) 300 MHz 或更高的处理器(至少需要 233 MHz)。

(2) 128 MB 或更高内存(最低支持 64MB；可能会影响性能和某些功能)。

(3) 1.5 GB 可用硬盘空间。

(4) Super VGA (800×600)或分辨率更高的视频适配器和监视器。

(5) 键盘。

(6) 鼠标。

(7) CD-ROM 或 DVD 驱动器。

当前主流配置的计算机应该都具备这样的条件。

2) Windows XP 的安装过程

安装 Windows XP 既可以从 CD-ROM 安装(个人用户最常用的方式)，也可以从网络安装(需有网卡)。可以通过升级安装(以前有低于 Windows XP 的操作系统，通过升级安装可保留以前的设置和程序)，也可以全新安装(新微机初装操作系统或废除原有系统重新安装 Windows XP 操作系统)。

掌握操作系统的安装方法是必要的。安装 Windows XP 的普遍方式是从 CD-ROM 使用 Windows XP 操作系统安装光盘全新安装。整个的安装过程通过一个安装向导来完成，用户只需要仔细阅读每一步的提示并作出相应的选择或输入必要的信息。整个过程比较简单，下面简单介绍一下整个过程。

第一步：BIOS 启动项调整。在安装系统之前首先需要在 BIOS(Basic Input Output System)中将光驱设置为第一启动项。进入 BIOS 的方法随不同 BIOS 而不同，一般来说有在开机自检通过后按 Del 键或者是 F2 键等。进入 BIOS 以后，找到“Boot”项目，然后在列表中将第一启动项设置为 CD-ROM 即可。关于 BIOS 设置的具体步骤，可参考主板说明书。

第二步：选择系统安装分区。从光驱启动系统后，就会看到 Windows XP 安装欢迎页面。按下 Enter 键继续。接着会看到 Windows 的用户许可协议页面，这是由微软所拟定的，如果要继续安装 Windows XP，就必须按“F8”同意此协议。在分区列表中选择 Windows XP 将要安装到的分区。一般是安装到 C 盘。

第三步：选择文件系统。在选择好系统的安装分区之后，还要为系统选择文件系统，所谓文件系统是操作系统负责管理和存储文件信息一种管理方式。Windows XP 支持两种文件系统：FAT、NTFS。NTFS 文件系统对于大多数普通用户来说，它的优点在于支持文件加密。Windows XP 支持多用户使用，而且它支持在不注销当前用户的情况下，切换到另外一个用户，这就是所谓的快速切换用户。使用 NTFS 文件系统时，不同的用户可以加密自己的文档，而其他用户是无法访问的。对普通用户来说，NTFS 的另外一个的优点就是它能够很好地支持大硬盘，且硬盘分配单元非常小，减少了磁盘碎片的产生。所以目前主要用 NTFS 文件系统。进行完这些设置之后，安装向导开始向硬盘复制文件，Windows XP 正式安装开始。整个过程几乎不需要人工干预。

第四步：个性设置。Windows XP 的安装过程是自动的，但有时候会停下来让用户进行个人设置。区域和语言选项让用户选择所在的地区和使用的语言，中文版的操作系统默认的就是中国以及中文输入法，直接单击“下一步”按钮即可。产品密钥一般可以在系统光盘的包装盒上找到，输入以后才能进行下一步的安装。网络设置只要选择典型设置即可自动安装常用的协议。工作组是一个网络上计算机的逻辑集合，是一种松散的关系，而计算机域是具有一个安全边界的计算机集合，计算机之间有更紧密的关系。一般用户没有域的工作环境，选择工作组。另外还需要设置时间，计算机的名字以及管理员密码等。

到此，安装过程基本结束。

9.1.3　Windows XP 的分层模块系统

Windows XP 的体系结构是分层的模块系统，主要的层次有硬件抽象层(HAL)、内核、执行体和大量的子系统集合，前面 3 个运行在核心态下，而各子系统都在用户态下运行。

Windows XP 的系统结构如图 9.1 所示。子系统又可分为环境子系统和安全子系统两类。环境子系统仿真不同的操作系统，安全子系统提供安全功能。这种类型结构的主要优点是模块间的交互很简单。

Windows XP 采用基于对象的技术来设计系统。对操作系统性能影响很大的组件放在内核下运行，而其他一些功能则在内核外实现。这种结构的主要优点是模块化程度高、灵活性大、便于维护、系统性能好。

在内核状态下运行的组件实现最低级的操作系统功能，包括线程调度、中断和异常调度以及多处理器同步等。同时也提供了执行体来实现高级结构的一组例程和基本对象。执行体包含基本的操作系统服务，如内存管理、进程和线程管理、安全控制、I/O 管理及进程通信。在核心态情况下，组件可以和硬件交互，也可以相互交互，不会引起描述表切换和模式转变。所有这些内核组件都受到保护，用户态程序不能直接访问操作系统特权部分的代码数据，这样就不会被错误的应用程序侵扰。除应用程序外，在用户状态下运行的还有系统进程、服务和环境子系统，它们提供一定的操作系统服务。

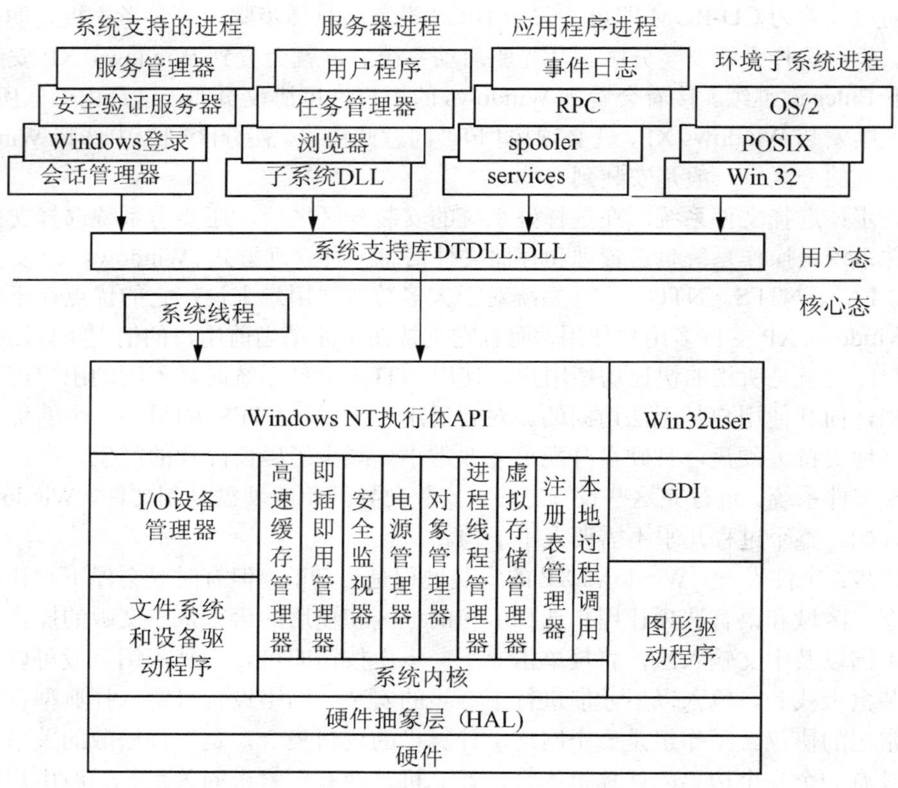

图 9.1　Windows XP 的系统结构

9.1.4　Windows XP 的关键系统组件

1. 硬件抽象层 HAL

Windows XP 的硬件抽象层(Hardware Abstract Level，HAL)是实现可移植性的关键部分，位于硬件的最上面和 Windows XP 的最底层，它在通用硬件命令和响应与某些专用平台硬件命令和响应之间进行映射，把操作系统的内核、设备驱动程序及执行体从与平台相关的硬件差异中分隔开来。HAL 隐藏各种与硬件有关的细节，例如，系统总线、计时器、I/O 接口、DMA、中断控制器、多处理器通信机制等，对内核来说看上去都是相同的，它是一个可加载的核心态模块 HAL.DLL，是运行在计算机硬件平台上的低级接口。

2. 设备驱动程序

设备驱动程序是可加载的核心态模块，它们是 I/O 系统和相关硬件之间的接口，用来把用户的 I/O 函数调用转换成特定硬件设备的 I/O 要求。Windows XP 的设备驱动程序不直接操作硬件，而是调用 HAL 的某些部分来控制硬件的接口。设备驱动程序包括以下几类。

(1) 硬件设备驱动程序。将用户的 I/O 函数调用转换为对特定硬件设备的 I/O 请求，再通过 HAL 读写物理设备或网络。

(2) 文件系统驱动程序。接受面向文件的 I/O 请求，并把它们转化为对特定设备的 I/O 请求。

(3) 过滤器驱动程序。截取 I/O 并在传递 I/O 到下一层之前执行某些增值处理，如磁盘镜像、加密。

(4) 网络重定向程序和服务器。一类文件系统驱动程序，传输远程 I/O 请求。

Windows XP 增加了对即插即用和高级电源选项的管理，并使 WDM(Windows Driver Model)作为标准的驱动程序模型。从 WDM 的角度看，共有 3 种驱动程序。

(1) 总线驱动程序。用于控制各种总线控制器、适配器、桥或可连接子设备的设备。

(2) 功能驱动程序。用于驱动主要设备，提供设备的操作接口。

(3) 过滤器驱动程序。用于为一个设备或一个已存在的驱动程序增加功能，或改变来自其他驱动程序的 I/O 请求和响应行为，这类驱动程序是可选的，且可以有任意的数目，它存在于功能驱动程序的上层或下层、总线驱动程序的上层。在 WDM 的驱动程序环境中，没有一个单独的设备驱动控制某个设备，总线设备驱动程序负责向即插即用管理器报告它上面所有的设备，而功能驱动程序则负责操纵这些设备。

3. 内核

内核执行操作系统最基本的操作，决定操作系统如何使用处理器。内核和执行体都存在于 ntoskrnl.exe。其中，内核在最低层，提供的函数有：①线程管理和调度；②陷阱处理和异常调度；③中断处理和调度；④多处理器同步；⑤提供由执行体使用的基本内核对象。

内核与执行体在某些方面有所不同，它永远运行在核心态，不以线程方式运行，也不能被其他正在运行的线程中断，是 Windows 中唯一不能被剥夺和调页的部分。为保持效率，其代码短小紧凑，且不进行堆栈和传递参数检查。

内核通过执行操作系统机制和避免制定策略而使其自身与执行体的其他部分分开。内核除了执行线程安排和调度外，几乎将所有的策略制定留给了执行体。在内核以外，执行体代表了作为对象的线程和其他可共享的资源。这些对象需要一些策略开销，例如，处理它们的对象句柄、保护它们的安全检查和在它们被创建时扣除的资源配额。在内核中则要除去这种开销，因为内核通过一组称作“内核对象”的简单对象来帮助内核控制中央处理器，并支持执行体对象的创建。大多数执行体的对象都封装了一个或多个内核对象及其内核定义属性。

一个被称作“控制对象”的内核对象集为控制各种操作系统功能建立了语义。这个对象集包括内核进程对象、异步过程调用(Asynchronous Procedure Call，APC)对象、延迟过程调用(Deferred Procedure Call，DPC)对象和几个由 I/O 系统使用的对象，例如中断对象。

另一个称作“调度程序对象”的内核对象集负责同步性能并改变或影响线程调度。调度程序对象包括内核线程、互斥体、事件、内核事件对、信号量、定时器和可等待定时器。执行体使用内核函数创建内核对象的实例，使用它们并构造为用户态提供的更复杂的对象。

内核的另外一个重要功能就是把执行体和设备驱动程序从 Windows XP 支持的在硬件体系结构之间的变更中提取或隔离开来。这个工作包括处理功能之间的差异，例如，中断处理、异常情况调度和多处理器同步。即使对于这些与硬件有关的函数，内核的设计也是尽可能使公用代码的数量达到最大。内核支持一组在整个体系结构上可移植和在整个体系结构上语义完全相同的接口。大多数实现这种可移植接口的代码在整个体系结构上完全相同。

然而，一些接口的实现因体系结构而异，或者说某些接口的一部分是由体系结构特定的代码实现的。可以在任何机器上调用那些独立于体系结构的接口，不管代码是否随体系结构而异，这些接口的语义总是保持不变。一些内核接口(例如转锁例程)实际上是在 HAL 中实现的。因为，其实现在同一体系结构族内可能因系统而异。

4. 执行体

Windows XP 执行体是 ntoskrnl.exe 的上层(内核是其下层)，执行体包括 5 种类型的函数。

(1) 从用户态被导出并且可以调用的函数。这些函数的接口在 ntdll.dll 中，通过 Win32 API 或一些其他的环境子系统可以对它们进行访问。

(2) 从用户态被导出并且可以调用的函数，但当前通过任何文档化的子系统函数都不能使用。这种例子包括本地调用(Local Procedare Call，LPC)和各种查询函数，例如，NtQueryInformationxxx 以及专用函数 NtCreatePagingFile 等。

(3) 只能从在 Windows XP0 DDK(Driver Development Kit)中已经导出并且文档化的核心态调用的函数。

(4) 在核心态组件之间调用的但没有文档化的函数。例如，在执行体内部使用的内部支持例程。

(5) 组件内部的函数。这里所指的文档化函数是公开的调用接口，而非文档化函数是系统内部调用的例程。

执行体包含下列重要的组件。

(1) 进程和线程管理器。创建、跟踪、中止及删除进程和线程。对进程和线程的基本支持在 Windows XP 内核中实现，执行体给这些低级对象添加附加语义和功能。

(2) 虚拟内存管理器。实现“虚拟内存”，把进程地址空间中的虚地址映射成内存页框。从而，为每个进程提供了一个大的专用地址空间，同时保护每个进程的地址空间不被其他进程占用。内存管理器也为高速缓存管理器提供基本的支持。

(3) 安全访问监视器。在本地计算机上执行安全策略，它保护了操作系统资源(保护对象包括文件、进程、地址空间和 I/O 设备)执行运行时对对象的保护和监视。

(4) I/O 管理器。提供了应用程序访问 I/O 设备的一个框架，执行独立于设备的输入/输出，并为进一步处理分配适当的设备驱动程序。它还实现了所有的 I/OAPl，并实施安全性、设备命名。

(5) 高速缓存管理器。通过将最近引用的磁盘数据驻留在内存中来提高文件 I/O 的性能，并且通过在把更新数据发送到磁盘之前将它们在内存中保持一个短的时间来延缓磁盘的写操作，这样就可以实现快速访问，以提高基于文件的 I/O 性能。正如您将看到的那样，它是通过使用内存管理器对映射文件的支持来做到这一点的。

另外，执行体还包括 4 组主要的支持函数，它们由上面列出的执行体组件使用，设备驱动程序也使用这些支持函数，这 4 类支持函数如下。

(1) 对象管理器。创建、管理以及删除 Windows XP 执行体对象和用于代表操作系统资源(如进程、线程、同步对象)的抽象数据类型。

(2) 本地过程调用机制。在同一台计算机上的客户进程和服务器进程之间传递信息，强制实施客户器/服务器关系。LPC 是一个灵活的、经过优化的远程过程调用 RPC 版本。

(3) 一组公用的“运行时库”函数。例如，字符串处理、算术运算、数据类型转换和安全结构处理。

(4) 执行体支持例程。例如，系统内存分配(页交换区和非页交换区)、互锁内存访问和两种特殊类型的同步对象，资源和快速互斥体。

此外，还提供窗口管理器。创建面向窗口的屏幕接口，管理图形设备。

5. 系统支持库 ntdll.dll

ntdll.dll 是一个特殊的系统支持库，主要用于子系统动态链接。ntdll.dll 包含 2 种类型的函数。

(1) 作为 Windows XP 执行体系统服务的系统服务调度占位程序。

(2) 子系统动态链接库及其他本机映像使用的内部支持函数。

第一组函数提供了可以从用户态调用的作为 Windows 执行体系统服务的接口。这里有 200 多种这样的函数，例如 NtCreateFile、NtSetEvent 等。正如前面提到的那样，这些函数的大部分功能都可以通过 Win32 API 访问。

对于这些函数中的每个函数，ntdll.dll 都包含一个有相同名称的入口点，在函数内的代码含有体系结构专用的指令，它能够产生一个进入核心态的转换以调用系统服务调度程序，在进行一些验证后，系统服务调度程序将调用包含在 ntoskrnl.exe 内的核心态系统服务中。ntdll.dll 也包含许多支持函数，例如，映像加载程序、堆管理器和 Win32 子系统进程通信函数以及运行时的通用库例程。它还包含用户态异步过程调用(APC)调度器和异常调度器。

6. 系统支持进程

Windows XP 包括一系列系统支持进程。

(1) Idle 进程。系统空闲进程，进程 ID 为 0。对于每个 CPU，Idle 进程都包括一个相应的线程，用来统计空闲的 CPU 时间。它不运行在真正的用户态。因此，由不同系统显示实用程序显示名称随实用程序的不同而不同。如任务管理器(Task Manager)中为 System idle 进程，进程状态(pstat.exe)和进程查看器(pviewer.exe)中为 Idle 进程，进程分析器(pview.exe)、任务列表(tlist.exe)、快速切片(qslice.exe)中为 System 进程。

(2) System 进程和 System 线程。System 进程 ID 为 2，是一种特殊类型的 System 线程的宿主进程。它具有一般用户态线程的属性和描述表，但只运行在核心态，执行加载于系统空间中的代码，而不管它们是在 ntoskrnl.exe 中还是在任何其他已经加载的设备驱动程序中。System 线程本身没有用户进程地址空间，必须从系统内存堆中动态分配存储区。

(3) 会话管理器 smss.exe。是第一个由核心 System 线程在系统中创建的用户态进程，用于执行一些关键的系统初始化步骤，包括创建 LPC 端口对象和两个线程、设置系统环境变量、加载部分系统程序、启动 Win32 子系统进程(必要时还有 POSIX 和 OS2 子系统进程)和 WinLogon 进程等。在执行完初始化步骤后，smss 中的主线程将等待 csrss 和 winlogon 进程句柄。另外，smss 还可作为应用程序和调试器之间的开关和监视器。

(4) Win32 子系统 csrss.exe。Win32 子系统的核心部分。

(5) 登录进程 winlogon.exe。用于处理用户的登录和注销。

(6) 本地安全身份鉴别服务器进程 lsass.exe。接收来自于 winlogon 进程的身份验证请求，并调用一个适当的身份验证包执行实际验证。

7. 服务控制器及服务进程

服务控制器是一个运行映象为 services.exe 的特殊系统进程，它负责启动、停止和与服务控制器交互，并管理一系列用户态进程服务。服务进程类似于 UNIX 的守护进程，可以配置成在系统引导时自动启动而不需交互式登录。服务程序是合法的 Win32 映象，这些映象调用特殊的 Win32 函数以与服务控制器相互使用，例如，注册、启动、响应状态请求、暂停或关闭服务。一些 Windows XP 组件是作为服务来实现的，例如，事件日志、假脱机、RPC 支持和各种网络组件。

8. 环境子系统

环境子系统的作用是将基本的执行体系统服务的某些子集提供给应用程序，向用户应用程序展示本地操作系统服务，提供操作系统“环境”或个性。Windows XP 带有 3 个环境子系统：Win32、POSIX(实现了 POSIX.1 标准)和 OS/21.2。每个环境子系统包括动态链接库(DLL)。其中，Win32 比较特殊，它必须始终处于运行状态，否则 Windows XP 就不能工作，Win32 由下面重要组件构成。

(1) Win32 环境子系统进程 csrss。用来支持控制台窗口、创建及删除进程与线程等。

(2) 核心态设备驱动程序。包括控制窗口显示、管理屏幕输出、收集有关输入信息及把用户信息传送给应用程序。

(3) 图形设备接口(GDI)。用于图形输出设备的函数库，包括线条、文本、绘图和图形操作函数。

(4) 子系统动态链接库。

(5) 图形设备驱动程序。包括图形显示驱动程序、打印机驱动程序和视频小端口驱动程序。

(6) 其他混杂支持函数。

环境子系统又称为虚拟机，是 Windows 操作系统实现兼容性的重要组成部分，它的主要任务是接管 CPU 或 OS 的每个二进制代码请求，将它们转换为 Windows XP 能成功执行的相应指令。Windows XP 与其他软件的兼容性主要包括，与应用系统 DOS、Windows、OS/2、LanManager 和符合 POSIX 规范的系统的兼容性，以及与多种文件系统和多种网络的兼容性。

9. 用户应用程序

在 Windows XP 中，用户应用程序(服务进程也是这样)不能直接调用本地 Windows XP 操作系统服务，但它们能通过一个或多个“子系统动态链接库”调用。子系统动态链接库的作用是将文档化函数(公开的调用接口)转换为适当的非文档化(系统内部形式)的 Windows XP 系统服务调用。该转换可能会给正在为用户应用程序提供服务的环境子系统进程发送消息，也可能不会。

9.2　Windows XP 进程管理

9.2.1　Windows XP 的进程

Windows XP 的进程是作为对象来管理的，由一个对象的通用结构来表示。Windows XP 进程的特点如下。

(1) 进程是一个可执行程序的执行过程，它包含初始代码和数据，可以通过对象服务访问进程。

(2) 具有一个独立的地址空间。

(3) 可有多个线程。

(4) 进程与其创建的进程之间不具有父子关系，各运行环境子系统分别建立、维护和表述各自的进程关系。

1. 执行体进程块

每个 Windows XP 进程对象由属性和封装了的若干可以执行的动作和服务所定义，当接受到适当消息时，进程就执行一个服务，只能通过传递消息给提供服务的进程对象来调用这一服务。用户使用进程对象类(或类型)来建立一个新进程，对进程来说，这个对象类被定义作为一个能够生成新的对象实例的模板，并且在建立对象实例时，属性将被赋值。进程对象的属性包括进程标识、资源访问令牌、进程基本优先权和默认亲和处理器集合等。进程是对应一个拥有存储器、打开文件表等资源的用户作业或应用程序实体。线程是顺序执行的工作的一个可调度单位，并且它可以被中断，于是处理器可被另一个线程占用。

每一个进程都由一个执行体进程(EPROCESS)块表示，下面给出了 EPROCESS 的结构，它不仅包括进程的许多属性，还包括并指向许多其他相关的属性，如每个进程都有一个或多个执行体线程(ETHREAD)块表示的线程。除了进程环境块(Process Environment Block，PEB。每个进程有一个 PEB)存在于进程地址空间中以外，EPROCESS 块及其相关的其他数据结构存在于系统空间中。另外，Win32 子系统进程 CSRSS 为执行 Win32 程序的进程保持一个平行的结构，该结构存在于 Win32 子系统的核心态部分 Win32K.SYS，在线程第一次调用在核心态实现的 WIN32 User 或 GDI 函数时被创建。

EPROCESS 块中的有关项目的内容如下。

(1) 内核进程块(KPROCESS)。它是公共的调度程序对象头，包含基本优先级、默认时间片、进程的转锁、进程所在的处理机簇、进程状态、常驻核心栈计数、进程总的用户态和核心态时间，以及属于该进程的所有线程的核心线程块队列指针等。

(2) 进程 ID。包括进程的唯一标识、父进程标识、进程所在窗口的位置。

(3) 访问令牌。用户登录时由系统直接连到进程的安全认证。进程可以通过打开令牌对象的句柄，获得令牌的信息或改变它的某些属性。访问令牌的内容包括用户名及安全标识。

(4) 主存管理信息。记录进程使用的虚存的一组地址空间的域和工作集信息，用一系列虚拟地址空间描述符(Virtual Address Descriptor，VAD)和指向工作集列表的指针描述。

(5) 对象句柄列表。记录进程创建和打开的所有对象的列表。

(6) 异常/调试程序端口。它是进程的线程出现异常或进行调试时，进程管理器发送消息的内部通信通道。

(7) 进程环境块(PEB)。存放在进程的用户态地址空间中，它包含映像的信息(基地址、版本号、模块列表)，供线程使用的进程堆的数量和大小，映像的进程亲和掩码等。

(8) 下一个进程块的连接指针。

2. 进程对象的服务

Windows XP 支持的各环境子系统都提供相应的进程服务。Win32 子系统的进程服务主要有：创建和打开进程、进程退出、进程终止、获得和设置进程的各种信息等。

1) CreateProcess()

它用于创建新进程及其主线程，以执行指定的程序。其主要流程如下。

(1) 打开将在进程中执行的映像文件(.exe)，创建一个区域对象，建立映像与主存之间的映射关系。

(2) 创建 Windows XP 执行体进程对象，包括申请并初始化执行体进程控制块 EPROCESS，创建并初始化进程地址空间，创建并初始化核心进程块和进程环境块，最终完成进程对象的初始化。

(3) 创建一个初始线程(即主线程)对象。

(4) 把新创建的进程和线程的句柄通知 Win32 子系统，以便对新进程和线程进行一系列初始化。

(5) 在新进程和线程描述表中完成地址空间的初始化，开始执行程序。

2) ExitProcess()和 TerminateProcess()

它们终止调用者进程内的所有线程，但这两个系统调用有区别。

当进程中的一个线程调用 ExitProcess()时，将终止进程和进程中所有线程的执行。在进程终止前，关闭所有打开对象句柄、所有线程等。这是在进程正常完成映像执行时调用的，是正常采用的退出方式。

TerminateProcess()终止指定的进程和它的所有线程。它不仅能终止自己，也可终止其他进程。通常，只用于异常情况下使用进程句柄来终止进程。它的终止操作是不完整的。

进程的其他服务还有下面几项。

(1) CreatePmcessAsUser：使用交替的安全标识，创建新的进程及其主线程，然后执行指定的 EXE 映像文件。

(2) OpenProcess：返回指定进程对象的句柄。

(3) FlushInstructionCache：清空另一个进程的指令高速缓存。

(4) GetProcessTimes：得到另一个进程的时间信息，描述进程在用户态和核心态所用的时间。

(5) GetExitCodeProcess：返回另一个进程的退出代码，指出关闭这个进程的方法和原因。

(6) GetCommandLine：返回传递给进程的命令行字符串。

(7) GetCurrentProcessID：返回当前进程的 ID。

(8) GetProcessVersion：返回指定进程希望运行的 Windows 的主要和次要版本信息。

(9) GetStartupInfo：返回在 CreateProcess 时指定的 STARTUPINFO 结构的内容。

(10) GetEnvironmentStrings：返回环境块的地址。

(11) GetEnvironmentVariable：返回一个指定的环境变量。

(12) GetProcessShutdownParameters：取当前进程的关闭优先级和重试次数。

(13) SetProcessShutdownParameters：置当前进程的关闭优先级和重试次数。

9.2.2　Windows XP 中进程生成、删除机制

(1) 进程可利用系统调用功能来创建新的进程，创建者称为父进程，而被创建的新进程称为子进程。子进程从父进程继承一些属性，又与父进程有区别，形成自己独立的属性。按子进程是否覆盖父进程和是否加载新程序，子进程的创建可分为 fork、spawn 和 exec 三种类型。

(2) 进程的退出是通过相应的系统调用进行的。进程退出过程中，操作系统删除系统维护的相关数据结构并回收进程占用的系统资源。

(3) Windows 2000/XP 进程是作为对象来管理的，可通过相应句柄(handle)来引用进程对象，OS 提供一组控制进程对象的服务。Win32 环境子系统是整个系统的主子系统，放置一些基本的进程管理功能，其他子系统利用 Win32 子系统的功能来实现自身的功能。

(4) Windows 2000/XP 中的每个 Win32 进程都由一个执行体进程块(EPPROCESS)表示，执行体进程块描述进程的基本信息，并指向其他与进程控制相关的数据结构。

(5) Win32 子系统的进程控制系统调用如下。

CreatProcess 创建新进程及其主进程，并可指定从父进程继承的属性。

ExitProcess 和 TerminateProcess 都可用于进程退出，终止一个进程和它的所有线程，区别在于 ExitProcess 终止操作完整，TerminateProcess 终止操作不完整，通常只用于异常情况下对进程的终止。

9.2.3　Windows XP 线程

线程是进程内的内核调度执行的实体。没有线程，进程的程序无法执行。

1. 执行体线程块

Windows XP 的线程是内核支持的线程，是处理机调度的对象。每个线程都由一个执行体线程块(KTHREAD)表示它的基本属性。Win32 子系统提供相应的线程服务。

执行体线程块描述的线程基本属性如下。

(1) 内核线程块(KTHREAD)。它是公共的调度程序对象头，包含核心栈的栈指针和大小、指向系统服务表(包含 User 和 GDI 服务)的指针、与调度有关的信息(包括基本的和当前的优先级、时间片、处理机簇、首选的处理机、当前的状态、挂起计数、线程总的用户态和核心态时间、等待信息及等待块列表)、与本线程有关的 APC 列表、线程环境块(TEB)的指针等。其中线程环境块存储了用于映像加载程序和 Win32 的 DLL 各种描述信息，如线程 ID 和线程启动例程的地址等。

(2) 进程标识和指向线程所属进程的 eprocess 的指针。

(3) 访问令牌和线程类别(客户还是服务器的线程)。

(4) LPC 端口信息。线程正在等待的消息的标识和消息地址。

(5) I/O 信息。指向挂起的 I/O 请求包的列表指针。

2. 线程对象的服务

Win32 子系统的线程服务主要有线程创建 CreateThread()、线程退出 ExitThread()、线程终止 TerminateThread()、挂起 SuspendThread()和激活 ResumeThread()指定的线程、获得和设置线程的优先级等。

1) CreateThread()

(1) 在进程的地址空间内为线程创建用户态堆栈。

(2) 初始化线程的硬件描述表。

(3) 为线程创建执行体线程对象，填写有关内容(增加进程中的线程计数，生成新线程 ID，分配核心栈，设置线程环境块(TEB)，设置线程的起始地址，设置核心线程块 KTHREAD，设置指向进程访问令牌的指针等)，置为挂起状态，返回线程的标识和对象句柄。由此可见，刚创建的线程处于挂起状态，要执行必须调用 ResumeThread()激活线程。

2) ExitThread()和 TerminateThread()

它们是线程的终止函数。线程的终止有自然死亡、自杀和他杀 3 种方式。

(1) 自然死亡。当线程完成函数的执行，正常返回时，函数的返回值就是该线程的退出码。

(2) 自杀。线程调用 ExitThread()函数终止自己，且包含退出的原因。

(3) 他杀。系统中的某线程调用 TerminateThread()函数，其参数包含被终止的线程句柄和终止的原因。

当线程由于自然死亡或自杀时，该线程的堆栈将被撤销；而被他杀时，不撤销堆栈，堆栈中的数据可能被其他线程使用。

终止线程时，系统执行如下操作。

(1) 关闭属于该线程的所有 Win32 对象的句柄。

(2) 该线程变为有信号状态。

(3) 该线程的终止状态作为退出码。

(4) 若该线程是所属进程的最后一个活动线程，则终止进程。

3) SetThreadPriority()

所带参数为要改变优先级的线程句柄和应设置的优先级。所有线程初始的优先级为普通(normal)。用户可以通过该服务改变线程的优先级。

其他线程服务包括以下内容。

(1) OpenThread：打开线程。

(2) CreateRemoteThread：在另一个进程创建线程。

(3) GetExitCodeThread：返回另一个线程的退出代码。

(4) GetThreadTimes：返回另一个线程的定时信息。

(5) GetThreadSelectorEntry：返回另一个线程的描述符表入口。

(6) GetThreadContext：返回线程的 CPU 寄存器。

(7) SetThreadContext：更改线程的 CPU 寄存器。

应用程序调用 CreateThread 函数创建一个 Win32 线程的具体步骤如下。

(1) 在进程地址空间为线程创建用户态堆栈。

(2) 初始化线程的硬件描述表。

(3) 调用 NtCreateThread 创建处于挂起状态的执行体线程对象。包括增加进程对象中的线程计数，创建并初始化执行体线程块，为新线程生成线程 ID，从非页交换区分配线程的内核堆栈，设置 TEB，设置线程起始地址和用户指定的 Win32 起始地址，调用 KeInitializeThread 设置 KTHREAD 块，调用任何在系统范围内注册的线程创建注册例程，把线程访问令牌设置为进程访问令牌并检查调用程序是否有权创建线程。

(4) 通知 Win32 子系统已经创建了一个新线程，以便它可以设置新的进程和线程。

(5) 线程句柄和 ID 被返回到调用程序。除非调用程序用 CREATE　SUSPEND 标识设置创建线程，否则线程将被恢复以便调度执行。

线程是 Windows XP 操作系统的最终调度实体，它可能处于以下 7 个状态之一，如图 9.2 所示。

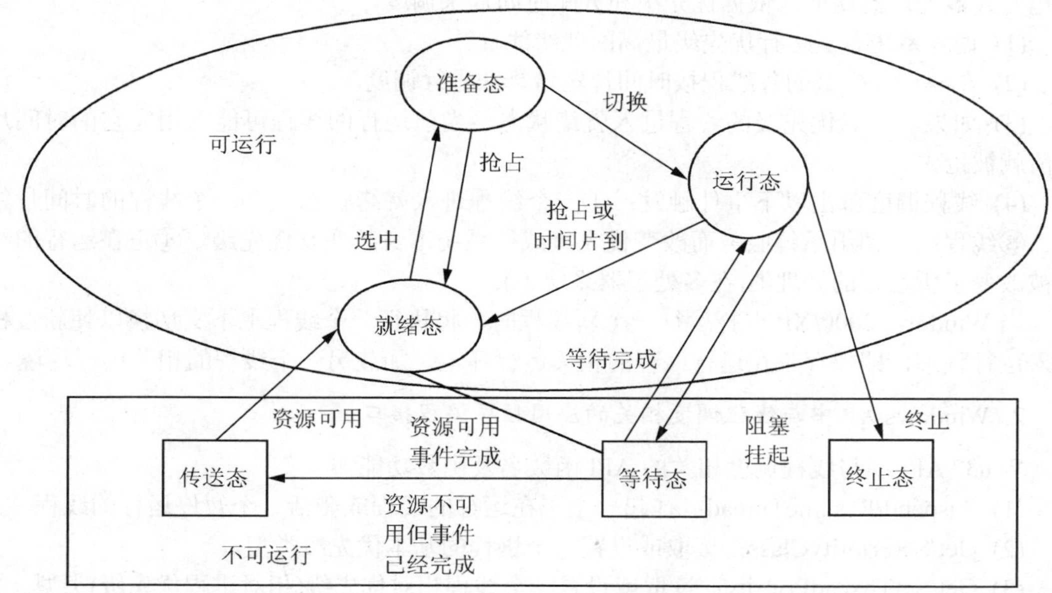

图 9.2　Windows XP 线程状态

(1) 就绪态。线程已获得除 CPU 外的所有资源，等待被调度去执行的状态，内核的调度程序维护所有就绪线程队列，并按优先级次序调度。

(2) 准备态。已选中下一个在一个特定处理器上运行的线程，此线程处于该状态等待描述表切换。如果准备态线程的优先级足够高，则可以从正在运行的线程手中抢占处理器，否则将等待直到运行线程等待或时间片用完。系统中每个处理器上只能有一个处于准备态的线程。

(3) 运行态。内核执行线程切换，准备态线程进入运行态，并开始执行。直到它被剥夺、或用完时间片、或被阻塞、或被终止为止。在前两种情况下，线程进入到就绪态。

(4) 等待态。线程进入等待态是由于以下原因：①出现了一个阻塞事件。②等待同步信号。③环境子系统要求线程挂起自己。当等待条件满足时，且所有资源可用，线程就进入就绪态。

(5) 传送态。一个线程完成等待后准备运行，但这时资源不可用，就进入传送态，例如，线程的内核堆栈被调出内存。当资源可用时(内核堆栈被调入内存)，传送态线程进入就绪态。

(6) 终止态。线程可被自己、其他线程或父进程终止，这时进入终止态。一旦结束工作完成后，线程就可从系统中移去。如果执行体有一个指向线程对象的指针，可将处于终止态的线程对象重新初始化并再次使用。

(7) 初始态。线程创建过程中所处状态，创建完成后，该线程被放入就绪队列。

9.2.4 Windows XP 的线程调度

1. Windows XP 的线程调度特征

Windows XP 的处理器调度的调度单位是线程而不是进程。线程调度机制是基于优先级的抢先式多处理器调度，依据优先级和分配时间片来调度。

(1) 调度系统总是运行优先级最高的就绪线程。

(2) 在同一优先级的各线程按时间片轮转算法进行调度。

(3) 如果一个高优先级的线程进入就绪状态，当前运行的线程可能在用完它的时间片之前就被抢先。

(4) 线程调度可由以下事件触发：①一个线程进入就绪状态。②一个线程的时间片结束。③线程由于调用系统服务而改变优先级或被系统本身改变其优先级。④正在运行的线程被改变了所运行的处理器(在多处理器系统中)。

当 Windows 2000/XP 选择运行一个新线程时，将执行一个线程上下文切换以使新线程进入运行状态，即保存正在运行线程的相关运行环境，加载另一个线程的相关运行环境。

2. Windows XP 中与线程调度相关的应用程序编程接口

Win32 API 中与线程调度相关的 API 函数名及函数功能如下。

(1) Suspend/ResumeThread：挂起一个正在运行的线程或激活一个暂停运行的线程。

(2) Get/SetPriorityClass：读取或设置一个进程的基本优先级类型。

(3) Get/SetThxeadPriority：读取或设置一个线程相对优先级(相对进程优先级)类型。

(4) Get/SetProcessAffinityMask：读取或设置一个进程的亲和处理器集合。

(5) SetThreadAffmityMask：设置线程的亲和处理器集合(必须是进程亲和处理器集合的子集)，只允许该线程在指定的处理器集合运行。

(6) Get/SetThreadPriorityBoost：读取或设置暂时提升线程优先级状态，只能在可调范围内提升。

(7) SetThreadIdealProcessor：设置一个特定线程的首选处理器，不限制该线程只能在该处理器上运行。

(8) Get/SetProcessPriorityBoost：读取或设置当前进程的缺省优先级提升控制。该功能用于在创建线程时控制线程优先级的暂时提升状态。

(9) SwitchToThread：当前线程放弃一个或多个时间配额的运行。

(10) Sleep：使当前线程等待指定的一段时间(时间单位为毫秒)。0 表示放弃该线程的剩余时间配额。

(11) SleepEx：使当前线程进入等待状态，直到 I/O 处理完成、有一个与该线程相关的 APC 或经过一段指定的时间。

3. 线程优先级

Windows XP 内部使用 32 个线程优先级，范围从 0 到 31，数值越大，优先级越高。

实时线程优先级：16～31。

可变线程优先级：1～15。

级别 0 保留为系统使用，仅用于对系统中空闲物理页面进行清零的零页线程。

线程优先级的指定通过 Windows XP 内核控制。

通过 Win32 应用程序编程接口指定：由进程优先级类型(进程创建时指定)和线程相对优先级(进程内各线程创建时指定)共同控制。

SetPriorityClass：设置进程基本优先级。

GetPriorityClass：读取进程优先级。

SetTreadPriority：设置线程相对优先级。

GetTreadPriority：读取线程相对优先级。

一个进程仅有单个优先级取值，即基本优先级，而一个线程有当前优先级和基本优先级两个优先级取值。在 Windows XP 中，实时优先级(16～31)线程的基本优先级和当前优先级总是相同的，可变优先级线程的当前优先级可在一定范围(1～15)内动态变化。

中断优先级与线程优先级的关系如下。

(1) 用户态进程运行在中断优先级 0，内核态的异步调用过程运行在中断优先级 1，它们会中断线程的运行。

(2) 只有内核态线程可提升自己的优先级，用户态线程不管优先级是多少都不会阻塞硬件中断。

(3) 线程调度代码运行在 DPC/线程调度中断优先级。这样可防止调度器代码与线程在访问调度器数据结构时发生冲突。

在下列 5 种情况下，Windows XP 会提升线程的当前优先级。

(1) I/O 操作完成。

(2) 信号量或事件等待结束。

(3) 前台进程中的线程完成一个等待操作。

(4) 由于窗口活动而唤醒图形用户接口线程。

(5) 线程处于就绪状态超过一定时间，但没能进入运行状态(处理器饥饿)。

前两条针对所有线程，后三条针对某些特殊线程在正常优先级提升基础上进行额外的优先级提升。

Windows XP 永远不会提升实时优先级范围内(16 至 31)的线程优先级。即优先级提升策略仅适用于可变优先级范围(0～15)内的线程。

4. 线程时间配额

当一个线程被调度进入运行状态时，它运行一个称为时间配额的时间片，时间配额是 Windows XP 允许一个线程连续运行的最大时间长度。

时间配额不是一个时间长度值，而一个称为配额单位(quantum unit)的整数。

默认时，在 Windows 2000 专业版中线程时间配额为 6；而在 Windows XP 服务器中线程时间配额为 36。

每次时钟中断，时钟中断服务例程从线程的时间配额中减少一个固定值(3)。

时间配额的控制：在系统注册库中的一个注册项“HKLM\SYSTEM\CurrentControlSet\Control\PriorityControl\Win32PrioritySeparation”，允许用户指定线程时间配额的相对长度(长或短)和前台进程的时间配额是否加长。

5. 线程调度策略

Windows XP 严格基于线程的优先级采用抢占式策略来确定哪一个线程将占用处理器并进入运行状态，Windows XP 在单处理器系统和多处理器系统中的线程调度是不同的。首先介绍单处理器系统中的线程调度，再介绍多处理器系统中的线程调度。

1) 主动切换

一个线程可能因为进入等待状态而主动放弃处理器的使用，许多 Win 32 等待函数调用(如 WaitForSingleObject 或 WaitForMultipleObjects 等)都使线程等待某个对象，等待的对象可能有事件、互斥信号量、资源信号量、I/O 操作、进程、窗口消息等。当线程主动放弃占用的处理器时，调度就绪队列中的第一个线程进入运行状态。

主动放弃处理器的线程会被降低优先级，但这并不是必须的，可以仅仅是被放入等待对象的等待队列中。通常进入等待状态线程的时间配额不会被重置，而是等待事件出现时，线程的时间配额被减 1，但如果线程的优先级大于或等于 14，在等待事件出现时，线程的优先级被重置。

2) 抢占

在这种情况下，当一个高优先级线程进入就绪状态时，正在处于运行状态的低优先级线程被抢占，可能在以下两种情况下出现抢占。

(1) 高优先级线程的等待完成，即一个线程等待的事件出现。

(2) 一个线程的优先级被增加或减少。

在这两种情况下，系统都要确定是否让当前线程继续运行或是否当前线程要被一个高优先级线程抢占。注意，用户态下运行的线程可以抢占内核态下运行的线程，在判断一个线程是否被抢占时，并不考虑线程处于用户态还是内核态，调度器只是依据线程优先级进行判断。

当线程被抢占时，它被放回相应优先级的就绪队列的队首，而不是队尾。处于实时优先级的线程在被抢占时，时间配额被重置为一个完整的时间片；而处于动态优先级的线程在被抢占时，时间配额不变。当抢占线程完成运行后，被抢占的线程可继续运行直到剩余的时间配额用完。

3) 时间配额耗尽

当一个处于运行状态的线程用完它的时间配额时，Windows XP 首先必须确定是否需要降低该线程的优先级，然后确定是否需要调度另一个线程进入运行状态。如果刚用完时间配额的线程的优先级被降低了，系统将寻找一个更适合的线程进入运行状态，即指优先级高于刚用完时间配额的线程的新设置值的就绪线程。如果刚用完时间配额的线程的优先级没有降低，并且有其他优先级相同的就绪线程，系统将选择相同优先级的就绪队列中的下一个线程进入运行状态，刚用完时间配额的线程被排列到就绪队列的队尾(即分配一个新的时间配额并把线程状态从运行状态改为就绪状态)。如果没有优先级相同的就绪线程可运行，刚用完时间配额的线程将得到一个新的时间配额并继续运行。

4) 结束

当线程完成运行时，它的状态从运行状态转到终止状态。线程完成运行的原因可能是通过调用 ExitThread 而从主函数中返回，或被其他线程通过调用 TerminateThread 来终止。如果处于终止状态的线程对象上没有未关闭的句柄，则该线程将被从进程的线程列表中删除，相关数据结构将被释放。

6. 调度数据结构

内核维护了一组称为"调度器数据结构"的数据结构，它负责记录各线程的状态。

(1) 调度器就绪队列(KiDispatcherReadyListHead)：由一组子队列组成，每个调度优先级有一个队列，包含该优先级的等待调度执行的就绪线程。

(2) 就绪位图(KiReadySummary)：一个 32 位量，每一位指示一个调度优先级的就绪队列中是否有线程等待运行。

(3) 空闲位图(KiIdleSummary)：一个 32 位量，每一位指示一个处理器是否处于空闲状态。

(4) 调度器自旋锁(KiDispatcherLock)：多处理器系统中修改调度器数据结构。

(5) 其他与线程调度相关的内核变量：KeNumberProcessors(字节，说明系统中的可用处理器数目)、KeActiveProcessor(32 位量，描述系统中各处理器是否处于运行状态)。

9.2.5 进程同步和通信

在 Windows XP 中实现进程和线程之间互斥和同步的机制有事件(Event)对象，互斥量(Mutex)对象和信号量(Semaphore)对象，以及相应的系统服务。这些同步对象都有一个用户指定的对象名称，不同进程中用同样的对象名称来创建或打开对象，从而获得该对象在本进程的句柄。从本质上讲，这些同步对象的能力是相同的，其区别在于适用场合和效率有所不同。线程等待与这 3 种对象同步时，可使用 WaitForSingleObject()和 WaitFor- MultipleObjects()两个系统服务来实现。前者可在指定的时间内等待指定对象为可用状态；后者可在指定的时间内等待多个对象为可用状态。

1. 同步对象

1) 事件对象

事件对象是同步对象中最简单的形式。它有有信号和无信号两种状态，相当于一个“触发器”，用于通知线程某个事件是否出现。它的相关 API 包括以下几项。

(1) CreateEvent()：创建一个事件对象，返回事件对象句柄。

(2) OpenEvent()：打开一个事件对象，返回一个已存在的事件对象句柄，用于后续访问。

(3) SetEvent()和 PulsetEvent()：设置指定事件对象为有信号状态。

(4) ResetEvent()：设置指定事件对象为无信号状态。

事件对象有两种，它们分别是人工重置(Manual-Reset)事件对象和自动重置(Auto-Reset)事件对象。人工重置事件是在事件被置为有信号状态后，一直保持有信号状态，直到显式地将其置为无信号状态为止；而自动重置事件被置为有信号状态后，可唤醒一个或多个等待者。之后立即又变为无信号状态。

2) 互斥对象

互斥对象就是用来控制共享资源的互斥访问，使其在一个时刻只能被一个线程使用。它的相关 API 包括以下几项。

(1) CreateMutex：创建一个互斥对象，返回对象句柄。

(2) OpenMutex：打开并返回一个已存在的互斥对象句柄，用于后续访问。

(3) ReleaseMutex：释放对互斥对象的占用，使之成为可用。

3) 信号量对象

信号量对象就是资源信号量，初始值所取范围在 0 到指定最大值之间，用于限制并发访问的线程数。它的相关 API 包括以下几项。

(1) CreateSemaphore：创建一个信号量对象，在输入参数中指定初值和最大值，返回对象句柄。

(2) OpenSemaphore：打开并返回一个已存在的信号量对象句柄，用于后续访问。

(3) ReleaseSemaphore：释放对信号量对象的占用，使之成为可用。

除了上述 3 种同步对象外，Windows XP 还提供了一些与进程同步有关的机制，如临界区对象和互锁变量访问 API 等。临界区对象只能用于在同一进程内使用的临界区，同一进程内各线程对它的访问是互斥进行的。把变量说明为 CRITICAL_SECTION 类型，就可作为临界区使用。相关的 API 如下。

(1) InitializeCriticalSection：对临界区对象进行初始化。

(2) EnterCriticalSection：等待占用临界区的使用权，得到使用权时返回。

(3) TryEnterCriticalSection：非等待方式申请临界区的使用权，申请失败时返回 0。

(4) LeaveCriticalSection：释放临界区的使用权。

(5) DeleteCriticalSection：释放与临界区对象相关的所有系统资源。

互锁变量访问 API 相当于硬件指令，用于对整型变量的操作，可避免线程间切换对操作连续性的影响。这组 API 包括以下几项。

(1) InterlockedExchange：32 位数据的先读后写原子操作。

(2) IntedoekedCompareExchange：依据比较结果进行赋值的原子操作。

(3) InterlockedExchangeAdd：先加后存结果的原子操作。

(4) InterlockedDecrement：先减 1 后存结果的原子操作。

(5) Intedoekedincrement：先加 1 后存结果的原子操作。

2. Windows XP 进程通信机制

Windows XP 的信号(signal)是进程与外界的一种低级通信方式，相当于进程的软中断。进程可发送信号，每个进程都有指定的信号处理例程，信号通信是单向和异步的。存在两组与信号量相关的系统调用，分别处理不同信号。

1) SetConsoleCtliHandler 和 GenerateConsoleCrtlEvent

前者定义或取消本进程的信号处理例程中的用户定义例程。例如，默认时，每个进程当收到 Ctrl+C event 时都有一个信号 Ctrl+C 的处理例程来处理，可利用 SetConsoleCtrl-Handler 调用来忽略或恢复对 Ctrl+C 的处理。后者可发送信号到与本进程共享同一控制台的控制台进程组。

2) signal 和 raise

前者用于设置中断信号处理例程，后者用于发送信号。这一组系统调用处理的信号与 UNIX 相同，有非正常终止、浮点错、非法指令、非法存储访问、终止请求等。Windows XP 的共享存储区(Shared Memory)可用于进程间的大数据量通信。进行通信的进程可任意读写共享存储区，也可在共享存储区上使用任意数据结构。进程使用共享存储区时，需要互斥和同步机制来确保数据的一致性。Windows XP 采用文件映射(File Mapping)机制来实现共享存储区，用户进程可把整个文件映射为进程虚拟地址空间的一部分来加以访问。与共享存储区相关的系统调用如下。

(1) CreateFileMapping：为指定文件创建一个文件映射对象。

(2) OpenFileMapping：打开一个命名的文件映射对象。

(3) MapViewOfFile：把文件映射到本进程的地址空间。

(4) FlushViewOfFile：把映射地址空间的内容写到物理文件中。

(5) UnmapViewOfFile：拆除文件与本进程地址空间的映射关系。

(6) CloseHandle：关闭文件映射对象。

Windows XP 的管道(pipe)是一条在进程间以字节流方式传送的通信通道，它利用了系统核心的缓冲区来实现单向通信，常用于命令行所指定的 I/O 重定向和管道命令。Windows XP 和 UNIX 类似提供了无名管道和命名管道，但安全机制更为完善。利用 CreatePipe 创建无名管道，并得到两个读写句柄，然后用 ReadFile 和 WriteFile 进行无名管道读写。命名管道是服务器进程与一个客户进程间的一条通信通道，可实现不同机器上的进程通信，采用 C/S 方式连接本机或网络中的两个进程。利用 CreateNamePipe 在服务器端创建命名管道。

ConnectNamePipe 用在服务器端等待客户进程的请求，CallNamePipe 从管道客户进程建立与服务器的管道连接，ReadFile、WdteFile(阻塞方式)、ReadFileEx 和 WriteFileEx(非阻塞方式)用于命名管道读写。

Windows XP 中提供的邮件槽(Mail Slot)是一种不定长和不可靠的单向消息通信机制。消息的发送不需接收方准备好，随时可发送。邮件槽也采用 C/S 模式，只能从客户进程发往服务器进程。服务器进程负责创建邮件槽，它可从邮件槽中读消息，而客户进程可利用邮件槽的名字向它发消息。有关的系统调用如下。

(1) CreateMailSlot：服务器创建邮件槽。

(2) GetMailSlotInfo：服务器查询邮件槽信息。

(3) SetMailSlotInfo：服务器设置读操作等待时限。

(4) ReadHle：服务器读邮件槽。

(5) CreateFile 客户方打开邮件槽。

(6) WriteFile：客户方发送消息。

Windows XP 的套接字(Socket)是一种网络通信机制，它通过网络在不同计算机下的进程间作双向通信。套接字采用的数据格式可以是可靠的字节流或不可靠的报文，通信模式可为 C/S 或对等模式。为实现不同操作系统上的进程通信，需约定网络通信时不同层次的通信过程和信息格式，TCP/IP 是目前广泛使用的网络通信协议。Windows XP 中的套接字规范称“Winsock”，它除了支持标准的 BSD 套接字外，还实现了一个与协议独立的 API，可支持多种网络通信协议。

9.3 Windows XP 的内存管理

Windows XP 的内存管理器是执行体中的虚拟内存管理程序(Virtual Memory Manager，VMM)的一个组件，位于 Ntoskrnl.exe 文件中，是 Windows 的基本存储管理系统。它实现内存的一种管理模式即虚拟内存，为每个进程提供一个受保护的、大而专用的地址空间。系统支持的面向不同应用环境子系统的存储管理也都基于虚拟内存管理程序(VMM)。

9.3.1 Windows XP 虚拟内存空间

Windows XP 采用“请求页式”虚拟内存管理技术，运行于 386 以上的机器上，提供 32 位虚地址，每个进程都有多达 4GB 的虚地址空间。进程虚拟地址空间的布局如图 9.3 所示。进程 4 GB 的地址空间被分成两部分：高地址的 2GB 保留给操作系统使用，低地址的 2GB 是用户存储区，可被用户态和核心态线程访问。Windows 提供一个引导选项，允许用户拥有 3CB 虚地址空间，而仅留给系统 1GB，以改善大型应用程序运行的性能。

系统存储区又分为 3 个部分：上部分固定页面区，页面不可交换，存放系统的关键代码；中部分为页交换区，存放非常驻的系统代码和数据；下部分为操作系统驻留区，存放内核、执行体、引导驱动程序和硬件抽象层代码，永不失效。为了加快运行速度，这一区域的寻址由硬件直接映射。

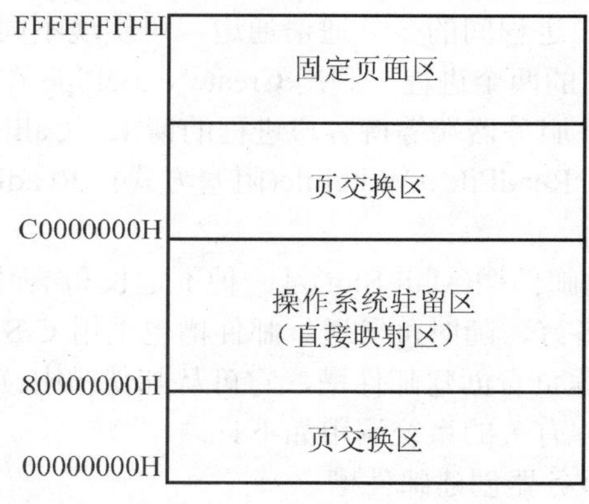

图 9.3　Windows XP 虚拟地址空间布局

9.3.2　Windows XP 应用程序内存的管理

1. 数据结构

Windows XP 与管理应用程序内存相关的有两个数据结构：虚址描述符和区域对象。

1) 虚址描述符

Windows XP 中一个进程的虚地址空间可以大到 4GB，这意味着进程的虚地址不是连续的，系统维护了一个数据结构来描述哪些虚拟地址已经在进程中被保留，哪些没有，这个数据结构叫做虚地址描述符(Virtual Address Descriptor，VAD)。对每个进程，内存管理器都维护一组 VAD，用来描述进程虚地址空间的状态。为了加快对虚地址的查找速度，VAD 被构造成记录虚址分布范围的一棵平衡二叉树(Self-balancing binary tree)。

在 Windows XP 中，当进程保留地址空间或映射一个内存区域时，内存管理器创建一个 VAD 来保存分配请求所提供的信息。例如，保留的地址范围、该范围是共享的还是私有的、子进程能否继承该地址范围的内容，以及此地址范围内应用于页面的保护限制等。

当线程首次访问一个地址，内存管理器必须为包含此地址的页面创建一个页表项。为此，它找到一个包含被访问的地址的 VAD，并利用所得信息填充页表项。如果这个地址落在 VAD 覆盖的地址范围以外，或所在的地址范围仅被保留而未提交，内存管理器就会知道这个线程在试图使用内存之前并没有分配的内存。因此，将产生一次访问违规。

2) 区域对象

“区域对象”(Section Object)在 Win32 子系统中被称为“文件映射对象”，表示可以被两个或多个进程所共享的内存块。其主要作用有以下几点。

(1) 系统利用区域对象将可执行映像和动态链接库装入内存。

(2) 高速缓存管理器利用区域对象访问高速缓存文件中的数据。

(3) 使用区域对象将一个文件映射到进程地址空间，然后，可以像访问内存中一个大数组一样访问这个文件，而不是对文件进行读写。

一个区域对象代表一个可由两个或多个进程共享的内存块。一个进程中的一个线程可以创建一个区域对象，并为它起一个名字，以便其他进程中的线程能打开这个区域的句柄。区域对象句柄被打开后，一个线程就能把这个区域对象映射到自己或另一个进程的虚地址空间中。

2. 管理方法

Windows XP 与管理应用程序内存相关的 3 种应用程序内存管理方法。

(1) 虚页内存分配：最适合于管理大型对象数据或动态结构数组。

(2) 内存映射文件：最适合于管理大型数据流文件及多个进程之间的数据共享。

(3) 内存堆分配：最适合于管理大量小对象数据。

这里对前两种方法做简要介绍。

1) Win32 子系统实现文件映射的过程

一个进程要访问一个非常大的区域对象，只需在自己的地址空间保留一部分空间，映射该区域对象的一部分。被进程映射的那部分叫做该区域的一个视口(View)。视口机制允许一个进程访问超过其地址空间的区域。通过映射区域的不同视口，可以访问比其地址空间大得多的虚存。为了实现文件映射，先创建一个映射文件，再创建一个区域对象。实现文件映射是通过调用下面几个函数完成的。

(1) 创建或打开一个被映射磁盘文件 CreateFile()。

(2) 创建一个与被映射文件大小相等的区域对象(又叫文件映射对象)Creat FileMapping()。

(3) 将区域对象的一个视口映射到进程保留的某部分地址空间 MapViewOfFile()，之后进程就可以像访问主存一样访问文件。当进程访问一个无效的页时，引起缺页中断，存储器管理器会自动地将这个页从映像文件调入主存。

(4) 访问完成，调用 UnMapViewOfFile()解除被映射的这个视口，将修改部分写回文件。

(5) 若还需要访问文件的其他部分，可再映射文件的另一个视口，否则关闭区域对象和磁盘文件，结束映射过程。

由此可见，利用区域对象可以实现进程用小的地址空间访问一个大文件的目的。

2) 虚存的分配

进程私有的2GB地址空间的页可能是空闲的(还没有被使用过)，或被保留(已预留虚存，还没有分配物理主存)，或被提交(已分配物理主存或交换区)。

存储器管理程序制定了分配主存的两个阶段：先保留地址空间，然后再提交物理主存。也允许保留和提交主存同时实现。

第一阶段只保留地址空间，这特别适合线程正在创建大的动态数据结构的情况。为防止进程的其他线程占用这段连续的虚拟地址空间，可预留所需要的虚拟地址域，且用一个虚拟地址描述符记录。试图访问只保留的虚存会造成访问冲突(页无效错误)，由系统进行缺页处理。

第二阶段在已保留的地址空间中分配物理主存，建立虚实映射，这种直到需要时才提交主存的方法，将提高主存的利用效率。

系统将保留地址空间这项技术用于线程的用户态堆栈的使用。当创建线程时，保留一个堆栈，其默认值为 1MB。实际仅有两个页框被提交：一个用于堆栈的初始页框，另一个作为当系统捕获到对超过堆栈提交部分的访问时自动扩展的堆栈页框。

9.3.3 Windows XP 地址转换

1. 页表和页目录表的结构

Windows XP 采用请求调页和群集方法把页框装入主存。在 x86 系统平台中，一个页的大小为 4 096 个字节。进程的 32 位虚拟地址空间需要 2M 个 4KB 大小的页。若一个页表项占 4 个字节，则这样的页表就要占用 2M×4B＝8MB 的连续空间。为此，x86 系统采用二级页表结构。第一级为页目录表，第二级为页表。

页目录表的每项记录一个页表的地址。这样 4GB 的地址空间就分解为页目录索引、页表索引和页内字节索引 3 个部分。页目录索引占 10 位，最多允许 1 024 个页目录项。

页表索引也占 10 位，一个页表最多允许有 1 024 个页表项。每个进程的私有 2GB 地址空间用一个页表集来映射，共 512 个。系统公共的 2GB 地址空间用一个页表集来映射且被所有进程共享，共 512 个，只是各个进程的系统空间不完全相同。在系统初始化时，根据主存容量算出应留的系统页表区的长度。

页内字节索引占 12 位，从而覆盖 4GB(1KB×1KB×4KB)的地址空间。这样，系统可将这 1024 个页表移放在不连续的主存区中，而且页表可以根据需要动态创建，从而大大提高主存的利用率。

页表和页目录表的结构相同，是由页表项(PTE)或页目录项构成的数组。x86 硬件页表项的结构如图 9.4 所示。

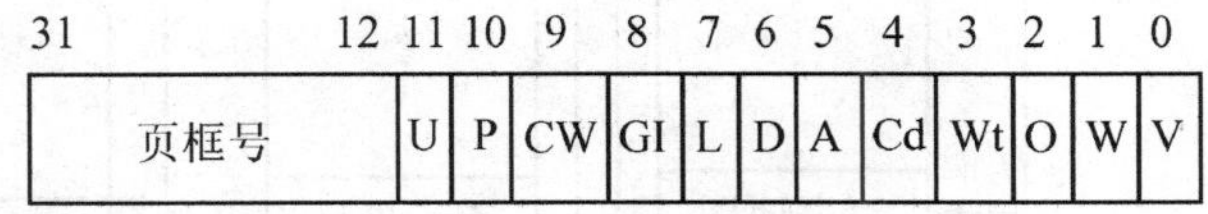

图 9.4　x86 硬件页表项的结构

其中，第 0～11 位为标志位，第 12～31 位为页框号。各标志的意义如下。

V：有效位，1 为有效，0 为无效。无效时，引起页无效错误。

W：页的写保护位，在单处理机系统中，为 1 表示此页是可写的，为 0 是只读页。线程试图向只读页写时，将会引发异常。存储器管理器的访问故障处理程序检查该线程能否对此页执行写操作，如果此页标记为“写时复制”，则申请一个页后允许写，否则对要操作产生访问违约错误。

在多处理机的 x86 系统中，表明该页是否可写。它与页表项中的一个附加的由软件实现的写位(第 11 位)配合使用，主要是为了使不同的处理机对页表项的快表(TLB)刷新时消除延迟。该位表示某页已经被一个运行在多个处理机上的线程写过。

O：所有者位，表明此页是操作系统页还是用户页，即是否可以在用户态下访问。

Wt：写直通，写入此页时禁用高速缓存。这样，对数据的修改能够立刻刷新到磁盘上。

Cd：禁用高速缓存，禁止访问此页的高速缓存，应重新调入。

A：访问位，此页正在或已被访问，由硬件置 1。

D：修改位，此页已被修改过，由硬件置 1。

L：大页位，在 128MB 主存以上的系统中，表示页目录项映射 4MB 的页框(通常用于映射 Ntoskrnl.exe 和 HAL、初始的非分页缓冲池等)。

GI：全局符位，所有进程可共享。

P 和 CW 位目前保留不用。

U：保留位，在多处理机环境下是已经写的标志，由软件置 1。

2. 虚拟地址变换过程

一个虚拟地址变换为物理地址的基本步骤如下。

(1) 系统把即将运行进程的页目录表始址送入处理机的 CR3 寄存器。

(2) 由页目录索引定位某个页表在页目录表中的页目录项(Page Directory Entry，PDE)的位置，找到某页表所在页框号。

(3) 页表索引定位指定页在页表中的位置。如果该页是有效的，找到虚拟页在物理主存的页框号。如果该页无效，存储器管理器的故障处理程序将失效的页调入主存。

(4) 当页表项包含有效页时，页内地址偏移定位程序或数据在物理页框内的地址。虚拟地址变换过程如图 9.5 所示。

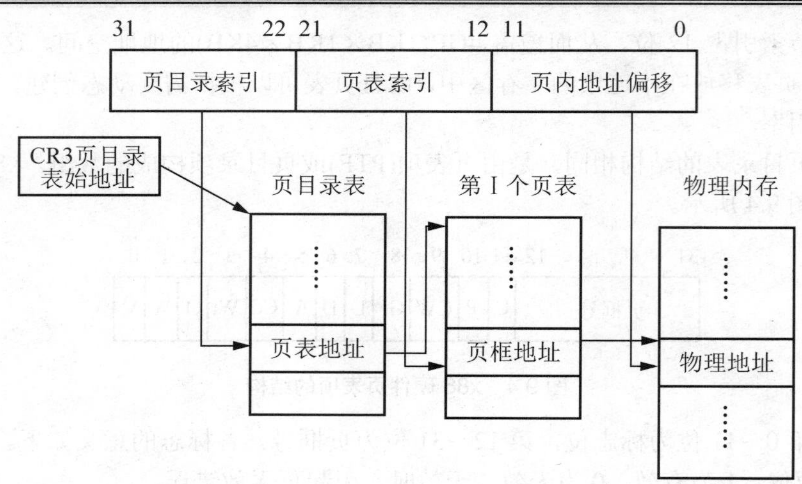

图 9.5　虚拟地址映射到物理主存的结构

为了加快页表的访问操作，Windows XP 也提供快表 TLB，每个被频繁访问的页可在 TLB 中占一项。

9.3.4　页调度策略

Windows XP 的存储器管理器的调页策略是请求调页和“集群”的方式。当线程产生一次缺页中断时，存储器管理器将所缺的页及其后续的一些页装入主存。这个策略试图减少线程引起的调页 I/O 数量。因为根据局部性原理，程序往往在一段特定的时间内仅访问它地址空间中的一小块区域。默认页读取簇的规模取决于物理主存的大小。Windows XP 支持的最小的主存规模是 32MB。

当线程产生缺页中断时，存储器管理器还必须确定将调入的虚拟页放在物理主存的何处，称为“置页策略”。选择页时，为使高速缓存不产生抖动，Windows XP 要考虑高速缓存的大小。

如果缺页错误发生时物理主存已满，“置换策略”被用于确定哪个虚页必须从主存中移出。在多处理机系统中，Windows XP 采用局部先进先出置换策略。而在单处理机系统中，Windows XP 的实现更接近于最近最久未使用策略(LRU，称为“时钟算法”)。Windows XP 为每个进程分配一定数量的页框，称为“进程工作集”(或者为可分页的系统代码和数据分配一定数量的页框，称为“系统工作集”)。

9.3.5　内存页面级保护机制

Windows XP 提供了内存保护机制，防止用户无意或有意地破坏其他进程或操作系统，共提供 4 种保护方式。

(1) 区分核心态和用户态，核心态组件使用的数据结构和内存缓冲池只能在核心态下被线程访问，用户态线程不能访问。

(2) 每个进程只有独立、私有的虚拟地址空间，禁止其他进程的线程访问(除了共享页面或另一进程已被授权限)，系统通过虚拟地址映射机制来保证这一点。

(3) 以页面为单位的保护机制，页表中包含了页级保护标志，如只读、读写等，以决定用户态和核心态可访问的类型，实现访问监控。

(4) 以对象为单位的保护机制。每个区域对象具有附加的标准存取控制(Access Control List，ACL)，当一个进程试图打开它时会检查 ACL，以确定该进程是否被授权访问该对象。

9.4 Windows XP 的文件系统

Windows XP 支持 FAT 和 NTFS 文件系统，还提供分布式文件服务。

9.4.1 Windows XP 的文件系统概述

Windows XP 支持 FAT 和 NTFS 文件系统。FAT 表文件系统是支持向下兼容的文件系统，因此，Windows XP 可以支持 FAT12、FAT16 和 FAT32 文件系统。这里的 12、16 和 32 分别描述磁盘块簇地址使用的位数。NTFS 是一种新的文件系统，它使用 64 位的磁盘地址，理论上它可以支持的磁盘分区大小为 2^{64} 字节。FAT 和 NTFS 文件系统都以簇为单位管理磁盘空间。卷上簇的大小，是在使用 Format 命令格式化卷时确定的。簇大小随卷的大小而不同，通常卷容量越大，簇越大，它是物理扇区的 2 的整次幂。

FAT 和 NTFS 将卷划分成若干簇，且从卷头到卷尾进行编号，称为逻辑簇号(Logical Cluster Number，LCN)。

NTFS 支持的文件的物理结构是索引式的。它通过磁盘的逻辑簇号引用文件在磁盘上的物理位置，通过虚拟簇号(Virtual Cluster Number，VCN)引用文件中的数据。虚拟簇号和逻辑簇号之间的映射通过索引表实现。

Windows XP 还提供分布式文件服务。分布式文件系统(DFS)是用于 Windows XP 服务器上的一个网络服务器组件，最初它是作为一个扩展层发售给 NT4 的，但是在功能上受到很多限制。在 Windows XP 中，这些限制得到了修正。DFS 能够使用户更加容易地找到和管理网上的数据。使用 DFS，可以更加容易地创建一个单目录树，该目录树包括多文件服务器和组、部门或企业中的文件共享。另外，DFS 可以给予用户一个单一目录，这一目录能够覆盖大量文件服务器和文件共享，使用户能够很方便地通过“浏览”网络去找到所需要的数据和文件。浏览 DFS 目录是很容易的，因为不论文件服务器或文件共享的名称如何，系统都能够将 DFS 子目录指定为逻辑的、描述性的名称。

9.4.2 Windows XP 文件系统模型和 FSD 体系结构

在 Windows XP 中，文件系统的组成和结构模型如图 9.6 所示。I/O 管理器负责处理所有设备的 I/O 操作。

(1) 设备驱动程序：位于 I/O 管理器的最底层，直接对设备进行 I/O 操作。

(2) 错误处理驱动程序：与低层设备驱动程序一起提供增强功能，如发现 I/O 失败时，设备驱动程序只会简单地返回出错信息，而错误处理驱动程序却可能在收到出错信息后，向设备驱动程序下达重试请求。

(3) 文件系统驱动程序(File System Driver，FSD)：扩展底层驱动程序的功能，以实现特定的文件系统(如 NTFS)。

(4) 过滤驱动程序：可位于设备驱动程序与错误处理驱动程序之间，也可位于错误处理驱动程序与文件系统驱动程序之间，还可位于文件系统驱动程序与 I/O 管理器 API 之间。例如，一个网络重定向过滤驱动程序可截取对远程文件的操作，并重定向到远程文件服务器上。

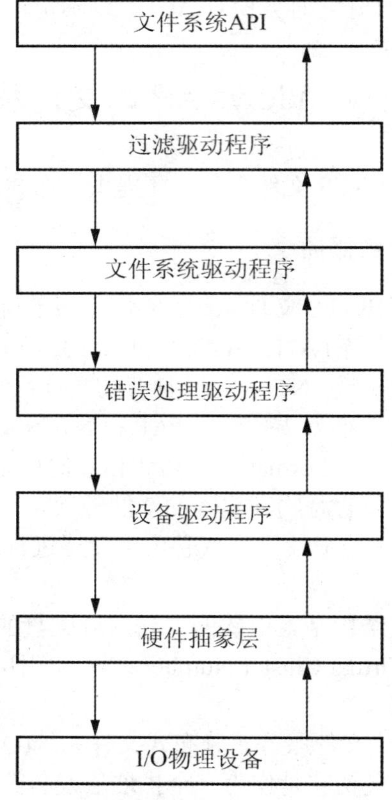

图 9.6　文件系统模型

(5) 在以上组成构件中，与文件管理最为密切相关的是 FSD，它工作在内核态，但与其他标准内核驱动程序有所不同。FSD 必须先向 I/O 管理器注册，还要与内存管理器和高速缓存管理器产生大量交互。因此，FSD 使用了 Ntoskrnl 出口函数的超集，它的创建必须通过(Installable File System，IFS)实现。

文件系统驱动程序可分为本地 FSD 和远程 FSD，前者允许用户访问本地计算机上的数据，后者则允许用户通过网络访问远程计算机上的数据。

1. 本地 FSD

本地 FSD 可以支持的文件系统有 NTFS 文件系统(Ntfs.sys)、基于 FAT 的文件系统(Fastfat.sys)、光盘文件系统(UDF)(Udfs.sys)、只读光盘文件系统 CDFS(Cdfs.sys)等。UDF 比 CDFS 更加灵活，UDF 具有如下的特点。

(1) 文件名区分大小写。

(2) 文件名可有 255 个字符。

(3) 最长路径为 1 023 个字符。

本地文件系统驱动程序 FSD 负责对本机上的文件系统的管理。当系统初始化时，I/O 管理器通过卷参数块(Volumn Parameter Block，VPB)在存储器管理器中创建卷设备对象，与本地文件系统驱动程序(FSD)创建的设备对象之间建立两者的链接。也即 I/O 管理器提供与 VPB 的连接，将有关卷的 I/O 请求转交本地文件系统驱动程序 FSD 的设备对象。

本地 FSD 基于高速缓存管理器，缓存文件系统的数据(如元数据)，以提高系统性能。

2. 远程 FSD

远程 FSD 由客户端 FSD 与服务器端 FSD 两部分组成。客户端 FSD 接收来自本机应用程序的 I/O 请求，通过过滤驱动程序将其转换为网络文件系统协议命令，然后通过网络发送给服务器端 FSD。服务器端 FSD 监听网络命令，接收网络文件系统协议命令，转交给本地 FSD 去执行。

3. FSD 的功能

Windows XP FSD 主要实现如下一些功能。

1) 处理文件系统的操作命令

应用程序通过 Win32 I/O 接口函数，如 CreateFile()、ReadFile()及 WriteFile()等访问文件。

当用户程序使用 fopen(文件名，操作方式)运行时间函数，请求打开一个文件时，这个请求传送给 Win32 客户端动态链接库 Kernel32.dll，它进行参数的合法性检查后，以函数 CreateFile()取代，继续进行 NT 的系统调用，并且转换成 NtCreateFile()的系统调用，开始在对象管理程序中检查文件名字符串。对象管理器开始搜索它的对象名空间，把控制转交 I/O 管理器的 FSD。FSD 询问安全子系统，以确定该文件存取控制表是否允许用户的访问方式。

若允许，对象管理器将把允许的存取权和文件句柄一起返回用户，之后，用户使用文件句柄对文件进行存取。

用户通过 fread()或 fwrite()读/写文件时，同样在进行合法性检查后，用函数 ReadFile()或 WriteFile()通过对 NT 的动态链接库的调用，转换成对 NtReadFile()或 NtWriteFile()的系统调用。NtReadFile()将已打开文件的句柄转换成文件对象指针，检查访问权限，创建 I/O 请求块 IRP，进行读请求，且把 IRP 交给合适的 FSD。之后检查文件是否放在高速缓存中，如果不在，申请一个高速缓存映射结构，将指定文件块读入其中。最后，NtReadFile()从高速缓存中读取数据，送至用户指定区域，完成本次 I/O 操作。

2) 高速缓存延迟写线程

高速缓存管理器的延迟写线程定期异步地调用主存管理器，把高速缓存中已被修改的页面移交 FSD，以便将数据写入磁盘。

3) 高速缓存提前读线程

高速缓存管理器的提前读线程通过分析已做的读操作，采用缺页中断操作提前读数据到高速缓存。

4) 主存缺页处理

应用程序访问主存映射文件不在主存的页时，产生缺页中断，则向文件系统发送 I/O 请求包(IRP)，完成缺页处理。

5) 主存脏页写线程

主存脏页写线程定期地将高速缓存中的不再使用的页写入页文件或映射文件，以供主存管理器使用空闲页。该线程通过异步写页命令创建 I/O 请求包 IRP，由 FSD 直接送交磁盘驱动程序。

4. NTFS 的 FSD

应用程序通过 NTFS 的 FSD 创建和存取文件的过程比较复杂，涉及以下 3 个步骤。

(1) Windows XP 进行有关使用权限的检查，只有合法用户的请求，才会被执行。

(2) I/O 管理器将文件句柄转换为文件对象指针。

(3) NTFS 通过文件对象指针获得磁盘上的文件。

NTFS 如何通过文件对象指针获得磁盘上的文件呢?首先 NTFS 通过文件对象指针获得文件属性的流控制块(SCB，System Control Block)，每个 SCB 表示文件的一个属性，它包含如何获得该属性的信息。同一个文件的所有 SCB 都指向一个共同的文件控制块结构(FCB，File Control Block)，FCB 包含一个指向主控文件表(MFT，Master File Table)中该文件记录的指针，NTFS 通过该指针获得对文件的访问。

9.4.3 NTFS 文件系统

1. NTFS 具有以下的特性

文件系统 NTFS(New Technology File System)从 Windows NT 开始提供。NTFS 除了克服 FAT 系统在容量上的不足外，主要出发点是立足于设计一个服务器端适用的文件系统，除了保持向后兼容性的同时，还要求有较好的容错性和安全性。为了有效地支持客户/服务器应用，Windows XP 在 NT4 的基础上进一步扩充了 NTFS，这些扩展需要将 NT4 的 NTFS4 分区转化为一个已更改的磁盘格式，这种格式被称为 NTFS5。NTFS 具有以下的特性。

(1) 可恢复性：NTFS 提供了基于事务处理模式的文件系统恢复，并支持对重要文件系统信息的冗余存储，满足了用于可靠的数据存储和数据访问的要求。

(2) 安全性：NTFS 利用操作系统提供的对象模式和安全描述体来实现数据安全性。在 Windows XP 中，安全描述体(访问控制表或 ACL)只需存储一次就可在多个文件中引用，从而进一步节省磁盘空间。

(3) 文件加密：在 Windows XP 中，加密文件系统(Encrpyting File System，EFS)能对 NTFS 文件进行加密再存储到磁盘上。

(4) 数据冗余和容错：NTFS 借助于分层驱动程序模式提供容错磁盘，RAID 技术允许借助于磁盘镜像技术，或通过奇偶校验和跨磁盘写入来实现数据冗余和容错。

(5) 大磁盘和大文件：NTFS 采用 64 位分配簇，从而大大扩充了磁盘卷容量和文件长度。

(6) 多数据流：在 NTFS 中，每一个与文件有关的信息单元，如文件名、所有者、时间标记、数据，都可以作为文件对象的一个属性，所以 NTFS 文件可包含多数据流。这项技术为高端服务器应用程序提供了增强功能的新手段。

(7) 基于 Unicode 的文件名：NTFS 采用 16 位的 Unicode 字符来存储文件名、目录和卷，适用于各个国家与地区，每个文件名可以长达 255 个字符，并可以包括 Unicode 字符、空格和多个句点。

(8) 通用的索引机制：NTFS 的体系结构被组织成允许在一个磁盘卷中索引文件属性，从而可以有效地定位匹配各种标准文件。在 Windows XP 中，这种索引机制被扩展到其他属性，如对象 ID。对属性(例如基于 OLE 上的复合文件)的本地支持，包括对这些属性的一般索引支持。属性作为 NTFS 流在本地存储，允许快速查询。

(9) 动态添加卷磁盘空间：在 Windows XP 中，增加了不需要重新引导就可以向 NTFS 卷中添加磁盘空间的功能。

(10) 动态坏簇重映射：可加载的 NTFS 容错驱动程序可以动态地恢复和保存坏扇区中的数据。

(11) 磁盘配额：在 Windows XP 中，NTFS 可以针对每个用户指定磁盘配额，从而提供限制使用磁盘存储器的能力。

(12) 稀疏文件：在 Windows XP 中，用户能够创建文件，并且在扩展这些文件时不需要分配磁盘空间就能将这些文件扩展为更大。另外，磁盘的分配将推迟至指定写入操作之后。

(13) 压缩技术：在 Windows XP 中，能对文件数据和目录进行压缩，节省了存储空间，文本文件可压缩 50%，可执行文件可压缩的 40%。

(14) 分布式链接跟踪：在 Windows XP 中，NTFS 支持文件或目录的唯一 ID 号的创建和指定，并保留文件或目录的 ID 号。通过使用唯一的 ID 号，从而实现分布式链接跟踪。这一功能将改进当前的文件引用存储方式(例如，在 OLE 链接或桌面快捷方式中)。重命名目标文件的过程将中断与该文件的链接。重命名一个目录将中断所有此目录中的文件链接及此目录下所有文件和目录的链接。

2. NTFS 的实现机制

1) 文件引用号

NTFS 卷上的每个文件都有一个 64 位的唯一标识，称文件引用号(File reference-Number)。它由两部分组成：一是文件号，二是文件顺序号。文件号为 48 位，对应于该文件在 MFT 中的位置。文件顺序号随着每次文件记录的重用而增加，是为 NTFS 进行内部一致性检查而设计的。

2) 文件命名

NTFS 路径名中的每个文件名/目录名的长度可达 255 个字节，可以包含 Unicode 字符，多个空格及句点。但是，MS-DOS 文件系统只支持 8 个字符的文件名加上 3 个字符的扩展名。当 Win32 子系统创建一个文件名时，NTFS 会自动生成一个备用的 MS-DOS 文件名，POSIX 子系统则需要 Windows XP 支持的所有应用程序执行环境中的最大的名字空间，因此 NTFS 的名字空间等于 POSIX 的名字空间。POSIX 子系统甚至可创建在 Win32 和 MS-DOS 中不可见的名称。

3) 文件属性

NTFS 将文件作为属性/属性值的集合来处理，这一点与其他文件系统不一样。文件数据就是未命名属性的值，其他文件属性包括文件名、文件拥有者、文件时间标记等。

每个属性由单个的流(Stream)组成，即简单的字符队列。严格地说，NTFS 并不对文件进行操作，而只是对属性流的读写。NTFS 提供对属性流的各种操作。包括创建、删除、读取以及写入。读写操作一般是针对文件的未命名属性的，对于已命名的属性则可以通过已命名的数据流句法来进行操作。

当一个文件很小时，其所有属性值可存在 MFT 的文件记录中。当属性值能直接存放在

MFT 中时，该属性就称为常驻属性(Resident Attribute)。有些属性总是常驻的，这样 NTFS 才可以确定其他非常驻属性。例如，标准信息属性和文件名属性就总是常驻属性。标准信息属性包括基本文件属性(如只读、存档)、时间标记(如文件创建和修改时间)、文件链接数等。

每个属性都是以一个标准头开始的，在头中包含该属性的信息和 NTFS 通常用来管理属性的信息。该头总是常驻的，并记录着属性值是否常驻。对于常驻属性，头中还包含着属性值的偏移量和属性值的长度。如果属性值能直接存放在主文件表(Master File Table，MFT)中，那么 NTFS 对它的访问时间就将大大缩短。NTFS 只需访问磁盘一次，就可立即获得数据。

大文件或大目录的所有属性，不可能都常驻在 MFT 中。如果一个属性(如文件数据属性)太大而不能存放在只有 1 KB 的 MFT 文件记录中，那么 NTFS 将从 MFT 之外分配区域。

这些区域通常称为一个扩展(extent)，它们可用来存储属性值，如文件数据。如果以后属性值又增加，NTFS 将会再分配一个扩展，以便用来存储额外的数据。

4) 文件目录

在 NTFS 系统中，文件目录仅仅是文件名的一个索引。NTFS 使用了一种特殊的方式把文件名组织起来，以便于快速访问。当创建一个目录时，NTFS 必须对目录中的文件名属性进行索引。

一个大目录也可以包括非常驻属性。在该例中，MFT 文件记录没有足够空间来存储大目录的文件索引。其中，一部分索引存放在索引根属性中，而另一部分则存放在叫作“索引缓冲区”(Index Buffer)的非常驻扩展中。对目录而言，索引根的头及部分值应是常驻的。

一个目录的 MFT 记录将其目录中的文件名和子目录名进行排序，并保存在索引根属性中。然而，对于一个大目录，文件名实际存储在组织文件名的固定 4KB 大小的索引缓冲区中。索冲缓冲区是通过 B+树数据结构实现的。B+树是平衡树的一种，对于存储在磁盘上的数据来说，平衡树是一种理想的分类组织形式，可使查找一个项时所需的磁盘访问次数减到最少。根索引属性包含 B+树的第一级(根子目录)并指向包含下一级(大多数是子目录，也可能是文件)的索引缓冲区中。

3. NTFS 可恢复性支持

NTFS 通过日志记录(logging)来实现文件的可恢复性。所有改变文件系统的子操作在磁盘上运行前，首先被记录在日志文件中。当系统崩溃后的恢复阶段，NTFS 根据记录在日志中的文件操作信息，对那些部分完成的事务进行重做或撤销，从而保证磁盘上文件的一致性，这种技术称预写日志记录(Write-Ahead Logging，WAL)。

文件可恢复性的实现要点如下。

(1) 日志文件服务(Log File Service，LFS)是一组 NTFS 驱动程序内的核心态程序，NTFS 通过 LFS 例程来访问日志文件。LFS 分两个区域：重启动区(Restart Area)和无限记录区域(Infinite Logging Area)，前者保存的信息用于失败后的恢复，后者用于记录日志。NTFS 不直接存取日志文件，而是通过 LFS 进行，LFS 提供了打开、写入、向前、向后、更新等操作。

(2) 日志记录类型 LFS 允许用户在日志文件中写入任何类型的记录，更新记录和检查点记录是 NTFS 支持的两种主要类型的记录，它们在系统恢复过程中起主要作用。更新记录所记录的是文件系统的更新信息，是 NTFS 写入日志文件中的最普通的记录。每当发生创建文件、删除文件、扩展文件、截断文件、设置文件信息、重命名文件、更改文件安全信息事件时，NTFS 都会写入更新记录。检查点记录由 NTFS 周期性写到日志文件中，同时还在重启动区域存储记录的 LSN(Logical Sequence Number)，在发生系统失败后，NTFS 通过存在检查点记录中的信息定位日志文件中的恢复点。

(3) 可恢复性的实现。NTFS 通过 LFS 来实现可恢复功能，但这种恢复只针对文件系统的数据，不能保证用户数据的完全恢复。NTFS 在内存中维护两张表：事务表用来跟踪已经启动但尚未提交的事务，以便恢复过程中从磁盘删除这些活动事务的子操作；脏页表用来记录在高速缓存中还未写入磁盘的包括改变 NTFS 卷结构操作的页面，在恢复过程中，这些改动必须刷新到磁盘上。要实现 NTFS 卷的恢复，NTFS 要对日志文件进行 3 次扫描：分析扫描、重做扫描和撤销扫描。

9.5 Windows XP 的 I/O 系统

Windows XP 的 I/O 系统是 Windows XP 执行体的组件，存在于 ntoskrnl.exe 文件中。它接受来自用户态和核心态的 I/O 请求，并且以不同的形式把它们传送到 I/O 设备。

9.5.1 Windows XP I/O 系统结构和组件

Windows XP I/O 系统的设计目标如下。

(1) 对单处理机或多处理机体系结构，都能提供快速的 I/O 处理。

(2) 支持多个可安装的文件系统，包括 FAT、CD-ROM 文件系统(CDFS)、UDF(Universal Disk Format，统一的磁盘格式)文件系统和 NT 文件系统(NTFS)。

(3) 允许在系统中动态地添加或删除设备(支持即插即用)。

(4) 允许整个系统或者单个硬件设备进入和离开低功耗状态，以便节省能源。

Windows XP I/O 系统定义了 Windows XP 上的 I/O 处理模型，并且执行公用的或被多个驱动程序请求的功能。它主要负责创建代表 I/O 请求的 IRP 和引导通过不同驱动程序的包，在完成 I/O 时向调用者返回结果。I/O 管理器通过使用 I/O 系统对象来定位不同的驱动程序和设备，这些对象包括驱动程序对象和设备对象。内部的 Windows XP I/O 系统以异步操作方式获得高性能，并且向用户态应用程序提供同步和异步 I/O 功能。

设备驱动程序不仅包括传统的硬件设备驱动程序，还包括文件系统、网络和分层过滤器驱动程序。通过使用公用机制，所有驱动程序都具有相同的结构，并以相同的机制在彼此之间和 I/O 管理器通信。所以，它们可以被分层，即把一层放在另一层上来达到模块化，并可以减少在驱动程序之间的复制。同样，所有的 Windows XP 设备驱动程序都应被设计成能够在多处理器系统下工作。

Windows XP 的 I/O 系统由一些执行体组件和设备驱动程序组成，如图 9.7 所示。

(1) 用户态即插即用组件：用于控制和配置设备的用户态 API。

(2) I/O 管理器：把应用程序和系统组件链接到各种虚拟的、逻辑的和物理的设备上，并且定义了一个支持设备驱动程序的基本构架。负责驱动 I/O 请求的处理，为设备驱动程序提供核心服务。它把用户态的读写转化为 I/O 请求包 IRP。

(3) 设备驱动程序：为某种类型的设备提供一个 I/O 接口。设备驱动程序从 I/O 管理器接受处理命令，当处理完毕后通知 I/O 管理器。设备驱动程序之间的协同工作也通过 I/O 管理器进行。

(4) 即插即用管理器(Plug and Play，PnP)：通过与 I/O 管理器和总线驱动程序的协同工作来检测硬件资源的分配，并且检测相应硬件设备的添加和删除。

(5) 电源管理器：通过与 I/O 管理器的协同工作来检测整个系统和单个硬件设备，完成不同电源状态的转换。

(6) 支持例程(Windows Management Instrumentation，WMI)：也叫做 Windows 驱动程序模型(Windows Driver Model，WDM)提供者，允许驱动程序使用这些支持例程作为媒介，与用户态运行的 WMI 服务通信。

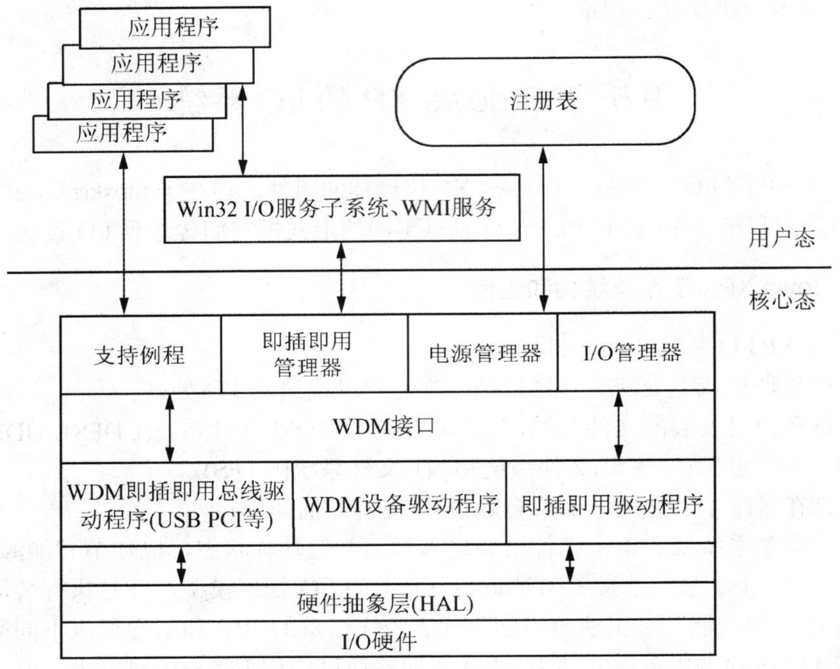

图 9.7　I/O 系统组件

(7) 即插即用 WDM 接口：I/O 系统为驱动程序提供了分层结构，这一结构包括 WDM 驱动程序、驱动程序层和设备对象。WDM 驱动程序可以分为 3 类：总线驱动程序、驱动程序和过滤器驱动程序。每一个设备都含有两个以上的驱动程序层，支持它所基于的 I/O 总线的总线驱动程序，支持设备的功能驱动程序，以及支持可选的对总线、设备或设备类的 I/O 请求进行分类的过滤器驱动程序。

(8) 注册表：作为一个数据库，用来存储基本硬件设备的描述信息以及驱动程序的初始化和配置信息。

(9) 硬件抽象层(HAL)：I/O 访问例程把设备驱动程序与多种多样的硬件平台隔离开来，使它们在给定的体系结构中是二进制可移植的，并在 Windows XP 支持的硬件体系结构中是源代码可移植的。

大部分 I/O 操作并不会涉及所有的 I/O 组件，一个典型的 I/O 操作从应用程序调用一个与 I/O 操作有关的函数开始，通常会涉及 I/O 管理器、一个或多个设备驱动程序以及硬件抽象层。

在 Windows XP 中，所有的 I/O 操作都通过虚拟文件执行，隐藏了 I/O 操作目标的实现细节，为应用程序提供了一个统一到设备的接口。虚拟文件是指用于 I/O 的所有源或目标，它们都被当做文件来处理(例如文件、目录、管道和邮箱)。所有被读取或写入的数据都可以看作是直接读写到这些虚拟文件的流。用户态应用程序(不管它们是 Win32、POSIX 或 OS / 2)调用文档化的函数(公开的调用接口)，这些函数再依次调用内部 I/O 子系统函数来从文件中读取、对文件写入和执行其他的操作。I/O 管理器动态地把这些虚拟文件请求指向适当的设备驱动程序。

9.5.2　Windows XP 设备驱动程序

Windows XP 支持多种类型的设备驱动程序和编程环境，在同一种驱动程序中也存在不同的编程环境，具体取决于硬件设备。这里主要讨论核心模式的驱动程序，核心驱动程序的种类很多，主要分为以下几种。

(1) 文件系统驱动程序：接受访问文件的 I/O 请求，主要是针对大容量设备和网络设备。

(2) PnP 管理器和电源管理器设备驱动程序：包括大容量存储设备、协议栈和网络适配器等。

(3) 为 Windows NT 编写的设备驱动程序：可以在 Windows XP 中工作，但是一般不具备电源管理和 PnP 的支持，会影响整个系统的电源管理和 PnP 管理的能力。

(4) Win32 子系统显示驱动程序和打印驱动程序：将把与设备无关的图形(GDI)请求转换为设备专用请求。这些驱动程序的集合被称为”核心态图形驱动程序”。显示驱动程序与视频小端口(miniport)驱动程序是成对的，用来完成视频显示支持。每个视频小端口驱动程序为与它关联的显示驱动程序提供硬件级的支持。

符合 Windows 驱动程序模型的 WDM 驱动程序包括对 PnP、电源管理和 WMI 的支持。WDM 在 Windows XP、Windows 98 和 WindowsME 中都是被支持的，因此，在这些操作系统中是源代码级兼容的，在许多情况下是二进制兼容的。有 3 种类型的 WDM 驱动程序。

(1) 总线驱动程序：管理逻辑的或物理的总线，例如，PCMCIA、PCI、USB、IEEEl394 和 ISA，总线驱动程序需要检测并向 PnP 管理器通知总线上的设备，并且能够管理电源。

(2) 功能驱动程序：管理具体的一种设备，对硬件设备进行的操作都是通过功能驱动程序进行的。

(3) 过滤器驱动程序：与功能驱动程序协同工作，用于增加或改变功能驱动程序的行为。

9.5.3　I/O 处理

应用程序发出的大多数 I/O 操作都是“同步”的，也就是说，设备执行数据传输并在 I/O 完成时返回一个状态码，然后，程序就可以立即访问被传输的数据。ReadFile 和 WriteFile 函数使用最简单的形式调用时是同步执行的，在把控制返回给调用程序之前，它们完成一个 I/O 操作。

“异步 I/O”允许应用程序发布 I/O 请求，然后当设备传输数据的同时，应用程序继续执行。这类 I/O 能够提高应用程序的吞吐率，因为，它允许在 I/O 操作进行期间，应用程序继续其他的工作。要使用异步 I/O，必须在 Win32 的 CreateFile 函数中指定 FILE_FLAG_OVERLAPPED 标志。当然，在发出异步 I/O 操作请求之后，线程必须小心地不访问任何来自 I/O 操作的数据，直到设备驱动程序完成数据传输。线程必须通过等待一些同步对象(无论是事件对象、I/O 完成端口或文件对象本身)的句柄，使它的执行与 I/O 请求的完成相同步。当 I/O 完成时，这些同步对象将会变成有信号状态，与 I/O 请求的类型无关，由 IRP 代表的内部 I/O 操作都将被异步执行。也就是说，一旦一个 I/O 请求已经被启动，设备驱动程序就返回 I/O 系统。I/O 系统是否返回调用程序取决于文件是否为异步 I/O 打开的。可以使用 Win32 的 HasOverlappedToCompleted 函数去测试挂起的异步 I/O 的状态。

Windows XP 对核心态设备驱动程序的 I/O 请求的处理，通常包括以下 7 个步骤。

(1) I/O 库函数经过某语言的运行时间库转换成对于系统 DLL 的调用。

(2) 子系统 DLL 调用 I/O 的系统服务。

(3) I/O 的系统服务调用对象管理程序，检查给定的文件名参数，之后开始搜索它的名空间；再把控制转交给 I/O 管理器寻找文件对象。

(4) I/O 管理器询问安全子系统，以确定文件存取控制表是否允许线程以该请求方式存取文件。如果不允许，则出错返回；若允许，由对象管理程序把允许的存取权和返回的文件句柄连在一起，返回用户态线程，之后线程用文件句柄对文件进行所希望的操作。

(5) I/O 管理器以 IRP 的形式将请求送给设备驱动程序。驱动程序启动 I/O 操作。

(6) 设备完成指定的操作，请求中断，设备驱动程序服务于中断。

(7) I/O 管理器再调用 I/O 完成过程，将完成状态返回调用线程。

上述是同步 I/O 执行的情况。对于异步 I/O，在第(5)步和第(6)步之间又增加了一步，I/O 管理器将控制返回调用线程，从而使调用线程与 I/O 操作并行执行。另外，线程必须与第(7)步同步，才能使用本次 I/O 传输的数据。

9.5.4 PnP 管理器

即插即用(Plug and Play，PnP)是计算机系统 I/O 设备与部件配置的应用技术。顾名思义，PnP 是指插入就可用，不需要进行任何设置操作。由于一个系统可以配置多种外部设备，设备也经常变动和更换，它们都要占有一定的系统资源，彼此间在硬件和软件上可能会产生冲突。因此，在系统中要正确地对它们进行配置和资源匹配；当设备撤除、添置和进行系统升级时，配置过程往往是一个困难的过程。为了改变这种状况，出现了 PnP 技术。

PnP 技术主要特点：PnP 技术支持 I/O 设备及部件的自动配置，使用户能够简单方便地使用系统扩充设备；PnP 技术减少了由制造商造成的种种用户限制，简化了部件的硬件跳线设置，使 I/O 附加卡和部件不再具有人工跳线设置电路；利用 PnP 技术可以在主机板和附加卡上保存系统资源的配置参数和分配状态，有利于系统对整个 I/O 资源的分配和控制；PnP 技术支持和兼容各种操作系统平台，具有很强的扩展性和可移植性；PnP 技术在一定程度上具有“热插入”、“热拼接”功能。

PnP 技术的实现需要多方面的支持，其中包括具有 PnP 功能的操作系统、配置管理软件、软件安装程序和设备驱动程序等；另外还需要系统平台的支持(如 PnP 主机板、控制芯片组和支持 PnP 的 BIOS 等)以及各种支持 PnP 规范的总线、I/O 控制卡和部件。

PnP 管理器为 Windows XP 提供了识别并适应计算机系统硬件配置变化的能力 PnP 支持需要硬件、设备驱动程序和操作系统的协同工作才能实现。关于总线上设备标识的工业标准是实现 PnP 支持的基础，例如，USB 标准定义了 USB 总线上识别 USB 设备的方式。Windows XP 的 PnP 支持提供了以下能力。

(1) PnP 管理器自动识别所有已经安装的硬件设备。在系统启动的时候，一个进程会检测系统中硬件设备的添加或删除。

(2) PnP 管理器通过一个名为资源仲裁(Resource Arbitration)的进程收集硬件资源需求(中断，I/O 地址等)来实现硬件资源的优化分配；满足系统中的每一个硬件设备的资源需求。PnP 管理器还可以在启动后根据系统中硬件配置的变化对硬件资源重新进行分配。

(3) PnP 管理器通过硬件标识选择应该加载的设备驱动程序。如果找到相应的设备驱动程序，则通过 I/O 管理器加载，否则，启动相应的用户态进程请求用户指定相应的设备驱动程序。

(4) PnP 管理器也为检测硬件配置变化提供了应用程序和驱动程序的接口。因此，在 Windows XP 中，在硬件配置发生变化的时候，相应的应用程序和驱动程序也会得到通知。

Windows XP 的目标是提供完全的 PnP 支持，但是具体的 PnP 支持程度要由硬件设备和相应驱动程序共同决定，如果某个硬件或驱动程序不支持 PnP，整个系统的 PnP 支持将受到影响。一个不支持 PnP 的驱动程序可能会影响其他设备的正常使用。一些比较早的设备和相应的驱动程序可能都不支持 PnP。在 Windows NT 4 下可以正常工作的驱动程序一般情况下在 Windows XP 中也可以工作，PnP 就不能通过这些驱动程序完成设备资源的动态配置。

为了支持 PnP，设备驱动程序必须支持 PnP 调度例程和添加设备的例程，总线驱动程序必须支持不同类型的 PnP 请求。在系统启动的过程中，PnP 管理器向总线驱动程序询问得到不同设备的描述信息，包括设备标识、资源分配需求等，然后，PnP 管理器就加载相应的设备驱动程序，并调用每一个设备驱动程序的添加设备例程。

设备驱动程序加载后已经做好了开始管理硬件设备的准备，但是并没有真正开始和硬件设备通信。设备驱动程序等待 PnP 管理器向其 PnP 调度例程发出启动设备(Start Device)的命令，启动设备命令中包含 PnP 管理器在资源仲裁后确定的设备的硬件资源分配信息。设备驱动程序收到启动设备命令后开始驱动相应设备，并使用所分配的硬件资源开始工作。设备启动后，PnP 管理器可以向设备驱动程序发送其他的 PnP 命令，包括把设备从系统中卸载，重新分配硬件资源等。把设备从系统中移开包括的 PnP 命令有 query 和 remove 等，重新分配硬件资源涉及的 PnP 命令有 query-stop、stop 和 start-device 等。

9.6 Windows XP 安全性

Windows XP 精心设计的安全机制达到了美国国防部“橙皮书”的 C2 级要求。

9.6.1 Windows XP 提供的安全性服务

以下是 Windows XP 提供的安全性服务。

(1) 安全登录机制。要求在允许用户访问系统之前，输入唯一的登录标识符和密码来标识自己。

(2) 访问控制。允许资源的所有者决定哪些用户可以访问资源和他们可以如何处理这些资源。所有者可以授权给某个用户或一组用户，允许他们进行各种访问。

(3) 安全审核。提供检测和记录与安全性有关的任何创建、访问或删除系统资源的事件或尝试的能力。登录标识符，记录所有用户的身份，这样便于跟踪任何执行非法操作的用户，内存保护。防止非法进程访问其他进程的专用虚拟内存。

(4) 与 Windows NT 4 比较，为适应分布式安全性的需要，Windows XP 对安全性模型进行了相当的扩展。提出了一系列安全性术语，例如活动目录、组织单元、用户、组、域、安全 ID、访问控制列表、访问令牌、用户权限和安全审核。这些增强包括以下内容。

① 活动目录。为大域提供了可升级的、灵活的账号管理，允许精确地访问控制和管理委托。

② Kerberos 5 身份验证协议。它是一种成熟的作为网络身份验证默认协议的 Internet 安全性标准，为交互式操作身份验证和使用公共密钥证书的身份验证提供了基础。

③ 基于 Secure Sockets Layer 3.0 的安全通道。

④ CryptoAPl 2.0 提供了公共网络数据完整性和保密性的传送工业标准协议。

Windows XP 通过它的安全性子系统和相关组件来实现这些安全性服务。

9.6.2 Windows XP 安全性子系统组件

实现 Windows XP 的安全性子系统的一些组件和数据库如下。

(1) 安全引用监视器(SRM)。是执行体(ntoskrnl.exe)的一个组件，该组件负责执行对对象的安全访问的检查、处理权限(用户权限)和产生任何的结果安全审核消息。

(2) 本地安全权限(LSA)服务器。是一个运行映像 lsass.exe 的用户态进程，它负责本地系统安全性规则(例如允许用户登录到机器的规则、密码规则、授予用户和组的权限列表以及系统安全性审核设置)、用户身份验证以及向“事件日志”发送安全性审核消息。

(3) LSA 策略数据库。是一个包含了系统安全性规则设置的数据库。该数据库被保存在注册表中的 HKEY_LOCAL_MACHINE\security 下。它包含了这样一些信息：哪些域被信任用于认证登录企图；哪些用户可以访问系统以及怎样访问(交互、网络和服务登录方式)；谁被赋予了哪些权限；以及执行的安全性审核的种类。

(4) 安全账号管理服务器。是一组负责管理数据库的子例程，这个数据库包含定义在本地机器上或用于域(如果系统是域控制器)的用户名和组。SAM 在 LSASS 进程的描述表中运行。

(5) SAM 数据库。是一个包含定义用户和组以及它们的密码和属性的数据库，该数据库被保存在 HKEY_LOCAL_MACHINE\SAM 下的注册表中。

(6) 默认身份认证包。是一个被称为 MSV10.DLL 的动态链接库(DLL)，在进行 Windows 身份验证的 LSASS 进程的描述表中运行。这个 DLL 负责检查给定的用户名和密码是否和 SAM 数据库中指定的相匹配，如果匹配，返回该用户的信息。

(7) 登录进程。是一个运行 winlogon.exe 的用户态进程，它负责搜寻用户名和密码，将它们发送给 SAM 用以验证它们，并在用户会话中创建初始化进程。

(8) 网络登录服务。是一个响应网络登录请求的 services.exe 进程内部的用户态服务。身份验证同本地登录一样，是通过把它们发送到 LSASS 进程来验证的。

9.6.3　Windows XP 保护对象

保护对象是谨慎访问控制和审核的基本要素。Windows XP 上可以被保护的对象包括文件、设备、邮件槽、已命名的和未命名的管道、进程、线程、事件、互斥体、信号量、可等待定时器、访问令牌、窗口、桌面、网络共享、服务、注册表和打印机。

被导出到用户态的系统资源(和以后需要的安全性有效权限)是作为对象来实现的，因此，Windows XP 对象管理器就成为执行安全访问检查的关键关口。要控制谁可以处理对象，安全系统就必须首先明确每个用户的标识。之所以需要确认用户标识，是因为 Windows XP 在访问任何系统资源之前都要进行身份验证登录。当一个线程打开某对象的句柄时，对象管理器和安全系统就会使用调用者的安全标识来决定是否将申请的句柄授予调用者。

9.6.4　访问控制策略

当用户登录到 Windows XP 系统时，Windows XP 使用名字/口令方案来验证该用户。如果可以接受这次登录，则为该用户创建一个进程，同时有一个访问令牌与这个进程对象相关联。访问令牌包括有关安全 ID(SID)，它是基于安全目的，系统所知道的这个用户的标识符。当这个最初的用户进程派生出任何一个额外的进程时，新的进程对象继承了同一个访问令牌。

访问令牌有以下两种用途。

(1) 它负责协调所有必需的安全信息，从而加速访问确定。当与一个用户相关联的任何进程试图访问时，安全子系统使用与该进程相关联的访问令牌来确定用户的访问特权。

(2) 允许每个进程以一种受限的方式修改自己的安全特性，而不会影响代表用户运行的其他进程。

第二点的主要意义与用户的特权相关。访问令牌指明一个用户可能拥有哪些特权，通常，该标记被初始化成每种特权都处于禁止状态。随后，如果用户进程中的某一个需要执行一个授权操作，则该进程可以允许适合的特权并试图访问。之所以不希望在全系统保留一个用户所有的安全信息，是因为如果这样做，会导致只要允许一个进程的一项特权，就等于允许了所有进程的这项特权。

与每个对象相关联，并且使得进程间的访问成为可能的是安全描述符。安全描述符的主要组件是访问控制表，访问控制表为该对象确定了各个用户和用户组的访问权限。当一个进程试图访问该对象时，该进程的 SID 与该对象的访问控制表相匹配，来确定本次访问是否被允许。

当一个应用程序打开一个可得到的对象的引用时，Windows XP 验证该对象的安全描述符是否同意该应用程序的用户访问。如果检测成功，Windows XP 缓存这个允许的访问权限。

9.6.5　NTFS 安全性支持

NTFS 卷上的每个文件和目录在创建时创建人就被指定为拥有者，拥有者控制文件和目录的权限设置，并能赋予其他用户访问权限。NTFS 为了保证文件和目录的安全及可靠性，制定了以下的权限设置规则。

(1) 只有用户在被赋予其访问权限或属于拥有这种权限的组，才能对文件和目录进行访问。权限是累积的，如果组 A 用户对一个文件拥有“写”权限，组 B 用户对该文件只有“读”权限，而用户 C 同属两个组，则 C 将获得“写”权限。

(2) “拒绝访问”权限优先高于其他所有权限。如果组 A 用户对一个文件拥有“写”权限，组 B 用户对该文件有“拒绝访问”权限，那么同属两个组的 C 也不个能读文件。

(3) 文件权限始终优先于目录权限。当用户在相应权限的目录中创建新的文件或子目录时，创建的文件或子目录继承该目录的权限。

(4) 创建文件或目录的拥有者，总可以随时更改对文件或子目录的权限设置来控制其他用户对该文件或目录的访问。

9.7　使用 Windows XP 操作系统

9.7.1　Windows 桌面

“桌面”就是在安装好中文版 Windows XP 后，用户启动计算机登录到系统后看到的整个屏幕界面，它是用户和计算机进行交流的窗口，上面可以存放用户经常用到的应用程序和文件夹图标，用户可以根据自己的需要在桌面上添加各种快捷图标，在使用时双击图标就能够快速启动相应的程序或文件。

通过桌面，用户可以有效地管理自己的计算机，与以往任何版本的 Windows 相比，中文版 Windows XP 桌面有着更加漂亮的画面、更富个性的设置和更为强大的管理功能。

1. 桌面上的图标说明与排列

“图标”是指在桌面上排列的小图像，它包含图形、说明文字两部分，如果用户把鼠标放在图标上停留片刻，桌面上会出现对图标所表示内容的说明或者是文件存放的路径，双击图标就可以打开相应的内容。

(1)【我的文档】图标：它用于管理“我的文档”下的文件和文件夹，可以保存信件、报告和其他文档，它是系统默认的文档保存位置。

(2)【我的电脑】图标：用户通过该图标可以实现对计算机硬盘驱动器、文件夹和文件的管理，在其中用户可以访问连接到计算机的硬盘驱动器、照相机、扫描仪和其他硬件以及有关信息。

(3)【网上邻居】图标：该项中提供了网络上其他计算机上文件夹和文件访问以及有关信息，在双击展开的窗口中用户可以进行查看工作组中的计算机、查看网络位置及添加网络位置等工作。

(4)【回收站】图标：在回收站中暂时存放着用户已经删除的文件或文件夹等一些信息，当用户还没有清空回收站时，可以从中还原删除的文件或文件夹。

(5) Internet Explorer 图标：用于浏览互联网上的信息，通过双击该图标可以访问网络资源。

当用户在桌面上创建了多个图标时，如果不进行排列，会显得非常凌乱，这样不利于用户选择所需要的项目，而且影响视觉效果。使用排列图标命令，可以使用户的桌面看上去整洁而富有条理。用户需要对桌面上的图标进行位置调整时，可在桌面上的空白处右击，在弹出的快捷菜单中选择【排列图标】命令，在子菜单项中包含了多种排列方式，如图 9.8 所示。

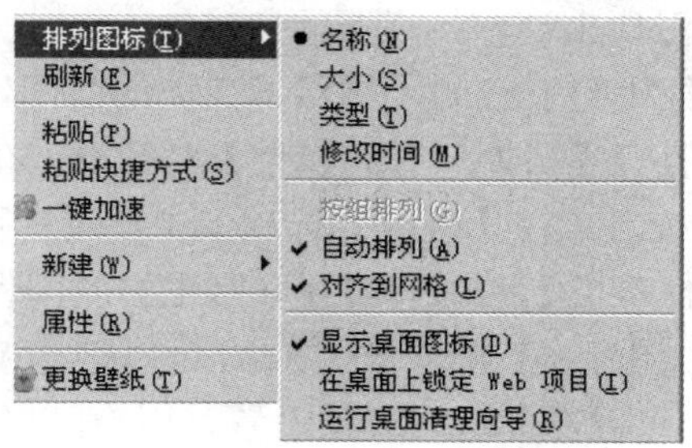

图 9.8 快捷菜单【排列图标】

(1) 名称：按图标名称开头的字母或拼音顺序排列。

(2) 大小：按图标所代表文件的大小的顺序来排列。

(3) 类型：按图标所代表的文件的类型来排列。

(4) 修改时间：按图标所代表文件的最后一次修改时间来排列。

当用户选择【排列图标】子菜单其中几项后，在其旁边出现“√”标志，说明该选项被选中，再次选择这个命令后，“√”标志消失，即表明取消了此选项。

如果用户选择了【自动排列】命令，在对图标进行移动时会出现一个选定标志，这时只能在固定的位置将各图标进行位置的互换，而不能拖动图标到桌面上任意位置。

而当选择了【对齐到网格】命令后，如果调整图标的位置时，它们总是成行成列地排列，也不能移动到桌面上任意位置。

选择【在桌面上锁定 Web 项目】可以使用活动的 Web 页变为静止的图画。当用户取消了【显示桌面图标】命令前的“√”标志后，桌面上将不显示任何图标。

2. 任务栏的组成

任务栏可分为【开始】菜单按钮、快速启动工具栏、窗口按钮栏和通知区域等几部分。

(1) 【开始】菜单按钮：单击此按钮，可以打开【开始】菜单，在用户操作过程中，要用它打开大多数的应用程序。

(2) 快速启动工具栏：它由一些小型的按钮组成，单击这些按钮可以快速启动程序，一般情况下，它包括网上览工具 Internet Explorer 图标、收发电子邮件的程序 Outlook Express 图标和显示桌面图标等。

(3) 窗口按钮栏：当用户启动某项应用程序而打开一个窗口后，在任务栏上会出现相应的有立体感的按钮，表明当前程序正在被使用，在正常情况下，按钮是向下凹陷的，而把程序窗口最小化后，按钮则是向上凸起的，这样可以使用户观察更方便。

(4) 语言栏：在此用户可以选择各种语言输入法，单击“EN”按钮，在弹出的菜单中进行选择可以切换为中文输入法，语言栏可以最小化以按钮的形式在任务栏显示，单击右上角的还原小按钮，它也可以独立于任务栏之外。

(5) 隐藏和显示按钮：此按钮的作用是隐藏不活动的图标和显示隐藏的图标。如果用户在任务栏属性中选择【隐藏不活动的图标】复选框，系统会自动将用户最近没有使用过的图标隐藏起来，以使任务栏的通知区域不至于很杂乱，它在隐藏图标时会出现一个小文本框提醒用户。

(6) 音量控制器：即桌面上小喇叭形状的按钮，单击它后会出现一个音量控制对话框，用户可以通过拖动上面的小滑块来调整扬声器的音量。

(7) 日期指示器：在任务栏的最右侧，显示了当前的时间，把鼠标在上面停留片刻，会出现当前的日期，双击后打开【日期和时间属性】对话框，在【时间和日期】选项卡中，用户可以完成时间和日期的校对，在【时区】选项卡中，用户可以进行时区的设置，而使用与 Internet 时间同步可以使本机上的时间与互联网上的时间保持一致。

(8) Windows Messenger 图标：双击这个小图标，可以打开 Windows Messenger 窗口中，如果用户已连入了 Internet，可以在此进行登录设置，用户既可以用 WindowsMessenger 进行像现在流行 OICQ 所能实现的网上文字交流或者语音聊天，也可以轻松地实现视频交流，看到对方的即时图像，还能够通过它进行远程控制。

9.7.2 Windows XP 的窗口及对话框

当用户打开一个文件或者是应用程序时，都会出现一个窗口，窗口是用户进行操作时的重要组成部分，熟练地对窗口进行操作，会提高用户的工作效率。

1. 窗口的组成

在中文版 Windows XP 中有许多种窗口，其中大部分都包括了相同的组件，由标题栏、菜单栏、工具栏等几部分组成。

(1) 标题栏：位于窗口的最上部，它标明了当前窗口的名称，左侧有控制菜单按钮，右侧有最小、最大化或还原以及关闭按钮。

(2) 菜单栏：在标题栏的下面，它提供了用户在操作过程中要用到的各种访问途径。

(3) 工具栏：在其中包括了一些常用的功能按钮，用户在使用时可以直接从上面选择各种工具。

(4) 状态栏：它在窗口的最下方，标明了当前有关操作对象的一些基本情况。

(5) 工作区域：它在窗口中所占的比例最大，显示了应用程序界面或文件中的全部内容。

(6) 滚动条：当工作区域的内容太多而不能全部显示时，窗口将自动出现滚动条，用户可以通过拖动水平或者垂直的滚动条来查看所有的内容。

在中文版 Windows XP 系统中，有的窗口左侧新增加了链接区域，这是以往版本的 Windows 所不具有的，它以超级链接的形式为用户提供了各种操作的便利途径。

一般情况下，链接区域包括几种选项，用户可以通过单击选项名称的方式来隐藏或显示其具体内容。

(1)【任务】选项：为用户提供常用的操作命令，其名称和内容随打开窗口的内容而变化，当选择一个对象后，在该选项下会出现可能用到的各种操作命令，可以在此直接进行操作，而不必在菜单栏或工具栏中进行，这样会提高工作效率，其类型有【文件和文件夹任务】、【系统任务】等。

(2)【其他位置】选项：以链接的形式为用户提供了计算机上其他的位置，在需要使用时，可以快速转到有用的位置，打开所需要的其他文件，例如【我的电脑】、【我的文档】等。

(3)【详细信息】选项：在这个选项中显示了所选对象的大小、类型和其他信息。

2. 窗口的操作

窗口操作在 Windows 系统中是很重要的，不但可以通过鼠标使用窗口上的各种命令来操作，而且可以通过键盘来使用快捷键操作。基本的操作包括打开、缩放、移动等等。

操作一：当需要打开一个窗口时，可以通过下面两种方式来实现。

(1) 选中要打开的窗口图标，然后双击打开。

(2) 在选中的图标上右击，在其快捷菜单中选择【打开】命令。

操作二：移动窗口。用户在打开一个窗口后，不但可以通过鼠标来移动窗口，而且可以通过鼠标和键盘的配合来完成。移动窗口时用户只需要在标题栏上按下鼠标左键拖动，移动到合适的位置后再松开，即可完成移动的操作。

用户如果需要精确地移动窗口，可以在标题栏上右击，在打开的快捷菜单中选择【移动】命令，当屏幕上出现相应的标志时，再通过按键盘上的方向键来移动，到合适的位置后用鼠标单击或者按回车键确认。

操作三：缩放窗口。窗口不但可以移动到桌面上的任何位置，而且还可以随意改变大小将其调整到合适的尺寸。

(1) 当用户只需要改变窗口的宽度时，可把鼠标放在窗口的垂直边框上，当鼠指针变成双向的箭头时，可以任意拖动。如果只需要改变窗口的高度时，可以把鼠标放在水平边框上，当指针变成双向箭头时进行拖动。当需要对窗口进行等比缩放时，可以把鼠标放在边框的任意角上进行拖动。

(2) 用户也可以用鼠标和键盘的配合来完成，在标题栏上右击，在打开的快捷菜单中选择【大小】命令，屏幕上出现相应标志时，通过键盘上的方向键来调整窗口的高度和宽度，调整至合适位置时，用鼠标单击或者按回车键结束。

操作四：最大化、最小化窗口。当用户在对窗口进行操作的过程中，可以根据自己的需要，把窗口最小化、最大化等等。

(1)最小化按钮：在暂时不需要对窗口操作时，可把它最小化以节省桌面空间，用户直接在标题栏上单击此按钮，窗口会以按钮的形式缩小到任务栏。

(2)最大化按钮：窗口最大化时铺满整个桌面，这时不能再移动或者是缩放窗口。用户在标题栏上单击此按钮即可使窗口最大化。

(3)还原按钮：当把窗口最大化后想恢复原来打开时的初始状态，单击此按钮即可实现对窗口的还原。用户在标题栏上双击可以进行最大化与还原两种状态的切换。每个窗口标题栏的左方都会有一个表示当前程序或者文件特征的控制菜单按钮，单击即可打开控制菜单，它和在标题栏上右击所弹出的快捷菜单的内容是一样的，如图 9.9 所示。

用户也可以通过快捷键来完成以上的操作。用“Alt+空格键”来打开控制菜单，然后根据菜单中的提示，在键盘上输入相应的字母，比如最小化输入字母“N”，通过这种方式可以快速完成相应的操作。

3. 窗口的排列

当用户在对窗口进行操作时打开了多个窗口，而且需要全部处于全显示状态，这就涉及排列的问题，在中文版 Windows XP 中为用户提供了 3 种排列的方案可供选择。

在任务栏上的非按钮区右击，弹出一个快捷菜单，如图 9.10 所示。

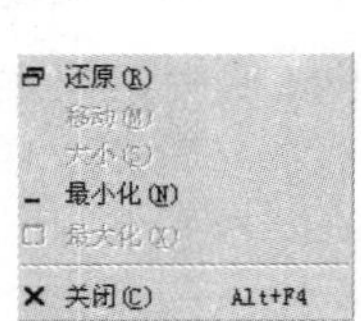

图 9.9 控制菜单

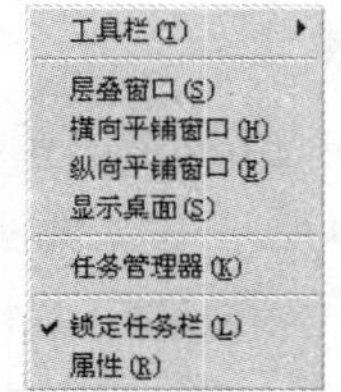

图 9.10 任务栏快捷菜单

(1) 层叠窗口：把窗口按先后的顺序依次排列在桌面上，当用户在任务栏快捷菜单中选择【层叠窗口】命令后，桌面上会出现排列的结果，其中每个窗口的标题栏和左侧边缘是可见的，用户可以任意切换各窗口之间的顺序，如图 9.11 所示。

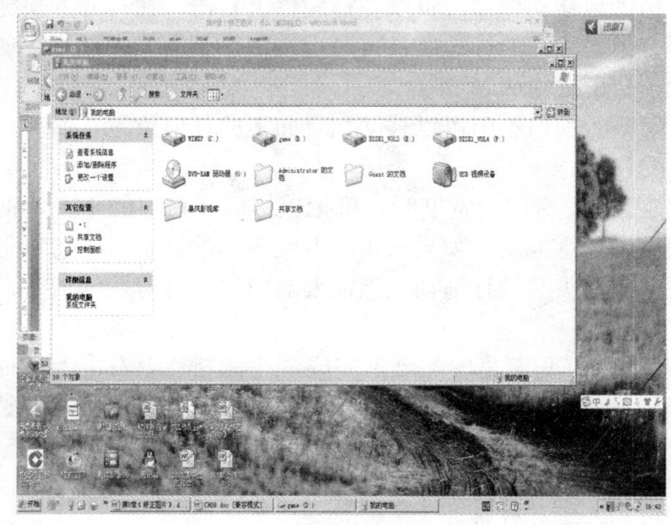

图 9.11 层叠窗口

(2) 横向平铺窗口：各窗口并排显示，在保证每个窗口大小相当的情况下，使得窗口尽可能往水平方向伸展，用户在任务栏快捷菜单中执行【横向平铺窗口】命令后，在桌面上即可出现排列后的结果，如图 9.12 所示。

(3) 纵向平铺窗口：在排列的过程中，使窗口在保证每个窗口都显示的情况下，尽可能往垂直方向伸展，用户选择相应的【纵向平铺窗口】命令即可完成对窗口的排列，如图 9.13 所示。

在选择了某项排列方式后，在任务栏快捷菜单中会出现相应的撤销该选项的命令，例如，用户执行了【层叠窗口】命令后，任务栏的快捷菜单会增加一项【撤销层叠】命令，当用户执行此命令后，窗口恢复原状。

4. 对话框的使用

对话框的组成和窗口有相似之处，例如都有标题栏，但对话框要比窗口更简洁、更直观、更侧重于与用户的交流，它一般包含有标题栏、选项卡与标签、文本框、列表框、命令按钮、单选按钮和复选框等几部分。

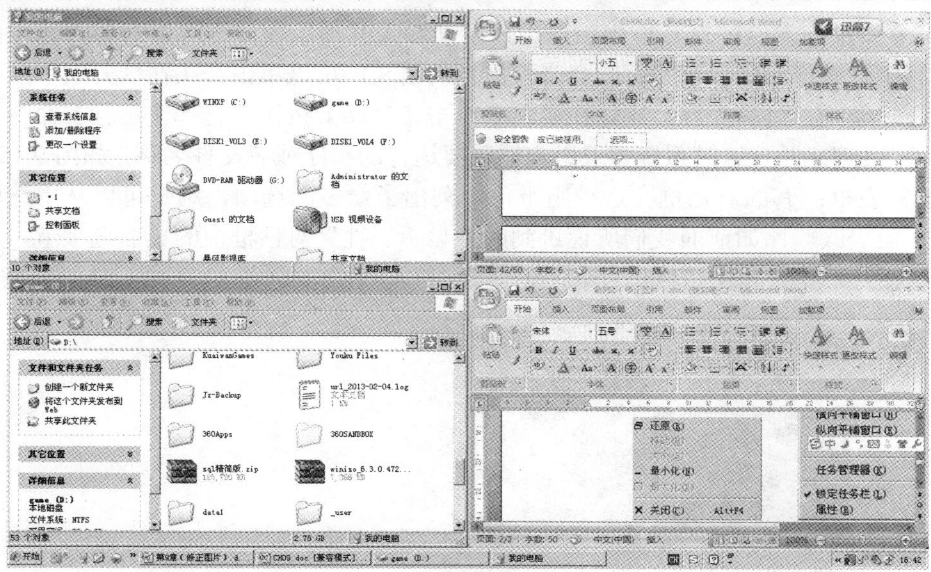

图 9.12　横向平铺窗口

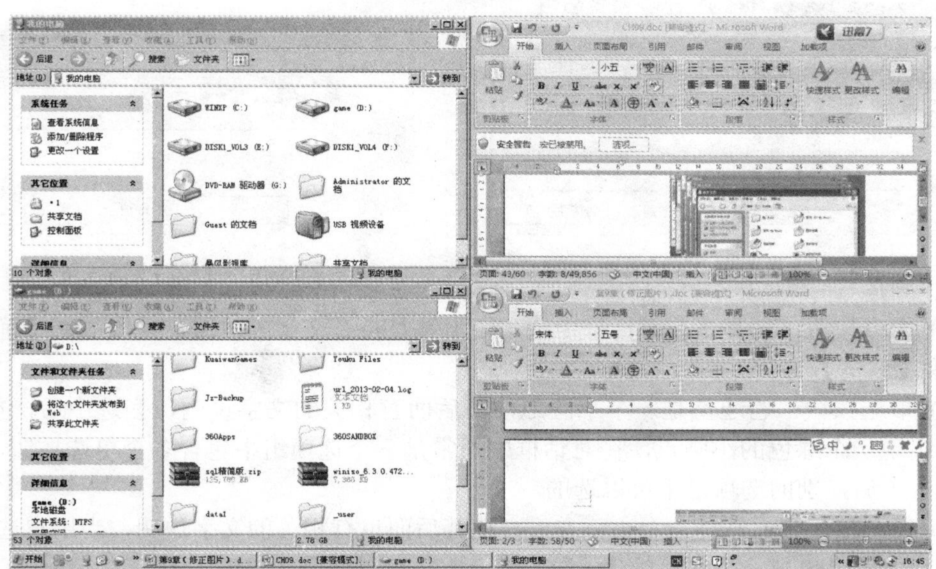

图 9.13　纵向平铺窗口

(1) 标题栏：位于对话框的最上方，系统默认的是深蓝色，上面左侧标明了该对话框的名称，右侧有关闭按钮，有的对话框还有帮助按钮。

(2) 选项卡和标签：在系统中有很多对话框都是由多个选项卡构成的，选项卡上写明了标签，以便于进行区分。用户可以通过各个选项卡之间的切换来查看不同的内容，在选项卡中通常有不同的选项组。例如在【显示属性】对话框中包含了【主题】、【桌面】等 5 个选项卡，在【屏幕保护程序】选项卡中又包含了【屏幕保护程序】、【监视器的电源】两个选项组，如图 9.14 所示。

(3) 文本框：在有的对话框中需要用户手动输入某项内容，还可以对各种输入内容进行修改和删除操作。一般在其右侧会带有向下的箭头，可以单击箭头在展开的下拉列表中查看最近曾经输入过的内容。比如在桌面上单击【开始】按钮，选择【运行】命令，可以打开【运行】对话框，这时系统要求用户输入要运行的程序或者文件名称，如图 9.15 所示。

(4) 列表框：有的对话框在选项组下已经列出了众多的选项，用户可以从中选取，但是通常不能更改。比如前面我们所说讲到的“显示属性”对话框中的桌面选项卡，系统自带了多张图片，用户是不可以进行修改的。

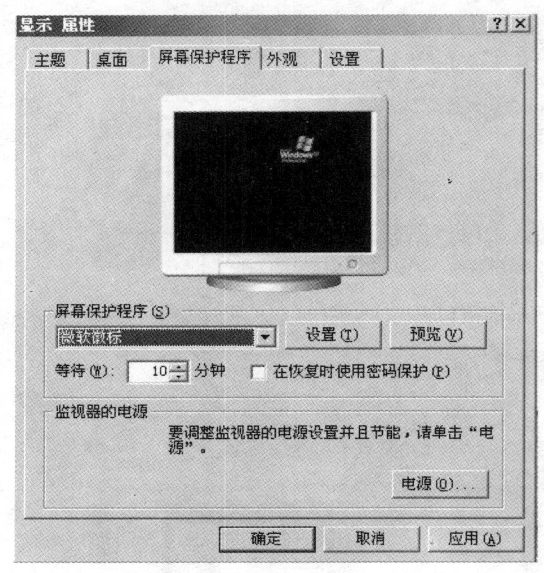

图 9.14　【显示属性】对话框

图 9.15　【运行】对话框

(5) 命令按钮：它是指在对话框中圆角矩形并且带有文字的按钮，常用的有【确定】、【应用】、【取消】等。

(6) 单选按钮：它通常是一个小圆形，其后面有相关的文字说明，当选中后，在圆形中间会出现一个绿色的小圆点，在对话框中通常是一个选项组中包含多个单选按钮，当选中其中一个后，别的选项是不可以选的。

(7) 复选框：它通常是一个小正方形，在其后面也有相关的文字说明，当用户选择后，在正方形中间会出现一个绿色的“√”标志，它是可以任意选择的。

另外，在有的对话框中还有调节数字的按钮“ ”，它由向上和向下两个箭头组成，用户在使用时分别单击箭头即可增加或减少数字，如图 9.16 所示。

对话框不能像窗口那样任意改变大小，在标题栏上也没有最小化、最大化按钮，取而代之的是帮助按钮，当用户在操作对话框时，如果不清楚某选项组或者按钮的含义，可以在标题栏上单击帮助按钮“ ”，这时在鼠标旁边会出现一个问号，然后用户可以在自己不明白的对象上单击，就会出现一个对该对象进行详细说明的文本框，在对话框内任意位置或者在文本框内单击，说明文本框消失。

用户也可以直接在选项上右击，这时会弹出一个文本框，再次单击这个文本框，会出现和使用帮助按钮一样的效果，如图 9.17 所示。

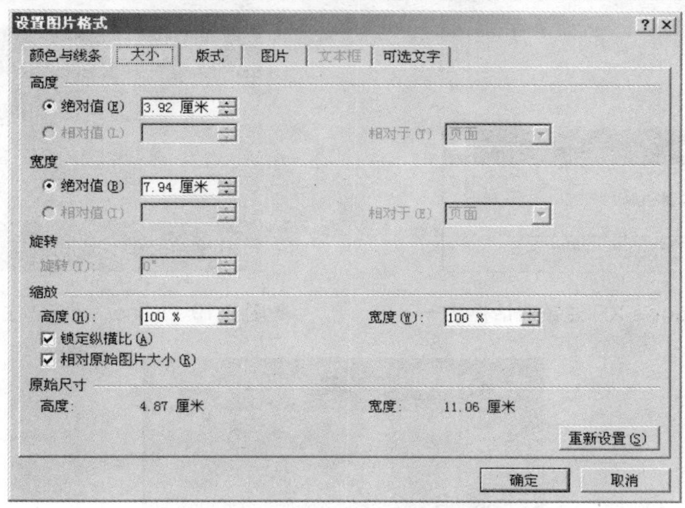

图 9.16　【设置图片格式】对话框

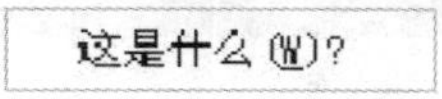

这是什么(W)?

图 9.17　帮助文本框

5. Windows XP 的退出

当用户要结束对计算机的操作时，一定要先退出中文版 Windows XP 系统，然后再关闭显示器，否则会丢失文件或破坏程序，如果用户在没有退出 Windows 系统的情况下就关机，系统将认为是非法关机，当下次再开机时，系统会自动执行自检程序。

1) 操作一：Windows XP 的注销

由于中文版 Windows XP 是一个支持多用户的操作系统，当登录系统时，只需要在登录界面上单击用户名前的图标，即可实现多用户登录，各个用户可以进行个性化设置而互不影响。

为了便于不同的用户快速登录来使用计算机，中文版 Windows XP 提供了注销的功能，应用注销功能，使用户不必重新启动计算机就可以实现多用户登录，这样既快捷方便，又减少了对硬件的损耗。

中文版 Windows XP 的注销，可执行下列操作。

(1) 当用户需要注销时，在【开始】菜单中单击【注销】按钮“”，这时桌面上会出现一个对话框，询问用户是否确认要注销，用户单击【注销】按钮，系统将实行注销，单击【取消】按钮，则取消此次操作，如图 9.18 所示。

(2) 用户单击【注销】按钮后，桌面上出现另一个对话框，【切换用户】指在不关闭当前登录用户的情况下而切换到另一个用户，用户可以不关闭正在运行的程序，而当再次返回时系统会保留原来的状态。而【注销】将保存设置关闭当前登录用户，如图 9.19 所示。

2) 操作二：关闭计算机

当用户不再使用计算机时，可单击【开始】按钮，在【开始】菜单中选择【关闭计算机】命令按钮“”，这时系统会弹出一个【关闭计算机】对话框，用户可在此做出选择，如图 9.20 所示。

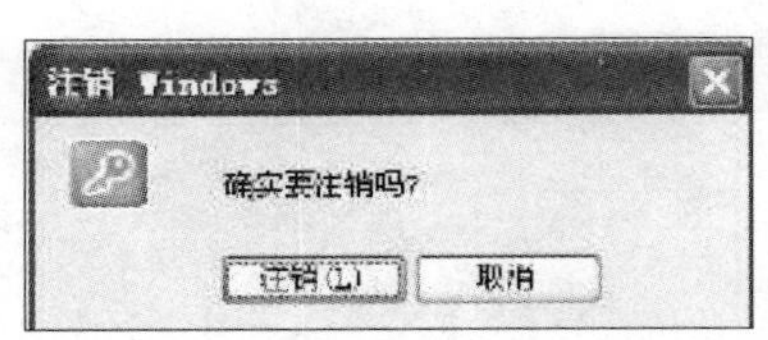

图 9.18　Windows XP 注销对话框之一

图 9.19　Windows XP 注销对话框之二

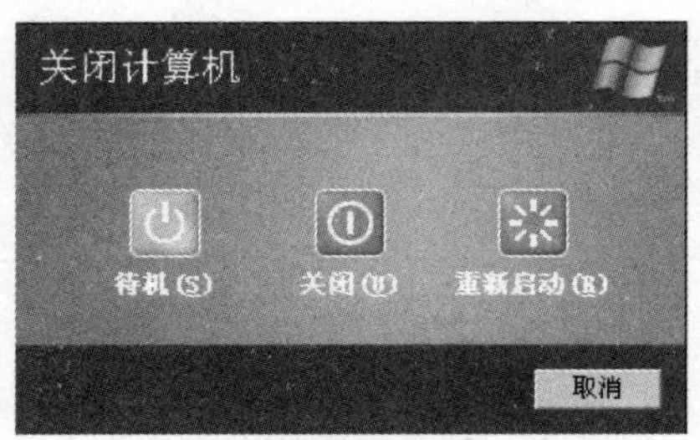

图 9.20　【关闭计算机】对话框

(1) 待机：当用户选择【待机】选项后，系统将保持当前的运行，计算机将转入低功耗状态，当用户再次使用计算机时，在桌面上移动鼠标即可以恢复原来的状态，此项通常在用户暂时不使用计算机，而又不希望其他人在自己的计算机上任意操作时使用。

(2) 关闭：选择此项后，系统将停止运行，保存设置退出，并且会自动关闭电源。用户不再使用计算机时选择该项可以安全关机。

(3) 重新启动：此选项将关闭并重新启动计算机。

用户也可以在关机前关闭所有的程序，然后使用 Alt+F4 组合键快速调出【关闭计算机】对话框进行关机。

9.8　高级 Windows XP 操作

9.8.1　设置文件和文件夹

文件就是用户赋予了名字并存储在磁盘上的信息的集合，它可以是用户创建的文档，也可以是可执行的应用程序或一张图片、一段声音等。文件夹是系统组织和管理文件的一种形式，是为方便用户查找、维护和存储而设置的，用户可以将文件分门别类地存放在不同的文件夹中。在文件夹中可存放所有类型的文件和下一级文件夹、磁盘驱动器及打印队列等内容。

1. 创建新文件夹

用户可以创建新的文件夹来存放具有相同类型或相近形式的文件，创建新文件夹可执行下列操作步骤。

(1) 双击“我的电脑”“ ”图标，打开“我的电脑”对话框，如图 9.21 所示。

(2) 双击要新建文件夹的磁盘，打开该磁盘。

(3) 选择【文件】|【新建】|【文件夹】命令，或右击，在弹出的快捷菜单中选择【新建】|【文件夹】命令即可新建一个文件夹。

(4) 在新建的文件夹名称文本框中输入文件夹的名称，单击 Enter 键或单击其他地方即可。

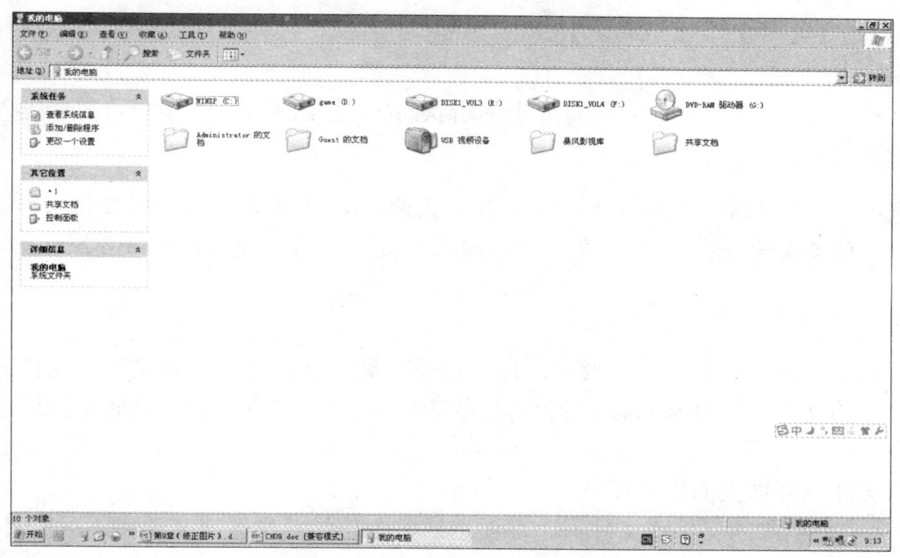

图 9.21　【我的电脑】对话框

2. 移动和复制文件或文件夹

在实际应用中，有时用户需要将某个文件或文件夹移动或复制到其他地方以方便使用，这时就需要用到移动或复制命令。移动文件或文件夹就是将文件或文件夹放到其他地方，执行移动命令后，原位置的文件或文件夹消失，出现在目标位置；复制文件或文件夹就是将文件或文件夹复制一份，放到其他地方，执行复制命令后，原位置和目标位置均有该文件或文件夹。

移动和复制文件或文件夹的操作步骤如下。

(1) 选择要进行移动或复制的文件或文件夹。

(2) 单击【编辑】|【剪切】|【复制】命令，或单击右键，在弹出的快捷菜单中选择【剪切】|【复制】命令。

(3) 选择目标位置。

(4) 选择【编辑】|【粘贴】命令，或单击右键，在弹出的快捷菜单中选择【粘贴】命令即可。

注意： 若要一次移动或复制多个相邻的文件或文件夹，可按着 Shift 键选择多个相邻的文件或文件夹；若要一次移动或复制多个不相邻的文件或文件夹，可按着 Ctrl 键选择多个不相邻的文件或文件夹；若非选文件或文件夹较少，可先选择非选文件或文件夹，然后单击【编辑】|【反向选择】命令即可；若要选择所有的文件或文件夹，可单击【编辑】|【全部选定】命令或按 Ctrl+A 键。

3. 重命名文件或文件夹

重命名文件或文件夹就是给文件或文件夹重新命名一个新的名称，使其可以更符合用户的要求。

重命名文件或文件夹的具体操作步骤如下。

(1) 选择要重命名的文件或文件夹。

(2) 单击【文件】|【重命名】命令，或单击右键，在弹出的快捷菜单中选择【重命名】命令。

(3) 这时文件或文件夹的名称将处于编辑状态(蓝色反白显示)，用户可直接键入新的名称进行重命名操作。

注意： 也可在文件或文件夹名称处直接单击两次(两次单击间隔时间应稍长一些，以免使其变为双击)，使其处于编辑状态，键入新的名称进行重命名操作。

4. 删除文件或文件夹

当有的文件或文件夹不再需要时，用户可将其删除掉，以利于对文件或文件夹进行管理。删除后的文件或文件夹将被放到“回收站”中，用户可以选择将其彻底删除或还原到原来的位置。

删除文件或文件夹的操作如下。

(1) 选定要删除的文件或文件夹。若要选定多个相邻的文件或文件夹，可按着 Shift 键进行选择；若要选定多个不相邻的文件或文件夹，可按着 Ctrl 键进行选择。

(2) 选择【文件】|【删除】命令，或单击右键，在弹出的快捷菜单中选择【删除】命令。

(3) 弹出【确认文件夹删除】对话框，如图 9.22 所示。

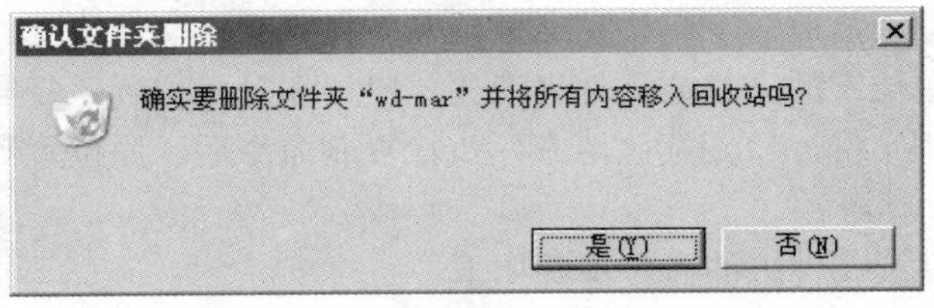

图 9.22　【确认文件夹删除】对话框

(4) 若确认要删除该文件或文件夹，可单击【是】按钮；若不删除该文件或文件夹，可单击【否】按钮。

注意： 从网络位置删除的项目、从可移动媒体(例如 3.5 英寸磁盘)删除的项目或超过【回收站】存储容量的项目将不被放到【回收站】中，而被彻底删除，不能还原。

5. 删除或还原【回收站】中的文件或文件夹

【回收站】为用户提供了一个安全的删除文件或文件夹的解决方案，用户从硬盘中删除文件或文件夹时，Windows XP 会将其自动放入【回收站】中，直到用户将其清空或还原到原位置。

删除或还原【回收站】中文件或文件夹的操作步骤如下。

(1) 双击桌面上的【回收站】图标。

(2) 打开【回收站】对话框，如图 9.23 所示。

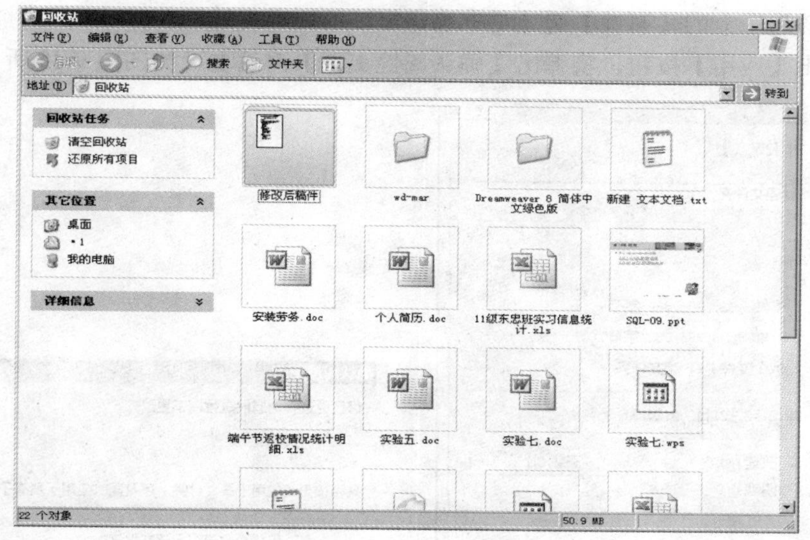

图 9.23　【回收站】窗口

(3) 若要删除【回收站】中所有的文件和文件夹，可单击【回收站任务】窗格中的【清空回收站】命令；若要还原所有的文件和文件夹，可单击【回收站任务】窗格中的【恢复所有项目】命令；若要还原文件或文件夹，可选中该文件或文件夹，单击【回收站任务】窗格中的【恢复此项目】命令，若要还原多个文件或文件夹，可按着 Ctrl 键，选定文件或文件夹。

注意： 删除【回收站】中的文件或文件夹，意味着将该文件或文件夹彻底删除，无法再还原；若还原已删除文件夹中的文件，则该文件夹将在原来的位置重建，然后在此文件夹中还原文件；当回收站充满后，Windows XP 将自动清除【回收站】中的空间以存放最近删除的文件和文件夹。也可以选中要删除的文件或文件夹，将其拖到【回收站】中进行删除。若想直接删除文件或文件夹，而不将其放入【回收站】中，可在拖到【回收站】时按住 Shift 键，或选中该文件或文件夹，按 Shift+Delete 键。

6. 更改文件或文件夹属性

文件或文件夹包含 3 种属性：只读、隐藏和存档。若将文件或文件夹设置为【只读】属性，则该文件或文件夹不允许更改和删除；若将文件或文件夹设置为【隐藏】属性，则该文件或文件夹在常规显示中将不被看到；若将文件或文件夹设置为【存档】属性，则表示该文件或文件夹已存档，有些程序用此选项来确定哪些文件需做备份。

更改文件或文件夹属性的操作步骤如下。

(1) 选中要更改属性的文件或文件夹。

(2) 选择【文件】|【属性】命令，或单击右键，在弹出的快捷菜单中选择【属性】命令，打开【属性】对话框。

(3) 选择【常规】选项卡，如图 9.24 所示。

(4) 在该选项卡的【属性】选项组中选定需要的属性复选框。

(5) 单击【应用】按钮，将弹出【确认属性更改】对话框，如图图 9.25 所示。

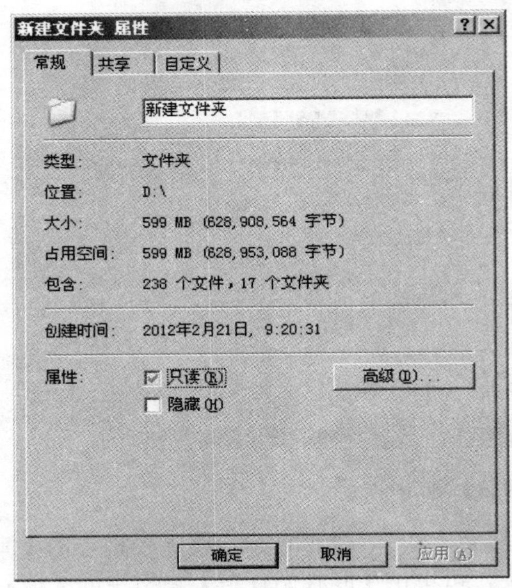

图 9.24　【常规】选项卡

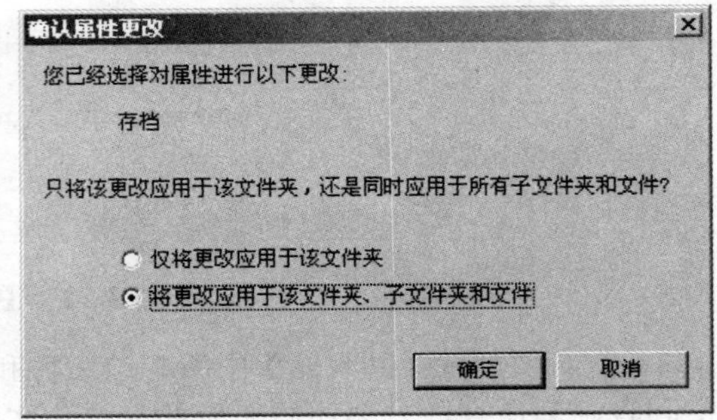

图 9.25　【确认属性更改】对话框

(6) 在该对话框中可选择【仅将更改应用于该文件夹】或【将更改应用于该文件夹、子文件夹和文件】选项，单击【确定】按钮即可关闭该对话框。

(7) 在【常规】选项卡中，单击【确定】按钮即可应用该属性。

7. 搜索文件、文件夹

有时候用户需要察看某个文件或文件夹的内容，却忘记了该文件或文件夹存放的具体的位置或具体名称，这时候 Windows XP 提供的搜索文件或文件夹功能就可以帮用户查找该文件或文件夹。

搜索文件或文件夹的具体操作如下。

(1) 单击【开始】按钮，在弹出的菜单中选择【搜索】命令。

(2) 打开【搜索结果】窗口，如图 9.26 所示。

(3) 在【要搜索的文件或文件夹名为】文本框中，输入文件或文件夹的名称。

(4) 在【包含文字】文本框中输入该文件或文件夹中包含的文字。

(5) 在【搜索范围】下拉列表中选择要搜索的范围。

(6) 单击【立即搜索】按钮，即可开始搜索，Windows XP 会将搜索的结果显示在【搜索结果】对话框右边的空白框内。

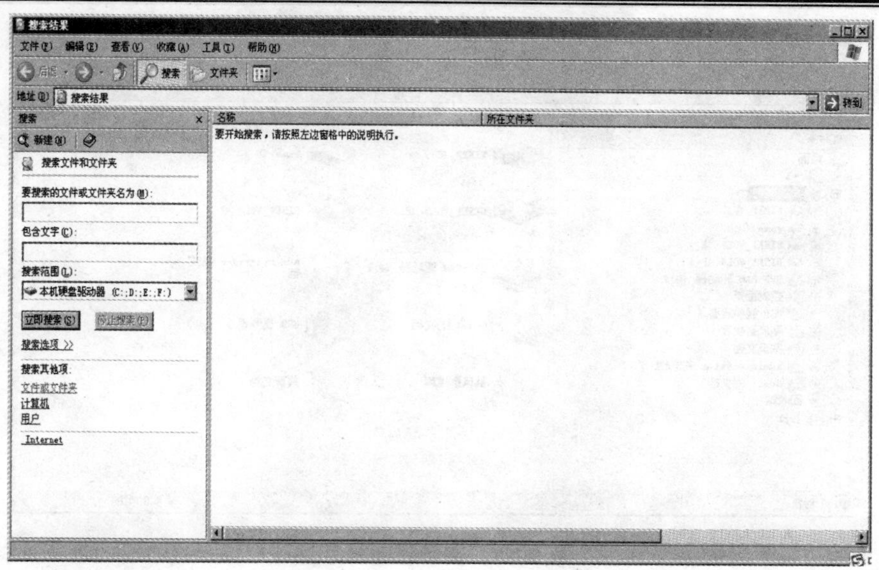

图 9.26 【搜索结果】窗口

(7) 若要停止搜索，可单击【停止搜索】按钮。

(8) 双击搜索后显示的文件或文件夹，即可打开该文件或文件夹。

文件系统利用缓冲机制访问文件数据。缓冲机制与块设备驱动程序相互作用，以启动从核心向块设备写数据或从块设备向核心传送(读)数据。

Linux 系统支持字符设备、块设备和网络设备 3 种类型的硬件设备。Linux 系统和设备驱动程序之间使用标准的交互接口。这样，内核可以用同样的方法使用完全不同的各种设备。

核心底层的硬件控制模块负责处理中断以及与机器通信。外部设备(如磁盘或终端等)在完成某个工作或遇到某种事件时，中断 CPU 执行，由中断处理系统进行相应分析与处理，处理之后将恢复被中断进程的执行。

9.8.2　使用资源管理器

打开资源管理器的步骤如下。

(1) 单击【开始】按钮，打开【开始】菜单。

(2) 选择【更多程序】|【附件】|【Windows 资源管理器】命令，打开【Windows 资源管理器】界面，如图 9.27 所示。

(3) 在该对话框中，左边的窗格显示了所有磁盘和文件夹的列表，右边的窗格用于显示选定的磁盘和文件夹中的内容，中间的窗格中列出了选定磁盘和文件夹可以执行的任务、其他位置及选定磁盘和文件夹的详细信息等。

(4) 在左边的窗格中，若驱动器或文件夹前面有“＋”号，表明该驱动器或文件夹有下一级子文件夹，单击该“＋”号可展开其所包含的子文件夹，当展开驱动器或文件夹后，“＋”号会变成“－”号，表明该驱动器或文件夹已展开，单击“－”号，可折叠已展开的内容。例如，单击左边窗格中“我的电脑“前面的“＋”号，将显示【我的电脑】中所有的磁盘信息，选择需要的磁盘前面的“＋”号，将显示该磁盘中所有的内容。

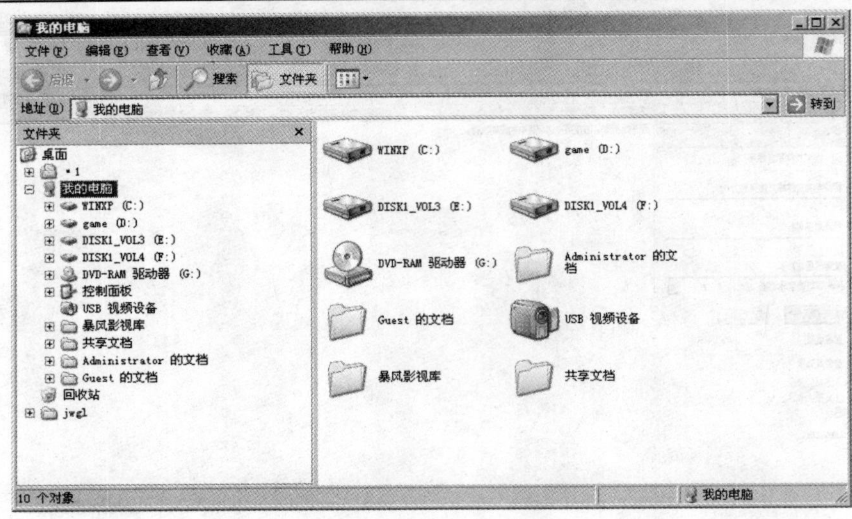

图 9.27　资源管理器界面

(5) 若要移动或复制文件或文件夹，可选中要移动或复制的文件或文件夹，单击右键，在弹出的快捷菜单中选择【剪切】或【复制】命令。

(6) 单击要移动或复制到的磁盘前的“＋”号，打开该磁盘，选择要移动或复制到的文件夹。

(7) 单击右键，在弹出的快捷菜单中选择【粘贴】命令即可。

注意：用户也可以通过右击【开始】按钮，在弹出的列表中选择【资源管理器】命令，打开 Windows 资源管理器，或右击【我的电脑】图标，在弹出的快捷菜单中选择【资源管理器】命令打开 Windows 资源管理器。

9.8.3　控制面板

1. 控制面板的启动与视图模式

1) 控制面板的启动

(1)【开始】菜单中选择【控制面板】。

(2) 双击桌面上【我的电脑】图标，再双击其中的【控制面板】图标。

(3)【资源管理器】中，双击【控制面板】图标

2) 控制面板的视图

控制面板包括两种视图模式：分类视图和经典视图。分类视图将项目按照分类进行组织，分类视图和经典视图可以互相切换。分类视图切换到经典视图的方法：单击窗口信息区的“切换到经典视图”，反之同理。

2. 显示器属性的设置

1) 打开显示器属性对话框

(1) 在【控制面板】的分类视图下，打开【外观和主题】，选择一个任务如【更改计算机的主题】、【更改桌面背景】、【选择一个屏幕保护程序】、【更改屏幕分辨率】。

(2) 在【控制面板】的经典视图中，双击【显示】图标。

(3) 右击桌面空白处，在快捷菜单中选择【属性】命令。

2) 显示器属性

显示器属性选项卡有【主题】、【桌面】、【屏幕保护程序】、【外观】和【设置】共 5 张选项卡。

3) 显示器属性设置操作

(1) 设置桌面主题：选择【主题】选项卡，在【主题】下拉式列表框中，选择【Windows 经典】、Windows XP 主题画面相互切换。

(2) 更改桌面背景和颜色：选择【桌面】选项卡，设置桌面背景和颜色。其中单击【位置】下拉按钮设置背景的显示方式有【居中】、【平铺】和【拉伸】；单击【颜色】下拉按钮出现颜色调色板设置桌面颜色(颜色在桌面的最底层，只有没有覆盖时才能显示效果)。

① 选择已有背景：在【背景】列表框中选择一种已有背景。

② 选择已存图片：单击【浏览】按钮，通过对话框，选择自己喜欢的已存背景图片。

③ 选择网上图片：右键单击网页上背景图片，在快捷菜单中选择【设置为背景】命令。

(3) 设置屏幕保护程序：在【显示属性】对话框中选择【屏幕保护程序】选项卡：

① 设置屏幕保护程序：单击【屏幕保护程序】下拉式列表中选择一种屏幕保护程序，单击【预览】按钮，可以查看效果；如果选择【字幕】并单击【设置】按钮，会出现【字幕设置】对话框，可以输入字幕的文字，选择背景颜色，设置字幕滚动速度、字幕的位置以及文字的格式。此外，还可以利用数字增减按钮或直接输入的方法修改等待的时间。

② 个人图片作为屏幕保护程序：在【屏幕保护程序】下拉列表框中选择【图片收藏幻灯片】，单击【设置】按钮，弹出【图片收藏屏幕保护程序选项】对话框，单击【浏览】按钮选定图片的文件夹，并定义图片大小并设置其他选项。

③ 密码设置：单击【电源】按钮，弹出【电源选项属性】对话框，选择【高级】选项卡，选择【在计算机从待机状态恢复时，提示输入密码】复选框。

(4) 设置外观：在【显示属性】对话框中单击【外观】标签，弹出【外观】选项卡：

① 外观的设置如下。

窗口和按钮：下拉列表中有【Windows XP 样式】和【Windows 经典样式】供选择。

色彩方案：分为【Windows XP 样式】的色彩方案和【Windows 经典样式】的色彩方案。

字体大小：分为【Windows XP 样式】的字体大小和【Windows 经典样式】的字体大小。

② 改变屏幕视觉效果：在【外观】选项卡上单击【效果】按钮，弹出【效果】对话框，主要内容如下。

为菜单和工具提示使用下列过渡效果：淡入淡出效果和滚动效果。

使用下列方式使屏幕字体的边缘平滑：标准和清晰。

使用大图标：选择该复选框，可以使桌面上显示大图标。

在菜单下显示阴影：可以在菜单下投射出轻微的阴影，赋予菜单三维外观。

拖动时显示窗口内容：选择该复选框，移动或调整窗口大小时显示窗口的内容。

③ 高级设置：在【外观】选项卡上单击【高级】按钮，弹出【高级外观】对话框，利用该对话框可以对窗口的外观进行重新设置。

(5) 配置显示器的分辨率和颜色质量：在【显示属性】对话框中单击【设置】标签，显示【设置】选项卡，利用【颜色质量】下拉式列表框，可以改变颜色的设置；利用【屏幕分辨率】的滑动块来改变分辨率的设置；还可以单击【高级】按钮，弹出对话框，对显示器进行其他设置。

3. 语言和区域设置

(1) 启动语言和区域设置：在【控制面板】的【分类视图】中单击【日期、时间、语言和区域设置】项目，弹出窗口中单击【更改数字、日期和时间的格式】、【添加其他语言】选项。

(2) 选择区域：在对话框的【区域选项】选项卡的【位置】下拉式列表框中选择。

(3) 设置数字、日期、时间、货币格式：单击格式方案右边的【自定义】按钮，弹出对话框中有【数字】、【货币】、【时间】、【日期】和【排序】5 张选项卡，分别进行设置。

(4) 选择语言：选择【语言】选项卡，单击【详细信息】按钮，弹出【文字服务和输入语言】对话框，利用该对话框可以完成以下工作。

① 选择【默认输入语言】：在【默认输入语言】栏的下拉式列表框中选择一种已安装的输入语言作为默认输入语言。

② 添加输入法：单击【添加】按钮，在弹出的【添加输入语言】对话框中可以选择输入语言和添加输入法。

③ 删除输入法：在【已安装的服务】栏中，选择一种要删除的输入法，单击【删除】按钮。

④ 设置输入法属性：在【已安装的服务】栏中，选择一种要设置属性的输入法，单击【属性】按钮，弹出对话框进行设置。

⑤ 设置在桌面上显示语言栏：在【首选项】栏中单击【语言栏】按钮，弹出【语言栏设置】对话框，设置【在桌面上显示语言栏】和【在‘通知’区域显示其他语言栏图标】。

⑥ 设置切换输入法快捷键：在【首选项】栏中单击【键设置】按钮，弹出【高级键设置】对话框进行设置。

4. 系统日期和时间设置

(1) 日期和时间设置的启动如下。

① 在【日期、时间、语言和区域设置】窗口中，在【选择一个任务】栏单击【更改日期和时间】选项。

② 在任务栏上双击数字时钟。

③ 在【控制面板】的经典视图中，双击【日期和时间】图标。

(2) 更改日期和时间：选择【时间和日期】选项卡，可以修改日期和时间。

(3) 选择时区：在【时区】选项卡的下拉列表中可以选择所在时区。

(4) 设置与 Internet 时间服务器同步：在【Internet 时间】选项卡选择【自动与 Internet 时间服务器同步】复选框，在【服务器】下拉式列表框中选择时间服务器，单击【立即更新】按钮。

5. 鼠标的设置

(1) 在控制面板的分类视图中单击【打印机和其他硬件】，弹出窗口中单击【鼠标】图标，弹出【鼠标属性】对话框，包括【鼠标键】、【指针】、【指针选项】和【硬件】4 张选项卡。

(2)【鼠标键】选项卡：更改左右手习惯、改变双击速度、单击锁定。

(3)【指针】选项卡：可在选项卡的【方案】下拉式列表框中选择一种鼠标指针形状方案；还可以在【自定义】列表框中选择一种指针样式。

(4)【指针选项】选项卡：可以改变鼠标指针的移动速度和是否加上鼠标的轨迹。

6. 安装和删除字体

(1) 打开【字体】窗口操作如下。

① 在控制面板的分类视图中打开【外观和主题】，再单击信息区的【字体】打开【字体】窗口。

② 先打开【我的电脑】或【资源管理器】窗口，再打开 C:\Windows\Fonts 文件夹。

(2) 查看字体：利用【字体】窗口的【查看】菜单，可以查看这些字体的【字体名】、【文件名】、【文件大小】等。双击字体名称会出现该字体的样本窗口。

(3) 添加新字体：在窗口中选择【文件】|【安装新字体】命令，弹出【添加字体】对话框中，选择字体所在的文件夹，在【字体列表】中选择要添加的字体再选择【将字体复制到 Fonts 文件夹】复选框，单击【确定】按钮。

(4) 字体的删除：在【字体】窗口的字体列表中，选择要删除的字体，单击【文件】菜单的【删除】命令或直接按 Delete 键/右击在快捷菜单中选择【删除】命令。

7. 添加/删除程序

在控制面板的分类视图中单击【添加/删除程序】图标或在【控制面板】的经典视图中双击【添加或删除程序】图标，弹出【添加或删除程序】窗口。内有 3 个按钮：【更改或删除程序】、【添加新程序】、【添加/删除 Windows 组件】。

(1) 更改或删除程序：如果需要更改或删除程序，在【添加或删除程序】窗口选择要更改或删除的程序，会显示该程序占有的硬盘空间、使用的频率、上次使用的日期，还有【更改】和【删除】按钮或【更改/删除】按钮。

① 更改程序：单击【更改】按钮，弹出【安装】窗口，选择【添加或删除功能】、【重新安装或修复】或【卸载】。

② 删除程序：单击【删除】按钮，弹出【添加或删除程序】对话框，单击【是】按钮。

(2) 添加新程序：如果要添加新程序，可以单击【添加新程序】按钮，弹出【添加或删除程序】窗口。有两个选项：【从 CD-ROM 或软盘安装程序】和【从 Microsoft 添加程序】。

(3) 添加/删除 Windows 组件：单击【添加/删除 Windows 组件】按钮，出现【Windows 组件向导】，其中【组件】列表框中列出了 Windows XP 的所有组件。每个组件前面有一个复选框，复选框中有“√”的表示该组件已经安装；如果复选框中有“√”，但带有阴影，表示部分安装；若没有选中标记，表示没有安装。在框中选择某一组件后，单击【详细信息】按钮，可以显示组件的更详细的资料。安装组件的方式是单击组件前面的复选框，使其中有“√”，单击【下一步】按钮，弹出【Windows 组件向导】之二，安装程序根据请求进行配置更改，接着弹出【插入磁盘】对话框，插入安装盘，单击【确定】按钮，可以完成对组件的安装。

8. 打印机

在 Windows XP 系统中，大多数打印机可以即插即用。但仍有非即插即用的打印机，这种打印机需要用户自己安装打印驱动程序。

(1) 打印驱动程序的安装操作如下。

① 在【控制面板】中单击【打印机和其他硬件】图标，弹出【打印机和其他硬件】窗口的【选择一个任务】栏中，单击【添加打印机】，弹出【添加打印机向导】之一。

② 单击【下一步】，如果添加的打印机直接与用户自己的计算机连接，就选择【连接到这台计算机的本地打印机】单选按钮，然后单击【下一步】按钮。

③ 为打印机选择使用的端口，单击【下一步】按钮。

④ 在【厂商】列表框中选择厂商，在【打印机】列表框中选择打印机(驱动程序不在列表框中，而是厂商提供，就单击【从磁盘安装】按钮，从随机带来的盘中安装驱动程序)，单击【下一步】按钮。

⑤ 在文本框中输入打印机名，可以利用默认名称，单击【下一步】按钮。

⑥ 设置该打印机是否共享，单击【下一步】按钮。

⑦ 选择是否打印测试页，单击【下一步】按钮，单击【完成】。

(2) 设置默认打印机：如果计算机安装了多个打印驱动程序，在打印时应设置默认打印机。选择要设置为默认打印机的图标，选择【文件】菜单的【设为默认打印机】命令，或右键单击要设置为默认打印机的图标，在快捷菜单中选择【设为默认打印机】命令，这时选择的打印机图标上出现一个“√”，表示已被设为默认的打印机。

(3) 设置打印首选项：选择已安装的打印机，选择【文件】菜单的【打印首选项】，弹出【打印首选项】对话框。

① 利用对话框的【布局】选项卡，可以设置打印方向是纵向还是横向。设置页序是从前向后还是从后向前。还可以设置每张纸打印的页数。

② 单击【高级】按钮，弹出【高级选项】对话框，可以设置打印纸张及打印质量。

③ 利用【文件】菜单，还可以设置【暂停打印】、【脱机使用打印机】、打印机的共享等。

(4) 使用打印管理器：选择某一打印机图标，然后选择【文件】菜单的【打开】命令，或右键单击打印机的图标，在快捷菜单中选择【打开】，都可以打开【打印管理器】窗口。

① 【打印机】菜单：主要有如下选项：设为默认打印机、打印首选项、暂停打印、取消所有文档、共享、脱机使用打印机、属性等。利用这些命令，可以干预打印的进程。

② 【文档】命令：主要选项有：【暂停】，可以暂停打印；【继续】，继续打印；【取消】，取消打印；【属性】，设置打印布局、纸张、质量等。

9. 添加新硬件

在计算机系统中，添加新的硬件，需要为其安装驱动程序。有的硬件接入计算机以后，系统可以自动为其安装驱动程序，这就是即插即用。有些硬件，特别是新型硬件，系统不能自动为其安装驱动程序，这就需要用户自己安装。

(1) 即插即用的硬件设备：对于即插即用的硬件设备，连接到计算机以后，系统会显示【发现新硬件】，并且会自动为新硬件安装驱动程序。例如：刚刚插入 U 盘，过一会儿，弹出提示，提示已经为新硬件安装驱动程序，可以使用了。有时需要插入磁盘才能安装驱动程序，系统会提示，按提示要求插入带有相应驱动程序的磁盘或光盘，系统会自动安装。

(2) 利用【添加硬件向导】：可以使用控制面板的【添加硬件向导】安装。

10. 添加新用户

计算机通过设置用户的账户和密码，限制登录到计算机上的用户，可以保证计算机的安全。

(1) 用户账户类型：独立计算机上的用户账户有两种类型；计算机管理员账户和受限制账户。还有一种在计算机上没有帐户的用户可以使用来宾账户。

① 计算机管理员账户。计算机管理员账户拥有的权限有：创建和删除计算机上的用户账户；为计算机上其他用户创建账户密码；更改其他人的账户名、图片、密码和账户类型；当该计算机上拥有其他计算机管理员账户时，可以将自己的帐户类型更改为受限制账户类型。

② 受限账户。受限账户拥有的权限有：更改或删除自己的密码，无法更改自己的账户名或账户类型；更改自己的图片、主题和桌面设置；查看自己创建的文件；在共享文档文件夹中查看文件；受限账户无法安装软件或硬件，可以访问已经安装在计算机上的程序。

③ 来宾账户的特点：来宾账户在计算机上没有用户账户，没有密码，可以快速登录，以检查电子邮件或者浏览 Internet。

(2) 添加新用户：在控制面板中单击【用户账户】图标，弹出【用户账户】窗口中单击【创建一个新账户】，弹出窗口中输入账户名称，单击【下一步】按钮，选择一个账户类型，单击【创建账户】按钮。

(3) 用户账户的管理：用户账户的管理包括创建账户、更改账户，名称和类型，创建、更改和删除密码，更改图片，删除账户等。对于管理员账户，拥有进行以上操作的全部权限。对于受限账户，只能创建、更改和删除自己的密码和更改自己的图片。来宾用户只能更改自己的图片。

9.9 本 章 小 结

本章主要讨论了 Windows XP 操作系统下的进程管理、内存管理、文件系统、I/O 系统、Windows XP 安全性以及如何使用 Windows XP 操作系统。

Windows 系列操作系统是微软（Microsoft）公司推出的具有图形用户界面（Graphical User Interface，GUI）的多任务操作系统。根据不同用户的需要，微软最初发行了两个版本的 Windows XP，家庭版(Home)和专业版(Professional)。Windows XP 的进程是作为对象来管理的，由一个对象的通用结构来表示。线程是进程内的内核调度执行的实体。没有线程，进程的程序无法执行。Windows XP 的内存管理器是执行体中的虚拟内存管理程序(VMM，Virtual Memory Manager)的一个组件，位于 Ntoskrnl.exe 文件中，是 Windows 的基本存储管理系统。它实现内存的一种管理模式即虚拟内存，为每个进程提供一个受保护的、大而专用的地址空间。系统支持的面向不同应用环境子系统的存储管理也都基于虚拟内存管理程序(VMM)。Windows XP 支持 FAT 和 NTFS 文件系统。FAT 表文件系统是支持向下兼容的文件系统，因此，Windows XP 可以支持 FAT12、FAT16 和 FAT32 文件系统。Windows XP I/O 系统是 Windows XP 执行体的组件，存在于 NTOSKRNL.EXE 文件中。它接受来自用户态和核心态的 I/O 请求，并且以不同的形式把它们传送到 I/O 设备。在 WINDOWS XP 操作系统的操作环境下利用基本操作以及高级应用能够完成数据管理工作。

9.10 习　　题

1. 选择题

(1) Windows XP 实现可移植性的关键组件是(　　)。

A. 硬件抽象层　　B. 执行体　　C. 设备驱动程序　　D.文件系统

(2) Windows XP 是基于(　　)的操作系统。

A. 过程　　B. 服务　　C. 资源　　D. 对象

(3) 虚址描述符和区域对象是 Windows XP 用于管理与(　　)相关的数据结构。

A. 设备　　B. 应用程序内存　　C. 进程　　D.作业

2. 填空题

(1) 从 WDM 的角度看，有______、______和______3 种驱动程序。

(2) Windows XP 的线程有______、______、______、______、______、______和______共 7 种状态。

(3) 在 Windows XP 中实现进程和线程之间互斥和同步的机制有______、______和______。

3. 简答题

(1) 什么是线程的时间配额？

(2) 简述 Windows XP 进程通信的几种方式。

(3) 简述 Windows XP 缺页调度策略。

附录 1　Windows 7 简介

Windows 7 是由微软公司(Microsoft)开发的操作系统，核心版本号为 Windows NT 6.1。Windows 7 可供家庭及商业工作环境、笔记本计算机、平板计算机、多媒体中心等使用。2009 年 7 月 14 日 Windows 7 RTM (Build 7600.16385)正式上线，2009 年 10 月 22 日微软于美国正式发布 Windows 7。Windows 7 同时也发布了服务器版本——Windows Server 2008 R2。2011 年 2 月 23 日凌晨，微软面向大众用户正式发布了 windows7 升级补丁——Windows 7 SP1 (Build7601.17514.101119-1850)，另外还包括 Windows Server 2008 R2 SP1 升级补丁。

1. Windows 7 的版本介绍

Windows 7 一共有 5 种版本，分别具有不同的特点。

Windows 7 简易版——简单易用。 Windows 7 简易版保留了 Windows 为大家所熟悉的特点和兼容性，并吸收了在可靠性和响应速度方面的最新技术进步。

Windows 7 家庭普通版——使用户的日常操作变得更快、更简单。 使用 Windows 7 家庭普通版，可以更快、更方便地访问使用最频繁的程序和文档。

Windows 7 家庭高级版——在计算机上享有最佳的娱乐体验。 使用 Windows 7 家庭高级版，可以轻松地欣赏和共享喜爱的电视节目、照片、视频和音乐。

Windows 7 专业版——提供办公和家用所需的一切功能。 Windows 7 专业版具备用户需要的各种商务功能，并拥有家庭高级版卓越的媒体和娱乐功能。

Windows 7 旗舰版——集各版本功能之大全。Windows 7 旗舰版具备 Windows 7 家庭高级版的所有娱乐功能和专业版的所有商务功能，同时增加了安全功能以及在多语言环境下工作的灵活性。

2. Windows 7 系统特色

1) 易用

Windows 7 做了许多方便用户的设计，如快速最大化，窗口半屏显示，跳转列表(Jump List)，系统故障快速修复等。

2) 快速

Windows 7 大幅缩减了 Windows 的启动时间，据实测，在 2008 年的中低端配置下运行，系统加载时间一般不超过 20 秒，这比 Windows Vista 的 40 余秒相比，是一个很大的进步。(系统加载时间是指加载系统文件所需时间，而不包括计算机主板的自检以及用户登录，且在没有进行任何优化时所得出的数据，实际时间可能根据计算机配置、使用的情况的不同而不同。)

3) 简单

Windows 7 将会让搜索和使用信息更加简单，包括本地、网络和互联网搜索功能，直观的用户体验将更加高级，还会整合自动化应用程序提交和交叉程序数据透明性。

4) 安全

Windows 7 包括了改进了的安全和功能合法性，还会把数据保护和管理扩展到外围设备。Windows 7 改进了基于角色的计算方案和用户账户管理，在数据保护和坚固协作的固有冲突之间搭建沟通桥梁，同时也会开启企业级的数据保护和权限许可。

5) 特效

Windows 7 的 Aero 效果华丽，有碰撞效果，水滴效果，还有丰富的桌面小工具。这些都比 Vista 增色不少。

6) 效率

Windows 7 中，系统集成的搜索功能非常的强大，只要用户打开开始菜单并开始输入搜索内容，无论要查找应用程序、文本文档等，搜索功能都能自动运行，给用户的操作带来极大的便利。

7) 丰富的桌面小工具

说起 WindowsVista，很多普通用户的第一反应大概就是新式的半透明窗口 AeroGlass。虽然人们对这种用户界面褒贬不一，但其能利用 GPU 进行加速的特性确实是一个进步，也继续采用了这种形式的界面，并且全面予以改进，包括支持 DX10.1。

Windows7 及其桌面窗口管理器(DWM.exe)能充分利用 GPU 的资源进行加速，而且支持 Direct3D 11 API。这样做的好处主要有：

(1) 从低端的整合显卡到高端的旗舰显卡都能得到很好地支持，而且有同样出色的性能。

(2) 流处理器将用来渲染窗口模糊效果，即俗称的毛玻璃。

(3) 每个窗口所占内存(相比 Vista)能降低 50%左右。

(4) 支持更多、更丰富的缩略图动画效果，包括“Color Hot-Track”——鼠标滑过任务栏上不同应用程序的图标的时候，高亮显示不同图标的背景颜色也会不同。并且执行复制及下载等程序的状态指示进度也会 显示在任务栏上，鼠标滑过同一应用程序图标时，该图标的高亮背景颜色也会随着鼠标的移动而渐变。

8) 高效搜索框

Win7 系统资源管理器的搜索框在菜单栏的右侧，可以灵活调节宽窄。它能快速搜索 Windows 中的文档、图片、程序、Windows 帮助甚至网络等信息。Win7 系统的搜索是动态的，当我们在搜索框中输入第一个字的时刻，Windows7 的搜索就已经开始工作，大大提高了搜索效率。

3. Windows 7 系统的常见误区和困惑解读

特别总结了一些新人在使用 Windows 7 时容易产生的误区和困惑，罗列出来说明一下，以便新人能尽快适应新的操作系统。本文仅代表个人观点，不恰之处请予以指正。

1) 内存使用的问题

这是个大误区，很多人都用 Windows XP 时代的眼光来审视 Windows 7，这是错误的，因为两者的内存使用机制本身就不同。打个比方，2GB 内存装 Windows 7，开机显示占用 500MB 左右，4GB 内存装 Windows 7，开启则占用 1GB 多，内存越大占用就越大。Windows XP 则基本是固定的，2GB 和 4GB 装完系统的内存占用率都差不多。所以说，用 Windows XP

那套理论来看待 Windows 7 本身就错了。建议阅读《Windows 7 占用内存多是聪明的、故意的》这篇文章。

2) 操作不如 Windows XP 便利

这是一个适应性的问题。最初用 Vista 的时候也有种摸不到北的感觉，但是适应了以后，觉得很多改动还是很贴心、很便利的，特别是 Windows 7 在细节处的改动更贴近用户的操作习惯。

3) 软件、游戏的兼容性

除了那些老掉牙不更新的软件，现在软件基本都有对应 windows 7 的版本，起码常用软件完全没啥问题。至于那些大型商业软件，更应该能跟上潮流。唯独国内某些软件，可能会出现一些问题，其实这个也不能埋怨操作系统，软件不思进取是最大的原因，实在离不开就跑个虚拟机吧，基本能解决。随着时间的推移，兼容性问题早晚会不存在。Windows 7 已经好多了，经过 Vista 的铺垫，不兼容的现象早已最少了。毫不夸张地说，Windows XP 刚上市的时候，不兼容的现象比 Windows 7 要多了数倍，这丝毫没有影响 Windows XP 成为了一代主流系统好多年。

附录 2　Windows 8 简介

Windows 8 是由微软公司开发的；具有革命性变化的操作系统；该系统旨在让人们的日常电脑操作更加简单和快捷；为人们提供高效易行的工作环境 Windows 8 支持来自 Intel；AMD 和 ARM 的芯片架构；Windows Phone 8 采用和 Windows 8 相同的 NT 内核并且内置诺基亚地图；2011 年 9 月 14 日；Windows 8 开发者预览版发布；宣布兼容移动终端；微软将苹果的 IOS；谷歌的 Android 视为 Windows 8 在移动领域的主要竞争对手；2012 年 8 月 2 日；微软宣布 Windows 8 开发完成；正式发布 RTM 版本；2012 年 10 月将正式推出 Windows 8；微软自称触摸革命将开始。

1. Windows 8 的系统特色

Windows 8 的推出(虽然现在仅是预览版)可以让 Windows 用户与市面让任何能称之为 PC 的产品进行良好的互动，它可以是一个平板电脑，笔记本电脑或者是传统的台式电脑。Windows 8 支持新的 ARM 架构产品，同时提供了一个新的 Metro 界面，这个新界面可以为家庭用户和商业用户提供新的功能，当然也会为开发人员提供新的平台。而且微软同时承诺，新的 Windows 8 可以运行能在 Windows 7 上运行的任何程序。

1) 最大的直观改变在启动屏幕

新的开始菜单是 Windows 8 的核心。此前，微软曾仓促的将这个新界面应用于 Zune 和 Windows Phone 7 上。但重要的是，Metro 界面并不是简单的在 Windows 8 中二次现身，或者说是平板电脑的专属界面，而是将新的界面布局和触摸手势真正的融入新的系统中。

当在启动装载了 Windows 8 的电脑设备时，会看到一个漂亮的大的锁屏界面，显示时间、日期和一些通知图标。登陆后将进入 Metro 界面。在屏幕右侧的边缘有五个导航，分别为搜索、分享、启动、设备和设置。在左侧边缘，通过触摸和翻转你可以选择你所需要的应用程序。

如果使用的设备没有触摸功能，那么同样可以得到新的 Metro 界面并使用它。将鼠标移动到屏幕的左下角，会出现【开始】菜单，但是这个【开始】菜单与 Windows 7 系统的差异较大，这里也有五个可选项，设置、设备、分享、搜索和开始，这个开始功能实际上是 Metro 界面与桌面视图的切换。通过鼠标的滚轮可以滚动 Metro 界面上的程序列表(通过不同的颜色一个格子一个格子进行醒目的区分)。微软对未来鼠标和键盘的设想是让他们同样具有触控功能，这样可以进行更为精确的操控。

在 Windows 8 上运行的平板电脑应用程序与 Windows 7 中的应用程序

开始画面是微软的一个新的计划，被称之为“Metro-style”(也就是 Metro 界面中用方格划分的程序入口)应用程序类。它与我们所熟悉的，比如平板电脑上的主流系统，Android 或 iOS 系统中的图标非常相似。Metro 应用程序可以很快捷的排列或者删除。在 Metro 界面中应用程序必须要全屏运行，不过你可以将多任务并行运行，并将屏幕一分为二，用左侧或右侧三分之一的界面面积陈列你所有运行的程序。

那么，在 X86 架构的 PC 上运行旧版本的 Windows 程序时会发生什么呢？简单地说，就是 Windows 8 会将界面切换到与 Windows 7 类似的视窗界面并运行，并且在兼容性上没有问题。唯一的问题是在视窗界面中的开始菜单用样是 Metro 界面中的五个导航选项。也就是说，在 Windows 8 中的菜单不能启动程序了，而是同样需要在 Metro 界面中去寻找程序的入口。这需要 Windows 的使用者在习惯上做出改变，虽然不是什么大问题，但是需要一定的时间去适应。

当下载新的 Metro 应用程序时，需要通过程序商店进行提交申请，类似早期的 Windows Phone 7。程序的开发人员可以对自己在应用商店中上架的应用程序，设置它的价格和试用期的时间等。而且应用程序商店中的所有应用都会经过微软的稳定性和兼容性测试，因此用户可以放心使用。当然，以前的传统应用程序也都可以通过桌面界面安装和使用。

2) 对新硬件的支持和新的系统功能

在 Windows 8 中，是不是只要在新启动屏幕上出现的应用程序就能运行呢，答案是否定的。由于对新硬件的支持，主要是基于平板电脑的 ARM 处理器的支持，这使得搭载 ARM 处理器的平板设备无法运行 X86 或 X64 架构的应用程序。不过大多数新的 Metro-style 应用程序均基于 C#/XAML 或者 HTML 5/JavaScript 语言开发，因此这些程序可以在 ARM、X86 或者 X64 架构的 PC 上无缝运行。

同时，Windows 8 将内置更多的驱动程序。以打印机为例，经测试，在所有支持 Windows 7 系统的打印机中，大约 70%的产品无需安装驱动程序就可以在 Windows 8(预览版)上运行。这也就意味着以后用户在使用 Windows 8 系统时，不再因无法找到相应的驱动而苦恼，而且像 USB 3.0 接口、无线网卡、以太网卡等设备的驱动也会得到 Windows 8 的完美支持。

虽然微软在新的界面及开始菜单上投入了大量的精力，但是传统的台式机功能也没有被忽略。最突出的一个改变就是 Windows 8 所提供的新的任务管理器，除了加入了更多的对应用程序的管理功能外，还使用了 Ribbon 风格的界面，这样可以更清楚自己的 PC 都加载了哪些程序。新的 Windows 8 系统也会更好的支持多屏幕显示，合理的安排每个屏幕所显示的画面，而用户也可根据自己的喜好来设置。Windows 8 还具有系统一键恢复功能，这与 PC 厂商自己定制的恢复功能不同，Windows 8 可以将用户的所有数据、喜好、Metro-style 界面的布局及应用程序完整保留，然后将原来的操作系统删除重装，最后再将一切还原。

3) Windows 8 具有的其他功能

系统恢复功能和更对的对新硬件的支持不管是对于企业用户还是家庭用户来说的是十分具有诱惑力的，但这并不能代表 Windows 8 的全部。在 Windows 8 的安全策略中，新加入了一个安全引导功能，所有加载的程序和硬件设备只有得到用户的许可才会启用。Windows Defender(一个个用来移除、隔离和预防间谍软件的程序，可在 Windows XP 和 Windows Server 2003 上加载，在 Windows Vista 和 Windows 7 中预装)也会加强完整的防病毒功能，并且在电脑启动前定制好计算机启动时程序的加载顺序。

微软在 Windows 8 中也为客户端操作系统中的 Hyper-V 虚拟化技术提供了更为完整的服务，让软件的测试和开发者在工作中更轻松。另外一个 Windows 8 中的新功能对于经常向他人展示自己作品的人会非常有帮助，新的操作系统允许你将自己的应用程序、数据、设置及 Windows 8 复制到一个 U 盘中，然后在另外一台 PC 上直接运行。

2. 操作系统新趋势

1) 移动通信设备、系统通用化与嵌入式操作系统

计算机网络的出现催生网络操作系统，随着移动终端以及无线网络技术、局域网技术的不断发展，人们必将需要一种可以方便控制计算机及移动终端的系统。人们一定希望能像操作计算机一样在手机等移动终端上处理各种工作。这一点可以从苹果 iPhone 的热销看出来。

另一方面，虽然在手机领域，嵌入式操作系统以有些通用操作系统的影子。然而在其他领域，如家电及机器人领域，就是完全独立的了。然而已有不少将家庭中的所有电器集中用一台计算机管理的设想。“数字家庭”就以计算机技术和网络技术为基础，各种家电通过不同的互连方式进行通信及数据交换，以期实现家用电器之间的“互联互通”。

这就对操作系统提出新的要求：能够管理完全不同的几类设备。也许在不久以后，人们可以向访问路由器一样访问家用电器。

2) 安全问题与操作系统多样化

随着操作系统的发展，计算机用用领域的扩展，安全问题显得越来越重要。和层出不穷的病毒和木马的斗争一直没有停止过。而最近闻名的超级工厂病毒，则使安全问题不在仅仅局限于普通的通用计算机操作系统。安全问题将推动操作系统个性化发展。

参考文献

[1] 薛智文．操作系统[M]．北京：中国铁道出版社，2003．
[2] 汤子瀛，等．计算机操作系统(修订版) [M]．西安：西安电子科技大学出版社，2003．
[3] 刘振鹏，等．操作系统[M]．北京：中国铁道出版社，2003．
[4] 沈祥玖．操作系统原理及应用[M]．2 版．北京：高等教育出版社，2004．
[5] 张友生，等．软件设计师考试考点分析与真题详解(软件设计技术篇) [M]．北京：电子工业出版社，2004．
[6] 成汝震，刘宏盅．微机操作系统与网络实用技术[M]．2 版．北京：高等教育出版社，2005．
[7] 王志刚，等．计算机操作系统[M]．武汉：武汉大学出版社，2007．
[8] 孔宪军，等．操作系统的原理与应用[M]．北京：高等教育出版社，2008．
[9] 张尧学，等．计算机操作系统教程[M]．3 版．北京：清华大学出版社，2011．
[10] 张尧学．计算机操作系统教程习题解答与实验指导[M]．3 版．北京：清华大学出版社，2011．
[11] 王伟，等．计算机操作系统实用教程[M]．北京：电子工业出版社，2011．
[12] 袁杰，等．计算机操作系统原理与应用[M]．北京：清华大学出版社，2012．

全国高职高专计算机、电子商务系列教材推荐书目

【语言编程与算法类】

序号	书号	书名	作者	定价	出版日期	配套情况
1	978-7-301-13632-4	单片机 C 语言程序设计教程与实训	张秀国	25	2012	课件
2	978-7-301-15476-2	C 语言程序设计(第 2 版)(2010 年度高职高专计算机类专业优秀教材)	刘迎春	32	2013 年第 3 次印刷	课件、代码
3	978-7-301-14463-3	C 语言程序设计案例教程	徐翠霞	28	2008	课件、代码、答案
4	978-7-301-16878-3	C 语言程序设计上机指导与同步训练(第 2 版)	刘迎春	30	2010	课件、代码
5	978-7-301-17337-4	C 语言程序设计经典案例教程	韦良芬	28	2010	课件、代码、答案
6	978-7-301-20879-3	Java 程序设计教程与实训(第 2 版)	许文宪	28	2013	课件、代码、答案
7	978-7-301-13570-9	Java 程序设计案例教程	徐翠霞	33	2008	课件、代码、习题答案
8	978-7-301-13997-4	Java 程序设计与应用开发案例教程	汪志达	28	2008	课件、代码、答案
9	978-7-301-10440-8	Visual Basic 程序设计教程与实训	康丽军	28	2010	课件、代码、答案
10	978-7-301-15618-6	Visual Basic 2005 程序设计案例教程	靳广斌	33	2009	课件、代码、答案
11	978-7-301-17437-1	Visual Basic 程序设计案例教程	严学道	27	2010	课件、代码、答案
12	978-7-301-09698-7	Visual C++ 6.0 程序设计教程与实训(第 2 版)	王　丰	23	2009	课件、代码、答案
13	978-7-301-22587-5	C#程序设计基础教程与实训(第 2 版)	陈　广	40	2013 年第 1 次印刷	课件、代码、视频、答案
14	978-7-301-14672-9	C#面向对象程序设计案例教程	陈向东	28	2012 年第 3 次印刷	课件、代码、答案
15	978-7-301-16935-3	C#程序设计项目教程	宋桂岭	26	2010	课件
16	978-7-301-15519-6	软件工程与项目管理案例教程	刘新航	28	2011	课件、答案
17	978-7-301-12409-3	数据结构(C 语言版)	夏　燕	28	2011	课件、代码、答案
18	978-7-301-14475-6	数据结构(C#语言描述)	陈　广	28	2012 年第 3 次印刷	课件、代码、答案
19	978-7-301-14463-3	数据结构案例教程(C 语言版)	徐翠霞	28	2013 年第 2 次印刷	课件、代码、答案
20	978-7-301-18800-2	Java 面向对象项目化教程	张雪松	33	2011	课件、代码、答案
21	978-7-301-18947-4	JSP 应用开发项目化教程	王志勃	26	2011	课件、代码、答案
22	978-7-301-19821-6	运用 JSP 开发 Web 系统	涂　刚	34	2012	课件、代码、答案
23	978-7-301-19890-2	嵌入式 C 程序设计	冯　刚	29	2012	课件、代码、答案
24	978-7-301-19801-8	数据结构及应用	朱　珍	28	2012	课件、代码、答案
25	978-7-301-19940-4	C#项目开发教程	徐　超	34	2012	课件
26	978-7-301-15232-4	Java 基础案例教程	陈文兰	26	2009	课件、代码、答案
27	978-7-301-20542-6	基于项目开发的 C#程序设计	李　娟	32	2012	课件、代码、答案
28	978-7-301-19935-0	J2SE 项目开发教程	何广军	25	2012	素材、答案
29	978-7-301-18413-4	JavaScript 程序设计案例教程	许旻	24	2011	课件、代码、答案
30	978-7-301-17736-5	.NET 桌面应用程序开发教程	黄河	30	2010	课件、代码、答案
31	978-7-301-19348-8	Java 程序设计项目化教程	徐义晗	36	2011	课件、代码、答案
32	978-7-301-19367-9	基于.NET 平台的 Web 开发	严月浩	37	2011	课件、代码、答案

【网络技术与硬件及操作系统类】

序号	书号	书名	作者	定价	出版日期	配套情况
1	978-7-301-14084-0	计算机网络安全案例教程	陈　昶	30	2008	课件
2	978-7-301-16877-6	网络安全基础教程与实训(第 2 版)	尹少平	30	2012 年第 4 次印刷	课件、素材、答案
3	978-7-301-13641-6	计算机网络技术案例教程	赵艳玲	28	2008	课件
4	978-7-301-18564-3	计算机网络技术案例教程	宁芳露	35	2011	课件、习题答案
5	978-7-301-10226-8	计算机网络技术基础	杨瑞良	28	2011	课件
6	978-7-301-10290-9	计算机网络技术基础教程与实训	桂海进	28	2010	课件、答案
7	978-7-301-10887-1	计算机网络安全技术	王其良	28	2011	课件、答案
8	978-7-301-21754-2	计算机系统安全与维护	吕新荣	30	2013	课件、素材、答案
9	978-7-301-12325-6	网络维护与安全技术教程与实训	韩最蛟	32	2010	课件、习题答案
10	978-7-301-09635-2	网络互联及路由器技术教程与实训(第 2 版)	宁芳露	27	2012	课件、答案
11	978-7-301-15466-3	综合布线技术教程与实训(第 2 版)	刘省贤	36	2012	课件、习题答案
12	978-7-301-15432-8	计算机组装与维护(第 2 版)	肖玉朝	26	2009	课件、习题答案
13	978-7-301-14673-6	计算机组装与维护案例教程	谭　宁	33	2012 年第 3 次印刷	课件、习题答案
14	978-7-301-13320-0	计算机硬件组装和评测及数码产品评测教程	周　奇	36	2008	课件
15	978-7-301-12345-4	微型计算机组成原理教程与实训	刘辉珞	22	2010	课件、习题答案
16	978-7-301-16736-6	Linux 系统管理与维护(江苏省省级精品课程)	王秀平	29	2013 年第 3 次印刷	课件、习题答案
17	978-7-301-22967-5	计算机操作系统原理与实训（第 2 版）	周　峰	36	2013	课件、答案
18	978-7-301-16047-3	Windows 服务器维护与管理教程与实训(第 2 版)	鞠光明	33	2010	课件、答案
19	978-7-301-14476-3	Windows2003 维护与管理技能教程	王　伟	29	2009	课件、习题答案
20	978-7-301-18472-1	Windows Server 2003 服务器配置与管理情境教程	顾红燕	24	2012 年第 2 次印刷	课件、习题答案

【网页设计与网站建设类】

序号	书号	书名	作者	定价	出版日期	配套情况
1	978-7-301-15725-1	网页设计与制作案例教程	杨森香	34	2011	课件、素材、答案
2	978-7-301-15086-3	网页设计与制作教程与实训(第 2 版)	于巧娥	30	2011	课件、素材、答案

序号	书号	书名	作者	定价	出版日期	配套情况
3	978-7-301-13472-0	网页设计案例教程	张兴科	30	2009	课件
4	978-7-301-17091-5	网页设计与制作综合实例教程	姜春莲	38	2010	课件、素材、答案
5	978-7-301-16854-7	Dreamweaver 网页设计与制作案例教程(2010 年度高职高专计算机类专业优秀教材)	吴　鹏	41	2012	课件、素材、答案
6	978-7-301-11522-0	ASP .NET 程序设计教程与实训(C#版)	方明清	29	2009	课件、素材、答案
7	978-7-301-21777-1	ASP .NET 动态网页设计案例教程(C#版)(第 2 版)	冯　涛	35	2013	课件、素材、答案
8	978-7-301-10226-8	ASP 程序设计教程与实训	吴　鹏	27	2011	课件、素材、答案
9	978-7-301-13571-6	网站色彩与构图案例教程	唐一鹏	40	2008	课件、素材、答案
10	978-7-301-16706-9	网站规划建设与管理维护教程与实训(第 2 版)	王春红	32	2011	课件、答案
11	978-7-301-21776-4	网站建设与管理案例教程(第 2 版)	徐洪祥	31	2013	课件、素材、答案
12	978-7-301-17736-5	.NET 桌面应用程序开发教程	黄　河	30	2010	课件、素材、答案
13	978-7-301-19846-9	ASP .NET Web 应用案例教程	于　洋	26	2012	课件、素材
14	978-7-301-20565-5	ASP.NET 动态网站开发	崔　宁	30	2012	课件、素材、答案
15	978-7-301-20634-8	网页设计与制作基础	徐文平	28	2012	课件、素材、答案
16	978-7-301-20659-1	人机界面设计	张　丽	25	2012	课件、素材、答案
17	978-7-301-22532-5	网页设计案例教程(DIV+CSS 版)	马　涛	32	2013	课件、素材、答案

【图形图像与多媒体类】

序号	书号	书名	作者	定价	出版日期	配套情况
1	978-7-301-21778-8	图像处理技术教程与实训(Photoshop 版)(第 2 版)	钱　民	40	2013	课件、素材、答案
2	978-7-301-14670-5	Photoshop CS3 图形图像处理案例教程	洪　光	32	2010	课件、素材、答案
3	978-7-301-12589-2	Flash 8.0 动画设计案例教程	伍福军	29	2009	课件
4	978-7-301-13119-0	Flash CS 3 平面动画案例教程与实训	田启明	36	2008	课件
5	978-7-301-13568-6	Flash CS3 动画制作案例教程	俞　欣	25	2012 年第 4 次印刷	课件、素材、答案
6	978-7-301-15368-0	3ds max 三维动画设计技能教程	王艳芳	28	2009	课件
7	978-7-301-18946-7	多媒体技术与应用教程与实训(第 2 版)	钱　民	33	2012	课件、素材、答案
8	978-7-301-17136-3	Photoshop 案例教程	沈道云	25	2011	课件、素材、视频
9	978-7-301-19304-4	多媒体技术与应用案例教程	刘辉珞	34	2011	课件、素材、答案
10	978-7-301-20685-0	Photoshop CS5 项目教程	高晓黎	36	2012	课件、素材

【数据库类】

序号	书号	书名	作者	定价	出版日期	配套情况
1	978-7-301-10289-3	数据库原理与应用教程(Visual FoxPro 版)	罗　毅	30	2010	课件
2	978-7-301-13321-7	数据库原理及应用 SQL Server 版	武洪萍	30	2010	课件、素材、答案
3	978-7-301-13663-8	数据库原理及应用案例教程(SQL Server 版)	胡锦丽	40	2010	课件、素材、答案
4	978-7-301-16900-1	数据库原理及应用(SQL Server 2008 版)	马桂婷	31	2011	课件、素材、答案
5	978-7-301-15533-2	SQL Server 数据库管理与开发教程与实训(第 2 版)	杜兆将	32	2012	课件、素材、答案
6	978-7-301-13315-6	SQL Server 2005 数据库基础及应用技术教程与实训	周　奇	34	2013 年第 7 次印刷	课件
7	978-7-301-15588-2	SQL Server 2005 数据库原理与应用案例教程	李　军	27	2009	课件
8	978-7-301-16901-8	SQL Server 2005 数据库系统应用开发技能教程	王　伟	28	2010	课件
9	978-7-301-17174-5	SQL Server 数据库实例教程	汤承林	38	2010	课件、习题答案
10	978-7-301-17196-7	SQL Server 数据库基础与应用	贾艳宇	39	2010	课件、习题答案
11	978-7-301-17605-4	SQL Server 2005 应用教程	梁庆枫	25	2012 年第 2 次印刷	课件、习题答案
12	978-7-301-18750-0	大型数据库及其应用	孔勇奇	32	2011	课件、素材、答案

【电子商务类】

序号	书号	书名	作者	定价	出版日期	配套情况
1	978-7-301-10880-2	电子商务网站设计与管理	沈凤池	32	2011	课件
2	978-7-301-12344-7	电子商务物流基础与实务	邓之宏	38	2010	课件、习题答案
3	978-7-301-12474-1	电子商务原理	王　震	34	2008	课件
4	978-7-301-12346-1	电子商务案例教程	龚　民	24	2010	课件、习题答案
5	978-7-301-12320-1	网络营销基础与应用	张冠凤	28	2008	课件、习题答案
6	978-7-301-18604-6	电子商务概论（第 2 版）	于巧娥	33	2012	课件、习题答案

【专业基础课与应用技术类】

序号	书号	书名	作者	定价	出版日期	配套情况
1	978-7-301-13569-3	新编计算机应用基础案例教程	郭丽春	30	2009	课件、习题答案
2	978-7-301-18511-7	计算机应用基础案例教程(第 2 版)	孙文力	32	2012 年第 2 次印刷	课件、习题答案
3	978-7-301-16046-6	计算机专业英语教程(第 2 版)	李　莉	26	2010	课件、答案
4	978-7-301-19803-2	计算机专业英语	徐　娜	30	2012	课件、素材、答案
5	978-7-301-21004-8	常用工具软件实例教程	石朝晖	37	2012	课件

电子书(PDF 版)、电子课件和相关教学资源下载地址：http://www.pup6.com，欢迎下载。
联系方式：010-62750667，liyanhong1999@126.com.，linzhangbo@126.com，欢迎来电来信。